精通 AutoCAD 工程设计视频讲堂

AutoCAD 2014 家具设计技巧精选

李　波　等编著

电子工业出版社.

Publishing House of Electronics Industry

北京·BEIJING

内 容 简 介

本书以 AutoCAD 2014 中文版软件为平台，通过 282 个技巧实例全面讲解 AutoCAD 家具设计的使用方法、应用技巧、工程绘图等，使读者能够精确找到所需要的技巧知识。

本书共 9 章，内容包括 AutoCAD 软件入门技巧，AutoCAD 图形的绘制与编辑技巧，家具设计基础与制图规范，书台施工图的绘制技巧，餐柜施工图、鞋柜施工图、床尾柜施工图、电视柜施工图以及间厅柜施工图的绘制等。

本书图文并茂，内容全面，通俗易懂，图解详细。以初中级读者为对象，面向 AutoCAD 相关行业的应用。在附赠的 DVD 光盘中，包含所有技巧的视频讲解教程及素材。另外，开通 QQ 高级群（15310023）和网络服务，进行互动学习和技术交流，以解决读者遇到的各种问题，并可获得丰富的共享资料。

本书可作为相关专业工程技术人员的参考书，也可作为大中专院校相关专业的教学用书。

图书在版编目（CIP）数据

AutoCAD 2014 家具设计技巧精选 / 李波等编著. —北京：电子工业出版社，2015.1
（精通 AutoCAD 工程设计视频讲堂）
ISBN 978-7-121-24508-4

Ⅰ. ①A… Ⅱ. ①李… Ⅲ. ①家具—计算机辅助设计—AutoCAD 软件 Ⅳ. ①TS664.01-39

中国版本图书馆 CIP 数据核字（2014）第 235441 号

策划编辑：许存权
责任编辑：许存权　　　　特约编辑：冯彩茹
印　　刷：三河市双峰印刷装订有限公司
装　　订：三河市双峰印刷装订有限公司
出版发行：电子工业出版社
　　　　　北京市海淀区万寿路 173 信箱　邮编　100036
开　　本：787×1 092　1/16　印张：28.25　字数：710 千字
版　　次：2015 年 1 月第 1 版
印　　次：2015 年 1 月第 1 次印刷
印　　数：3 000 册　　定价：65.00 元（含 DVD 光盘 1 张）

凡所购买电子工业出版社图书有缺损问题，请向购买书店调换。若书店售缺，请与本社发行部联系，联系及邮购电话：（010）88254888。

质量投诉请发邮件至 zlts@phei.com.cn，盗版侵权举报请发邮件至 dbqq@phei.com.cn。

服务热线：（010）88258888。

前　言

随着科学技术的不断发展，计算机辅助设计（CAD）得到了飞速发展，而最为出色的 CAD 设计软件之一就是美国 Autodesk 公司制作的 AutoCAD，在二十多年的发展中，AutoCAD 相继进行了二十多次升级，每次升级都带来了功能的大幅提升。

一、主要内容

本书以 AutoCAD 2014 中文版软件为基础平台，通过 9 章 282 个技巧实例全面讲解 AutoCAD 辅助设计软件的使用方法、应用技巧、工程绘图等，这样编排能使读者精确找到所需要的技巧知识。

章节名称		实例编号	章节名称		实例编号
第 1 章	AutoCAD 2014 家具设计基础入门技巧	（技巧 001～057）	第 6 章	鞋柜施工图的绘制	（技巧 199～216）
第 2 章	AutoCAD 2014 图形的绘制与编辑技巧	（技巧 058～108）	第 7 章	床尾柜施工图的绘制	（技巧 217～238）
第 3 章	家具设计基础与制图规范	（技巧 109～133）	第 8 章	电视柜施工图的绘制	（技巧 239～255）
第 4 章	书台施工图的绘制技巧	（技巧 134～174）	第 9 章	间厅柜施工图的绘制	（技巧 256～282）
第 5 章	餐柜施工图的绘制	（技巧 175～198）			

二、本书特色

本套图书以全新的模式进行写作和编排，突出技巧主题，做到知识点的独立性和可操作性，每个知识点尽量配有多媒体视频，是 AutoCAD 用户不可多得的一套精品工具书，主要有以下特色：

（1）**版本最新，内容丰富**。采用 AutoCAD 2014 版，知识结构完善，内容丰富，技巧和方法归纳系统，信息量大，共计 282 个技巧实例。

（2）**实用性强，针对性强**。由于 AutoCAD 软件功能强，应用领域广泛性，使得更多的从业人员需要学习和应用其软件，通过收集更多的实际应用技巧，针对用户所反映的问题进行讲解，使读者可以更加有针对性地选择学习内容。

（3）**结构清晰，目标明确**。对于读者而言，最重要的是掌握方法。因此，作者有目的地把每章内容所含的技巧、方法进行了罗列，对每个技巧首先做"技巧概述"，以便读者更清晰地了解其中的要点和精髓。

（4）**关键步骤，介绍透彻**。讲解过程中，通过添加"技巧提示"的方式突出重要知识点，通过"专业技能"和"软件技能"的方式突出重要技能，以加深读者对关键技术知识的理解。

（5）**版式新颖，美观大方**。图书版式新颖，图注编号清晰明确，图片、文字的占用空间比例合理，通过简洁明快的风格，并添加特别提示的标注文字，提高读者的阅读兴趣。

（6）**全程视频，网络互动**。本书全程多媒体视频讲解，做到视频与图书同步配套学习；开通 QQ 高级群（15310023）和网络服务，进行互动学习和技术交流，以解决读者遇到的问题，并可获得大量的共享资料。

三、读者对象

（1）特别适合教师讲解和学生自学。

（2）各类计算机培训班及工程培训人员。

（3）具备相关专业知识的工程师和设计人员。

（4）对 AutoCAD 设计软件感兴趣的读者。

四、光盘内容

附赠 DVD 光盘 1 张，针对所有技巧进行全程视频讲解，并将涉及的所有素材、图块、案例等附于光盘中。

在将光盘插入 DVD 光驱时，将自动进入多媒体光盘的操作界面。

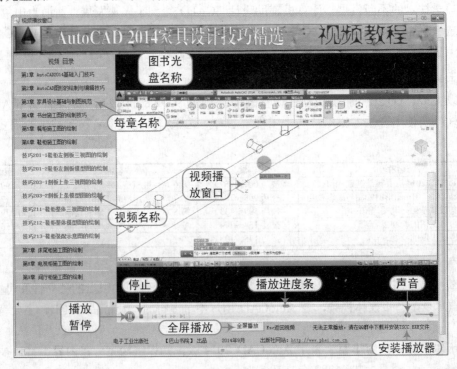

五、学习方法

其实 AutoCAD 辅助设计软件很好学，可通过多种方法执行某个工具或命令，如工具栏、命令行、菜单栏、面板等。但是，学习任何一门软件技术，需要的是动力、坚持和自我思考，如果只有三分钟的热度、遇见问题就求助别人、对学习无所谓等，是学不好、学不精的。

对此，作者推荐以下 6 点方法给读者，希望读者严格要求自己进行学习：

①制定目标、克服盲目；②循序渐进、不断积累；③提高认识、加强应用；④熟能生巧、自学成才；⑤巧用 AutoCAD 帮助文件；⑥活用网络解决问题。

六、写作团队

本书由"巴山书院"集体创建，由资深作者李波主持编写，参与编写的人员还有冯燕、荆月鹏、王利、汪琴、刘冰、牛姜、王洪令、李友、黄妍、徐作华、郝德全、李松林、雷芳等。

感谢您选择本书，希望我们的努力对您的工作和学习有所帮助，也希望把您对本书的意见和建议告诉我们（邮箱：helpkj@163.com；QQ 高级群：15310023）。

由于编著水平有限，书中难免存在疏漏与不足之处，敬请读者批评指正。

目　录

第 3 章　家具设计基础与制图规范

第 4 章　书台施工图的绘制技巧

第 5 章　餐柜施工图的绘制

第 6 章　鞋柜施工图的绘制

第 7 章　床尾柜施工图的绘制

第 8 章　电视柜施工图的绘制

第 9 章　间厅柜施工图的绘制

第 1 章　AutoCAD 2014 基础入门技巧

- ● 本章导读

本章主要学习 AutoCAD 2014 的基础入门，内容包括 CAD 的系统需求、操作界面、文件的管理、不同模式的设置方法、图形的选择、对象的缩放、外部参照的使用等，为后面进行复杂图形的绘制打下坚实的基础。

- ● 本章内容

AutoCAD 2014 的系统需求	CAD 命令的重做方法	矩形框选图形对象
AutoCAD 2014 的启动方法	CAD 命令的动态输入	交叉框选图形对象
AutoCAD 2014 的标题栏	CAD 命令行的使用技巧	栏选图形对象
AutoCAD 2014 的标签与面板	CAD 透明命令的使用方法	圈围图形对象
AutoCAD 2014 的文件选项卡	CAD 新建文件的几种方法	圈交图形对象
AutoCAD 2014 的菜单与工具栏	CAD 打开文件的几种方法	构造选择集的方法
AutoCAD 2014 的绘图区	CAD 文件局部打开的方法	快速选择图形对象
AutoCAD 2014 的命令行	CAD 保存文件的几种方法	类似对象的选择方法
AutoCAD 2014 的状态栏	CAD 文件的加密方法	实时平移的方法
AutoCAD 2014 的快捷菜单	CAD 文件的修复方法	实时缩放的方法
AutoCAD 2014 的退出方法	CAD 文件的清理方法	平铺视口的创建方法
将命令行设置为浮动模式	正交模式的设置方法	视口合并的方法
绘图窗口的调整	捕捉与栅格的设置方法	图形的重画方法
自定义快速访问工具栏	捕捉模式的设置方法	图形对象的重生成方法
工作空间的切换	极轴追踪的设置方法	设计中心的使用方法
设置 ViewCube 工具的大小	对象捕捉追踪的使用方法	通过设计中心创建样板文件
CAD 命令的 6 种执行方法	临时追踪的使用方法	外部参照的使用方法
CAD 命令的重复方法	"捕捉自"功能的使用方法	工具选项板的打开方法
CAD 命令的撤销方法	点选图形对象	通过工具选项板填充图案

技巧：001　AutoCAD 2014的系统需求

视频：技巧001-AutoCAD 2014的系统需求.avi
案例：无

技巧概述：安装 AutoCAD 2014 软件，需要计算机的硬件和软件系统满足要求才能够正确安装，如操作系统、浏览器、处理器、内存、显示器分辨率、硬盘存储空间等。

目前大多用户的计算机系统以 32 位和 64 位为主，下面分别以这两种系统对计算机硬件和软件的需求进行列表介绍。

1．32 位 AutoCAD 2014 系统需求

对于 32 位计算机的用户来讲，安装 AutoCAD 2014 的系统需求如表 1-1 所示。

表 1-1　32 位 AutoCAD 2014 的系统需求

说　明	需　求
操作系统	以下操作系统的 Service Pack 3（SP3）或更高版本： • Microsoft® Windows® XP Professional • Microsoft® Windows® XP Home 以下操作系统： • Microsoft Windows 7 Enterprise • Microsoft Windows 7 Ultimate • Microsoft Windows 7 Professional • Microsoft Windows 7 Home Premium
浏览器	Internet Explorer ® 7.0 或更高版本　　　特别注意
处理器	Windows XP： Intel® Pentium® 4 或 AMD Athlon™ 双核，1.6 GHz 或更高，采用 SSE2 技术 Windows 7： Intel Pentium 4 或 AMD Athlon 双核，3.0 GHz 或更高，采用 SSE2 技术
内存	2 GB RAM（建议使用 4 GB）
显示器分辨率	1024 × 768（建议使用 1600 × 1050 或更高）真彩色
磁盘空间	安装 6.0 GB
定点设备	MS-Mouse 兼容
介质（DVD）	从 DVD 下载并安装
.NET Framework	.NET Framework 版本 4.0
三维建模的其他需求	Intel Pentium 4 处理器或 AMD Athlon，3.0 GHz 或更高，或者 Intel 或 AMD 双核处理器，2.0 GHz 或更高 4 GB RAM 6 GB 可用硬盘空间（不包括安装需要的空间） 1280 × 1024 真彩色视频显示适配器 128 MB 或更高，Pixel Shader 3.0 或更高版本，支持 Direct3D® 功能的工作站级图形卡

2. 64 位 AutoCAD 2014 系统需求

对于 64 位计算机的用户来讲，其安装 AutoCAD 2014 的系统需求如表 1-2 所示。

表 1-2　64 位 AutoCAD 2014 的系统需求

说　明	需　求
操作系统	以下操作系统的 Service Pack 2 (SP2) 或更高版本： （1）Microsoft® Windows® XP Professional 以下操作系统： • Microsoft Windows 7 Enterprise • Microsoft Windows 7 Ultimate • Microsoft Windows 7 Professional • Microsoft Windows 7 Home Premium
浏览器	Internet Explorer ® 7.0 或更高版本　　　特别注意
处理器	AMD Athlon 64，采用 SSE2 技术 AMD Opteron™，采用 SSE2 技术 Intel Xeon ®，具有 Intel EM64T 支持和 SSE2 Intel Pentium 4，具有 Intel EM 64T 支持并采用 SSE2 技术
内存	2 GB RAM（建议使用 4 GB）

续表

说　明	需　求
显示器分辨率	1024×768（建议使用 1600×1050 或更高）真彩色
磁盘空间	安装 6.0 GB
定点设备	MS-Mouse 兼容
介质（DVD）	从 DVD 下载并安装
.NET Framework	.NET Framework 版本 4.0 更新 1
三维建模的其他需求	4 GB RAM 或更大 6 GB 可用硬盘空间（不包括安装需要的空间） 1280 × 1024 真彩色视频显示适配器 128 MB 或更高，Pixel Shader 3.0 或更高版本，支持 Direct3D® 功能的工作站级图形卡

技巧提示　　　　　　　　　　　　　　　　　　　　★★★★☆

　　在安装 AutoCAD 2014 软件时，最值得注意的一点是 IE 浏览器，一般要安装 IE 7.0 及以上版本，否则将无法安装。

技巧：002　**AutoCAD 2014的启动方法**　　　视频：技巧002-AutoCAD 2014的启动方法.avi
　　　　　　　　　　　　　　　　　　　　　　　案例：无

　　技巧概述： 当用户的计算机上已经成功安装并注册好 AutoCAD 2014 软件后，用户即可以开始启动并运行该软件。与大多数应用软件一样，启动 AutoCAD 2014 软件可通过以下任意 4 种方法来启动：

方法 01 双击桌面上的 "AutoCAD 2014" 快捷图标▲。

方法 02 右击桌面上的 "AutoCAD 2014" 快捷图标▲，从弹出的快捷菜单中选择 "打开" 命令。

方法 03 选择 "开始 | 程序 | Autodesk | AutoCAD 2014-Simplified Chinese" 命令。

方法 04 在 AutoCAD 2014 软件的安装位置中，找到其运行文件 "acad.exe" 文件，然后双击即可。

　　第一次启动 AutoCAD 2014 时，会弹出 "Autodesk Exchange" 对话框，单击该对话框右上角的 "关闭" 按钮☒，将进入 AutoCAD 2014 工作界面，默认情况下，系统会直接进入如图 1-1 所示的 "草图与注释" 空间界面。

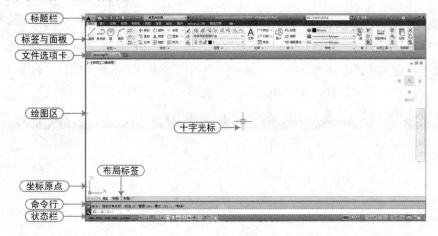

图 1-1　AutoCAD 2014 的初始界面

软件技能 　　　　　　　　　　　　　　　　　　　　　　　　★★★☆☆

　　双击 AutoCAD 图形文件对象，即扩展名为 .dwg 的文件，也可启动 AutoCAD 2014 软件。当然，同时也会打开该文件，如图 1-2 所示的界面。

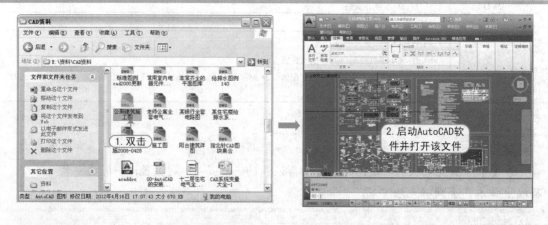

图 1-2　启动 AutoCAD 2014 并打开文件

技巧：003　AutoCAD 2014的标题栏　　视频：技巧 003-AutoCAD 2014 的标题.avi
　　　　　　　　　　　　　　　　　　　　　　案例：无

　　技巧概述：AutoCAD 2014 标题栏包括"菜单浏览器"按钮、"快速访问"工具栏（包括新建、打开、保存、另存为、打印、放弃、重做等按钮）、软件名称、标题名称、"搜索"框、"登录"按钮、窗口控制区（"最小化"按钮、"最大化"按钮、"关闭"按钮），如图 1-3 所示。这里以"草图与注释"工作空间进行讲解。

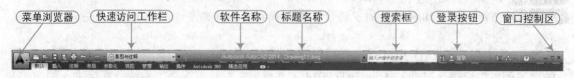

图 1-3　AutoCAD 2014 的标题栏

技巧：004　AutoCAD 2014 的标签与面板　　视频：技巧004-AutoCAD 2014标签与面板.avi
　　　　　　　　　　　　　　　　　　　　　　　案例：无

　　技巧概述：标签标题栏下方，在每个标签下包括许多面板。例如"默认"标签中包括绘图、修改、图层、注释、块、特性、组、实用工具、剪贴板等面板，如图 1-4 所示。

图 1-4　标签与面板

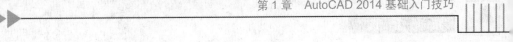

软件技能　　　　　　　　　　　　　　　　　　　　　　★★★★☆

　　单击标签栏最右侧 ■▼ 按钮，将弹出一个下拉菜单，可进行相应的单项选择，如图 1-5 所示。

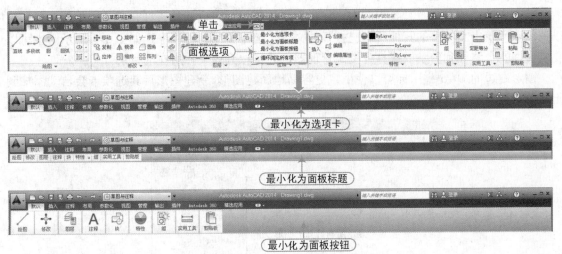

图 1-5　标签与面板

技巧：005　AutoCAD 2014 的文件选项卡

视频：技巧005-AutoCAD 2014文件选项卡.avi
案例：无

　　技巧概述：AutoCAD 2014 版本提供了图形选项卡，在打开的图形间切换或创建新图形时非常方便。

　　以使用"视图"选项卡中的"文件选项卡"控件来打开或关闭图形选项卡工具条，当文件选项卡打开后，在图形区域上方会显示所有已经打开图形的选项卡，如图 1-6 所示。

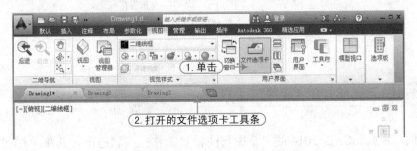

图 1-6　启用"图形选项工具条"

　　文件选项卡是以文件打开的顺序来显示的，可以拖动选项卡来更改图形的位置，如图 1-7 所示为拖动 Drawing1 到中间位置后的效果。

图 1-7　移动选项卡

如果打开的图形过多，没有足够的空间来显示所有的文件选项时，会在其右端出现一个浮动菜单来访问更多打开的文件，如图 1-8 所示。

如果选项卡有一个锁定的图标，则表明该文件是以只读方式打开的，如果有个冒号则表明自上一次保存后此文件被修改过，把光标移到文件标签上时；可以预览该图形的模型和布局。把光标移到预览图形上时，则相对应的模型或布局就会在图形区域临时显示出来，并且打印和发布工具在预览图中也是可用的。

在"文件选项卡"工具条上右击，将弹出快捷菜单，可以新建、打开或关闭文件，包括可以关闭除所单击文件外的其他所有已打开的文件，但不关闭软件程序，如图 1-9 所示。也可以复制文件的全路径到剪贴板或打开资源管理器，并定位到该文件所在的目录。

图形右边的加号 图标可以使用户更容易地新建图形,新建图形后其选项卡会自动添加到工具条中。

图 1-8　访问隐藏的图形

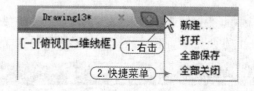

图 1-9　右键快捷菜单

技巧：006　AutoCAD 2014菜单与工具栏　　视频：技巧006-CAD 2014菜单与工具栏.avi
案例：无

技巧概述：在 AutoCAD 2014 的"草图与注释"工作空间状态下，其菜单栏和工具栏处于隐藏状态。

如果要显示其菜单栏，单击标题栏的"工作空间"右侧的下三角按钮（即"自定义快速访问工具栏"列表），从弹出的列表框中选择"显示菜单栏"选项，即可显示 AutoCAD 的常规菜单栏，如图 1-10 所示。

如果要将 AutoCAD 的常规工具栏显示出来，可以选择"工具｜工具栏"命令，从弹出的下级菜单中选择相应的工具栏即可，如图 1-11 所示。

图 1-10　选择"显示菜单栏"选项

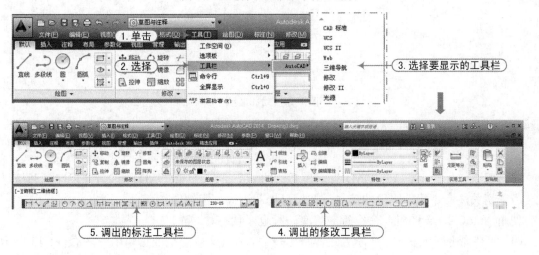

图 1-11　显示工具栏

技巧提示　　　　　　　　　　　　　　　　　　★★★☆☆

如果用户忘记了某个按钮的名称，将光标移到该按钮上面停留几秒钟，就会在其下方出现该按钮所代表的命令名称，通过名称可快速确定其功能。

技巧：007　AutoCAD 2014的绘图区　　　　视频：技巧007-CAD 2014的绘图区.avi
　　　　　　　　　　　　　　　　　　　　　　　案例：无

技巧概述：绘图区也称为视图窗口，即屏幕中央空白区域，是进行绘图操作的主要工作区域，所有的绘图结果都反映在这个窗口中。用户可以根据需要关闭一些"工具栏"，以扩大绘图的空间。如果图纸较大，需要查看未显示的部分时，可以单击窗口右边与下边滚动条上的箭头，或拖动滚条上的滑块来移动图纸。在绘图窗口中除了显示当前的绘图结果外，还显示了当前使用的坐标系类型及坐标原点、X 轴、Y 轴、Z 轴的方向等。

默认情况下，坐标系为世界坐标系（WCS），绘图窗口的下方有"模型"和"布局"选项卡，单击其选项卡可以在模型空间或图纸空间之间来回切换，如图 1-12 所示。

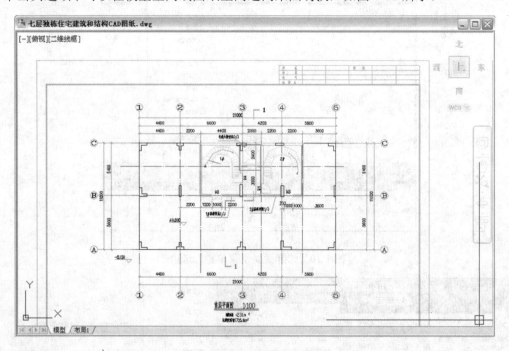

图 1-12　绘图区域

技巧：008 AutoCAD 2014的命令行

视频：技巧008-CAD 2014的命令行.avi
案例：无

技巧概述：命令行是 AutoCAD 与用户对话的一个平台，AutoCAD 通过命令反馈各种信息，用户应密切关注命令行中出现的信息，按信息提示进行相应的操作。

使用 AutoCAD 绘图时，命令行一般有两种显示状态。

（1）等待命令输入状态：表示系统等待用户输入命令，以绘制或编辑图形，如图 1-13 所示。

（2）正在执行命令状态：在执行命令的过程中，命令行中将显示该命令的操作提示，以方便用户快速确定下一步操作，如图 1-14 所示。

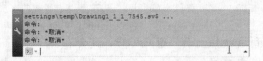

图 1-13　等待命令输入状态

图 1-14　命令执行状态

技巧：009 AutoCAD 2014的状态栏

视频：技巧009-CAD 2014的状态栏.avi
案例：无

技巧概述：状态栏位于 AutoCAD 2014 窗口的最下方，主要由当前光标的坐标值、辅助工具按钮、布局空间、注释比例、切换工作空间、锁定按钮、状态栏菜单、全屏按钮等各个部分组成，如图 1-15 所示。

图 1-15　状态栏的组成

1. 当前光标的坐标值

状态栏的最左方有一组数字，随光标的移动而发生变化，通过它用户可快速查看当前光标的位置及对应的坐标值。

2. 辅助工具按钮

辅助工具按钮都属于开关型按钮，即单击某个按钮，使其呈凹陷状态时表示启用该功能，再次单击该按钮使其呈凸起状态时则表示关闭该功能。

辅助工具组中包括"推断约束"、"捕捉模式"、"栅格显示"、"正交模式"、"极轴追踪"、"对象捕捉"、"三维对象捕捉"、"对象捕捉追踪"、"允许 | 禁止动态 UCS"、"动态输入"、"显示 | 隐藏线宽"、"显示 | 隐藏透明度"、"快捷特性"、"选择循环"等按钮。

软件技能　★★★★☆

在绘图的过程中，常常会用到这些辅助工具，如绘制直线时开启"正交模式"，单击正交按钮，即可打开正交模式来绘图。若鼠标指针在该按钮上面停留几秒钟，就会出现"正交模式（F8）"名称，即代表该功能还可以【F8】键作为快捷键进行启动，使操作起来更为方便。

辅助工具按钮中，对应按钮快捷键如下：推断约束为【Ctrl+Shift+I】、捕捉模式为"F9"、栅格显示为【F7】、正交模式为【F8】、极轴追踪为【F10】、对象捕捉为【F3】、三维对象捕捉为【F4】、对象捕捉追踪为【F11】、允许 | 禁止动态 UCS 为【F6】、动态输入为【F12】、快捷特性为【Ctrl+Shift+P】、选择循环为【Ctrl+W】，使用快捷键进行操作可大大加快绘图的速度。

若启用了"快捷特性"功能，选择图形则会弹出"快捷特性"面板，可以通过该面板修改图形的颜色、图层、线型、坐标值、大小等，如图 1-16 所示。

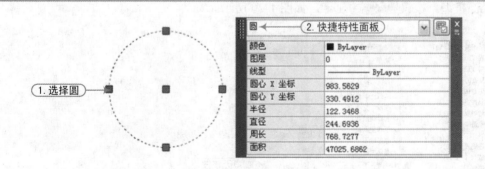

图 1-16　"快捷特性"面板

3．布局空间

启动"图纸"按钮 图纸 或者"模型"按钮 模型，可以在图纸和模型空间中进行切换。

启动"快速查看布局"按钮 ，在状态栏处将弹出"快速查看布局工具栏"以及模型和布局的效果预览图，可以选择性地查看当前图形的布局空间，如图 1-17 所示。

启动"快速查看图形"按钮 ，在状态栏处将弹出"快速查看图形"工具栏以及 AutoCAD 软件中打开的所有图形的预览图，如图 1-18 所示，将鼠标指针移至某个图形上，在上方会显示该图形模型和布局的效果，即可在各个图形中进行选择性地查看。

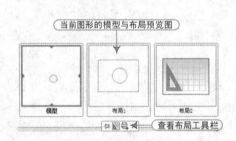

图 1-17　菜单浏览器

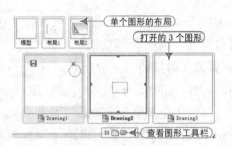

图 1-18　快捷菜单

4．注释比例

注释比例默认状态下是 1:1，根据用户需要的不同可以自行调整注释比例，方法是单击右侧的按钮 ，在弹出的下拉菜单中选择需要的比例即可。

5．切换工作空间

AutoCAD 默认的工作空间为"草图与注释"，用户可以根据需要单击"切换工作空间"按钮 ，对工作空间进行切换与设置。

6．锁定按钮

默认情况下"锁定"按钮为解锁状态，单击该按钮，在弹出的下拉菜单中可以选择对浮动或固定的工具栏、窗口进行锁定，使其不会被误移到其他地方。

7．状态栏菜单

单击"隔离对象"右侧的 按钮，将弹出如图 1-19 所示的下拉菜单，选择不同的命令，可改变状态栏的相应组成部分，例如，取消"图纸\模型（M）"前面的 标记，将隐藏状态栏中的"图纸\模型"按钮 模型 图纸 的显示，如图 1-20 所示。

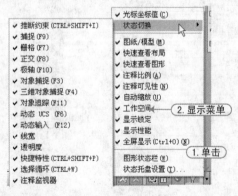

图 1-19　状态栏菜单

图 1-20　取消"图纸\模型"按钮的显示

8．全屏按钮

在 AutoCAD 绘图界面中，若想最大化地在绘图区域中绘制或者编辑图形，可单击"全屏显示（Ctrl+0）"按钮，使整个界面只剩下标题栏、命令行和状态栏，将多余面板隐藏掉，使图形区域能够最大化显示，如图 1-21 所示。

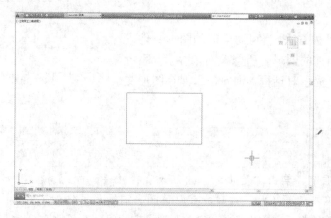

图 1-21　界面最大化效果

技巧：010　AutoCAD 2014的快捷菜单　　视频：技巧010-CAD 2014的快捷菜单.avi
　　案例：无

技巧概述：窗口左上角的"A"按钮为"菜单浏览器"按钮，单击该按钮会出现下拉菜单，如"新建"、"打开"、"保存"、"另存为"、"输出"、"打印"、"发布"等，另外还新增加了很多新的项目，如"最近使用的文档"、"打开文档"、"选项"和"退出 AutoCAD"按钮，如图 1-22 所示。

AutoCAD 2014 的快捷菜单通常会出现在绘图区、状态栏、工具栏、模型或布局选项卡上，右击时，系统会弹出一个快捷菜单，该菜单中显示的命令与右击对象及当前状态相关，会根据不同的情况出现不同的快捷菜单命令，如图 1-23 所示。

图 1-22　"菜单浏览器"下拉菜单

图 1-23　快捷菜单

技巧：011　AutoCAD 2014的退出方法　　视频：技巧011-CAD 2014的退出方法.avi
　　案例：无

技巧概述：在 AutoCAD 2014 中绘制完图形文件后，用户可通过以下任意 4 种方法来退出：

技 巧 精 选

方法 01 在 AutoCAD 2014 软件环境中单击右上角的"关闭"按钮 **x**。

方法 02 按【Alt+F4】或【Alt+Q】组合键。

方法 03 单击 AutoCAD 界面标题栏左端的 **▲** 按钮，在弹出的下拉菜单中单击"关闭"按钮 **□×**。

方法 04 在命令行中输入 Quit 命令或 Exit 命令并按【Enter】键。

通过以上任意一种方法，将可对当前的图形文件进行关闭操作。如果当前的图形有所修改而未存盘，系统将弹出"AutoCAD"提示对话框，询问是否保存图形文件，如图 1-24 所示。

图 1-24　"AutoCAD"提示对话框

技巧提示　★★☆☆☆

在提示对话框中，单击"是（Y）"按钮或直接按【Enter】键，可以保存当前图形文件并将其关闭；单击"否（N）"按钮，可以关闭当前图形文件但不存盘；单击"取消"按钮，取消关闭当前图形文件的操作，既不保存也不关闭。如果当前所编辑的图形文件未命名，单击"是（Y）"按钮后，AutoCAD 会弹出"图形另存为"的对话框，要求用户确定图形文件存放的位置和名称。

技巧：012　将命令行设置为浮动模式

视频：技巧012-将命令行设置为浮动模式.avi
案例：无

技巧概述： 命令行窗口是用于记录在窗口中进行操作的所有命令，如单击按钮和选择菜单选项等。在此窗口中输入命令，按【Enter】键可以执行相应的命令。用户可以根据需要改变其窗口的大小，也可将其拖动为浮动窗口，如图 1-25 所示。若要恢复默认的命令行位置，将浮动窗口按照同样的方法拖至起始位置即可。

图 1-25　拖动命令行形成浮动窗口

软件技能　★★☆☆☆

在绘图过程中，如果需要查看多行命令，可按【F2】键打开 AutoCAD 文本窗口，该窗口中显示了对文件执行过的所有命令，如图 1-26 所示，还可以在其中输入命令。

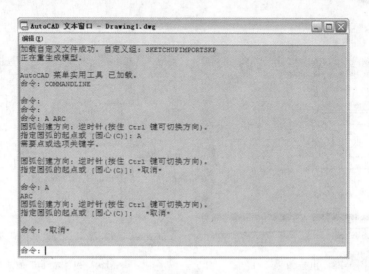

图 1-26　AutoCAD 文本窗口

技巧：013　**绘图窗口的调整**　　　视频：技巧013-绘图窗口的调整.avi　案例：无

技巧概述：当需要切换多个文件进行绘制或编辑时，可以将这些文件都显示在一个工作平面，这样可随意地在图形中进行切换与编辑，如图形之间的复制操作。

在 AutoCAD 2014 软件中，提供了多种窗口的排列功能。可以通过窗口"最小化"和"最大化"控制按钮 ■ □ 和鼠标控件 ↔ ↖ 来调整绘图窗口的大小，还可以在菜单栏处于显示状态时，选择"窗口"菜单项，从弹出的下级菜单中即可看到"层叠"、"水平平铺"、"垂直平铺"、"排列图标"等命令，还可看到当前打开的图形文件，如图 1-27 所示。

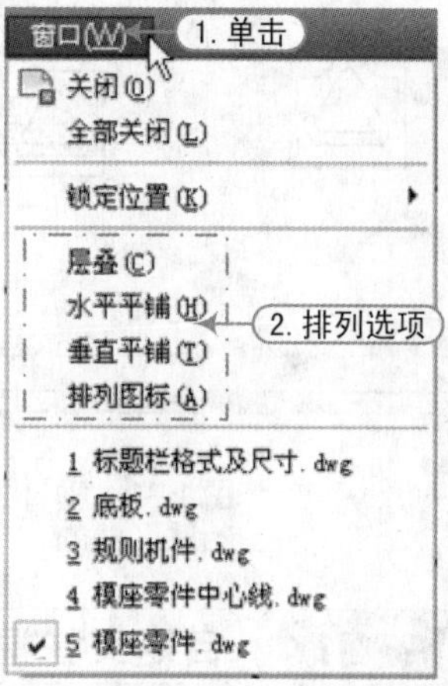

图 1-27　"窗口"菜单命令

1．重叠

当图形过多时，通过"重叠"命令整理大量窗口，便于访问，如图 1-28 所示。

2．水平平铺

打开多个图形时，可以按行查看这些图形，如图 1-29 所示，只有在空间不足时才添加其他列。

3．垂直平铺

打开多个图形时，可以按列查看这些图形，如图 1-30 所示，只有在空间不足时才添加其他行。

4．排列图标

图形最小化时，将图形在工作空间底部排成一排来排列多个打开的图形，如图 1-31 所示。

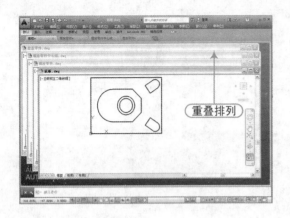

图 1-28　重叠效果

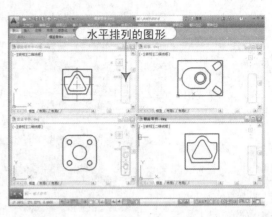

图 1-29　水平平铺效果

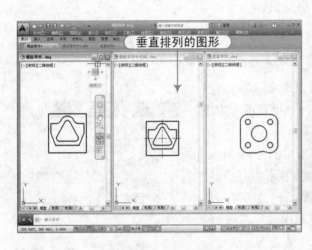

图 1-30　垂直平铺效果

图 1-31　排列图标

技巧：014　自定义快速访问工具栏

视频：技巧014-自定义快速访问工具栏.avi
案例：无

技巧概述： 由于工作性质和关注领域的不同，CAD 软件使用者对软件中各种命令的使用频率大不相同，所以，AutoCAD 2014 提供了自定义快速访问工具栏的功能，让用户可以根据实际需要添加、调整、删除该工具栏中的工具，一般，我们可以将使用频率最高的命令添加到快速访问工具栏中，以达到快速访问的目的。

单击自定义快速访问工具栏中的按钮▼，展开如图 1-32 所示的自定义快捷菜单，在该菜单中，带 ✔ 标记的命令为已向工具栏添加的命令，可以取消勾选来取消该命令在快速访问工具栏的显示，在下侧还提供了"特性匹配"、"特性"、"图纸集管理"、"渲染"等命令，可以勾选这些命令将它们添加到快速访问工具栏中；还可以通过"在功能区下方显示"命令来改变快速访问工具栏的位置。

读者按照如 1-33 图所示步骤操作，可以向快速访问工具栏添加命令图标。

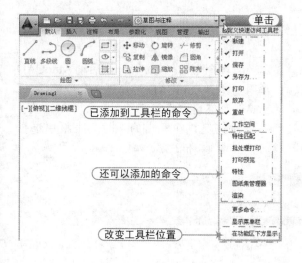

图 1-32 自定义快捷菜单

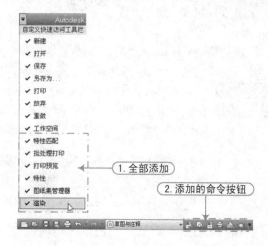

图 1-33 添加已有命令

　　如果这些命令还不足以满足使用者的需求，可以选择"更多命令"来添加相应的命令。例如在草图注释空间的"注释"面板中找不到"连续标注"的命令，此时可根据如图 1-34 所示的操作将"连续标注"的命令添加到快速访问工具栏中。

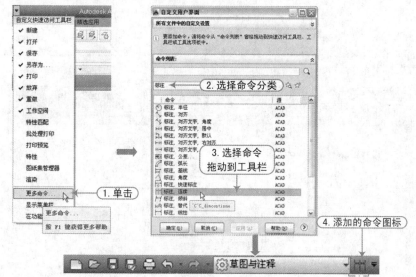

图 1-34 添加更多命令

　　若需要删除快速访问工具栏上的命令图标，直接在该图标上右击，在弹出的快捷菜单中选择"删除"命令即可，如图 1-35 所示。

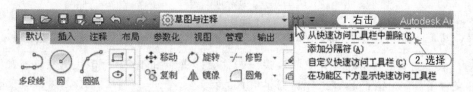

图 1-35 删除工具栏中的命令

技巧：015 工作空间的切换　　　　　　视频：技巧015-工作空间的切换.avi
　　　　　　　　　　　　　　　　　　　　案例：无

　　技巧概述：AutoCAD 的工作界面是 AutoCAD 显示及编辑图形的区域，第一次启动 AutoCAD 2014 是以默认的"草图与注释"工作空间打开的，常用的是"AutoCAD 经典"工作空间。

步骤 01 正常启动 AutoCAD 2014 软件，系统自动创建一个空白文件。

步骤 02 在快速访问工具栏中单击"草图与注释"下拉按钮，在弹出的下拉列表框中选择 "AutoCAD 经典"，即可完成 AutoCAD 2014 工作界面的切换，如图 1-36 所示。

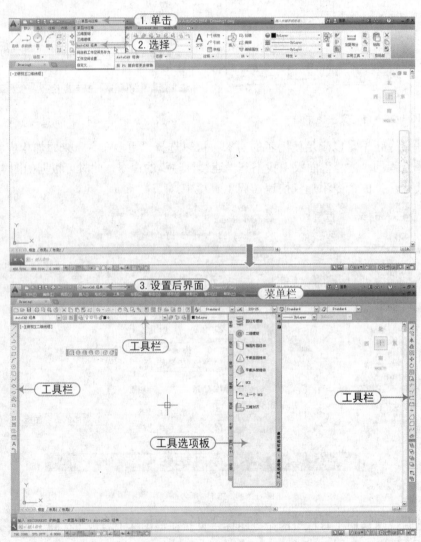

图 1-36　工作界面的切换

专业技能　　　　　　　　　　　　　　　　　　　　　　★★★★☆

　　在状态栏中单击"切换工作空间"按钮，会弹出如图 1-37 所示快捷菜单，此菜单中同样提供了 AutoCAD 的各种工作界面供用户选择。

技巧：016　设置ViewCube工具的大小　　视频：技巧016-设置ViewCube工具的大小.avi
案例：无

技巧概述：在 AutoCAD 2014 软件中，ViewCube 工具即是绘图区右上方显示的东西南北控键按钮，如图 1-38 所示。在绘图过程中该控制键的大小会直接影响绘图区的大小，用户可根据需要来调整该控键的大小。

图 1-37　通过状态栏切换工作空间　　　　　图 1-38　东西南北控键

操作步骤如下：

步骤 01　在 AutoCAD 2014 环境中，在 ViewCube 工具上右击，在弹出的快捷菜单中选择"ViewCube 设置"命令。

步骤 02　弹出"ViewCube 设置"对话框，在"ViewCube 大小"栏中，取消勾选"自动（A）"，则激活"ViewCube 大小"的滑动条，其默认的大小为"普通"，可根据需要在滑动条位置上单击来设置 ViewCube 的大小，后面的图形预览将随着鼠标指针的移动而变化，如图 1-39 所示。

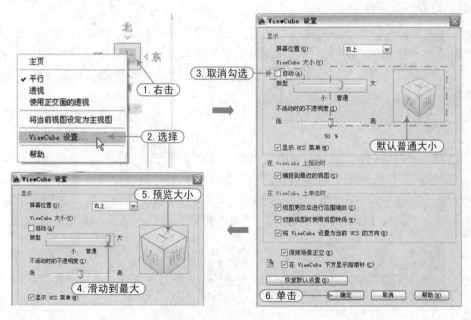

图 1-39　调整 ViewCube 工具大小

在"ViewCube 设置"对话框中，可以通过"屏幕位置（O）"下拉列表框来设置该工具浮动在屏幕左上\左下\右上\右下位置；可以通过"不活动时的不透明度（I）"滑动条对其透明度进行设置；还可以设置"ViewCube 工具"下侧的 wcs 图标的显示与否。

软件技能　　　　　　　　　　　　　　　　　　　　　　★★★☆☆

在 AutoCAD 2014 软件中，可以用系统变量"NAVVCUBEDISPLAY"来控制显示 ViewCube（即显示东西南北的按钮）状态，以及控制 ViewCube 工具在当前视觉样式和当前视口中的显示。

（1）当"NAVVCUBEDISPLAY"变量为 0 时，ViewCube 工具不在二维和三维视觉样式中显示。

（2）当"NAVVCUBEDISPLAY"变量为 1 时，ViewCube 工具在三维视觉样式中显示但不在二维视觉样式中显示。

（3）当"NAVVCUBEDISPLAY"变量为 2 时，ViewCube 工具在二维视觉样式中显示但不在三维视觉样式中显示。

（4）当"NAVVCUBEDISPLAY"变量为 3 时，ViewCube 工具在二维和三维视觉样式中显示。默认变量值为 3，用户可根据需要进行调整。

技巧：017　CAD命令的6种执行方法

视频：技巧017-CAD命令的6种执行方法.avi
案例：无

技巧概述： 使用 AutoCAD 绘图，必须先学会在该软件中使用命令执行操作，包括通过在命令行输入命令、使用工具栏或面板以及使用菜单命令绘图。不管采用哪种方式执行命令，命令行中都将显示相应的提示信息。

1．通过命令行执行命令

在命令行通过输入命令绘图是很多熟悉并牢记了绘图命令的用户比较青睐的方式，因为它可以有效地提高绘图速度，是最快捷的绘图方式。其输入方法是：在命令行中单击，看到闪烁的光标后输入命令快捷键，按【Enter】或者【Space】键确认命令输入，然后按照提示信息逐步进行绘制即可。

在执行命令的过程中，系统经常会提示用户进行下一步的操作，其命令行提示的各种特殊符号的含义如下。

（1）带有[ ]符号的内容： 表示该命令下可执行且以"/"符号隔开的各个选项，若要选择某个选项，只须输入方括号中的字母即可，该字母既可以是大写形式也可以是小写形式。例如，在图形中绘制一个圆，可以在命令行输入圆命令"C"并按【Enter】键，则命令行提示如图 1-40 所示，再输入"t"并按【Enter】键，则选择了以"相切、相切、半径"方式来绘制圆。

```
命令: C ←――（1.执行命令）
CIRCLE
指定圆的圆心或 [三点(3P)/两点(2P)/切点、切点、半径(T)]: t ←――（2.选择t选项）
⊙ ▾ CIRCLE 指定对象与圆的第一个切点: ←――（3.继续提示下步操作）
```

图 1-40　命令执行方式

（2）带有< >符号的内容： 尖括号内的值是当前的默认值或者是上次操作时使用过的值，若在这类提示下直接按【Enter】键，则采用系统默认值或上次操作时使用的值并执行命令，如图 1-41 所示。

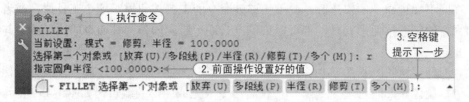

图 1-41　命令执行方式

技巧提示　★★★★☆

　　用户可以按【F12】键来开启"动态输入"模式，此时无需在命令行单击即可直接按命令的快捷键，则会在十字光标处提示以相同字母开头的其他命令，按【Space】键确定首选命令后，根据下一步提示进行操作，使绘图更为简便，如图 1-42 所示。

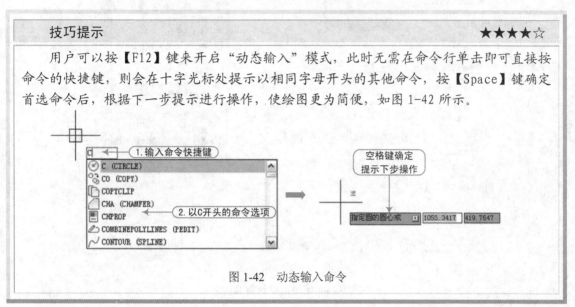

图 1-42　动态输入命令

2. 使用"工具栏"或"面板"执行命令

　　若当前处于"草图与注释"模式下，可以通过选择面板上的按钮来执行命令；还可以将工具栏调出来，工具栏中集合了几乎所有的操作按钮，所以使用工具栏绘图比较常用。下面以使用这两种方法绘制圆为例，具体操作如下。

步骤 **01**　在 AutoCAD 2014 环境中，在"绘图"面板中单击"圆"按钮，或者在"绘图"工具栏中单击"圆"按钮，如图 1-43 所示。

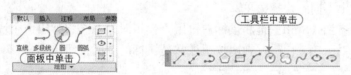

图 1-43　单击按钮执行的两种方式

步骤 **02**　执行上步任意操作，其命令行的提示如图 1-44 所示，根据步骤进行操作即可绘制出一个圆。

图 1-44　命令行的提示

3. 使用"菜单栏"执行命令

用户在既不知道命令的快捷键,又不知道该命令的工具按钮属于哪个工具栏,或者工具栏中没有该命令的工具按钮形式时,都可用菜单方式进行绘图操作,其命令的执行结果与输入命令的方式相同。

例如,选择"绘图|圆弧"菜单中的"起点、端点、半径"命令来绘制一段圆弧,然后又需要对图形进行镜像,此时可选择"修改|镜像"命令来完成图形的编辑,如图 1-45 所示。

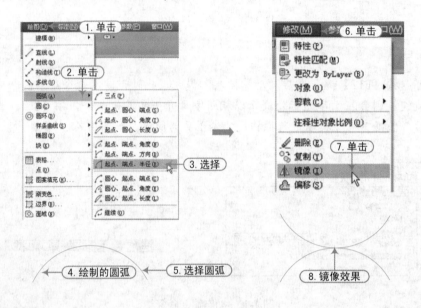

图 1-45   使用菜单执行命令

4. 使用鼠标执行命令

在绘图窗口,光标通常显示为"+"字线形式。光标移至菜单选项、工具对话框中时会变成一个箭头。无论光标是"+"字线形式还是箭头形式,当单击或者按动鼠标键时,都会执行相应的命令或动作。在 AutoCAD 中,鼠标键是按照下述规定进行定义的。

(1)拾取键:通常指鼠标左键,用于指定屏幕上的点,也可以用来选择 Windows 对象、AutoCAD 对象、工具栏按钮和菜单命令等。

(2)回车键:指鼠标右键,相当于【Enter】键,用于结束当前使用的命令,系统会根据当前的绘图状态而弹出不同的快捷菜单。

(3)弹出菜单:当【Shift】键和鼠标右键组合使用时,系统将弹出一个快捷菜单,用于设置捕捉点的方法。对于 3 键鼠标,弹出按钮通常是鼠标的中间按钮。

技巧:018   CAD命令的重复方法

视频:技巧018-CAD命令的重复方法.avi
案例:无

技巧概述:当执行完一个命令后,如果还要继续执行该命令,可以通过以下方法来进行。

方法 01 在命令行为"命令:"提示状态时,直接按【Enter】键或【Space】键,系统将自动执行前一次操作的命令。

方法 02 如果用户需执行以前执行过的相同命令,可按【↑】键,这时将在命令行依次显示前面输入过的命令或参数,当上翻到需要执行的命令时,按【Enter】键或【Space】键即可执行。

技巧：019 CAD命令的撤销方法

视频：技巧019-CAD命令的撤销方法.avi
案例：无

技巧概述： 在绘图过程中，执行了错误的操作或放弃最近一个或多个操作有多种方法。操作步骤如下。

方法 01 单击工具栏中的"撤销"按钮 ，可撤销至前一次执行操作后的效果；单击该按钮后的 按钮，可在弹出的下拉菜单中选择需要撤销的最后一步操作，并且该操作后的所有操作将同时被撤销。

方法 02 在命令行中执行 U 或 UNDO 命令可撤销前一次命令的执行结果，多次执行该命令可撤销前几次命令的执行结果。

方法 03 在某些命令的执行过程中，命令行中提供了"放弃（U）"选项，选择该选项可撤销上一步执行的操作，连续选择"放弃"选项可以连续撤销前几步执行的操作。

方法 04 按快捷键【Ctrl+Z】进行撤销最近一次的操作。

专业技能　　　　　　　　　　　　　　　　★★★☆☆

许多命令包含自身的 U（放弃）选项，无须退出此命令即可更正错误。例如，使用 LINE（直线）命令创建直线或多段线时，输入 U 即可放弃上一个线段。

命令：LINE
指定第一个点：
指定下一点或 [放弃(U)]：

技巧：020 CAD命令的重做方法

视频：技巧020-CAD命令的重做方法.avi
案例：无

技巧概述： 与撤销命令相反的是恢复命令，通过恢复命令，可以恢复前一次或前几次已取消执行的操作。执行重做命令有以下几种方法：

方法 01 在使用了 U 或 UNDO 放弃命令后，紧接着使用 REDO 命令恢复命令。

方法 02 单击快速访问工具栏中的"恢复"按钮 。

方法 03 按【Ctrl+Y】组合键进行恢复最近一次操作。

专业技能　　　　　　　　　　　　　　　　★★★☆☆

REDO（重做）命令必须在 UNDO（放弃）命令后立即执行。

技巧：021 CAD的动态输入方法

视频：技巧022-CAD的动态输入方法.avi
案例：无

技巧概述： 单击状态栏上的"动态输入"按钮 ，或者按【F12】键，用于打开或关闭动态输入功能。打开动态输入功能，在输入文字时就能看到光标附着的工具栏提示，可直接按命令的快捷键，则会在十字光标处提示以相同字母开头的其他命令，按【Space】键确定首选命令后，根据下一步提示进行操作，使绘图更为简便，如图 1-46 所示。

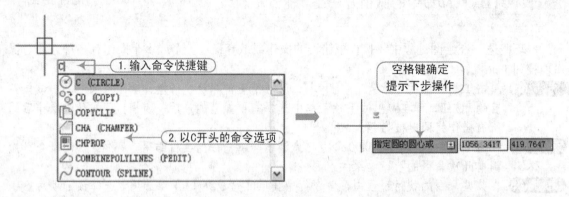

图 1-46　动态输入命令

技巧：022　CAD命令行的使用技巧

视频：技巧022-CAD命令行的使用技巧.avi
案例：无

技巧概述：在 CAD 中执行命令的过程中，有时会根据命令行的提示来输入特殊符号，这就要求用户掌握特殊符号的输入技巧；另外，在选择图形的过程中，用户可以通过按不同次数的【Space】键来达到特定的功能。

1. 输入特殊符号的技巧

在实际绘图中，往往需要标注一些特殊的字符。例如，在文字上方或下方添加画线、标注度（°）、±等特殊符号。这些特殊符号不能从键盘上直接输入，因此 AutoCAD 提供了相应的控制符以实现这些标注要求。AutoCAD 的常用的控制符如表 1-3 所示。

表 1-3　常用控制符

控制符号	功　　能
%%O	打开或关闭文字上画线
%%U	打开或关闭文字下画线
%%D	标注度（°）符号
%%P	标注正负公差（±）
%%C	标注直径（ϕ）
\U+00b3	标注立米（m^3）
\U+00b2	标注平米（m^2）

技巧提示　★★★★☆

在 AutoCAD 中输入文字时，可以通过"文字格式"对话框中的"堆叠"按钮创建堆叠文字（堆叠文字是一种垂直对齐的文字）。在使用时，需要分别输入分子和分母，其间使用/、#、或^分隔，然后选择这一部分文字，单击按钮。例如，输入"2011/2012"，然后选中该文字并单击按钮，即可形成如图 1-47 所示的效果。如输入"M2^"，选择"2^"，然后单击按钮，即可形成上标效果；若输入 M^2，选择"2^"，单击按钮即可形成下标效果，如图 1-48 所示。

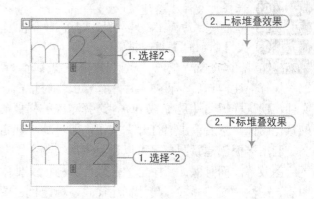

图 1-47　输入/分隔符堆叠　　　　　　　图 1-48　输入^分隔符堆叠

2. 【Space】键妙用技巧

在未执行命令的状态下选择图形，选择的图形呈蓝色夹点状态，单击任意蓝色夹点，则该夹点呈红色显示且作为基点。

（1）按【Space】键一次，自动转换为移动号令。

（2）按【Space】键两次，自动转换为旋转号令。

（3）按【Space】键三次，自动转换为缩放号令。

（4）按【Space】键四次，自动转换为镜像号令。

（5）按【Space】键五次，自动转换为拉伸号令。

技巧：023　CAD透明命令的使用方法

视频：技巧023-CAD透明命令的使用方法.avi
案例：无

技巧概述：在 AutoCAD 中，透明命令是指在执行其他命令的过程中可以执行的命令。通常使用的透明命令多为修改图形设置的命令、绘图辅助工具命令，例如 Snap、Grid、Zoom 等命令。

要以透明方式使用命令，应在输入命令之前输入单引号（'）。命令行中，透明命令行的提示有一个双折符号（>>），完成透明命令后，将继续执行原命令。如图 1-49 所示为在执行直线命令中，使用透明命令开启正交模式的操作步骤。

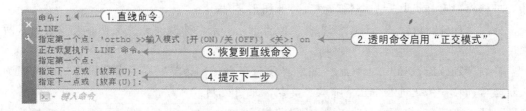

图 1-49　透明命令的使用

技巧：024　CAD新建文件的几种方法

视频：技巧024-CAD新建文件的几种方法.avi
案例：无

技巧概述：启动 AutoCAD 后，将自动新建一个名为 Drawing 的图形文件，用户也可以通过 CAD 中的样板来新建一个含有绘图环境的文件，以完成更多更复杂的绘图操作。新建图形文件的方法如下：

方法 01 选择"文件 | 新建（New）"命令。

方法 02 单击快速访问工具栏中的"新建"按钮。

方法 03 按【Ctrl+N】组合键。

方法 04 在命令行中输入"New"命令并按【Enter】键。

　　执行上述操作后，将弹出"选择样板"对话框，在对话框中可选择新文件所要使用的样板文件，默认样板文件是 acad.dwt，选择相应的样板文件，在右侧的"预览框"将显示出该样板的预览图像，然后单击"打开"按钮，即可基于选定样板新建一个文件，如图 1-50 所示。

　　利用样板创建新图形，可以避免每次绘制新图时进行有关绘图设置的重复操作，不仅提高了绘图效率，而且保证了图形的一致性。样板文件中通常含有与绘图相关的一些通用设置，如图层、线性、文字样式、尺寸标注样式、标题栏、图幅框等。

图 1-50 "选择样板"对话框

软件技能 ★★★☆☆

　　在 "选择样板"对话框中，单击"打开"按钮后面的 按钮，在弹出的下拉菜单中，可选择"无样板打开—英制"或"无样板打开—公制"选项，如果用户未进行选择，默认情况下将以"无样板打开—公制"方式打开图形文件。

　　公制（The Metric System）：基本单位为千克和米，为欧洲大陆及世界大多数国家所采用。

　　英制（The British System）：基本单位为磅和码，为英联邦国家所采用，而英国加入欧盟后，在一体化进程中已宣布放弃英制，采用公制。

技巧：025 **CAD打开文件的几种方法**

视频：技巧025-CAD打开文件的几种方法.avi
案例：无

　　技巧概述：对 AutoCAD 文件进行编辑，必须先打开该文件，其方法如下。

方法 01 选择"文件 | 打开（Open）"命令。

方法 02 单击快速访问工具栏中的"打开"按钮。

方法 03 按下【Ctrl+O】组合键。

方法 04 在命令行中输入"Open"命令并按【Enter】键。

以上任意一种方法都可打开已存在的图形文件，并弹出"选择文件"对话框，选择指定路径下的指定文件，在右侧的"预览"栏中显出该文件的预览图像，然后单击"打开"按钮，将所选择的图形文件打开，如图 1-51 所示。

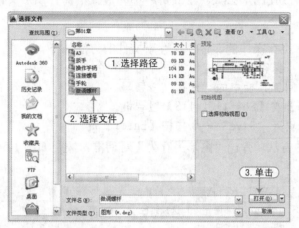

图 1-51　"选择文件"对话框

技巧：026　CAD文件局部打开的方法　　视频：技巧026-CAD文件局部打开的方法.avi
　　　　　　　　　　　　　　　　　　　　案例：无

技巧概述：单击"打开"按钮右侧的倒三角按钮[▼]，将显示打开文件的 4 种方式，如图 1-52 所示。

在 AutoCAD 2014 中，可以通过"打开"、"以只读方式打开"、"局部打开"和"以只读方式局部打开"4 种方式打开文件。当以"打开"、"局部打开"打开图形时，可以对打开的图形进行编辑，当以"以只读方式打开"、"以只读方式局部打开"打开图形时，则无法对图形进行编辑。

如果选择"局部打开"、"以只读方式局部打开"打开图形时，将弹出"局部打开"对话框，如图 1-53 所示，可以在"要加载几何图形的视图"选项区域选择要打开的视图，在"要加载的几何图形的图层"选项区域中选择要选择的图层，然后单击"打开"按钮，即可在选定区域视图中打开已选择图层上的对象。便于用户有选择地打开自己所需要的图形内容，加快文件装载的速度。特别是针对大型工程项目中，一个工程师通常只负责一小部分设计，使用局部打开功能，能减少屏幕上显示的实体数量，从而大大提高工作效率。

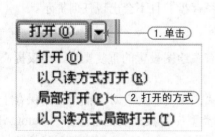

图 1-52　打开文件的方式

图 1-53　"局部打开"对话框

技巧：027　CAD保存文件的几种方法

视频：技巧027-CAD保存文件的几种方法.avi
案例：无

技巧概述： 图形绘制完毕后应保存至相应的位置，而在绘图过程中也要随时保存图形，以免死机、停电等意外事故使图形丢失。下面讲解不同情况下保存图形文件的方法。

1．保存新文件

新文件是还未进行保存操作的文件，保存新文件的方法如下。

方法 01 选择"文件｜保存"或"文件｜另存为"命令。

方法 02 单击快速访问工具栏中的"保存"按钮 🖫 。

方法 03 按【Ctrl+S】或【Shift+Ctrl+S】组合键。

方法 04 在命令行中输入"Save"命令并按【Enter】键。

执行以上任意一种方法，弹出"图形另存为"对话框，按照如图1-54所示的操作提示进行保存即可。

图1-54　"图形另存为"对话框

2．保存正在绘制或编辑后的文件

在绘图或者编辑过程中，同样需要对图形进行保存，以免丢失当前的操作。

方法 01 单击快速访问工具栏中的"保存"按钮 🖫 。

方法 02 在命令行中输入"QSAVE"命令并按【Enter】键。

方法 03 按【Ctrl+S】组合键。

如果图形从未被保存过，将弹出"图形另存为"对话框，要求用户将当前图形文件进行存盘；如果图形已被保存过，则会按原文件名和文件路径存盘，且不会出现任何提示。

3．保存为样板文件

保存样板文件可以避免每次绘制新图时需要进行有关绘图设置的重复操作，不仅提高了绘图效率，而且保证了图形的一致性。

在执行了"保存"或者"另存为"命令后，弹出"图形另存为"对话框，在"保存于"下拉列表框中找到指定样板文件保存的路径，在"文件类型"下拉列表框中选择"AutoCAD 图形样板（*.dwt）"选项，然后输入样板文件名称，最后单击"保存"按钮即可创建新的样板文件，如图1-55所示。

图 1-55　保存为样板文件

技巧提示　★★☆☆☆

　　在"图形另存为"对话框的"文件类型"下拉列表框中还可以看到低版本的 AutoCAD 软件类型，如"AutoCAD 2000 图形（*.dwg）"等格式，而 AutoCAD 2014 默认保存文件格式是"AutoCAD 2013 图形（*.dwg）"，由于 CAD 软件的向下兼容程序，低版本 AutoCAD 软件无法打开由高版本创建的 AutoCAD 图形文件，为了方便地打开保存的文件，可以将图形保存为其他低版本的 AutoCAD 类型文件。

技巧：028　CAD文件的加密方法

视频：技巧028-CAD文件的加密方法.avi
案例：无

　　技巧概述：在 AutoCAD 2014 中保存文件可以使用密码保护功能对文件进行加密保存，以提高资料的安全性。具体操作如下。

步骤 01　选择"文件|保存"或者"文件|另存为"命令，弹出"图形另存为"对话框，单击 **工具(L)** ▼按钮，在弹出的下拉菜单中选择"安全选项"，如图 1-56 所示。

步骤 02　弹出"安全选项"对话框，在"密码"选项卡的"用于打开此图形的密码或短语"文本框中输入密码，然后单击 **确定** 按钮，如图 1-57 所示。

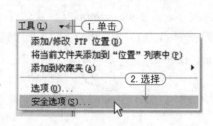

图 1-56　选择命令

图 1-57　"安全选项"对话框

步骤 03 弹出"确认密码"对话框,在"再次输入用于打开此图形的密码"文本框中确认密码,单击 **确定** 按钮,如图 1-58 所示。返回 "图形另存为"对话框,为加密图形文件指定路径、设置名称与类型后,单击 **保存(S)** 按钮即可保存加密的图形文件。

步骤 04 当用户再次打开加密图形文件时,系统将弹出"密码"对话框,如图 1-59 所示。在对话框中输入正确的密码才能将此加密文件打开,否则将无法打开此图形。

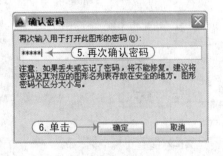
图 1-58 "确认密码"对话框

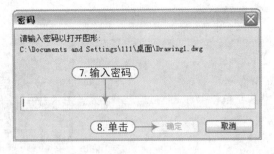
图 1-59 "密码"对话框

技巧:029 CAD文件的修复方法

视频:技巧029-CAD文件的修复方法.avi
案例:无

技巧概述: 在使用 AutoCAD 进行工作时,意外的死机、停电或者文件出错都给我们的工作带来诸多的困扰与不便,下面讲述在出现这种情况下如何对 CAD 文件进行修复。

(1) 在死机、停电或者文件出错自动退出并无提示等意外情况后,打开 CAD 文件时会出现错误,此时,可以使用 "文件|图形实用工具(U)|"修复(R)"命令,进行 CAD 文件的修复。大多情况下是可以修复的。

(2) 文件出错时,一般会出现一个提示是否保存的对话框,此时应选择不保存。如果选择保存,再打开文件时会发现文件已丢失,若不保存则文件可能只丢失一部分。

(3) 如果用"修复(R)"命令修复以后无效,可用插块方式。新建一个 CAD 文件把原来的文件用插块方式的方式插进来,也许可行。

(4) 在死机、停电等意外情况下,打开 CAD 文件出现错误并用修复功能无效时,可到文件夹下找到备份文件(bak 文件),将其后缀名改为"dwg",以代替原文件或改为另一文件名。打开后一般损失的工作量很小。有少数情况死机后再打开文件时虽然能打开,但却无内容,或只有很少的几个图元,这时千万不能保存文件,按上述方法改为备份文件(bak 文件)是最好的方法,如果保存了原文件,备份文件就被更新,无法恢复到死机前的状态。

(5) 如果没注意前面出现的错误,备份文件也已更新到无实际内容的文件,或者在选项中取消了创建备份文件(以节省磁盘空间),那就需要寻找自动保存的文件。自动保存的位置在未更改的情况下,一般在系统文件所自动定义的临时文件夹下,即 c:winnttemp 文件夹。自动保存的文件名后缀为"sv\$"(也可自己定),根据时间、文件名能找到自动保存的文件。比如受损的文件名是"换热器.dwg",自动保存的文件名很可能是"换热器_?_?_????.sv\$",其中"?"号是一些不确定的数字。为 CAD 建立专门的临时文件夹是一个好的方法,便于清理和寻找文件,能减少系统盘的碎片文件。方法是在资源管理器中建立文件夹后,在 CAD 的选项中指定临时文件和自动保存文件的位置。

(6) 注意作图习惯,不要将太多图纸放在一个文件中,养成随时保存和备份的习惯。

技巧：030　CAD文件的清理方法

视频：技巧030-CAD文件的清理方法.avi
案例：无

　　技巧概述：由于工作需要，我们经常把大量 AutoCAD 绘制的 DWG 图形文件作为电子邮件的附件在互联网上传输，为加快上传速度，下面介绍两条为 DWG 文件"减肥"的方法。

1．使用"PUREG"命令清理

　　图纸完成以后，里面可能有很多多余的东西，如图层、线型、标注样式、文字样式、块、形等，不仅占用存储空间还使 DWG 文件偏大，所以要进行清理。按照如下步骤进行操作，会将文件内部所有不需要的垃圾对象全部删除。

步骤 01　在命令行中输入"PUREG"命令并按【Enter】键，将弹出"清理"对话框，会看到该图形中的所有项目，分别显示各种类型的对象。

步骤 02　选择"查看能清理的项目"单选按钮，再单击 全部清理(A) 按钮，如图 1-60 所示。

　　还可以选择性地清理不需要的类型，如需要清理多余的图层，则在"清理"对话框中选择"图层"项，再单击 清理(P) 按钮，即可将未使用的垃圾图层删除如图 1-61 所示。

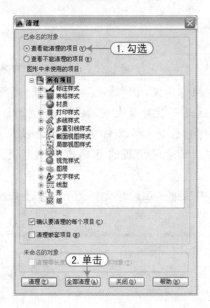

图 1-60　清理所有垃圾文件

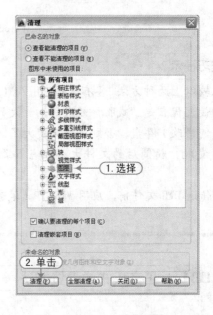

图 1-61　清理未使用的图层

　　用 PURGE 命令把图形中未使用过的块、图层、线型等全部删除，可以达到减小文件的目的。如果文件仅用于传送给对方观看或是永久性存档，在使用 PURGE 命令前还可以做如下工作。

　　（1）把图形中插入的块炸开，使图形中根本不含有块。

　　（2）把线型相同的图层上的元素全部放置在一个图层上，减少图层数量。

　　这样一来就能使更多的图块、图层成为未使用的图块和图层，从而可以使 PURGE 命令删除，更加精减文件尺寸。连续多次使用 PURGE 命令，可最大程度地为文件"减肥"。

2．使用"WBLOCK"命令清理

　　把需要传送的图形用 WBLOCK 命令以写块的方式产生新的图形文件，把新生成的图形文件作为传送或存档用。具体操作如下。

步骤 01　在命令行中输入"WBLOCK"命令并按【Enter】键，将弹出"写块"对话框。

步骤 02 单击"选择对象"按钮，在图形区域选择需要列出的图形，并指定相应基点，按照如图 1-62 所示的步骤进行操作，将需要的图形进行写块处理。

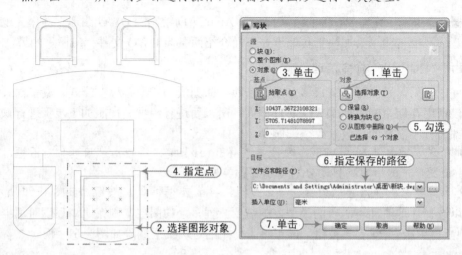

图 1-62　写块操作

技巧提示 ★★★☆☆

比较以上两种方法，各有长短：用 PURGE 命令操作简便，但"减肥"效果稍差；用 WBLOCK 命令的最大优点是"减肥"效果好，最大的缺点就是不能对新生成的图形进行修改（甚至不作任何修改）存盘，否则文件又变大了。笔者对自己的 DWG 文件用两种方法精简并对比效果后发现，精简后的文件大小相差 5 KB 左右。读者可根据自己的情况确定使用何种方法。

在传送 DWG 文件前，应用 WINZIP（笔者推荐）压缩，压缩后文件大小只有原来的 40% 左右。

技巧：031　正交模式的设置方法

视频：技巧031-正交模式的设置方法.avi
案例：无

技巧概述：正交模式处于打开状态时，绘制的所有线条都是平行于坐标轴的，能迅速准确地绘制出与坐标轴平行的线段。打开与关闭正交模式的操作方法如下。

方法 01 在状态栏中单击"正交模式"按钮，再次单击该按钮即可关闭该模式。

方法 02 正交模式的快捷键是【F8】，可以通过按【F8】键，来开启或关闭正交模式。

在正交模式下，线条均为平行于坐标轴的线段，平行于哪一个坐标轴取决于拖出线的起点到坐标轴的距离。只能在垂直或水平方向画线或指定距离，而不管光标在屏幕上的位置。其线的方向取决于光标在 X 轴、Y 轴方向上的移动距离变化。

技巧提示 ★★★☆☆

正交模式只控制光标，影响用光标输入的点，而对以数据方式输入的点无任何影响。

捕捉与栅格的设置方法

视频：技巧032-捕捉与栅格的设置方法.avi
案例：无

技巧概述： "捕捉"用于设置光标移动的间距，"栅格"是一些标定位置的小点，使用它们可以提供直观的距离和位移参照。捕捉功能常与栅格功能联合使用，一般情况下，先启动栅格功能，然后再启动捕捉功能捕捉栅格点。

单击状态栏中的"栅格显示"按钮，使该按钮呈凹下状态，这时在绘图区域中将显示网格，这些网格就是栅格，如图 1-63 所示。

如用户需将鼠标光标快速定位到某个栅格点，就必须启动捕捉功能。单击状态栏中的"对象捕捉"按钮即可启用捕捉功能。此时在绘图区中移动十字光标，会发现光标将按一定的间距移动。为方便用户更好地捕捉图形中的栅格点，可以将光标的移动间距与栅格的间距设置为相同，这样光标就会自动捕捉到相应的栅格点，具体操作如下。

步骤 01 选择"工具|绘图设置"命令，或者在命令行输入"SE"命令并按【Enter】键，在弹出的"草图设置"对话框中选择"捕捉和栅格"选项卡，如图 1-64 所示。

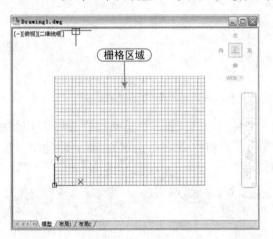

图 1-63　启动栅格　　　　　　　　　　图 1-64　"草图设置"对话框

步骤 02 如用户还未启用捕捉功能，可在该对话框勾选"启用捕捉（F9）"和"启用栅格（F7）"复选框，则启用栅格捕捉功能。

步骤 03 在"捕捉间距"选项区域中，设置"捕捉 X 轴间距"为 10，"捕捉 Y 轴间距"同样为 10，设置十字光标水平移动的间距值。

步骤 04 在"栅格样式"选项区域中，可以设置在不同空间下显示点栅格，若勾选在"二维模型空间"复选框来显示点栅格，则在默认的二维绘图区域显示点栅格状态，如图 1-65 所示。

步骤 05 在右侧的"栅格间距"选项区域中，设置"栅格 X 轴间距"与"栅格 Y 轴间距"均为 10。

步骤 06 最后单击"确定"按钮完成栅格设置，此时绘图区中的光标将自动捕捉栅格点。

在"捕捉和栅格"选项卡中，各主选项的含义如下。

● "启用捕捉"复选框：用于打开或者关闭捕捉方式，可以按【F9】键进行切换，也可以在状态栏中单击进行切换。

● "捕捉间距"选项区域：用于设置 X 轴和 Y 轴的捕捉间距。

● "启用栅格"复选框：用于打开或关闭栅格显示，可以按【F7】键进行切换，也可以

在状态栏中单击 按钮进行切换。当打开栅格状态时，用户可以将栅格显示为点矩阵或线矩阵。

- "栅格捕捉"单选按钮：可以设置捕捉类型为"捕捉和栅格"，移动十字光标时，它将沿着显示的栅格点进行捕捉，也是 AutoCAD 默认的捕捉方式。
- "矩形捕捉"单选按钮：将捕捉样式设置为"标准矩形捕捉"，十字光标将捕捉到一个矩形栅格，即一个平面上的捕捉，也是 AutoCAD 默认的捕捉方式。
- "等轴测捕捉"单选按钮：将捕捉样式设置为"等轴测捕捉"，十字光标将捕捉到一个等轴测栅格，即在 3 个平面上进行捕捉，鼠标也会跟着变化，如图 1-66 所示。

图 1-65　点栅格显示

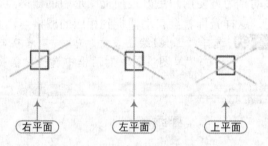

图 1-66　等轴测中的鼠标显示

- "栅格间距"选项区域：用于设置 X 轴、Y 轴的栅格间距，并且可以设置每条主轴的栅格数。若栅格的 X 轴和 Y 轴的间距为 0，则栅格采用捕捉 X 轴和 Y 轴的值。如图 1-67 所示为设置不同的栅格间距效果。

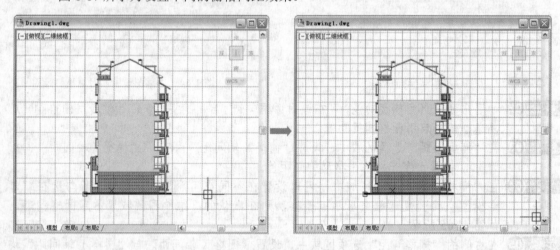

图 1-67　设置不同的栅格间距效果

- "PolarSnap"单选按钮：可以设置捕捉样式为极轴捕捉，并且可以设置极轴间距，此时光标沿极轴转角或对象追踪角度进行捕捉。
- "自适应栅格"复选框：用于界限缩放时的栅格密度。
- "显示超出界限的栅格"复选框：用于确定是否显示图像界限之外的栅格。
- "遵循动态 UCS"复选框：跟随动态 UCS 和 XY 平面而改变栅格平面。

技巧提示　　　　　　　　　　　　　　　　　　　　　　　　★★★★☆

　　栅格在绘图区中只起辅助作用，并不会打印输出在图纸上，用户也可以通过命令行的方式来设置捕捉和栅格，其中，捕捉的命令为"SNAP"，栅格的命令为"GRID"，其命令行如图 1-68 所示进行提示，根据提示选项来设置栅格间距、打开与关闭、捕捉、界限等。

命令: GRID
指定栅格间距(X) 或 [开(ON)/关(OFF)/捕捉(S)/主(M)/自适应(D)/界限(L)/跟随(F)/纵横向间距(A)] <50.0000>: *
取消*

图 1-68　栅格命令

技巧：033　捕捉模式的设置方法

视频：技巧033-捕捉模式的设置方法.avi
案例：无

　　技巧概述： 对象自动捕捉（简称自动捕捉）又称为隐含对象捕捉，利用此捕捉模式可以使 AutoCAD 自动捕捉到某些特殊点。启动"自动捕捉"功能的方法如下。

方法 01 选择"工具|绘图设置"命令，从弹出的"草图设置"对话框中选择"对象捕捉"选项卡，如图 1-69 所示。

方法 02 右击状态栏上的"对象捕捉"按钮，从弹出的快捷菜单中选择"设置"命令，如图 1-70 所示，也可以打开此对话框。

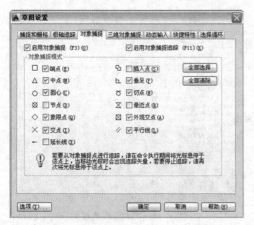

图 1-69　"草图设置"对话框

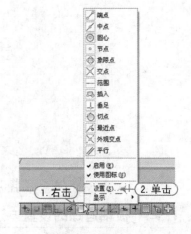

图 1-70　设置捕捉

　　在"对象捕捉"选项卡中，可以通过"对象捕捉模式"选项区域中的各复选框确定自动捕捉模式，即确定使 AutoCAD 将自动捕捉到哪些点。

　　在"对象捕捉"选项卡中，各主选项的含义如下。

- "启用对象捕捉（F3）"复选框：用于确定是否启用自动捕捉功能；同样可以在状态栏中单击"对象捕捉"按钮来激活，或按【F3】键，或者按【Ctrl+F】组合键，即可在绘图过程中启用捕捉选项。
- "启用对象捕捉追踪（F11）"复选框：用于确定是否启用对象捕捉追踪功能。
- "对象捕捉模式"选项区域：在实际绘图过程中，有时经常需要找到已知图形的特殊点，如圆点、切点、中点等，勾选该特征点前面的复选框，即可设置为该点的捕捉。

利用"对象捕捉"选项卡设置默认捕捉模式并启用对象自动捕捉功能后，在绘图过程中每当 AutoCAD 提示用户确定点时，如果使光标位于对象上在自动捕捉模式中设置的对应点的附近，AutoCAD 会自动捕捉到这些点，并显示出捕捉到相应点的小标签，如图 1-71 所示。

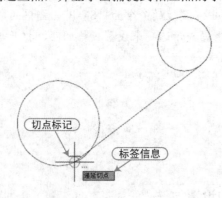

图 1-71　捕捉切点

> **软件技能**　　　　　　　　　　　　　　　　　　　　　　★★★★★
>
> 　　在 AutoCAD 2014 中，也可以右击状态栏"对象捕捉"按钮▣，在弹出的快捷菜单中选择捕捉的特征点，如图 1-69 所示。另外，在捕捉时按住【Ctrl】键或【Shift】键并右击，将弹出对象捕捉快捷菜单，如图 1-72 所示，通过快捷菜单上的特征点选项来设置捕捉。

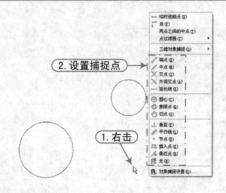

图 1-72　右击选择特征点

技巧：034　极轴追踪的设置方法　　　　视频：技巧034-极轴追踪的设置方法.avi
　　　　　　　　　　　　　　　　　　　　　　案例：无

　　技巧概述：与正交功能相对的是极轴功能，使用极轴功能不仅可以绘制水平线、垂直线，还可以快速绘制任意角度或设定角度的线段。

　　单击状态栏中的"极轴追踪（F10）"按钮▣，或者按【F10】键，都可以启用极轴功能。启用后用户在绘图操作时，将在屏幕上显示由极轴角度定义的临时对齐路径，系统默认的极轴角度为 90。通过"草图设置"对话框可设置极轴追踪的角度等其他参数，具体操作如下。

步骤 01 在命令行中输入"SE"命令并按【Enter】键；或者在状态栏中右击"极轴追踪"按钮▣，选择"设置"命令，在弹出的"草图设置"对话框中选择"极轴追踪"选项卡，如图 1-73 所示。

步骤 02 在"增量角"下拉列表框中指定极轴追踪的角度。若选择增量角为 30，则光标移到相对于前一点的 0、30、60、90、120、150 等角度上时，会自动显示出一条极轴追踪虚线，如图 1-74 所示。

步骤 03 勾选"附加角"复选框，然后单击"新建"按钮，可新增一个附加角。附加角是指当十字光标移到设定的附加角度位置时，也会自动捕捉到该极轴线，以辅助用户绘图。如图 1-73 所示新建的附加角为 19°，在绘图时即可捕捉到 19° 的极轴，如图 1-75 所示。

步骤 04 在"极轴角测量"选项区域中还可更改极轴的角度类型，系统默认选择"绝对（A）"单选按钮，即以当前用户坐标系确定极轴追踪的角度。若选择"相对上一段"单选按钮，则根据上一个绘制的线段确定极轴追踪的角度。

步骤 05 最后单击"确定"按钮，完成极轴追踪功能的设置。

图 1-73　极轴追踪设置

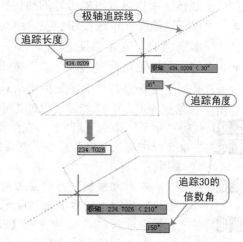

图 1-74　捕捉增量角

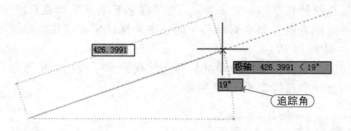

图 1-75　捕捉附加角

软件技能　　　　　　　　　　　　　　　　　　　★★★★☆

　　在设置不同角度的极轴时，一般只设置附加角，可以"新建"和"删除"附加角，而增量角作为默认捕捉角很少改变。

　　增量角和附加角的区别在于：附加角不能倍量递增，如设置附加角为 19°，则只能捕捉到 19° 的极轴，与之倍增的角度如 38°、57° 等则不能进行捕捉。

　　若设置"极轴角测量"为"相对上一段"，在上一条线的基础上附加角和增量角都可以捕捉得到增量的角度。

技巧：035 对象捕捉追踪的使用方法

视频：技巧035-对象捕捉追踪的使用方法.avi
案例：无

技巧概述： 对象捕捉应与对象捕捉追踪配合使用，在使用对象捕捉追踪时必须同时启动一个或多个对象捕捉，同时应用对象捕捉功能。

首先按【F3】键启用对象捕捉功能，再单击状态栏中的"对象捕捉追踪（F11）"按钮，或者按【F11】键；若要对对象捕捉追踪功能进行设置，则右击按钮，选择"设置"选项卡，在弹出的"草图设置"对话框中切换到"极轴追踪"选项卡，如图 1-73 所示，其中"对象捕捉追踪设置"选项区域中包含了"仅正交追踪"和"用所有极轴角设置追踪"两个单选按钮，通过这两个单选按钮可以设置对象追踪的捕捉模式。

- "仅正交追踪"单选按钮：在启用对象捕捉追踪时，将显示获取的对象捕捉点的正交（水平/垂直）对象捕捉追踪路径。
- "用所有极轴角设置追踪"单选按钮：即将极轴追踪设置应用到对象捕捉追踪。使用方式捕捉特殊点时，十字光标将从对象捕捉点起沿极轴对齐角度进行追踪。

利用"对象捕捉追踪"功能，可以捕捉矩形的中心点来绘制一个圆，操作步骤如下：

步骤 01 执行"矩形"命令（REC），在绘图区域任意绘制一个矩形对象。

步骤 02 在命令行中输入"SE"命令并按【Enter】键，在弹出的"草图设置"对话框中选择"对象捕捉"选项卡。

步骤 03 勾选"启用对象捕捉"与"启用对象捕捉追踪"复选框，再设置"对象捕捉模式"为"中点"捕捉，然后单击"确定"按钮，如图 1-76 所示。

步骤 04 在命令行中输入"C"命令并按【Enter】键，根据命令行提示"指定圆的圆心"时，将鼠标指针移到矩形上水平线上，捕捉到中点标记 △ 后向下拖动，会自动显示一条虚线，即为对象捕捉追踪线，如图 1-77 所示。

步骤 05 同样将鼠标指针移至矩形左垂直边，且捕捉垂直中点标记 △ 后水平向右侧进行移动，当移到相应位置时，即会同时显现两个中点标记延长虚线，中间则出现一个交点标记 ✕，如图 1-78 所示。

步骤 06 单击确定圆的圆心，继续拖动鼠标向上捕捉到水平线上的中点后，单击确定圆的半径来绘制出一个圆，如图 1-79 所示。

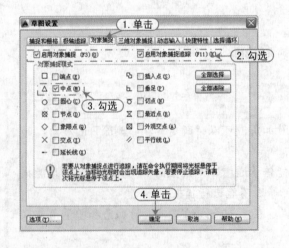

图 1-76　设置捕捉模式

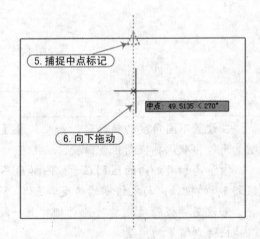

图 1-77　捕捉中点并拖动

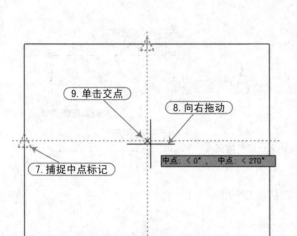

图 1-78　捕捉到交点单击

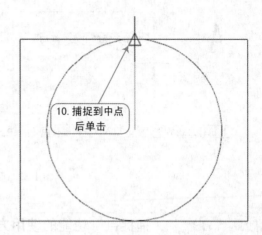

图 1-79　捕捉上中点绘制圆

技巧：036　临时追踪的使用方法

视频：技巧036-临时追踪的使用方法.avi
案例：无

　　技巧概述：在右击状态栏"对象捕捉"按钮□弹出的快捷菜单中，有个特征点为 临时追踪点⑥ ，该捕捉方式始终跟踪上一次单击的位置，并将其作为当前的目标点，也可以用 tt 命令进行捕捉。

　　临时追踪点与对象捕捉模式相似，只是在捕捉对象时先单击。如图 1-80 所示有一个矩形和点 A，要求从点 A 绘制一条线段到过矩形的中心点，其中要用到"临时追踪点"来进行捕捉，绘制的效果如图 1-81 所示，具体操作如下。

图 1-80　原图形

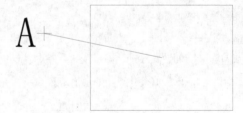

图 1-81　绘制连接线

步骤 01　执行"直线"命令（L），点取起点 A。

步骤 02　命令提示"指定下一点或 [放弃(U)]:"时，输入"tt"并按【Enter】键，提示指定"临时对象追踪点:"，此时鼠标指针移动捕捉到左边的中点并单击，确定以左边的中点为临时追踪点，鼠标稍微向右移动，出现水平追踪对齐线。

　　这时就能以临时追踪点为基点取得相对坐标获得目标点，但是我们要获得的点与上边的中点有关，因此再用一次临时追踪点。

步骤 03　再次输入"tt"并按【Enter】键确定，再指定临时追踪点为矩形上边中心点并单击，出现垂直对齐线，沿线下移光标到第一个临时追踪点的右侧。

步骤 04　在出现第二道水平对齐线时，同时看到两道对齐线相交，如图 1-82 所示。此时单击确定直线的终点，该点即为矩形中心点。

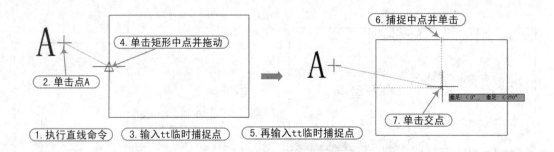

图 1-82　临时捕捉的应用

技巧：037　"捕捉自"功能的使用方法

视频：技巧037-"捕捉自"功能的使用方法.avi
案例：无

技巧概述： 右击状态栏"对象捕捉"按钮▣则弹出快捷菜单，显示各个捕捉特征点，▛目⓪捕捉方式可以根据指定的基点，再偏移一定距离来捕捉特殊点，也可用 FRO 或 FROM 命令进行捕捉。其捕捉方式如下。

步骤01 执行"直线"命令（L），绘制一条长为 10 的水平线段；按【Space】键重复命令；提示"指定下一点或 [放弃(U)]:"时，在命令行中输入"from"并按【Enter】键，命令行提示"基点"，此时单击已有的水平线段左端点作为基点。

步骤02 继续提示"<偏移>"时，在命令行输入"@0，2"，然后按【Space】键确定。

步骤03 此时光标将自动定位在指定偏移的位置点，然后向右拖动并单击，如图 1-83 所示，即可利用"捕捉自"功能来绘制另外一条直线。其命令行提示如下。

命令：L LINE	// 直线命令
指定第一个点：from	// 启动"捕捉自"命令
基点：	// 捕捉线段左端点并单击作为基点
<偏移>：@0，2	// 输入偏移点相对基点的相对坐标
指定下一点或 [放弃(U)]:	// 捕捉到偏移点，向右拖动并单击

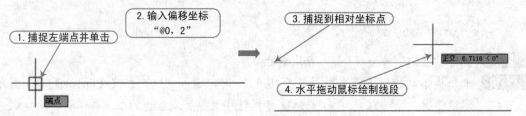

图 1-83　"捕捉自"功能的应用

技巧提示　★★★★☆

　　"捕捉自"命令一般应用于某些命令中，以捕捉相应基点的偏移量，从而来辅助图形的绘制，其快捷命令为"FROM"且不分大小写。CAD 中的所有命令都不区分大小写。

技巧：038 点选图形对象

视频：技巧038-点选图形对象.avi
案例：无

技巧概述：在编辑图形之前，应先学会选择图形对象的方法，选择的对象不同其选择方法也有所差异。

选择具体某个图形对象时，如封闭图形对象，点选图形对象是最常用、最简单的一种选择方法。直接用十字光标在绘图区中单击需要选择的对象，被选中的对象会显示蓝色的夹点，如图 1-84 所示，若连续单击不同的对象则可同时选择多个对象。

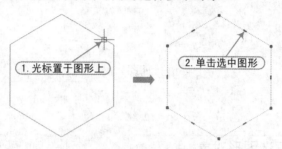

1. 光标置于图形上　　　2. 单击选中图形

图 1-84　点选对象

技巧提示 ★★★★☆

在 AutoCAD 中执行大多数的编辑命令时，既可以先选择对象后执行命令，也可以先执行命令，后选择对象，执行命令后将提示"选择对象"，要求用户选择需要编辑的对象，此时十字光标会变成一个拾取框，移动拾取框并单击要选择的图形，被选中的对象都将以虚线方式显示，如图 1-85 所示。

但有所不同的是，在未执行任何命令的情况下，被选中的对象只显示蓝色的夹点。

鼠标拾取框选择

图 1-85　先命令后选择

技巧：039 矩形框选图形对象

视频：技巧039-矩形框选图形对象.avi
案例：无

技巧概述：矩形窗口（BOX）选择法是通过对角线的两个端点来定义一个矩形窗口，选择完全落在该窗口内的图形上。

矩形框选是指当命令行提示"选择对象"时，将光标移至需要选择图形对象的左侧，按住鼠标左键不放向右上方或右下方拖动，这时绘图区中将呈现一个淡紫色矩形方框，如图 1-86 所示，释放鼠标后，被选中的对象都将以虚线方式显示。

选择对象: box	// 矩形框选模式
指定第一个角点:	// 指定窗口对角线第一点
指定对角点:	// 指定窗口对角线第二点

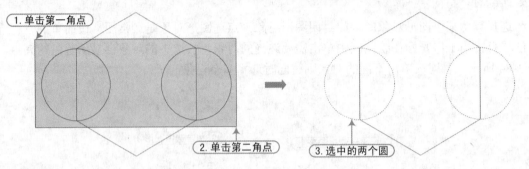

图 1-86　矩形框选方式

技巧: 040　交叉框选图形对象

视频：技巧040-交叉框选图形对象.avi
案例：无

技巧概述： 交叉框选也是矩形框选（BOX）方法之一，命令提示相同，只是选择图形对象的方向恰好相反。其操作方法是当命令提示"选择对象"时，将光标移到目标对象的右侧，按住鼠标左键不放向左上方或左下方拖动，当绘图区中呈现一个虚线显示的绿色方框时释放鼠标，这时与方框相交和被方框完全包围的对象都将被选中，如图 1-87 所示。

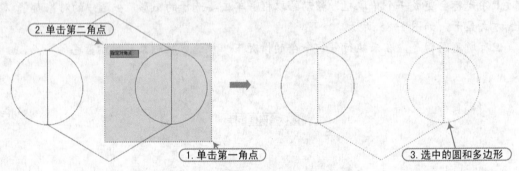

图 1-87　交叉框选

技巧提示　　　　　　　　　　　　　　　　　　　★★★☆☆

交叉框选与矩形框选（BOX）是系统默认的选择方法，用户可以在"选择对象"提示下直接使用鼠标从左至右或者从右至左定义对角窗口便可实现选择。

技巧: 041　栏选图形对象

视频：技巧041-栏选图形对象.avi
案例：无

技巧概述： 栏选是指通过绘制一条多段直线来选择对象，该方法在选择连续性目标时非常方便，栏选线不能封闭或相交。如图 1-88 所示，当命令提示 "选择对象：" 信息时，执行 F 命令，并按【Enter】键即可开始栏选对象，此时与栏选虚线相交的图形对象将被选中，其命令执行过程如下：

选择对象：f	// 栏选操作
指定第一个栏选点：	
指定下一个栏选点或［放弃(U)］：	// 指定第一点 A
指定下一个栏选点或［放弃(U)］：	// 指定第二点 B
指定下一个栏选点或［放弃(U)］：	// 指定第三点 C
指定下一个栏选点或［放弃(U)］：	// 按【Enter】键结束栏选线
选择对象：*取消*	// 按【Enter】键结束选择操作

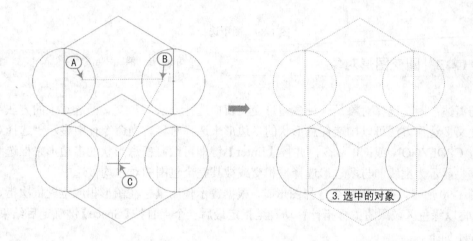

图 1-88　栏选图形

技巧：042　圈围图形对象

视频：技巧042-圈围图形对象.avi
案例：无

技巧概述：圈围选择是选择圈围框内的图形，与矩形框选对象的方法类似。当命令提示"选择对象："时，执行 WPOLYGON 或 WP 命令并按【Enter】键，即可开始绘制任意形状的多边形来框选对象，多边形框将显示为实线。

如图 1-89 所示，在使用圈围选择图形时，根据提示使用鼠标在图形相应位置依次指定圈围点，此时将以淡蓝色区域跟随鼠标指针移动直至指定最后一个点且按【Space】键确定后结束选择，其命令提示如下。

选择对象：wp	// 圈围操作
第一圈围点：	// 指定起点 1
指定直线的端点或［放弃(U)］：	// 指定点 2
指定直线的端点或［放弃(U)］：	// 指定点 3
指定直线的端点或［放弃(U)］：	// 指定点 4
指定直线的端点或［放弃(U)］：	// 指定点 5
指定直线的端点或［放弃(U)］：	// 指定点 6
指定直线的端点或［放弃(U)］：　　　找到 3 个	// 按【Space】键结束选择

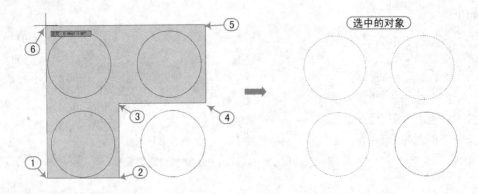

图 1-89　圈围选择

技巧：043 圈交图形对象

视频：技巧043-圈交图形对象.avi
案例：无

技巧概述：圈交选择对象是一种多边形交叉窗口选择方法，与交叉框选对象的方法类似，但使用交叉多边形方法可以构造任意形状的多边形来选择对象。当命令行中显示"选择对象："时，执行 CPOLYGON 或 CP 命令，并按【Enter】键即可绘制任意形状的多边形来框选对象，多边形框将显示为虚线，与多边形选择框相交或被其完全包围的对象均被选中。

如图 1-90 所示，在使用圈交选择图形时，根据提示使用鼠标在图形相应位置依次指定圈交点，此时将以绿色区域跟随鼠标指针移动直至指定最后一个点且按【Space】键确定后结束选择，其命令提示如下。

选择对象：cp	// 圈交选择操作
第一圈围点：	// 指定起点 1
指定直线的端点或 [放弃(U)]：	// 指定点 2
指定直线的端点或 [放弃(U)]：	// 指定点 3
指定直线的端点或 [放弃(U)]：	// 指定点 4
指定直线的端点或 [放弃(U)]： 找到 4 个	// 按【Space】键确定选择

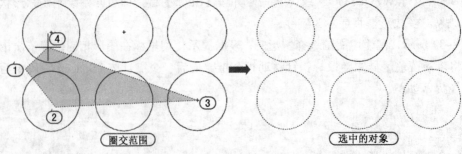

图 1-90　圈交选择

技巧：044 构造选择集的方法

视频：技巧044-构造选择集的方法.avi
案例：汽车.dwg

技巧概述：在 AutoCAD 2014 中，可以将各个复杂的图形对象进行编组以创建一种选择集，使编辑对象变得更为灵活。编组是已命名的对象选择集，随图形一起保存。创建编组有以下几种方法：

方法 01 要对图形对象进行编组，在命令行中输入或动态输入 CLASSICGROUP 并按【Enter】键，此时系统将弹出"对象编组"对话框，在"编组名"文本框中输入组名称，在"说明"文本框中输入相应的编组说明，再单击"新建"按钮，返回视图中选择要编组的对象，再按【Enter】键返回"对象编组"对话框，然后单击"确定"按钮即可，编组后选中图形为一个整体显示一个夹点，且四周显示组边框，如图 1-91 所示。

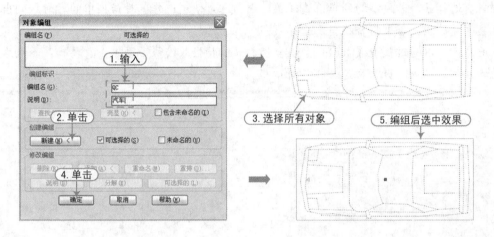

图 1-91 编组对象的使用方法

方法 02 在命令行提示下输入"GROUP"命令并按【Enter】键，根据如下命令提示，选择要编组的对象，即可快速编组。

命令：GROUP	// 执行"编组"命令
选择对象或 [名称(N)/说明(D)]：N	// 选择名称(N)
输入编组名或 [?]:QC	// 输入组名
选择对象或 [名称(N)/说明(D)]：d	// 选择说明(D)
输入组说明:汽车	// 输入说明
选择对象或 [名称(N)/说明(D)]：指定对角点：找到 80 个	// 选择全部对象并按空格键
组"QC"已创建。	// 创建组

技巧：045 快速选择图形对象

视频：技巧045-快速选择图形对象.avi
案例：无

技巧概述： 快速选择对象是一种特殊的选择方法，该功能可以快速选择具有特定属性的对象，并能向选择集中添加或删除对象，通过它可得到一个按过滤条件构造的选择集。

用户在绘制一些较为复杂的对象时，经常需要使用多个图层、图块、颜色、线型、线宽等来绘制不同的图形对象，从而使某些图形对象具有共同的特性。然后在编辑这些图形对象时，用户可以充分利用图形对象的共同特性来进行选择和操作。

选择"工具|快速选择"命令；或者在视图空白位置右击，从弹出的快捷菜单中选择"快速选择"命令，都会弹出"快速选择"对话框，可根据自己的需要，选择相应的图形对象，如图 1-92 所示。

软件技能 ★★★★★

　　使用快速选择功能选择图形对象后，还可以再次利用该功能选择其他类型与特性的对象，当快速选择后再次进行快速选择时，可以指定创建的选择集是替换当前选择集还是添加到当前选择集，若要添加到当前选择集，则勾选"快速选择"对话框中的"附加到当前选择集"复选框，否则将替换当前选择集。

　　用户还可以通过使用【Ctrl+1】组合键打开"特性"面板，再单击"特性"面板右上角的[图]按钮，从而打开"快速选择"对话框。

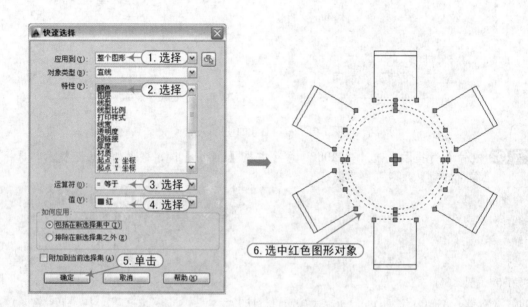

图 1-92　快速选择对象的方法

技巧：046　类似对象的选择方法

视频：技巧046-类似对象的选择方法.avi
案例：无

　　技巧概述：基于共同特性（例如图层、颜色或线宽）选择对象的简单方法是使用"选择类似对象"命令，该命令可在选择对象后从快捷菜单中访问。仅相同类型的对象（直线、圆、多段线等）将被视为类似对象。可以使用 SELECTSIMILAR 命令的"SE（设置）"选项更改其他共享特性。

方法 01 如图 1-93 所示，选择表示要选择的对象类别的对象。

方法 02 右击，在弹出的快捷菜单中选择"选择类似对象"命令，然后系统自动将相同特性的对象全部选中。

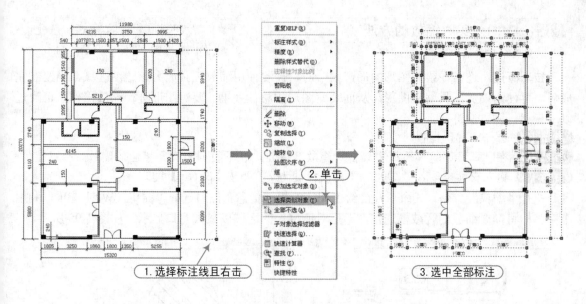

图 1-93　选择类似对象的方法

技巧：047 实时平移的方法

视频：技巧047-实时平移的方法.avi
案例：无

　　技巧概述： 用户所绘制的图形都是在 AutoCAD 的视图窗口中进行的，只有灵活地对图形进行显示与控制，才能更加精确地绘制所需要的图形。用户可以通过平移视图来重新确定图形在绘图区域中的位置。要对图形进行平移操作，可通过以下任意一种方法进行。

方法 01 选择"视图|平移|实时"命令。

方法 02 在"视图"选项卡的"二维导航"面板中单击"实时平移" 🖑 按钮。

方法 03 输入或动态输入"PAN"（其快捷键为 P）并按【Enter】键。

方法 04 按住鼠标中键不放进行拖动。

　　在执行平移命令时，鼠标形状将变为 🖐，按住鼠标左键可以对图形对象进行上下、左右移动，此时所拖动的图形对象大小不会改变，如图 1-94 所示。

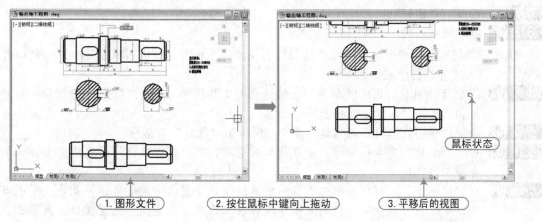

图 1-94　平移视图

技巧：048 实时缩放的方法

视频：技巧048-实时缩放的方法.avi
案例：无

技巧概述：通常在绘制图形的局部细节时，需要使用缩放工具放大该绘图区域，当绘制完成后，再使用缩放工具缩小图形，从而观察图形的整体效果。要对图形进行缩放操作，可通过以下任意一种方法进行。

方法 01 选择"视图|缩放|实时"命令。

方法 02 在"二维导航"面板中单击"缩放"按钮，在下拉列表选择相应的缩放命令。

方法 03 输入或动态输入"ZOOM"（其快捷键为 Z）并按【Enter】键。

执行"缩放"命令，其命令行会给出相应的提示信息，然后选择"窗口（W）"选项，利用十字光标将需要缩放的区域框选住，即可对所框选的区域以最大窗口显示，如图 1-95 所示。

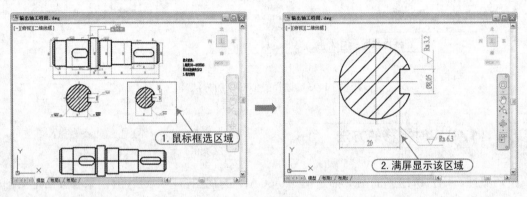

图 1-95 缩放视图

技巧：049 平铺视口的创建方法

视频：技巧049-平铺视口的创建方法.avi
案例：输出轴工程图.dwg

技巧概述：平铺视口是指定将绘图窗口分成多个矩形视图区域，从而可得到多个相邻又不同的绘图区域，其中的每一个区域都可用来查看图形对象的不同部分。要创建平铺视口，用户可以通过以下几种方式。

方法 01 选择"视图|视口|新建视口"命令。

方法 02 输入或动态输入"VPOINTS"。

执行"新建视口"命令，将弹出"视口"对话框，在该对话框中可以创建不同的视口并设置视口平铺方式等。具体操作如下。

步骤 01 正常启动 AutoCAD 2014 软件，在快速访问工具栏中，单击"打开"📂按钮，将"输出轴工程图.dwg"文件打开。

步骤 02 选择"视图|视口|新建视口"命令，则弹出"视口"对话框。

步骤 03 在"新名称"文本框中输入新建视口的名称，在"标准视口"列表框中选择一个符合需求的视口。

步骤 04 在"应用于"下拉列表框中选择将所选的视口设置用于整个显示屏幕还是用于当前视口中；在"设置"下拉列表框中选择在二维或三维空间中配置视口，再单击"确定"按钮，完成新建视口的设置如图 1-96 所示。

步骤 05 如图 1-97 所示为新建的"垂直"视口效果。

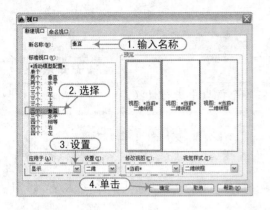

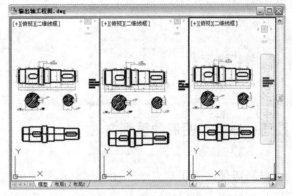

图 1-96　"视口"对话框　　　　　　　　图 1-97　创建 3 个垂直视口

软件技能　　　　　　　　　　　　　　　　　　　　　★★★☆☆

　　除上述创建视口的方法外，在 AutoCAD 2014 "模型视口" 面板的 "视口配置" □ 列表下，提供了多种创建视口的图标按钮，需要创建哪种分割视口就在相对应的图标按钮上单击即可。它与 "视口" 对话框中的 "标准视口" 列表框中的视口是相对应的。如建立 3 个垂直的视口可以单击 ▦ 按钮，该按钮代表建立的 3 个垂直视口预览，使用方法更为形象。

技巧：050　　**视口合并的方法**　　　　　　视频：技巧 050-视口合并的方法栏.avi
　　　　　　　　　　　　　　　　　　　　　　案例：输出轴工程图.dwg

　　技巧概述：在 CAD 中不仅可以分割视图，还可以根据需要来对视口进行相应合并，有以下几种方法。

方法 01　选择 "视图|视口|合并" 命令。

方法 02　单击 "模型视口" 面板中的 "合并" 按钮 ▤。

　　接上例 "新建的视口.dwg" 文件，选择 "视图|视口|合并" 命令，系统将要求选择一个视口作为主视口，再选择一个相邻的视口，即可以将所选择的两个视口进行合并，如图 1-98 所示。

```
命令: _vports
输入选项 [保存(S)/恢复(R)/删除(D)/合并(J)/单一(SI)/?/2/3/4/切换(T)/模式(MO)]: _j
选择主视口 <当前视口>:                          //单击选择主视口
选择要合并的视口:正在重生成模型。               //单击选择合并的视口
```

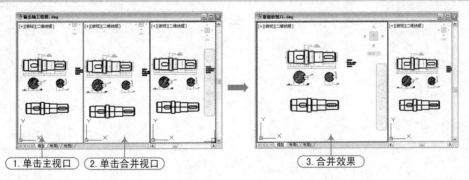

图 1-98　合并视口

技巧提示   ★★★★☆

四周有粗边框的为当前视口，通过双击可以在各个视口中进行切换。

技巧：051 图形的重画方法   视频：技巧051-图形的重画方法.avi
                                              案例：无

    技巧概述：当用户对一个图形进行较长时间的编辑后，可能会在屏幕上留下一些残迹，要清除这些残迹，可以用刷新屏幕显示的方法来解决。

    在 AutoCAD 中，刷新屏幕显示的命令有 Redrawall 和 Redraw（重画），前者用于刷新所有视口的显示（针对多视口操作），后者用于刷新当前视口的显示。执行 Redrawall（重画）命令的方法如下。

方法 01 选择"视图|重画"命令。

方法 02 输入或动态输入 "Redrawall" 命令并按【Enter】键。

技巧提示   ★★★☆☆

Redraw（重画）命令只能通过命令提示行来执行。

技巧：052 图形对象的重生成方法   视频：技巧052-图形对象的重生成方法.avi
                                              案例：无

    技巧概述：在绘图过程中，发现绘制的圆或圆弧不够圆，而且边缘轮廓看起来像正多边形，这其实是图形显示出了问题，而不是图形错误，优化图形显示即可。

    使用 Regen（重生成）命令可以优化当前视口的图形显示；使用 Regenall（全部重生成）命令可以优化所有视口的图形显示。在 AutoCAD 中执行重生成的方法如下。

方法 01 选择"视图|重生成"|"全部重生成"命令。

方法 02 在命令行中输入 "REGEN" | "REGENALL" 命令并按【Entre】键。

    如在绘图的过程中，发现视图中绘制的圆对象的边缘出现多条不平滑的锯齿，如图 1-99 所示。此时执行"全部重生成（REGENALL）"命令，将在所有视口中重新生成整个图形，并重新计算所有对象的屏幕坐标，生成效果如图 1-100 所示。

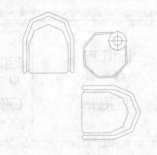   

         图 1-99   原图形   图 1-100   重生成效果

技巧：053　设计中心的使用方法

视频：技巧053-设计中心的使用方法.avi
案例：无

技巧概述： 设计中心可以认为是一个重复利用和共享图形内容的有效管理工具，对一个绘图项目来讲，重用和分享设计内容是管理一个绘图项目的基础，如果工程笔记较复杂，图形数量大、类型复杂，经常会由很多设计人员共同完成，这样，用设计中心对管理块、外部参照、渲染的图像以及其他设计资源文件进行管理就非常必要。使用设计中心可以实现以下操作。

（1）浏览用户计算机、网络驱动器和 Web 页上的图形内容（例如图形或符号库）。

（2）在定义表中查看图形文件中命名对象（例如块和图层）的定义，然后将定义插入、附着、复制和粘贴到当前图形中。

（3）更新（重定义）块定义。

（4）创建指向常用图形、文件夹和 Internet 网址的快捷方式。

（5）向图形中添加内容（例如外部参照、块和填充）。

（6）在新窗口中打开图形文件。

（7）将图形、块和填充拖到工具栏选项板上以便于访问。

（8）可以控制调色板的显示方式，可以选择大图标、小图标、列表和详细资料 4 种 Windows 的标准方式中的一种，可以控制是否预览图形，是否显示调色板中图形内容相关的说明内容。

"设计中心"面板分为两部分，左边为树状图，右边为内容区。可以在树状图中浏览内容的源，而在内容区显示内容，可以在内容区中将项目添加到图形或工具选项板中。在 AutoCAD 2014 中，可以通过以下几种方式来打开"设计中心"面板。

方法 01　选择"工具｜选项板｜设计中心"命令。

方法 02　在命令行中输入或动态输入"ADCENTER"命令并按【Enter】键。快捷键为【Ctrl+2】。

方法 03　在"视图"选项卡的"选项板"面板中，单击"设计中心"按钮██。

根据以上各方法启动后，则打开"设计中心"面板，"设计窗口"主要由 5 部分组成：标题栏、工具栏、选项卡、显示区（树状目录结构、项目列表、预览窗口、说明窗口）和状态栏，如图 1-101 所示。

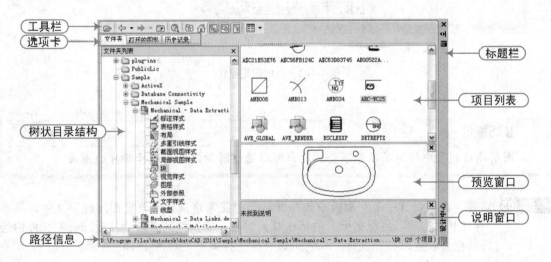

图 1-101　"设计中心"面板

技巧：054 通过设计中心创建样板文件

视频：技巧054-通过设计中心创建样板文件.avi
案例：样板.dwg

技巧概述： 用户在绘制图形之前，都应先规划好绘图环境，其中包括设置图层、标注样式和文字样式等，如果已有图形对象中的图层、标注样式和文字样式等符合绘图的要求，就可以通过设计中心来提取其图层、标注样式、文字样式等，以保存为绘图样板文件，从而可以方便、快捷、规格统一地绘制图形。

下面以通过设计中心来保存样板文件为实例进行讲解，其操作步骤如下。

步骤 01 在 AutoCAD 2014 环境中，打开"住宅建筑天花布置图.dwg"文件。

步骤 02 再新建一个名称为"样板.dwg"的文件，并将样板文件置为当前打开的图形文件。

步骤 03 在"选项板"面板中，单击"设计中心"按钮，或者按【Ctrl+2】组合键，打开"设计中心"面板，在"打开的图形"选项卡下，选择并展开"住宅建筑天花布置图.dwg"文件，可以看出当前已打开的图形文件的所有样式，单击"图层"项，则在项目列表框中显示所有的图层对象。

步骤 04 使用鼠标框选所有的图层对象，直至拖到当前"样板.dwg"文件绘图区的空白位置时松开鼠标，如图 1-102 所示。

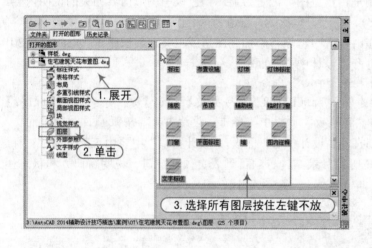

图 1-102　调用图层操作

技巧提示 ★★★★☆

图层项目列表中的图层显示不全，用户可以通过滑动键全部选择所有的图层。

步骤 05 同样，在"设计中心"面板中选择并展开"住宅建筑天花布置图.dwg"文件，单击"标注样式"项，再框选所有的标注样式对象，直至拖到当前"样板.dwg"文件的绘图区空白位置时松开鼠标，以调用该"标注样式"，如图 1-103 所示。

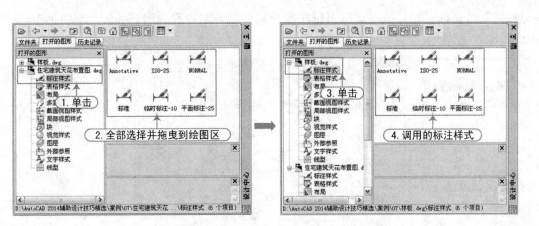

图 1-103　调用标注样式

步骤 06 根据同样的方法，将"住宅建筑天花布置图.dwg"文件的"文字样式"调用到"样板.dwg"文件中，如图 1-104 所示。

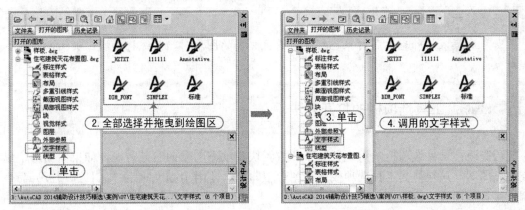

图 1-104　调用文字样式

技巧：055 外部参照的使用方法　　视频：技巧055-外部参照的使用方法.avi
　　案例：无

　　技巧概述： 当把一个图形文件作为图块来插入时，块的定义及其相关的具体图形信息都保存在当前图形数据库中，当前图形文件与被插入的文件不存在任何关联。而当以外部参照的形式引用文件时，并不在当前图形中记录被引用文件的具体信息，只是在当前图形中记录了外部参照的位置和名字，当一个含有外部参照的文件被打开时，它会按照记录的路径去搜索外部参照文件，此时，含外部参照的文件会随着被引用文件的修改而更新。在建筑与室内装修设计中，各专业之间需要协同工作、相互配合，采用外部参照可以保证项目组的设计人员之间的引用都是最新的，从而减少不必要的 COPY 及协作滞后，以提高设计质量和设计效率。

　　执行外部参照命令主要有以下 3 种方法。

方法 01 选择"插入 | 外部参照"命令。

方法 02 在命令行中输入或动态输入"XREF"命令并按【Enter】键。

方法 03 在"参照"面板中单击"外部参照"按钮 🔒。

　　启动外部参照命令之后，系统将弹出"外部参照"选项板，在该面板上单击左上角的"附着 DWG"按钮 🖹，则弹出"选择参照文件"对话框，选择参照 DWG 文件后，将弹出"附着外部参照"对话框,利用该对话框可以将图形文件以外部参照的形式插入当前图形中,如图1-105 所示。

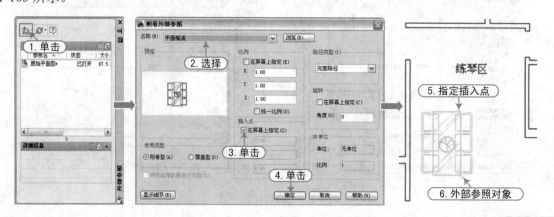

图 1-105　"外部参照"的插入方法

技巧提示　　　　　　　　　　　　　　　　　　　　　★★★☆☆

　　如果所插入的外部参照对象已经是当前主文件的图块时,系统将不能正确插入外部参照对象。

技巧：056　　**工具选项板的打开方法**　　　　视频：技巧056-工具选项板的打开方法.avi
　　　　　　　　　　　　　　　　　　　　　　　　案例：无

　　技巧概述：工具选项板是组织、共享和放置块及填充图案的有效方法,如果向图形中添加块或填充图案,只须将其工具选项板拖至图形中即可,使用 Tooipalettes（工具选项板）命令可以调出工具选项板。

　　在 AutoCAD 中,执行 Tooipalettes（工具选项板）命令的方式如下。

步骤 01　选择"工具|选项板|工具选项板"命令。

步骤 02　在命令行中输入"Tooipalettes"命令并按【Enter】键,或按【Ctrl+3】组合键。

步骤 03　在"视图"选项卡的"选项板"面板中,单击"工具选项板"按钮,如图1-106 所示。

图 1-106　单击"工具选项板"按钮

　　执行上述任意操作后,将打开工具选项板,如图 1-107 所示,工具选项板中有很多选项卡,单击即可在选项卡中进行切换,在隐藏的选项卡处右击将弹出快捷菜单,供用户选择需要显示的选项卡,每个选项卡中都放置不同的块或填充图案。

　　"图案填充"选项卡中集成了很多填充图案,包括砖块、地面、铁丝、砂砾等。除此之外,工具选项板上还有"结构"、"土木工程"、"电力"、"机械"选项卡等。

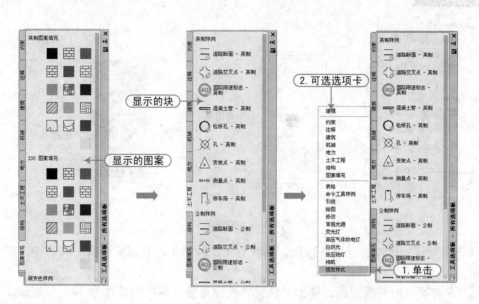

图 1-107　工具选项板

技巧：057　通过工具选项板填充图案

视频：技巧057-通过工具选项板填充图案.avi
案例：窗.dwg

技巧概述：前面讲解了"工具选项板"的打开方法与修改属性，接下来通过工具选项板插入并填充图形，操作步骤如下。

步骤 01 在 AutoCAD 2014 环境中，按【Ctrl+3】组合键，打开工具选项板。

步骤 02 切换到"建筑"选项卡，单击"铝窗（立面图）"图案，然后在图形区域单击，将铝窗图案插入图形区域，如图 1-108 所示。

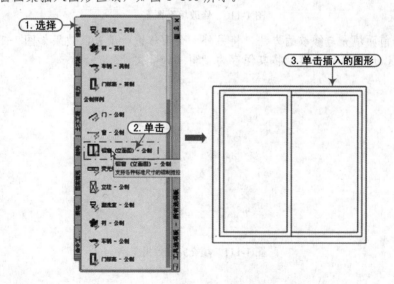

图 1-108　插入图块

步骤 03 切换至"图案填充"选项卡，单击"斜线"图案，然后移动鼠标指针到窗体内部，此时光标上面将附着一个黑色的方块（即是要填充的图案），单击即完成图案的填充，如图 1-109 所示。

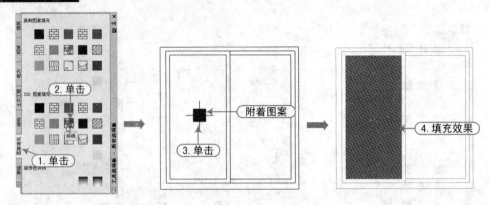

图 1-109　填充图案

系统使用默认的比例进行填充以后，图案分布比较密集，看起来只有一片黑色，所以需要对其比例进行增大。

步骤 **04** 双击填充的斜线图例，弹出"快捷特性"面板，将比例修改为 20，角度修改为 45，然后按【Esc】键退出该面板，如图 1-110 所示。

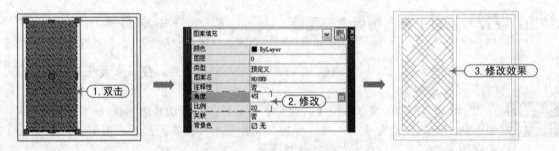

图 1-110　修改填充图案

步骤 **05** 根据前面填充与修改的方法，将另外一个窗体进行填充，效果如图 1-111 所示。

步骤 **06** 按【Ctrl+S】组合键，将其保存为"窗.dwg"文件。

图 1-111　填充完成效果

第 2 章　AutoCAD 2014 图形的绘制与编辑技巧

● **本章导读**

本章主要学习 AutoCAD 2014 绘图的有关基本知识，在 AutoCAD 中，所有图形都是由点、线等最基本的元素构成的，AutoCAD 2014 提供了一系列绘图命令，利用这些命令可以绘制常见的图形。接着介绍了 AutoCAD 二维图形对象的编辑方法，如复制、镜像、偏移、阵列、合并、旋转、修剪、拉伸等，使绘制的图形更加符合设计绘图的需要。

● **本章内容**

点样式的设置	多线的绘制方法	CAD 对象的镜像方法
点的绘制方法	多线墙体的编辑方法	CAD 对象的偏移方法
对象的定距等分方法	图案填充的使用方法	CAD 对象的定点偏移方法
对象的定数等分方法	图案填充的角度与比例	对象的矩形阵列方法
射灯的均布方法	填充图案的显示与关闭	对象的环形阵列方法
直线的绘制方法	图案填充弧岛的显示样式	对象的沿路径阵列方法
构造线的绘制方法	未封闭区域的填充方法	图形对象的修剪方法
矩形的绘制方法	渐变色的填充方法	图形对象的延伸方法
正多边形的绘制方法	图形对象的删除方法	图形对象的拉伸方法
圆的绘制方法	恢复删除对象的方法	图形对象的拉长方法
圆弧的绘制方法	图形对象的移动方法	对象的圆角操作方法
太极图的绘制实例	图形对象的旋转方法	座机电话的绘制实例
椭圆的绘制方法	图形对象的复制旋转方法	对象的倒角操作方法
椭圆弧的绘制方法	图形对象的参照旋转方法	对象的打断方法
多段线的使用方法	图形对象的缩放方法	对象的打断于点方法
样条曲线的绘制方法	图形对象的参照缩放方法	对象的分解方法
多线样式的定义	CAD 对象的复制方法	对象的合并方法

技巧：058　点样式的设置

视频：技巧058-点样式的设置.avi
案例：无

技巧概述：默认情况下，AutoCAD 不显示绘制的点对象。因此，在绘制点对象之前需要对点的大小和样式进行设置，否则点将与图形重合在一起，而无法看到点。设置点样式的步骤如下。

步骤 01 选择"格式|点样式"命令，弹出"点样式"对话框。

步骤 02 在"点样式"对话框中，选择一个点样式，再输入点的大小数值，然后单击"确定"按钮完成设置，如图 2-1 所示。

图 2-1　"点样式"对话框

技巧提示　　　　　　　　　　　　　　　　　　　　　　　★★★☆☆

也可以使用 PDMODE 命令修改点样式。点模式与对应的 PDMODE 变量值如图 2-2 所示。

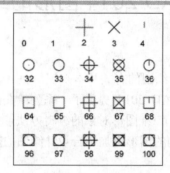

图 2-2　点样式与对应的 PDMODE 变量值

技巧：059　点的绘制方法

视频：技巧059-点的绘制方法.avi
案例：无

技巧概述： 在 AutoCAD 中绘图时，点通常被作为对象捕捉的参考对象，绘图完成后可以将这些参考点删除或隐藏。绘制点时，可以通过单击确定，也可以通过坐标来完成。

1. 绘制单点

执行"单点"命令，一次只可以绘制一个点对象，其执行方式如下。

方法 01 选择"绘图丨点丨单点"命令。

方法 02 在命令行中输入"POINT"或"PO"命令并按【Enter】键。

使用上述任意一种方法启动"单点"命令后，根据如下命令行提示即可绘制出单点。

命令：POINT	//执行点命令
当前点模式：PDMODE=34　PDSIZE=0.0000	//当前点样式与点大小
指定点：	//在绘图区域中单击指定点位置

2. 绘制多点

执行"多点"命令一次能指定多个点，直到按【Esc】键结束该命令为止，其执行方式如下。

方法 01 选择"绘图丨点丨多点"命令。

步骤 02 在"面板"选项卡中单击"多点"按钮。

方法 03 在命令行中输入"POINT"命令。

执行上述任意一种操作后，即可在绘图窗口中持续单击指定多个点。

技巧：060　对象的定距等分方法

视频：技巧060-对象的定距等分方法.avi
案例：无

技巧概述： 创建定距等分点是指在所选对象上按指定距离绘制多个点对象。创建定距等分点的方法主要有以下两种。

方法 01 选择"绘图丨点丨定距等分"命令。

方法 02 在命令行中输入"MEASURE"或"ME"命令并按【Enter】键。

执行以上任意一种操作后，按照如下命令窗口提示，可将矩形对象以指定 400 的距离点进行等分，如图 2-3 所示。

命令：MEASURE	//执行"定距等分"命令
选择要定距等分的对象：	//选择矩形对象
指定线段长度或［块(B)］：	//输入 400，并按下"Enter"确定并退出

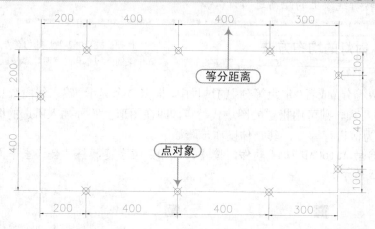

图 2-3　定距等分图形

技巧：061　对象的定数等分方法

视频：技巧061-对象的定数等分方法.avi
案例：无

技巧概述： 创建定数等分点是指在对象上放置等分点，将选择的对象等分为指定的几段，使用该命令可辅助绘制其他图形。创建定数等分点的方法主要有以下两种。

方法 01 在命令行中输入"DIVIDE"或"DIV"命令并按【Enter】键。

方法 02 选择"绘图 | 点 | 定数等分"命令。

执行上述任意一种操作后，如图 2-4 所示，选择要等分的矩形对象并指定要等分的数量为 5，即可将矩形对象平分为 5 份，其命令行操作如下。

命令：DIVIDE	//执行"定数等分"命令
选择要定数等分的对象：	//选择矩形对象
输入线段数目或［块(B)］：5	//输入等分数量为 5，并按【Enter】确定并退出

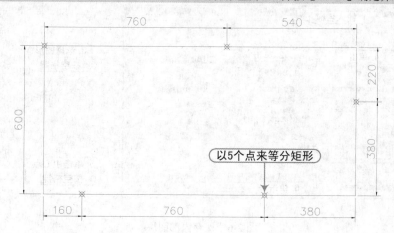

图 2-4　定数等分图形

技巧提示 ★★★★☆

在以数量等分或者以距离等分对象时，在等分过程中，当此线段上不足以等分的距离时，将以与其转折线段上的距离进行计算。

技巧：062 **射灯的均布方法**

视频：技巧062-射灯的均布方法.avi
案例：均布会义室谢灯.dwg

在执行"定数等分"或者"定距等分"的过程中，根据命令提示"输入线段数目或〔块(B)〕："时，选择"块(B)"项，则可用指定的图块代替点，即在图形上等分插入所选的图块。下面将以布置办公室射灯为例进行等分，其具体操作步骤如下。

步骤 01 正常启动 AutoCAD 2014 软件，按【Ctr1+0】组合键，将"会议室平面图"打开，如图 2-5 所示。

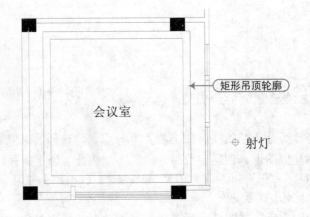

图 2-5 打开的图形

步骤 02 执行"创建块"命令（B），弹出"块定义"对话框，如图 2-6 所示，输入块名称为"D"，选择射灯对象，再指定射灯中心点为基点，然后单击"确定"按钮，将射灯对象保存为内部块。

图 2-6 保存内部图块

步骤 03 执行"ME"命令，选择外矩形对象，按照提示选择"块(B)"项，输入保存的块名"D"，再输入等分距离为 2500，即可将射灯对象以距离等分进行插入，如图 2-7 所示。

命令：MEASURE	//执行"定距等分"命令
选择要定距等分的对象：	//选择外矩形
指定线段长度或［块(B)］: b	//选择"块(B)"选项
输入要插入的块名: D	//输入上步保存的块名"D"
是否对齐块和对象？［是(Y)/否(N)］〈Y〉:	//选择对齐"是(Y)"
指定线段长度: 2500	//输入等分距离为 2500，按【Enter】键结束

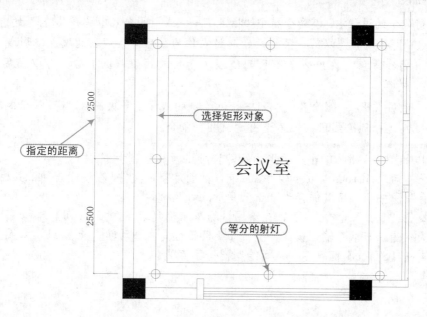

图 2-7　等分射灯

技巧提示　★★★★☆

　　使用定数等分方式等分对象时，由于输入的是需要将对象等分的数目，所以如果对象是封闭的（如圆），则生成点的数量等于输入的等分数；如果对象是未封闭的（如直线），则生成点的数量等于输入的等分数量减 1。

技巧：063　直线的绘制方法

视频：技巧063-直线的绘制方法.avi
案例：均布会义室谢灯.dwg

技巧概述： 直线型对象是所有图形的基础，只要指定了起点和终点即可绘制一条直线。直线一般由位置和长度两个参数确定，即只要指定了直线的起点和终点，或指定直线的起点和长度就可以确定直线。绘制直线的方法主要有以下几种。

方法 01 选择"绘图 | 直线"命令。

方法 02 在"绘图"面板中单击"直线"按钮。

方法 03 在命令行中输入"LINE"或"L"命令并按【Enter】键。

　　执行上述任一种命令后，命令行提示如下。

命令:LINE	//执行"直线"命令
指定第一个点:	//单击或输入坐标值指定点
指定下一点或 [放弃(U)]:	//再指定点或输入下一坐标值
指定下一点或 [闭合(C)/放弃(U)]:	//继续指定点或选择闭合、放弃
指定下一点或 [闭合(C)/放弃(U)]:	//按【Enter】键确定并退出

软件技能 ★★★★☆

在执行命令的过程中,其命令行中"指定下一点或 [闭合(C)/放弃(U)]:"的含义如下。

- 闭合(C):以第一条线段的起始点作为最后一条线段的端点,形成一个闭合的线段环。在绘制了一系列线段(两条或两条以上)后,可以使用"闭合"选项。
- 放弃(U):删除直线序列中最近绘制的线段。多次输入"U"按绘制次序的逆序逐个删除线段,但不退出"LINE"命令。

接下来以如图 2-8 所示的正三角形为例,详细讲解其绘制步骤。

步骤 01 正常启动 AutoCAD 2014 软件,系统自动创建空白文件,在快速访问工具栏中单击"保存" 🖫 按钮,将其保存为"正三角形.dwg"文件。

步骤 02 执行"直线"命令(L),在绘图区域单击确定起点,按【F10】键和【F12】键启动极轴追踪与动态输入模式,捕捉 0° 极轴且向右拖动输入长度 50,如图 2-9 所示,再按【Space】键确定,从而绘制出一条直线。

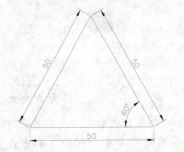

图 2-8 正三角形

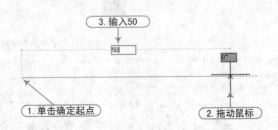

图 2-9 绘制第一条直线

步骤 03 在左上方捕捉 120° 的极轴,然后输入长度为 50,如图 2-10 所示,按【Space】键确定第二条直线的绘制。

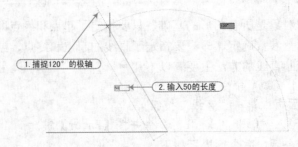

图 2-10 绘制斜线

步骤 04 再根据命令提示选择"闭合（C）"项，完成正三角形的绘制。

技巧：064　构造线的绘制方法

视频：技巧064-构造线的绘制方法.avi
案例：无

技巧概述：向两个方向无限延伸的直线，可用做创建其他对象的参照，称为构造线。可以放置在三维空间的任何地方，主要用于绘制辅助、轴线或中心线等，其绘制方法主要有以下几种。

方法 01 选择"绘图|构造线"命令。

方法 02 在命令行中输入或动态输入"XLine"或"XL"命令并按【Enter】键。

方法 03 在"绘图"面板中单击"构造线"按钮 。

下面以打开平面图创建立面投影线为例进行讲解，其操作步骤如下。

步骤 01 在 AutoCAD 2014 环境中，按【Ctrl+O】组合键，将"平面图"打开，如图 2-11 所示。

步骤 02 执行"构造线"命令（XL），根据命令行提示选择"垂直(V)"项，此时鼠标指针将浮动显示构造线以及拾取框状态，在继续提示"指定通过点："时，捕捉到墙体角点，在出现"端点"标记时单击，如图 2-12 所示，确定一条投影构造线。

命令：XLINE	//执行"构造线"命令
指定点或〔水平(H)/垂直(V)/角度(A)/二等分(B)/偏移(O)〕：v	//选择"垂直(V)"选项
指定通过点：	//捕捉墙体角点

图 2-11　打开的图形　　　　　　　图 2-12　捕捉点绘制垂直构造线

步骤 03 根据同样的方法，重复"构造线"命令，再分别捕捉点来绘制多条垂直构造线，效果如图 2-13 所示。

步骤 04 再执行"构造线"命令（XL），在命令行提示中选择"水平（H）"项，在垂直构造线上单击作为通过点，绘制的水平构造线如图 2-14 所示。

步骤 05 再重复执行"构造线"命令（XL），在命令行提示中选择"偏移（O）"项，输入偏移距离为 3150，再拾取上步绘制的水平构造线为基线，再向下指引偏移方向，绘制一条平行的构造线，如图 2-15 所示。

步骤 06 再执行"修剪"命令（TR），按一次【Space】键，选择所有的构造线，再按一次【Space】键，分别在各交叉构造线外单击，修剪构造线，结果如图 2-16 所示，形成基本立面轮廓。

步骤 07 再使用"图案填充"和"插入"命令即可绘制出最终立面效果，如图 2-17 所示。

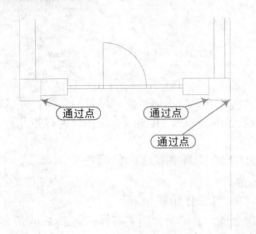

图 2-13　绘制垂直构造线　　　　　　　图 2-14　绘制水平构造线

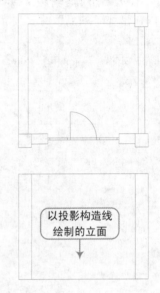

图 2-15　偏移构造线　　　　　　　图 2-16　修剪出立面轮廓

在执行"构造线"的过程中，其命令行其他选项的含义如下。

● 水平（H）：创建一条经过指定点并且与当前坐标 x 轴平行的构造线。

● 垂直（V）：创建一条经过指定点并且与当前坐标 y 轴平行的构造线。

● 角度（A）：创建与 x 轴成指定角度的构造线；也可以先指定一条参考直线，再指定直线与构造线的角度；还可以先指定构造线的角度，再设置通过点，绘制效果如图 2-18 所示其命令行提示如下。

命令：XLINE　　　　　　　　　　　　　　　//执行"构造线"命令

指定点或 [水平(H)/垂直(V)/角度(A)/二等分(B)/偏移(O)]:A　　//选择"角度（A）"选项

输入构造线的角度 (0) 或 [参照(R)]:　　　　　//指定输入的角度 30

指定通过点:　　　　　　　　　　　　　　//在水平直线上单击

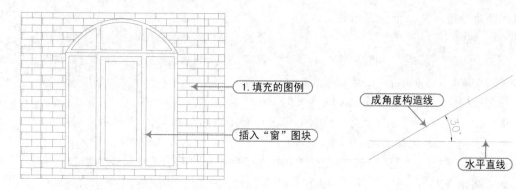

图 2-17　最终效果　　　　　　　　　　　　图 2-18　角度构造线

● 二等分（B）：创建二等分指定的构造线，即角平分线，要指定等分角的顶点、起点和端点，绘制效果如图 2-19 所示。其命令行提示如下。

命令：XLINE　　　　　　　　　　　　　　//执行"构造线"命令
指定点或［水平(H)/垂直(V)/角度(A)/二等分(B)/偏移(O)]:B　//选择"二等分（B）"选项
指定角的顶点：　　　　　　　　　　　　　//指定平分线的顶点
指定角的起点：　　　　　　　　　　　　　//指定角的起点位置
指定角的端点：　　　　　　　　　　　　　//指定角的终点位置

● 偏移（O）：创建平行于指定基线的构造线，首先指定偏移距离为 50，再选择直线为偏移基线，然后向左、右分别指定构造线位于基线的哪一侧，如图 2-20 所示。其命令行提示如下：

指定点或［水平(H)/垂直(V)/角度(A)/二等分(B)/偏移(O)]:O　//选择"偏移（O）"选项
指定偏移距离或[通过（T）]〈通过〉：　　//指定偏移的距离为 50
选择直线对象：　　　　　　　　　　　　　//选择要偏移的直线对象
指定哪侧偏移：　　　　　　　　　　　　　//向左、右指定偏移的方向

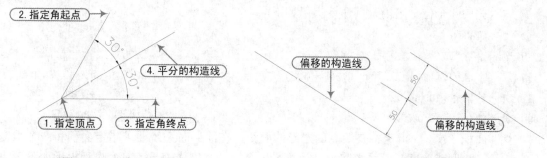

图 2-19　二等分构造线　　　　　　　　　　图 2-20　平行构造线

技巧：065　矩形的绘制方法

视频：技巧065-矩形的绘制方法.avi
案例：无

技巧概述：使用"矩形（REC）"命令可以通过指定两个对角点的方式绘制矩形，当两角点形成的边长相同时，则生成正方形，执行"矩形"命令有如下 3 种方法。

方法 01　选择"绘图｜矩形"命令。

方法 02　在"绘图"面板中单击"矩形"按钮□。

方法 03　在命令行中输入或动态输入"rectangle"或"REC"命令并按【Enter】键。

执行该命令后，其命令行提示如下。

命令：RECTANG	// 执行"矩形"命令
指定第一个角点或 [倒角(C)/标高(E)/圆角(F)/厚度(T)/宽度(W)]：	// 指定第一个角点
指定另一个角点或 [面积(A)/尺寸(D)/旋转(R)]：	// 指定第二个角点

在绘制过程中，其命令行各选项的含义如下。

● 指定角点：利用两个角点位置的确定，确定矩形，如图 2-21 所示。
● 倒角（C）：确定倒角距离，绘制出带有倒角的矩形，如图 2-22 所示。
● 标高（E）：设置矩形在三维空间中的基面高度，用于三维对象的绘制。
● 圆角（F）：确定圆角半径，绘制出带圆角的矩形，如图 2-23 所示。

图 2-21　角点矩形　　　　　图 2-22　倒角矩形　　　　　图 2-23　圆角矩形

● 厚度（T）：设置矩形的厚度，即三维空间 Z 轴方向的高度。该选项用于绘制三维图形对象，如图 2-24 所示。
● 宽度（W）：确定线宽，绘制出矩形边线为所设置的线宽，如图 2-25 所示。

图 2-24　厚度矩形　　　　　　　　　　图 2-25　线宽矩形

● 尺寸（D）：运用矩形的长和宽绘制矩形，第二个定点将矩形定位在第一个角点相关的 4 个位置之内，其命令提示如下。

命令：RECTANG	//执行"矩形"命令
指定第一个角点或 [倒角(C)/标高(E)/圆角(F)/厚度(T)/宽度(W)]：	//指定第一角点
指定另一个角点或 [面积(A)/尺寸(D)/旋转(R)]：d	//选择"尺寸(D)"项
指定矩形的长度 ⟨10.0000⟩：	//输入矩形长度
指定矩形的宽度 ⟨10.0000⟩：	//输入矩形宽度

● 面积（A）：指定将要绘制的矩形的面积，在绘制时系统要求指定面积和一个维度（长度或宽度），系统将自动计算另一个维度并完成矩形，其命令行提示如下。

命令：RECTANG	//启动"矩形"命令
指定第一个角点或 [倒角(C)/标高(E)/圆角(F)/厚度(T)/宽度(W)]：	//指定第一角点
指定另一个角点或 [面积(A)/尺寸(D)/旋转(R)]：a	//选择"面积(A)"选项
输入以当前单位计算的矩形面积 ⟨100.0000⟩：	//输入矩形面积
计算矩形标注时依据 [长度(L)/宽度(W)] ⟨长度⟩：	//选择"长度(L)"选项
输入矩形长度 ⟨10.0000⟩：	//输入矩形长度

如矩形为倒角或圆角时，角度或弧度则在长度或宽度的计算中，如图 2-26 所示。

● 旋转（R）：对绘制的矩形进行旋转。确定旋转角度后，系统会自动按指定角度旋转并绘制出矩形，如图 2-27 所示。运用该选项时，其命令行提示如下。

命令：RECTANG	//执行"矩形"命令
当前矩形模式：　旋转=30	
指定第一个角点或 [倒角(C)/标高(E)/圆角(F)/厚度(T)/宽度(W)]：	//指定第一角点
指定另一个角点或 [面积(A)/尺寸(D)/旋转(R)]：r	//选择"旋转(R)"选项
指定旋转角度或 [拾取点(P)] <30>：	//输入旋转角度
指定另一个角点或 [面积(A)/尺寸(D)/旋转(R)]：a	//选择"面积(A)"选项
输入以当前单位计算的矩形面积 <100.0000>：	//输入矩形面积
计算矩形标注时依据 [长度(L)/宽度(W)] <长度>：	//选择"长度(L)"选项
输入矩形长度 <10.0000>：	//输入矩形长度

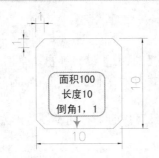

图 2-26　倒角圆角状态　　　　　　　　　　　　图 2-27　创建角度矩形

软件技能　　　　　　　　　　　　　　　　　　　　★★★☆☆

　　矩形命令绘制的多边形是一条多段线，如果要单独编辑某一条边，须执行"分解"命令（X），将其分解后才能进行操作。另外，由于"矩形"命令所绘制出的矩形是一个整体对象，所以它与执行"直线"命令（L）所绘制的矩形对象不同。

技巧：066　正多边形的绘制方法　　　　视频：技巧066-正多边形的绘制方法.avi
　　　　　　　　　　　　　　　　　　　　案例：无

　　技巧概述：各边相等，各角也相等的多边形叫做正多边形（边数大于等于 3 的为多边形）。正多边形外接圆的圆心叫做正多边形的中心；中心与正多边形顶点连线的长度叫做半径；中心与边的距离叫做边心距。用户可以通过以下 3 种方法来执行多边形命令。

方法 01　选择"绘图 | 正多边形"命令。
方法 02　在"绘图"面板中单击"多边形"按钮⬡。
方法 03　在命令行中输入或动态输入"polygon"或"POL"命令并按【Enter】键。
　　下面以创建五角形的方法为例进行讲解，其操作步骤如下。

步骤 01　正常启动 AutoCAD 2014 软件，在快速访问工具栏中单击"保存"按钮🖫，将其保存为"五角星.dwg"文件。

步骤 02　在"绘图"面板中单击"多边形"按钮⬡，命令行提示"输入侧面数"，输入 5，并按【Space】键，在绘图区单击确定正多边形中心点，随后弹出快捷选项，选择"外切于圆（C）"，如图 2-28 所示，按【F8】键打开正交模式，然后向下拖动并输入半径为 50，如图 2-29 所示，按【Space】键确定绘制一个正五边形。命令执行过程如下：

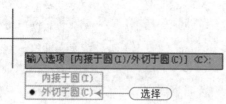

命令: POLYGON	//执行"正多边形"命令
输入侧面数 <4>: 5	//输入边数为 5
指定正多边形的中心点或 [边(E)]:	//任意单击一点
输入选项 [内接于圆(I)/外切于圆(C)] <I>: C	//选择"外切于圆(C)"选项
指定圆的半径: <正交 开> 50	//向下拖动并输入 50

图 2-28 选择"外切于圆"选项　　　　　　图 2-29 向下拖动并输入距离

步骤 03 在命令行中输入"SE"并按【Enter】键，弹出"草图设置"对话框，切换到"对象捕捉"选项卡，启用对象捕捉与对象捕捉追踪，勾选"端点"复选框，如图 2-30 所示，然后单击"确定"按钮。

步骤 04 单击"绘图"面板中的"直线"按钮 ，捕捉多边形左侧端点为指定直线的第一点，如图 2-31 所示。

图 2-30 设置捕捉模式　　　　　　图 2-31 指定直线第一点

步骤 05 再捕捉右侧端点，如图 2-32 所示，从而绘制出一条直线。

步骤 06 继续捕捉左下侧端点，如图 2-33 所示，绘制第二条线段。

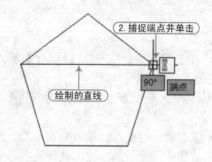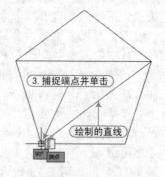

图 2-32 绘制第一条线段　　　　　　图 2-33 捕捉端点绘制线段

步骤 07 使用同样的方法,依次捕捉上侧、右下侧和左侧端点,绘制线段的结果如图 2-34 所示。

步骤 08 选择多边形图形,按【Delete】键将其删除,完成五角星的绘制,如图 2-35 所示。

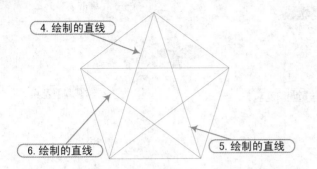

图 2-34　绘制线段　　　　　　　　　　　　　　　图 2-35　绘制的五角星

命令行中各选项的功能与含义如下。

- 边（E）：通过指定多边形边数的方式来绘制正多边形,该方式将通过边的数量和长度确定正多边形。
- 内接于圆（I）：指定以正多边形内接圆半径绘制正多边形,如图 2-36 所示。
- 外切于圆（I）：指定以多边形外接圆半径绘制正式边形,如图 2-37 所示。

图 2-36　内接于圆　　　　　　　　　　　　　　　图 2-37　外切于圆

技巧：067　圆的绘制方法

视频：技巧067-圆的绘制方法.avi
案例：无

技巧概述：圆是一种几何图形,当一条线段绕着它的一个端点在平面内旋转一周时,它的另一个端点的轨迹叫做圆。圆在设计图纸中经常出现,在 AutoCAD 2014 中绘制圆的方法有以下几种。

方法 01 选择"绘图 | 圆"子菜单下的相关命令,如图 2-38 所示。

方法 02 在"绘图"面板中单击"圆"按钮⊙,如图 2-39 所示。

方法 03 在命令行中输入或动态输入"circle"或"C"命令并按【Enter】键。

每种方式的具体含义如下。

- 圆心、半径：用户确定圆的圆心点,然后输入圆的半径值或者指定点即可绘制一个圆,如图 2-40 所示。其命令执行过程如下：

```
命令：CIRCLE                                      //执行"圆"命令
指定圆的圆心或 [三点(3P)/两点(2P)/切点、切点、半径(T)]：    //指定圆心点
指定圆的半径或 [直径(D)]：                          //输入圆的半径值或单击指定半径
```

图 2-38　菜单命令　　　　　　　　　　　　　图 2-39　面板按钮

● 圆心、直径：用户确定圆的圆心点，然后输入圆的直径值即可绘制一个圆，如图 2-41
所示。其命令执行过程如下：

命令：CIRCLE	//执行"圆"命令
指定圆的圆心或 ［三点(3P)/两点(2P)/切点、切点、半径(T)］：	//单击指定圆心点
指定圆的半径或 ［直径(D)］：D	//选择"直径（D）"选项
指定圆的直径或：200	//输入圆的直径值 200

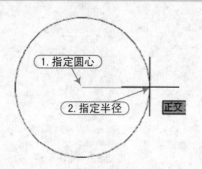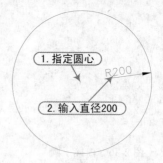

图 2-40　以圆心、半径画图　　　　　　　　　图 2-41　以圆心、直径画图

● 两点（2）：在视图中指定两点来绘制一个圆，相当于这两点的距离就是圆的直径。
如图 2-42 所示，以两点来绘制直径 200 的圆，其命令执行过程如下：

命令：CIRCLE	//执行"圆"命令
指定圆的圆心或 ［三点(3P)/两点(2P)/切点、切点、半径(T)］：	//选择"两点（2P）"选项
指定圆上的第一个端点：	//指定第一点
指定圆上的第二个端点：@200，0	//输入第二点相对坐标或拾取 200 的距离点

● 三点（3）：采用三点法来绘制一个圆。如图 2-43 所示，其命令执行过程如下：

命令：CIRCLE	//执行"圆"命令
指定圆的圆心或 ［三点(3P)/两点(2P)/切点、切点、半径(T)］：	//选择"三点（3P）"选项
指定圆上的第一个点：	//指定捕捉圆的 A 点
指定圆上的第二个点：	//指定捕捉圆的 B 点
指定圆上的第三个点：	//指定捕捉圆的 C 点

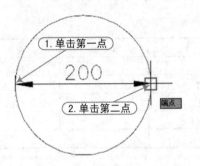

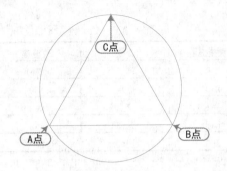

图 2-42　两点绘制圆　　　　　　　　　图 2-43　三点绘制圆

- 相切、相切、半径（T）：和已知两个对象相切，并输入半径值来绘制的圆，绘制的效果如图 2-44 所示。其命令行提示如下所示：

命令：_circle	//启动命令
指定圆的圆心或 [三点(3P)/两点(2P)/切点、切点、半径(T)]：	//选择"切点、切点、半径(T)"选项
指定对象与圆的第一个切点：	//捕捉切点 A
指定对象与圆的第二个切点：	//捕捉切点 B
指定圆的半径：12	//输入圆的半径值 12

- 相切、相切、相切（A）：即和 3 个已知对象相切来确定圆。选择"绘图｜圆｜相切、相切、相切"命令，绘制的效果如图 2-45 所示。其命令行提示如下所示：

命令：_circle	
指定圆的圆心或 [三点(3P)/两点(2P)/切点、切点、半径(T)]：	//启动命令
_3p 指定圆上的第一个点：_tan 到	//指定圆的切点 A
指定圆上的第二个点：_tan 到	//指定圆的切点 B
指定圆上的第三个点：_tan 到	//指定圆的切点 C

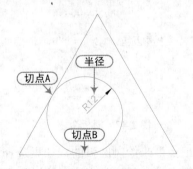

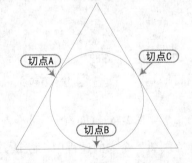

图 2-44　以相切、相切、半径画圆　　　　图 2-45　以相切、相切、相切画圆

软件技能　　　　　　　　　　　　　　　　　　　　★★★★☆

　　"tan"为"切点捕捉（TANGENT）"命令的缩写，用户在执行命令的过程中，使用"捕捉"模式时，只须输入 TA/V 即可。例如，使用"圆心捕捉"模式时，输入"tan"并按【Enter】键。在 AutoCAD 中相对应的捕捉命令如表 2-1 所示。

表 2-1　捕捉模式快捷命令

快捷键	命令	快捷键	命令	快捷键	命令
END	端点	CEN	圆心	TAN	切点
MID	中点	NOD	节点	NEA	最近点
INT	交点	QUA	象限点	PAR	平行
EXT	延伸	INS	插入点		
APP	外观交点	PER	垂足		

技巧：068　圆弧的绘制方法

视频：技巧068-圆弧的绘制方法.avi
案例：无

技巧概述： 圆弧，顾名思义为圆的一部分，是构成图形的一个最基本的图元，在实际绘图中有着圆所不能及的作用。AutoCAD 提供了 11 种绘制圆弧的方式，这些方式都在"绘图"菜单下的"圆弧"命令中，用户可以根据不同的条件选择不同的方式来绘制圆弧，其执行方法如下。

方法 01 选择"绘图｜圆弧"子菜单下的相关命令，如图 2-46 所示。

方法 02 在"绘图"面板中单击"圆弧"按钮，如图 2-47 所示。

方法 03 在命令行中输入或动态输入"arc"或"A"命令并按【Enter】键。

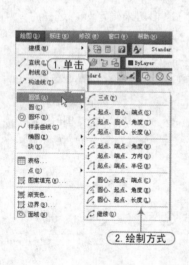

图 2-46　菜单命令

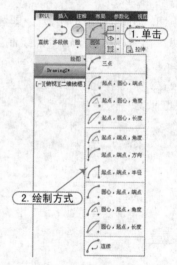

图 2-47　面板命令

在执行"圆弧"命令的过程中，默认方式是以"三点"来绘制圆弧的，如果选择不同的选项，圆弧的绘制方法也不同。虽然绘制圆弧的方法有很多种，但这些方法中除以指定 3 点的方式之外，其他方式都是通过圆弧的起点、方向、中点、角度、终点、弦长等参数进行确定。其中关键选项的含义介绍如下。

- 三点（P）：给定 3 个点绘制一段圆弧，需要指定圆弧的起点，通过的第二个点和端点，如图 2-48 所示，命令行执行过程如下：

命令：ARC	∥启动命令
圆弧创建方向：逆时针(按住 Ctrl 键可切换方向)。	
指定圆弧的起点或 [圆心(C)]：	∥指定起点 A

| 指定圆弧的第二个点或 [圆心(C)/端点(E)]: | //指定第二点 B |
| 指定圆弧的端点: | //指定终点 C |

- 起点、圆心、端点（S）：指定圆弧的起点、圆心和端点来绘制。给出起点和圆心后，圆弧的半径就确定了，圆弧的端点决定了弧长，如图 2-49 所示，命令行执行过程如下：

命令：_arc	//启动命令
圆弧创建方向：逆时针(按住 Ctrl 键可切换方向)。	
指定圆弧的起点或 [圆心(C)]:	//指定起点 A
指定圆弧的第二个点或 [圆心(C)/端点(E)]: _c 指定圆弧的圆心:	//指定圆心点 O
指定圆弧的端点或 [角度(A)/弦长(L)]:	//指定端点 B

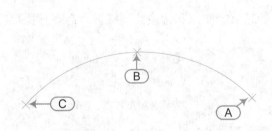

图 2-48 以三点画圆弧

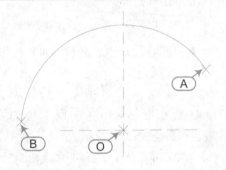

图 2-49 以起点、圆心、端点画圆弧

- 起点、圆心、角度（T）：指定圆弧的起点、圆心和角度来绘制。要在"指定包含角："提示下输入角度值。如果当前环境设置逆时针为角度方向，并输入正的角度值，则所绘制的圆弧是从起始点绕圆心沿逆时针方向给出的，如果输入负角度值，则沿顺时针方向绘制圆弧。AutoCAD 2014 中可以按住【Ctrl】键来切换圆弧的方向，如图 2-50 所示。命令行执行过程如下：

命令：_arc	//启动命令
圆弧创建方向：逆时针(按住 Ctrl 键可切换方向)	
指定圆弧的起点或 [圆心(C)]:	//指定起点 A
指定圆弧的第二个点或 [圆心(C)/端点(E)]: _c 指定圆弧的圆心:	//指定圆心点 O
指定圆弧的端点或 [角度(A)/弦长(L)]: _a 指定包含角: 120	//输入角度 120

- 起点、圆心、长度（A）：指定圆弧的起点、圆心和弦长绘制圆弧，此时，所给的弦长不得超过起点到圆心距离的两倍。另外，在命令行的"指定弦长"提示下，所输入的值如果是负值，则该值的绝对值将作为对应整圆的空缺部分圆弧的弦长，如图 2-51 所示。命令行执行过程如下：

命令：_arc	//启动命令
圆弧创建方向：逆时针(按住 Ctrl 键可切换方向)。	
指定圆弧的起点或 [圆心(C)]:	//指定起点 A
指定圆弧的第二个点或 [圆心(C)/端点(E)]: _c 指定圆弧的圆心:	//指定圆心点 O
指定圆弧的端点或 [角度(A)/弦长(L)]: _l 指定弦长: 25	//输入长度 25

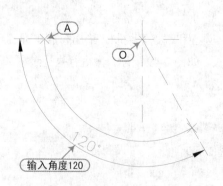

图 2-50 以起点、圆心、角度画圆弧

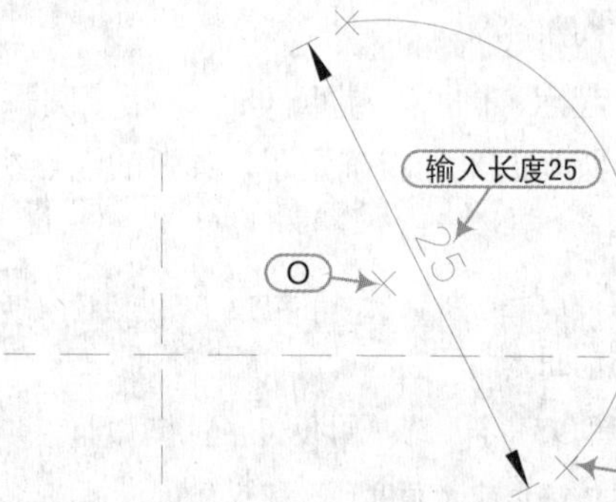

图 2-51 以起点、圆心、长度画圆弧

- 起点、端点、角度（N）：指定圆弧的起点、端点和角度绘制圆弧。命令行执行过程如下：

命令：_arc　　　　　　　　　　　　　　　　　　　　　　　　　//启动命令
圆弧创建方向：逆时针(按住 Ctrl 键可切换方向)。
指定圆弧的起点或 [圆心(C)]：　　　　　　　　　　　　　　　//指定起点
指定圆弧的第二个点或 [圆心(C)/端点(E)]：_e
指定圆弧的端点：　　　　　　　　　　　　　　　　　　　　　//指定端点
指定圆弧的圆心或 [角度(A)/方向(D)/半径(R)]：_a 指定包含角：45　//输入角度值

- 起点、端点、方向（D）：指定圆弧的起点、端点和方向来绘制。当命令行显示"指定圆弧的起点切向："提示时，可以移动鼠标动态地确定圆弧在起始点外的切线方向与水平方向的夹角，如图 2-52 所示，命令行执行过程如下：

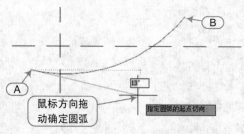

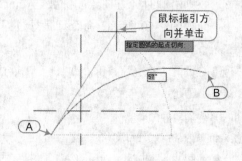

图 2-52 以起点、端点、方向画圆弧

图 2-53 不同方向的不同圆弧

命令：_arc　　　　　　　　　　　　　　　　　　　　　·　//启动命令
圆弧创建方向：逆时针(按住 Ctrl 键可切换方向)。
指定圆弧的起点或 [圆心(C)]：　　　　　　　　　　　　　　//指定起点 A
指定圆弧的第二个点或 [圆心(C)/端点(E)]：_e
指定圆弧的端点：　　　　　　　　　　　　　　　　　　　　//指定端点 B
指定圆弧的圆心或 [角度(A)/方向(D)/半径(R)]：_d 指定圆弧的起点切向：　//鼠标拖动在相应方向位
置单击确定圆弧

技巧提示　　　　　　　　　　　　　　　　　　　　　　★★★☆☆

　　在以"起点、端点、方向（D）"绘制圆弧时，起点和端点的顺序一样，但绘制出来的圆弧方向也会不同，取决于鼠标指引的方向，如图 2-53 所示。

- 起点、端点、半径（R）：指定圆起点、端点和半径来绘制圆弧，如图 2-54 所示。命令行执行过程如下：

命令：_arc	//启动命令
圆弧创建方向：逆时针(按住 Ctrl 键可切换方向)。	
指定圆弧的起点或 [圆心(C)]：	//指定起点 A
指定圆弧的第二个点或 [圆心(C)/端点(E)]：_e	
指定圆弧的端点：	//指定端点 B
指定圆弧的圆心或 [角度(A)/方向(D)/半径(R)]：_r 指定圆弧的半径：20　//输入半径20	

- 圆心、起点、端点（C）：指定圆心、起点和端点来绘制圆弧，如图 2-55 所示。命令行执行过程如下：

命令：_arc	//启动命令
圆弧创建方向：逆时针(按住 Ctrl 键可切换方向)。	
指定圆弧的起点或 [圆心(C)]：_c 指定圆弧的圆心：	//指定圆心点 O
指定圆弧的起点：	//指定起点 A
指定圆弧的端点或 [角度(A)/弦长(L)]：	//指定端点 B

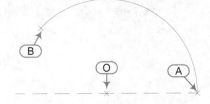

图 2-54　以起点、端点、半径画圆弧　　　　图 2-55　以圆心、起点、端点画圆弧

- 圆心、起点、角度（E）：指定圆心、起点和圆弧所对应的角度来绘制圆弧。命令行执行过程如下：

命令：_arc	//启动命令
圆弧创建方向：逆时针(按住 Ctrl 键可切换方向)。	
指定圆弧的起点或 [圆心(C)]：_c 指定圆弧的圆心：	//指定圆心点
指定圆弧的起点：	//指定起点
指定圆弧的端点或 [角度(A)/弦长(L)]：_a 指定包含角：	//输入圆弧的角度值

- 圆心、起点、长度（L）：指定圆心、起点以及圆弧所对应的弦长来绘制圆弧。命令行执行过程如下：

命令：_arc	
圆弧创建方向：逆时针(按住 Ctrl 键可切换方向)。	//启动命令

指定圆弧的起点或［圆心(C)］: _c 指定圆弧的圆心: // 指定圆心点

指定圆弧的起点: // 指定起点

指定圆弧的端点或［角度(A)/弦长(L)］: _1 指定弦长: // 输入圆弧的长度值

- 继续（Q）：选择此命令时，在命令行提示"指定圆弧的起点[圆心（C）]："时，直接按【Enter】键，系统将以最后一次绘制的线段或圆弧过程中的最后一点作为新圆弧的起点，以最后所绘制线段的方向或圆弧终止点处的切线方向为新圆弧在起始点外的切线方向，然后再指定一点，就可以绘制出一个新的圆弧。

技巧提示   ★★★☆☆

    用户在绘制圆弧时，注意圆弧的曲率是遵循逆时针方向的，输入正角度值按逆时针方向画圆弧，而输入负角度值按顺时针方向画圆弧。

技巧：069   太极图的绘制实例

视频：技巧069-太极图的绘制实例.avi
案例：太极图.dwg

技巧概述： 前面讲述了圆弧的各种绘制方法，本例以太极图的绘制方法进行讲解，其操作步骤如下。

步骤 01 正常启动 AutoCAD 2014 软件，系统自动创建空白文件，在快速访问工具栏中单击"保存" 📙 按钮，将其保存为"太极图.dwg"文件。

步骤 02 在"绘图"面板的"圆"下拉菜单中单击"圆心，半径"按钮 ⊘，在图形区域指定圆心点，输入半径为 100，绘制结果如图 2-56 所示。

步骤 03 执行"草图设置"命令，在"草图设置"对话框的"对象捕捉"选项卡中，勾选"启用对象捕捉"与"启用对象捕捉追踪"复选框，在对象捕捉模式下，设置"圆心"和"象限点"捕捉，单击"确定"按钮，如图 2-57 所示。

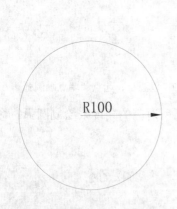

图 2-56   以圆心、半径画圆   图 2-57   设置捕捉模式

步骤 04 在"绘图"面板的"圆弧"下拉菜单中单击"起点、端点、半径"按钮 ⌒，命令提示"指定圆弧的起点或［圆心(C)］："捕捉圆上象限点为起点，再捕捉圆心为端点，拖动鼠标，输入半径值为 50，如图 2-58 所示，绘制圆弧效果如图 2-59 所示。

步骤 05 再重复执行"圆弧|起点、端点、半径"，捕捉大圆下侧象限点为第一点，再捕捉圆心为第二点，拖动鼠标，输入半径为 50，绘制圆弧结果如图 2-60 所示。

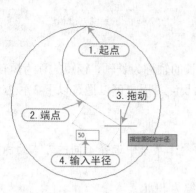

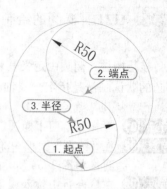

图 2-58　起点、端点、半径　　　　图 2-59　绘制的圆弧效果　　　　图 2-60　绘制下半圆弧

技巧提示　　　　　　　　　　　　　　　　　　　　　　　★★★☆☆

　　在绘制圆弧的过程中，应注意选择上、下起点和端点的顺序，顺序不同圆弧的方向效果各不同。

步骤 06 在"绘图"面板的"圆"下拉菜单中，再单击"圆心，半径"按钮 ⊘，分别捕捉两个圆弧的圆心，绘制半径为 10 的两个圆，如图 2-61 所示。

步骤 07 单击"绘图"面板中的"图案填充"按钮 ▨，则功能区跳转到"图案填充创建"选项卡，如图 2-62 所示，选择样例为"SOLTD"，然后在单击"拾取点"按钮；在以圆弧为界限的左半部分单击，然后在上侧小圆内部单击，按【Space】键确定，得到的填充效果如图 2-63 所示。

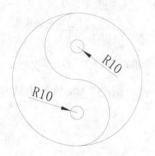

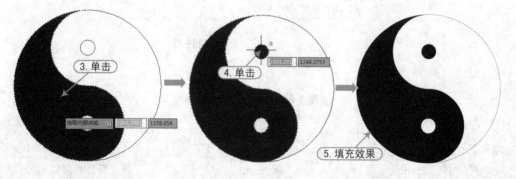

图 2-61　绘制两个圆　　　　　　　　图 2-62　"图案填充创建"选项卡

图 2-63　填充图案

步骤 08 至此，太极图绘制完成，按【Ctrl+S】组合键进行保存。

技巧：070 椭圆的绘制方法　　　　　　　　视频：技巧070-椭圆的绘制方法.avi
　　　　　　　　　　　　　　　　　　　　案例：无

　　技巧概述： 椭圆由定义其长度和宽度的两条轴决定，较长的轴称为长轴，较短的称为短轴。椭圆的默认画法是指定一根轴的两个端点和另一根轴的半轴长度，用户可以通过以下 3 种方法来执行"椭圆"命令。

方法 01 选择"绘图 | 椭圆"命令。

方法 02 在"绘图"面板中单击"椭圆"按钮 ⊙·，在弹出的子菜单中选择不同的方式绘制椭圆，如图 2-64 所示。

方法 03 在命令行中输入或动态输入 Ellipse 命令（快捷键为 EL）。

　　执行上述操作后，默认绘制方式为"轴、端点"，按照如下命令执行过程，即可绘制出如图 2-65 所示的椭圆。

命令：ELLIPSE	//执行"椭圆"命令
指定椭圆的轴端点或 [圆弧(A)/中心点(C)]:	//指定第一个端点
指定轴的另一个端点：〈正交 开〉	//指定长轴另一端点
指定另一条半轴长度或 [旋转(R)]:	//指定半轴端点

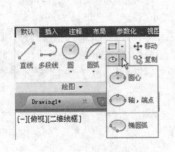

图 2-64　椭圆执行方式

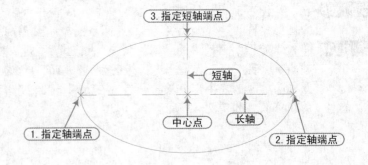

图 2-65　绘制椭圆

　　其命令提示栏中还提供了"中心点（C）"选项，与子菜单中的"圆心" ⊙ 执行方式相同，其命令行提示如下，绘制效果如图 2-66 所示。

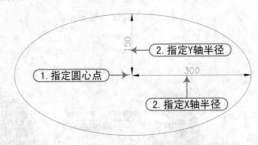

图 2-66　圆心绘制方式

命令：ELLIPSE	//执行"椭圆"命令
指定椭圆的轴端点或 [圆弧(A)/中心点(C)]: _c	//选择"中心点（C）"选项
指定椭圆的中心点：	//指定椭圆的圆心
指定轴的端点：@300，0	//指定椭圆的 X 轴半径
指定另一条半轴长度或 [旋转(R)]: 150	//指定 Y 轴半径

软件技能　　　　　　　　　　　　　　　　　　　　　★★★☆☆

　　"椭圆"命令还有一个重要的用途，就是在等轴测平面视图中绘制出等轴测圆，如图 2-67 所示。"等轴测圆（Ⅰ）"命令提示选项仅在捕捉类型为"等轴测"时才可显示与使用。

图 2-67　等轴测中的椭圆

技巧：071　椭圆弧的绘制方法

视频：技巧071-椭圆弧的绘制方法.avi
案例：无

　　技巧概述： 首先根据命令提示绘制出一个完整的椭圆，然后指定起始角和终止角度来确定要留下的椭圆弧。绘制椭圆弧的方法如下。

方法 01 选择"绘图｜椭圆｜圆弧"命令。

方法 02 在"绘图"面板中单击"椭圆"按钮，在弹出的子菜单中单击"椭圆弧"按钮。

方法 03 在命令行中输入或动态输入"Ellipse"或"EL 命令并按【Enter】键。

　　以上任意一种方法都可执行椭圆弧命令，绘制效果如图 2-68 所示，其命令执行过程如下：

命令：_ellipse	//执行"椭圆弧"命令
指定椭圆的轴端点或 [圆弧(A)/中心点(C)]：_a	//选择"圆弧（A）"选项
指定椭圆弧的轴端点或 [中心点(C)]：	//指定 A 点
指定轴的另一个端点：	//指定 B 点
指定另一条半轴长度或 [旋转(R)]：	//指定 C 点
指定起点角度或 [参数(P)]：25	//输入 25
指定端点角度或 [参数(P)/包含角度(I)]：-25	//输入-25

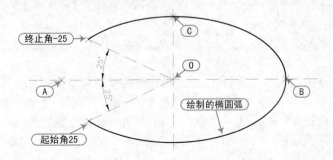

图 2-68　绘制椭圆弧

技巧提示　　　　　　　　　　　　　　　　　　　　　★★★★☆

　　在指定角度时，默认以椭圆心点 O 为旋转基点，O 点与起点 A 为旋转基线，输入正值角度 25，则逆时针转至 25°弧线位置时，确定圆弧的一个端点，再输入负值角度 25 时，同样以基线 OA 顺时针旋转至-25° 弧线位置作为椭圆弧的另一个端点，以此确定该椭圆弧。

技巧：072　多段线的使用方法

> 视频：技巧072-楼梯箭头符号的绘制.avi
> 案例：旋转楼梯指引符号.dwg

　　技巧概述：多段线即由多条线段构造的一个图形，这些线段可以是直线、圆弧等对象，多段线所构成的图形是一个整体，用户可对其进行整体编辑，其执行方法如下。

方法 01 选择"绘图丨多段线"命令。

方法 02 在命令行中输入或动态输入"plane"或"PL"命令并按【Enter】键。

方法 03 单击"绘图"面板中的"多段线"按钮 。

　　接下来以旋转楼梯为例，讲解其楼梯走向符号的绘制方法，操作步骤如下：

步骤 01 正常启动 AutoCAD 2014 软件，单击"打开"按钮 ，将"旋转楼梯.dwg"文件打开，如图 2-69 所示。

步骤 02 再单击"另存为"按钮 ，将文件另存为"旋转楼梯指引符号.dwg"文件。

步骤 03 执行"直线"命令（L），捕捉左、右垂直线段端点来绘制一条连接的辅助线，如图 2-70 所示。

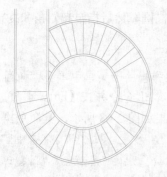
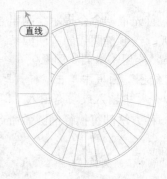

图 2-69　打开的图形　　　　　　图 2-70　绘制连接辅助线

步骤 04 执行"多段线"命令（PL），捕捉辅助直线的中点，再向下捕捉水平线中点并单击确定第一段多段线，如图 2-71 所示。

命令： PLINE	// 启动命令
指定起点：	// 捕捉辅助线的中点单击
当前线宽为 0.0000	
指定下一个点或 ［圆弧(A)/半宽(H)/长度(L)/放弃(U)/宽度(W)］：	// 单击下侧水平线中点

步骤 05 再根据命令提示选择"圆弧（A）"项，切换至圆弧绘制方式，再根据选项提示选择"圆心（CE）"，再捕捉内圆的圆心并单击，如图 2-72 所示。拖动鼠标即出现一个弧度，再根据命令提示选择"角度（A）"项，输入角度值为 280，按【Space】键确定第二段圆弧多段线的绘制，如图 2-73 所示。

指定下一点或 ［圆弧(A)/闭合(C)/半宽(H)/长度(L)/放弃(U)/宽度(W)］：a	// 选择"圆弧"选项

指定圆弧的端点或[角度(A)/圆心(CE)/闭合(CL)/方向(D)/半宽(H)/直线(L)/半径(R)/第二个点(S)/放弃(U)/宽度(W)]：ce	//选择"圆心(CE)"选项
指定圆弧的圆心：	//捕捉并单击楼梯的圆心
指定圆弧的端点或［角度(A)/长度(L)］：a	//选择"角度(A)"选项
指定包含角：280	//输入角度值为 280

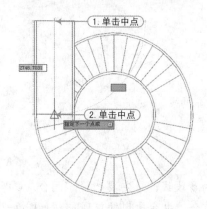

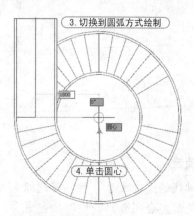

图 2-71　绘制长度多段线　　　　图 2-72　切换至圆弧方式

步骤 06　再继续根据命令提示选择"直线（L）"，设置起点宽度为 100，端点宽度为 0，继续拖动捕捉到往左数第二条楼梯线的中点并单击，拖出一个箭头指引，如图 2-74 所示。整个多段线的命令行提示如下：

指定圆弧的端点或[角度(A)/圆心(CE)/闭合(CL)/方向(D)/半宽(H)/直线(L)/半径(R)/第二个点(S)/放弃(U)/宽度(W)]：1	//选择"直线(L)"项，切换成直线方式
指定下一点或［圆弧(A)/闭合(C)/半宽(H)/长度(L)/放弃(U)/宽度(W)]：w	//选择"宽度(W)"选项
指定起点宽度 <0.0000>：100	//设置起点宽度为 100
指定端点宽度 <100.0000>：0	//设置端点宽度为 0
指定下一点或［圆弧(A)/闭合(C)/半宽(H)/长度(L)/放弃(U)/宽度(W)]：	//鼠标捕捉楼梯线的中点
指定下一点或［圆弧(A)/闭合(C)/半宽(H)/长度(L)/放弃(U)/宽度(W)]：	//按【Space】键结束命令

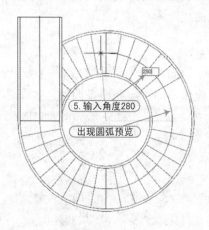

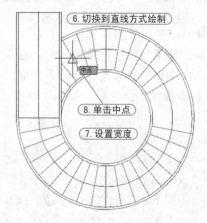

图 2-73　绘制圆弧多段线　　　　图 2-74　绘制指引箭头

步骤 07　绘制完成后，执行"删除"命令（E），选择先前绘制的辅助直线将其删除掉，效果如图 2-75 所示。

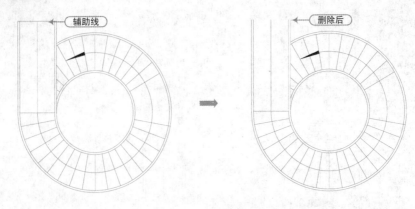

图 2-75　删除辅助线

专业技能　　　　　　　　　　　　　　　★★★☆☆

　　当多段线的宽度大于 0 时，若想绘制闭合的多段线，一定要选择"闭合（C）"选项，这样才能使其完全闭合，否则即使起点与终点重合，也会出现缺口现象，如图 2-76 所示。

图 2-76　闭合和重合

技巧：073　**样条曲线的绘制方法**　　　视频：技巧073-样条曲线的绘制方法.avi
　　　　　　　　　　　　　　　　　　　　案例：无

　　技巧概述：样条曲线常用来设计某些曲线型工艺品的轮廓线，它可以生成拟合光滑曲线，使绘制的曲线更加真实、美观，该命令通过起点、控制点、终点及偏差变量来控制曲线走向。

　　用户可以通过以下任意一种方法来执行"样条曲线"命令。

方法 01　选择"绘图 | 样条曲线"命令。

方法 02　在"绘图"面板中单击"样条曲线"按钮 ～。

方法 03　在命令行中输入或动态输入"SPLINE"或"SPL"命令并按【Enter】键。

　　执行"样条曲线"命令后，根据如下提示进行操作，即可绘制样条曲线，如图 2-77 所示。

命令：SPLINE	//单击"样条曲线"按钮 ～
当前设置：方式=拟合　　节点=弦	
指定第一个点或 [方式(M)/节点(K)/对象(O)]：	//确定 A 点
输入下一个点或 [起点切向(T)/公差(L)]：	//确定 B 点
输入下一个点或 [端点相切(T)/公差(L)/放弃(U)/闭合(C)]：	//确定 C 点
输入下一个点或 [端点相切(T)/公差(L)/放弃(U)/闭合(C)]：	//确定 D 点
输入下一个点或 [端点相切(T)/公差(L)/放弃(U)/闭合(C)]：	//确定 E 点
输入下一个点或 [端点相切(T)/公差(L)/放弃(U)/闭合(C)]：	//确定 F 点
输入下一个点或 [端点相切(T)/公差(L)/放弃(U)/闭合(C)]：	//按【Enter】键结束

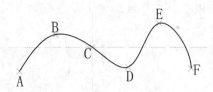

图 2-77　绘制样条曲线

技巧：074　多线样式的定义

视频：技巧074-多线样式的定义.avi
案例：无

技巧概述："多线"是一种组合图形，由许多条平行线组合而成，各条平行线之间的距离和数目可以随意调整。多线与直线的绘制有其相似点，都是指定一个起点和端点；与直线不同的是，一条多线可以一次性绘制多条平行线。

在绘制多线之前，首先应当设置所需的多线样式，根据实际需求的不同，用户可随意设置当前的多线样式，可通过以下任意一种方法来定义多线样式。

方法 01 选择"格式 | 多线样式"命令。

方法 02 在命令行中输入或动态输入"MLSTYLE"并按【Enter】键。

下面运用多线样式命令来创建新的多线样式，其操作步骤如下：

步骤 01 在 AutoCAD 2014 环境中，选择"格式 | 多线样式"命令，系统将自动弹出"多线样式"对话框。

步骤 02 单击"新建"按钮，系统自动弹出"创建新的多线样式"对话框，在"新样式名"文本框中输入需要创建的多线样式名称"样式 1"，再单击"继续"按钮，如图 2-78 所示。

步骤 03 随后弹出"新建多线样式：样式 1"对话框，在左侧"封口"选项区域中设置多线两端的封口形式。

步骤 04 再单击"添加"按钮，添加 0 号元素，并设置偏移距离为 0，颜色为蓝色，如图 2-79 所示。

图 2-78　"多线样式"对话框　　　　图 2-79　"新建多线样式：样式 1"对话框

步骤 05 单击"线型"按钮，系统将自动弹出"选择线型"对话框，再单击该对话框中的"加载"按钮，则会自动弹出"加载或重载线型"对话框，选择"CENTER"线型，并单击"确定"按钮，则线型会被加载到"选择线型"对话框中，选择加载的线型，单击"确定"按钮，如图 2-80 所示。

图 2-80　加载线型

步骤 06 返回"新建多线样式：样式 1"对话框中，此时在刚才添加的多线 0 号元素上，即可以看到对其设置的颜色以及"CENTER"线型，如图 2-81 所示。

步骤 07 单击"确定"按钮，再返回"多线样式"对话框，则新样式会出现在预览框中，如图 2-82 所示。单击"置为当前"按钮，将新建的"样式 1"多线样式置为当前样式，再单击"确定"按钮，完成对多线样式的设置。

图 2-81　添加的图元属性

图 2-82　完成多线的设置

步骤 08 执行"多线"命令，使用刚设置完成的多线样式绘制一段多线，效果如图 2-83 所示。

```
命令：MLINE
当前设置：对正 = 无，比例 = 10.00，样式 = STANDARD          //默认样式
指定起点或 [对正(J)/比例(S)/样式(ST)]：  st               //选择"样式(ST)"选项
输入多线样式名或 [?]：  样式 1                             //输入名称"样式 1"
指定起点或 [对正(J)/比例(S)/样式(ST)]：                    //在绘图区指定起点
指定下一点：                                             //指定点或输入坐标值
```

图 2-83　绘制多线效果

技巧提示　　　　　　　　　　　　　　　　　　　　　　　　★★★☆☆

在"新建多线样式"对话框中，可以在"说明"文本框中输入对多线样式的说明，如用途、创建者、创建时间等；在"封口"选项区域中选择起点和终点的闭合形式，有直线、外弧和内弧 3 种形式，它们的区别如图 2-84 所示，其中内弧封口必须由 4 条及 4 条以上的直线组成。

直线封口　　　　　　　　外弧封口　　　　　　　　内弧封口

图 2-84　封口的形式

技巧：075　多线的绘制方法

视频：技巧075-多线的绘制方法.avi
案例：无

技巧概述：多线在实际绘制室内设计图时，往往有着非常重要的作用，可以使绘制步骤变得更为简便，可通过以下任意一种方法来执行"多线"命令。

方法 01 选择"绘图 | 多线"命令。

方法 02 在"绘图"面板中单击"多线"按钮 ⅵ。

方法 03 在命令行中输入或动态输入"MLINE"或"ML"并按【Enter】键。

启动该命令后，命令行提示如下信息：

命令：MLINE	//执行"多线"命令
当前设置：对正 = 上，比例 = 20.00，样式 = STANDARD	//显示当前的多线的设置情况
指定起点或 [对正(J)/比例(S)/样式(ST)]：	//在绘图区指定起点
指定下一点：	//指定点或输入坐标值
指定下一点或 [放弃(U)]：	//指定点或输入坐标值
指定下一点或 [闭合(C)/放弃(U)]：	//继续指定点或者选择相应选项

在多线命令提示行中，各选项的具体说明如下。

- 对正（J）：用于指定绘制多线时的对正方式，共有 3 种对正方式，"上（T）"是指从左向右绘制多线时，多线上最上端的线会随鼠标移动；"无（Z）"是指多线的中心将随鼠标移动；"下（B）"是指从左向右绘制多线时，多线上最下端的线会随鼠标移动。3 种对正方式的效果如图 2-85 所示。

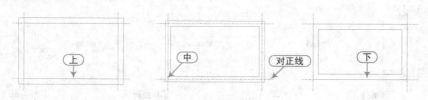

上　　　　　　　中　　　　　　対正线　　　　　　下

图 2-85　3 种不同的对正方式

- 比例（S）：此选项用于设置多线的平行线之间的距离。可输入 0、正值或负值，输入 0 时各平行线重合，输入负值时平行线的排列将倒置。不同比例的多线效果如图 2-86 所示。

图 2-86　不同比例的多线效果

- 样式（ST）：此选项用于设置多线的绘制样式。默认的样式为标准型（STANDARD），可根据提示输入所需的多线样式名。

技巧提示　　　　　　　　　　　　　　　　　　　　　　★★★★☆

　　在绘图过程中还可以使用默认的（STANDARD）样式，由于其偏移值为 0.5 和-0.5mm，所以多线的间距为 1，在使用该样式时根据需要来设置多线比例值。若要绘制偏移值 120mm 的多线对象，可以设置多线的比例为 120，绘制出来的多线间距则为 120mm。

技巧：076　多线墙体的编辑方法　　　视频：技巧076-多线墙体的编辑方法.avi
　　　　　　　　　　　　　　　　　　　　　　案例：建筑墙体.dwg

技巧概述：在 AutoCAD 中绘制多线后，可以通过编辑多线的方式来设置多线的不同交点方式，以完成各种绘制的需要。可通过以下任意一种方法来修改多线样式。

方法 01 在命令行中输入或动态输入 "MLEDIT" 命令并按【Enter】键。

方法 02 选择 "修改" | "对象" | "多线" 命令。

方法 03 双击绘制的多线。

　　执行编辑多线命令后，将弹出 "多线编辑工具" 对话框，通过对话框可以创建或修改多线的模式。对话框中第一列是十字交叉形，第二列是 T 形，第三列是拐角结合点的节点，第四列是多线被剪切和被连接的形式。选择需要的示例图形，然后在图中选择要编辑的多线即可。

- 十字闭合：用于两条多线相交为闭合的十字交点。选择的第一条多线被修剪，选择的第二条多线保存原状。
- 十字打开：用于两条多线相交为打开的十字交点。选择的第一条多线的内部和外部元素都被打断，选择的第二条多线的外部元素被打断。
- 十字合并：用于两条多线相交为合并的十字交点。选择的第一条多线和第二条多线的外部元素都被修剪，如图 2-87 所示。

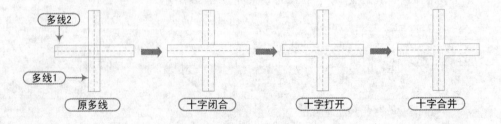

图 2-87　编辑十字多线

- **T 形闭合**：用于两条多线相交闭合的 T 形交点。选择的第一条多线被修剪，第二条保持原状。

● T 形打开：用于两条多线相交为打开的 T 形交点。选择的第一条多线被修剪，第二条多线与第一条相交的外部元素被打断。
● T 形合并：用于两条多线相交为合并的 T 形交点。选择的第一条多线的内部元素被打断，第二条多线与第一条相交的外部元素被打断，如图 2-88 所示。

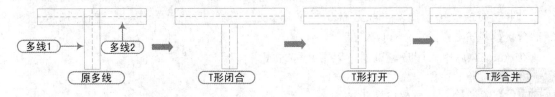

图 2-88　编辑十字多线

● 角点结合：用于将两条多线合成一个顶点，如图 2-89 所示。
● 添加顶点：用于在多线上添加一个顶点，如图 2-90 所示。

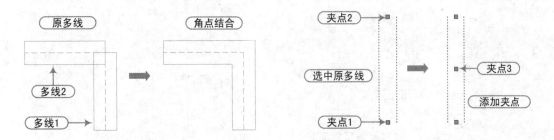

图 2-89　角点结合　　　　　　　　　　　　　　　图 2-90　添加顶点

● 删除顶点：用于将多线上的一个顶点删除，如图 2-91 所示。
● 单个剪切：通过指定两个点使多线的一条线打断。
● 全部剪切：用于通过指定两个点使多线的所有线打断，如图 2-92 所示。
● 全部结合：用于被全部剪切的多线全部连接，如图 2-93 所示。

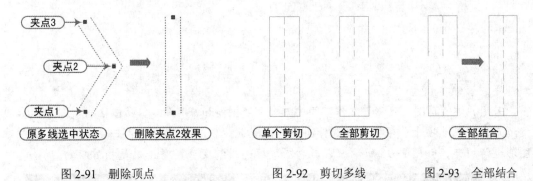

图 2-91　删除顶点　　　　　图 2-92　剪切多线　　　　图 2-93　全部结合

技巧提示　　　　　　　　　　　　　　　　　　★★★☆☆

　　在处理十字相交和 T 形相交的多线时，应当注意选择多线时的顺序，如果选择顺序不恰当，可能会得不到所想要的结果。

| 技巧: 077 | 图案填充的使用方法 | 视频：技巧077-图案填充的使用方法.avi |
| | | 案例：无 |

技巧概述："图案填充"在绘制图形中扮演着非常重要的角色，它可以使单调的图形画面变得生动和富有层次感，使读图者更容易读懂。特别是在室内装饰图纸中，各种材料的表示及区域的分区，填充图案是必不可少的。

在 AutoCAD 中，用户可以通过以下几种方式来执行图案填充命令。

方法 01 选择"绘图 | 图案填充"命令。

方法 02 在"绘图"面板中单击"图案填充"按钮 ▨。

方法 03 在命令行中输入或动态输入"BHATCH"或"H"命令并按【Enter】键。

启动该命令后根据提示，选择"设置"（T），将弹出"图案填充和渐变色"对话框，设置好填充的图案、比例、填充原点等，再根据要求选择一个封闭的图形区域，即可对其进行图案填充，如图 2-94 所示。

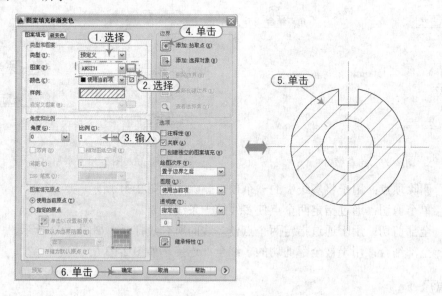

图 2-94 填充操作

技巧提示 ★★★☆☆

若用户在"草图与注释"工作空间中启动了"图案填充"命令，功能区自动跳转至"图案填充创建"选项卡，根据需要选择图案，设置其比例或角度后，单击"拾取点"按钮对图形进行填充，如图 2-95 所示，它与"图案填充或渐变色"对话框是相对应的。

图 2-95 利用选项卡填充

技巧：078　图案填充的角度与比例

视频：技巧078-图案填充的角度与比例.avi
案例：无

技巧概述： 在填充图案的过程中，通过设置填充图例的角度与比例使图形达到最完美的效果。

● 在"角度"下拉列表框中可以指定所选图案相对于当前用户坐标系 X 轴的旋转角度。如图 2-96 所示为设置不同角度填充的图例效果。

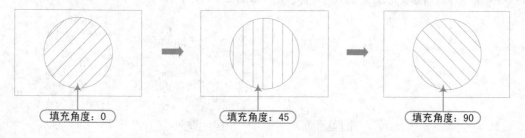

图 2-96　不同角度的填充

● 在"比例"下拉列表框中可以设置剖面线图案的缩放比例系数，以使图案的外观变得更稀疏或者更紧密，从而在整个图形中显得比较协调。如图 2-97 所示为设置不同比例值填充的图例效果。

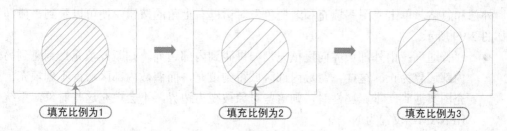

图 2-97　不同比例的填充

● "间距"用于在编辑用户自定义图案时指定图案中线的间距，只有在"类型"下拉列表框中选择了"用户定义"时才可以使用，用来定义网格类型的图案。

软件技能　　　　　　　　　　　　　　　　　　　　　★★★★☆

执行"图案填充"命令后，要填充的区域没有被填入图案，或者全部被填入白色或黑色，这是什么原因呢？

出现这些情况都是因为"图案填充"对话框中的"比例"设置不当。要填充的区域没有被填入图案，是因为比例过大，要填充的图案被无限扩大之后，显示在需要填充的局部小区域中的图案正好是一片空白，或者只能看到图案中少数的局部花纹。

反之，如果比例过小，要填充的图案被无限缩小之后，看起来就像一团色块，如果背景色是白色，则显示为黑色色块；如果背景色是黑色，则显示为白色色块，在"图案填充"对话框的比例中调整适当的比例因子即可解决这个问题。

技巧：079 填充图案的显示与关闭

视频：技巧079-填充图案的显示与关闭.avi
案例：无

　　技巧概述：图形的复杂程度影响到 CAD 执行命令和刷新屏幕的速度。打开或关闭一些可视要素（如填充、宽线、文本、标示点、加亮选择等）能增强 CAD 的性能。下面以关闭填充图案进行讲解。

　　若要控制填充图案的显示与关闭，可以在命令提示行中输入"FILL"命令并按【Enter】键，其命令行提示"输入模式 [开（ON）/关（OFF）]:"，选择开或关选项，或者输入变量值 0（OFF）或 1（ON），即可控制填充图案的显示与关闭，如图 2-98 所示。

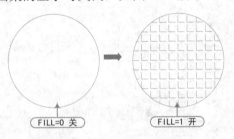

图 2-98　填充显示的控制

技巧：080 图案填充孤岛的显示样式

视频：技巧080-图案填充孤岛的显示样式.avi
案例：无

　　技巧概述：图案填充区域内的封闭区域被称作孤岛，可以使用以下 3 种填充样式填充孤岛：普通、外部和忽略。单击"图案填充和渐变色"对话框右上角的按钮，便可以看到"孤岛"选项，如图 2-99 所示。

- "普通"：由外部边界向里填充，如果碰到内部边界，则断开填充直到碰到另一个内部边界为止。这样，奇数内部区域得到填充，而偶数内部区域得不到填充。如填充图案遇到文本、属性时，则这些对象被视为边界，不会填充这些对象，系统变量 HPNAME 设置为 N。
- "外部"：由外部边界向里填充，碰到内部边界则断开填充并且不再恢复填充，其系统变量 HPNAME 设置为 O，
- "忽略"：忽略所有内部对象，全部填充。

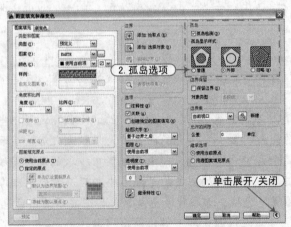

图 2-99　孤岛选项

如图 2-100 所示为拾取同一点时，各选项的结果对比效果。

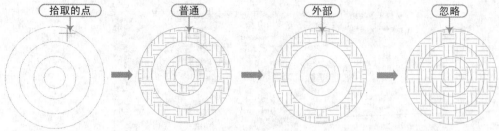

图 2-100　各种方式填充

技巧提示　★★★☆☆

　　文字对象被视为孤岛，如果打开了孤岛检测，填充带有文字的图形时，填充的图案将围绕文字留出一个矩形空间，如图 2-101 所示。

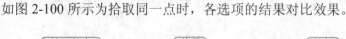

图 2-101　填充文字

技巧：081　未封闭区域的填充方法　视频：技巧081-未封闭区域的填充方法.avi
　　案例：无

　　技巧概述：在选择填充区域时，如果选择的对象不是封闭区域，系统会弹出"图案填充-边界定义错误"对话框，如图 2-102 所示，并且在边界的未连接端点处显示红色圆以标识间隙，如图 2-103 所示。

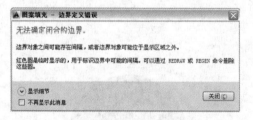

图 2-102　"图案填充-边界定义错误"对话框　　　图 2-103　红圆标记

　　退出填充命令后，红色圆圈仍处于显示状态。为图案填充指定另一个内部点或者使用 REDRAW、REGEN 或 REGENALL 命令时将删除这些红色圆。

　　若要对边界未完全闭合的区域进行图案填充，请执行下列操作之一：

- 找到间隙并修改边界对象，使这些对象形成一个闭合边界。
- 将 HPGAPTOL 系统变量设定为足够大的值，以填充间隙。
- 在"图案填充和渐变色"对话框中单击 ⊙ 按钮，在展开的"允许的间隙"选项中调整公差单位值，用以设置将对象用作图案填充边界时可以忽略的最大间隙，如图 2-104 所示。

图 2-104 设置公差值

技巧：082 渐变色的填充方法

视频：技巧082-渐变色的填充方法.avi
案例：无

技巧概述： 渐变色填充就是使用渐变色填充封闭区域或选定对象，渐变色填充属于实体图案填充，渐变色能够体现出照在平面上而产生的过渡颜色效果。

在 AutoCAD 中，执行"渐变色"命令的方式有如下几种。

方法 01 选择"绘图 | 渐变色"命令。

方法 02 在"绘图"面板中单击"渐变色"按钮。

方法 03 在命令行中输入或动态输入"Gradient"命令并按【Enter】键。

执行上述命令后将会弹出"图案填充和渐变色"对话框，渐变色填充和图案填充使用同一个对话框。

渐变色填充分为单色和双色渐变色填充，单色填充方式是使用一种颜色的不同灰度之间的过渡即由深到浅进行填充，选择"单色"单选按钮，则只启动一个颜色选择框，其默认颜色为蓝色，选择一个填充样式，填充效果如图 2-105 所示。

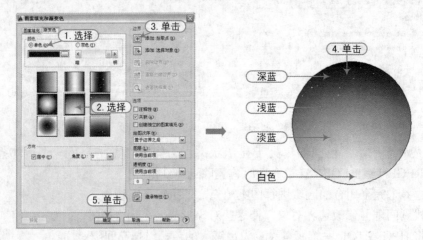

图 2-105 单色填充

双色填充方式是从一种颜色过渡到另一种颜色，选择"双色"单选按钮，即启动两个颜色选框，默认颜色 1 为蓝色，颜色 2 为红色，还可以根据不同的需求单击 按钮，在弹出的"选择颜色"对话框中单击需要的颜色进行填充，效果如图 2-106 所示。

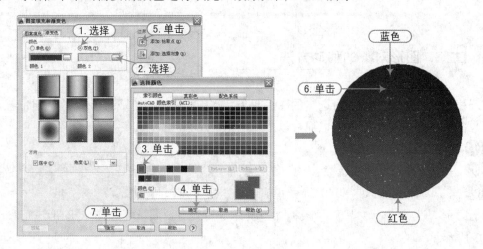

图 2-106　双色填充

技巧：083　图形对象的删除方法

视频：技巧083-图形对象的删除方法.avi
案例：无

技巧概述：绘图完成后，将不需要的图形对象删除有助于整个图形的显示效果，可以使用以下多种方法从图形中将其删除。

方法 01 选择"修改|删除"命令。
方法 02 在命令行中输入"ERASE"命令或"E"并按【Enter】键。
方法 03 在"修改"面板中单击"删除"按钮 。

执行上述任意命令后，其命令行及操作如下：

命令：ERASE	//执行"删除"命令
选择对象：	//使用不同的选择方式选择要删除的对象
选择对象：	//继续选择对象或按【Space】键将选择的对象删除

技巧：084　恢复删除对象的方法

视频：技巧084-恢复删除对象的方法.avi
案例：无

技巧概述：使用"ERASE"删除命令删除的对象只是被临时性删除，只要不退出当前图形，即可使用以下方法进行恢复。

方法 01 在删除图形以后，选择"编辑|放弃"命令。
方法 02 在删除图形以后，在快速访问工具栏中单击"放弃"按钮 。
方法 03 在命令行中输入"UNDO"或"OOPS"命令并按【Enter】键。

技巧提示　　　　　　　　　　　　　　　　　　　　★★★☆☆

OOPS 命令与 UNDO 命令都可以恢复被删除的对象，主要区别如下：
● 在命令行中执行"OOPS"命令，可撤销前一次删除的对象。使用该命令只能恢

复前一次被删除的对象而不会影响前面进行的其他操作。

● 在命令行中执行 "UNDO" 命令，可取消前一次或前几次执行的命令，其中保存、打开、新建和打印等文件操作不能被撤销。

技巧：085 图形对象的移动方法

视频：技巧085-图形对象的移动方法.avi
案例：无

技巧概述：移动命令用于将选定的图形对象从当前位置平移到另一个新的指定位置，而不改变对象的大小和方向，用户可以通过以下方法来启动移动命令。

方法 01 选择 "修改|移动" 命令。

方法 02 单击 "默认" 选项板 "修改" 面板中的 "移动" 按钮 ✛。

方法 03 输入或动态输入 "MOVE" 或 "M" 命令并按【Enter】键。

执行 "移动" 命令（M）后，根据如下提示进行操作，即可将指定的图形进行移动，如图 2-107 所示。

命令：MOVE	//执行 "移动" 命令
选择对象：找到 1 个	//选择需要移动的圆对象
选择对象：	
指定基点或 [位移(D)] <位移>：	//指定圆的下侧象限点为移动的基点
指定第二个点或 <使用第一个点作为位移>：	//移动到三角形右下角点为目标点并单击

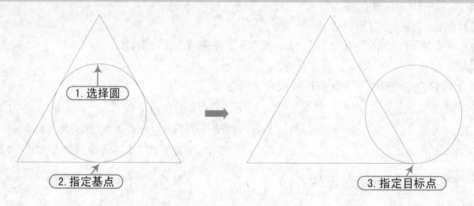

图 2-107　移动图形

技巧提示　　　　　　　　　　　　　　　　　　　　　　★★★★☆

用户在选择需要移动的对象后，可按【F8】键或者【F10】键打开正交与极轴追踪模式，指定移动方向，输入移动的距离值；或使用坐标或对象捕捉来精确地移动对象。

在不需要精确移动距离时，可以直接选择对象，然后在对象上按住鼠标右键拖动到指定位置，当释放鼠标右键时，系统便会弹出一个快捷菜单，在菜单中可以选择移动、粘贴或复制选中的对象，如图 2-108 所示。

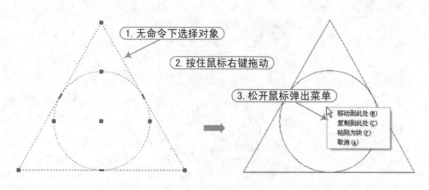

图 2-108　右键快捷移动图形

技巧：086　图形对象的旋转方法

视频：技巧086-图形对象的旋转方法.avi
案例：无

技巧概述： 旋转命令用于将选定的图形对象围绕一个指定的基点进行旋转，该命令不会改变对象的整体尺寸大小，其执行方法如下。

方法 01 选择 "修改|旋转" 命令。

方法 02 单击 "修改" 面板中的 "旋转" 按钮 ○。

方法 03 输入或动态输入 "ROTATE" 或 "RO" 命令并按【Enter】键。

执行 "旋转" 命令后，根据如下提示进行操作，即可旋转图形对象，如图 2-109 所示。

命令: _rotate	//执行 "旋转" 命令
UCS 当前的正角方向：ANGDIR=逆时针　ANGBASE=0	
选择对象:找到 1 个	//选择要旋转的文字 "A" 对象
选择对象:	//按【Enter】键结束选择
指定基点:	//单击圆心点为基点
指定旋转角度，或 [复制(C)/参照(R)] <0>：90	//输入旋转角度 90

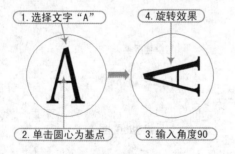

图 2-109　旋转图形

软件技能　　　★★★☆☆

输入角度值（0～360°）还可以按弧度、百分度或勘测方向输入值。一般情况下，输入正角度值，表示按逆时针方向旋转对象；输入负角度值，表示按顺时针方向旋转对象。

执行 "单位（UN）" 命令，将弹出 "图形单位" 对话框，若勾选 "顺时针" 复制框，则在输入正角度值时，对象将按照顺时针方向进行旋转，如图 2-110 所示。

图 2-110　"图形单位"对话框

技巧：087　图形对象的复制旋转方法

视频：技巧087-图形对象的复制旋转方法.avi
案例：无

　　技巧概述： 在旋转操作中，根据命令提示选择"复制（C）"选项时，可以将选择的对象进行复制性的旋转，即保持原有对象的角度，再复制生成另一个具有旋转角度的对象。

　　执行"旋转"命令后，根据如下命令提示进行操作，即可将图形进行复制旋转如图 2-111 所示。

命令：RO ROTATE	//执行"旋转"命令
UCS 当前的正角方向：　ANGDIR=逆时针　ANGBASE=0	//默认旋转正方向
选择对象：找到 1 个	//选择圆角矩形
选择对象：	//按【Space】键确定选择
指定基点：	//指定圆心点为基点
指定旋转角度，或〔复制(C)/参照(R)〕<30>：c 旋转一组选定对象。	//选择"复制(C"）选项
指定旋转角度，或〔复制(C)/参照(R)〕<30>：45	//输入角度 45 并按【Space】键确定复制旋转

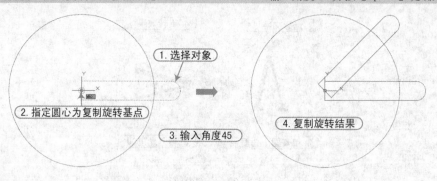

图 2-111　复制旋转操作

技巧：088　图形对象的参照旋转方法

视频：技巧088-图形对象的参照旋转方法.avi
案例：无

　　技巧概述： 在旋转操作中，根据命令提示在选择"参照（R）"选项时，用于将对象进行参照旋转，即指定一个参照角度和新角度，两个角度的差值就是对象的实际旋转角度。

执行"旋转"命令后，根据如下命令提示进行操作，即可将图形进行参照旋转，如图 2-112 所示。

命令：ROTATE	//执行"旋转"命令
UCS 当前的正角方向： ANGDIR=逆时针　ANGBASE=0.00	
选择对象：找到 1 个	//选择需要旋转的两矩形对象
选择对象：	
指定基点：	//单击旋转的基点
指定旋转角度，或 [复制(C)/参照(R)] <35.00>： R	//选择"参照"旋转
指定参照角 <0.00>：30	//输入参照角度
指定新角度或 [点(P)] <0.00>： 45	//输入新角度并按【Space】键确定

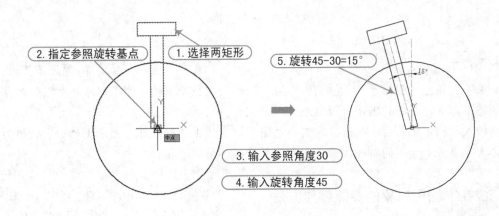

图 2-112　参照旋转操作

技巧：089　**图形对象的缩放方法**

视频：技巧089-图形对象的缩放方法.avi
案例：无

技巧概述：缩放命令用于将选定的图形对象在 X 和 Y 轴方向上按相同的比例系数放大或缩小。执行"缩放"命令的方法主要有以下几种。

方法 01 选择"修改|缩放"命令。

方法 02 单击"修改"面板中的"缩放"按钮。

方法 03 在命令行中输入或动态输入"Scale"或"SC"命令并按【Enter】键。

执行"缩放"命令过后，根据如下命令行提示，即可将图形进行缩放，如图 2-113 所示。

命令：_scale	//执行"缩放"命令
选择对象：	//选择桌椅对象
选择对象：	//按【Enter】键结束选择
指定基点：	//指定圆心为缩放的中心点
指定比例因子或 [复制(C)/参照(R)]:2	//输入比例因子 0.5，并按【Space】键

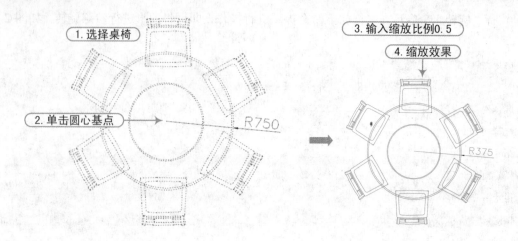

图 2-113　缩放图形

技巧提示　★★★★☆

　　如果在"指定比例因子或[复制(C)/参照(R)]:"的提示下输入"C",系统对图形对象按比例缩放形成一个新的图形并保留缩放前的图形。

　　在输入"指定比例因子"时,我们将原图形以数值1进行计算,大于1的所有数值为放大,大于0且小于1的数值为缩小,缩放的系数不能取负值。

技巧:090　图形对象的参照缩放方法

视频:技巧090-图形对象的参照缩放方法.avi
案例:无

　　技巧概述: 在编辑图形过程中,常常会遇到将一个图形按照另一个图形的尺寸、大小作为参照进行缩放处理。在不知道究竟要缩放多少比例因子的情况下,可以使用"参照缩放"来进行操作。

　　如图 2-114 所示为将平面门放置到门洞时,发现门的长度不够,若要使门与门洞对齐,则要使用"参照缩放"命令。

　　在命令行输入"缩放"命令(SC),选择门对象,按照如下命令提示进行操作可将门按照门洞进行参照缩放,如图 2-115 所示。

命令:　SCALE	//执行"缩放"命令
选择对象: 找到 1 个	//选择门对象
选择对象:	//按【Space】键确定选择
指定基点:	//指定门与门洞线垂足点为基点
指定比例因子或 [复制(C)/参照(R)]: r	//选择"参照(R)"选项
指定参照长度: 指定第二点:	//单击基点和门左端点来捕捉门的水平长度
指定新的长度或 [点(P)]:	//水平向左拖动捕捉到门洞线的中点时单击, 确定门的缩放

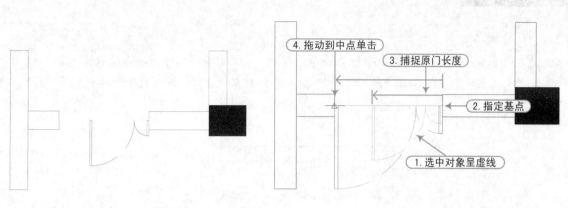

图 2-114　原图形　　　　　　　　　　图 2-115　参照旋转操作

技巧：091　**CAD对象的复制方法**　　　视频：技巧091-CAD对象的复制方法.avi
　　　　　　　　　　　　　　　　　　　案例：无

技巧概述： 当需绘制的图形对象与已有的对象相同或相似时，可以通过复制的方法快速生成相同的图形，然后对其进行细微的修改或调整位置即可，从而提高绘图效率。

使用复制命令可以快速将一个或多个图形对象复制到指定的位置，复制图形对象的方法主要有以下几种。

方法 01 选择"修改 | 复制"命令。

方法 02 在命令行中输入"COPY"或"CO"命令并按【Enter】键。

方法 03 在"修改"面板中单击"复制"按钮。

执行"复制"命令后，根据如下提示进行操作，即可复制选择的对象，如图 2-116 所示。

命令：COPY	//执行"复制"命令
选择对象：找到 1 个	//选择灯图形
选择对象：	//按下【Enter】键确认选择
当前设置：　复制模式 = 多个	
指定基点或 [位移(D)/模式(O)] <位移>：	//指定上水平线中点为基点
指定第二个点或 [阵列(A)] <使用第一个点作为位移>：@200,0	//水平复制 200 的距离
指定第二个点或 [阵列(A)/退出(E)/放弃(U)] <退出>：@400,0	//水平再复制 400 的距离
指定第二个点或 [阵列(A)/退出(E)/放弃(U)] <退出>：@600,0	//水平再复制 600 的距离
指定第二个点或 [阵列(A)/退出(E)/放弃(U)] <退出>：	//按【Enter】键结束复制命令

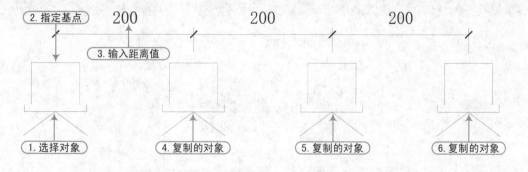

图 2-116　复制操作

技巧提示 ★★★☆☆

　　在复制操作过程中，其命令行会提示"阵列(A)"选项，选择此项再输入阵列数，使复制的对象进行阵列。如图 2-117 所示为输入阵列对象数"5"，再输入复制阵列距离"20"的圆阵列效果。

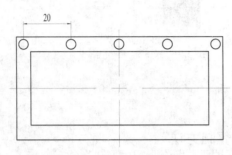

图 2-117　复制阵列

技巧：092　CAD对象的镜像方法

视频：技巧092-CAD对象的镜像方法.avi
案例：无

　　技巧概述：镜像复制可以在复制对象的同时将其沿指定的镜像线进行翻转处理，此命令对绘图是非常有用的，它利用虚拟的对称轴进行镜像复制，在完成镜像操作前可删除或保留原对象。镜像命令还可以通过指定一条镜像线来生成已有图形对象的镜像对象，执行"镜像"命令的方法主要有以下几种。

方法 01 选择"修改 | 镜像"命令。

方法 02 在命令行中输入"MIRROR"或"MI"命令并按【Enter】键。

方法 03 在"修改"面板中单击"镜像"按钮⚖。

　　执行"镜像"命令后，根据如下提示进行操作，即可镜像选择的对象，如图 2-118 所示。

命令: _mirror	//执行"镜像"命令
选择对象: 找到 120 个	//选择需要镜像的狗仔
选择对象:	//按【Enter】键结束选择
指定镜像线的第一点:	//指定镜像轴线第一点 A
指定镜像线的第二点:	//指定镜像轴线第二点 B
要删除源对象吗？[是(Y)/否(N)] <N>: n	//输入"N"，保留源对象

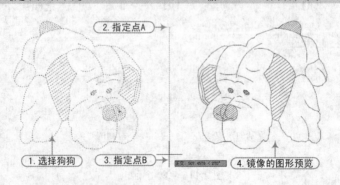

图 2-118　镜像图形

软件技能　　　　　　　　　　　　　　　　　　　　★★★★☆

在提示"要删除源对象吗？[是（Y）/否（N）]"时，选择"否（N）"选项，即保留镜像源对象为两个图形；若选择"否（N）"选项，即删除镜像源对象只留下一个镜像后的图形。

在 AutoCAD 中镜像文字时，可以通过控制系统变量 MIRRTEXT 的值来控制对象的镜像方向。在"镜像"命令中其系统变量默认值为"0"，则文字方向不镜像，即文字可读；若在执行"镜像"命令之前，将系统变为 MIRRTEXT 的值设为"1"，然后再执行"镜像"命令，镜像出的文字变得不可读。如图 2-119 所示为两种值的对比效果。

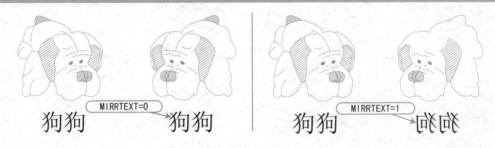

图 2-119　镜像文字的不同效果

技巧：093　CAD对象的偏移方法　　　　视频：技巧093-CAD对象的偏移方法.avi
　　　　　　　　　　　　　　　　　　　　案例：无

技巧概述： 偏移命令用于从指定的对象或者通过指定的点来建立等距偏移（或许是放大或缩小）的新对象，执行"偏移"命令可以通过以下方法。

方法 01 选择"修改|偏移"命令。

方法 02 输入或动态输入"OPPSET"或"O"命令并按【Enter】键。

方法 03 在"修改"面板中单击"偏移"按钮 。

执行"偏移"命令后，根据命令行的提示进行操作，偏移效果如图 2-120 所示。

命令：OFFSET	//执行"偏移"命令
当前设置：删除源=否　图层=源　OFFSETGAPTYPE=0	
指定偏移距离或 [通过(T)/删除(E)/图层(L)]:50	//输入偏移距离
选择要偏移的对象，或 [退出(E)/放弃(U)] <退出>:	//选择多边形
指定要偏移的那一侧上的点，或 [退出(E)/多个(M)/放弃(U)]:	//向内指引方向并单击
选择要偏移的对象，或 [退出(E)/放弃(U)] <退出>:	//按【Enter】键结束命令

4. 偏移的图形　　　50

1. 输入偏移距离50

2. 拾取图形　　　3. 在内侧单击

图 2-120　偏移操作

在命令行提示"选择要偏移的对象"时，只能以点选的方式选择对象，并且每次只能偏移一个对象。

技巧提示 ★★★☆☆

在使用"偏移"命令时，不同结构的对象，其偏移结果也会不同。例如，圆（弧）、椭圆（弧）、矩形、多段线、矩形、多边形等对象，偏移后产生的对象其尺寸发生了变化（放大或缩小），其弧长或轴长会发生改变，与源对象差异很大；而直线对象偏移后，尺寸则保持不变。如图 2-121 所示为不同对象的偏移。

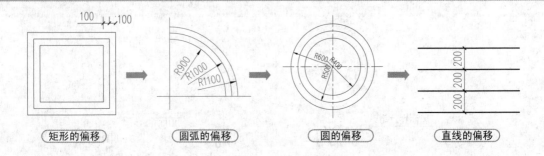

图 2-121　各种对象的偏移

技巧：094　CAD对象的定点偏移方法

视频：技巧094-CAD对象的定点偏移方法.avi
案例：无

技巧概述：偏移有距离偏移和定点偏移两种方式。所谓"定点偏移"，就是根据事先指定的某一距离进行偏移对象。

所谓"定点偏移"，就是根据指定的通过点偏移选定的图形对象。例如，使圆对象定点偏移，最终使用偏移得到的圆与矩形相切，如图 2-122 所示，具体命令行提示如下：

命令: OFFSET	//执行"偏移"命令
当前设置: 删除源=否　图层=源　OFFSETGAPTYPE=0	
指定偏移距离或［通过(T)/删除(E)/图层(L)］: T	//选择"通过(T)"选项
选择要偏移的对象，或［退出(E)/放弃(U)］〈退出〉:	//单击"圆"作为偏移对象
指定通过点或［退出(E)/多个(M)/放弃(U)］〈退出〉:	//捕捉矩形的中点并单击
选择要偏移的对象，或［退出(E)/放弃(U)］〈退出〉:	//按【Enter】键结束偏移

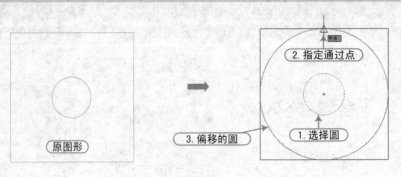

图 2-122　定点偏移

技巧：095 对象的矩形阵列方法

视频：技巧095-对象的矩形阵列方法.avi
案例：楼梯平面图.dwg

技巧概述： 阵列复制可以快速复制出与已有对象相同，且按一定规律分布的多个图形。对于矩形阵列，可以控制行和列的数目以及它们之间的距离。

在创建矩形阵列时，指定行、列的数量和项目之间的距离，可以控制阵列中副本的数量，执行"矩形阵列"命令的方法主要有以下几种。

方法 01 选择"修改 | 阵列 | 矩形阵列"命令。

方法 02 在命令行中输入"ARRAYRECT"命令并按【Enter】键。

方法 03 在"修改"面板中单击"矩形阵列"按钮 ⊞。

执行命令后选择阵列图形，按【Enter】键，设置阵列的行数、行间距、列数、列间距等参数后，即可按照如下提示将选择的对象进行矩形阵列，如图 2-123 所示。

命令： ARRAYRECT	//执行"矩形阵列"命令
选择对象：找到 2 个	//选择对象
选择对象：	
类型 = 矩形　关联 = 是	
选择夹点以编辑阵列或 [关联(AS)/基点(B)/计数(COU)/间距(S)/列数(COL)/行数(R)/层数(L)/退出(X)]	
〈退出〉：r	//选择"行数（R）"选项
输入行数数或 [表达式(E)] 〈0〉：10	//设置行数为11
指定 行数 之间的距离或 [总计(T)/表达式(E)] 〈0〉：300	//输入间距300
指定 行数 之间的标高增量或 [表达式(E)] 〈0〉：	//按【Space】键
选择夹点以编辑阵列或 [关联(AS)/基点(B)/计数(COU)/间距(S)/列数(COL)/行数(R)/层数(L)/退出(X)]	
〈退出〉：COL	//选择"列数(COL)"项
输入列数数或 [表达式(E)] 〈4〉：1	//设置列数为1
指定 列数 之间的距离或 [总计(T)/表达式(E)] 〈954.5942〉：	//*取消*

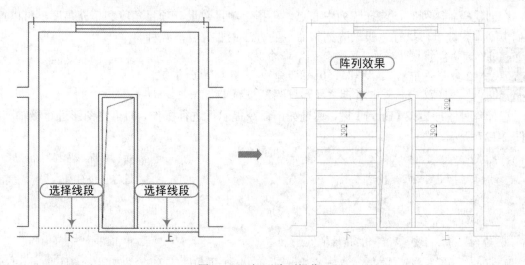

图 2-123　矩形阵列操作

软件技能 ★★★☆☆

在 AutoCAD "草图与注释" 工作空间下，无论使用矩形阵列、环形阵列还是路径阵列，选择阵列后的图形将显示如图 2-124～图 2-126 所示的面板，在此面板中显示 "项目数"、"介于（项目间距）"、"总计（项目的总距离）"、"行数"、"介于（行间距）"、"总计（行的总距离）"、"级别（级层数）"、"介于（级层距）"、"总计（级层的总距离）"、"列数"、"介于（列间距）" 等。

图 2-124 "矩形阵列" 面板

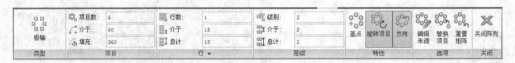

图 2-125 "极轴阵列" 面板

图 2-126 "路径阵列" 面板

技巧：096 对象的环形阵列方法

视频：技巧096-对象的环形阵列方法.avi
案例：楼梯平面图.dwg

技巧概述： 极轴阵列是围绕中心点或旋转轴在环形阵列中均匀分布对象副本（极轴阵列也就是环形阵列）。

在创建极轴阵列时，选择阵列中心点，再指定项目数量、项目角度和填充角度，可以控制阵列中副本的数量，执行 "极轴阵列" 命令的方法主要有以下几种。

方法 01 选择 "修改 | 阵列 | 环形阵列" 命令。

方法 02 在命令行中输入 "ARRAYPOLAR" 命令并按【Enter】键。

方法 03 在 "修改" 面板中单击 "环形阵列" 按钮。

选择阵列图形后按【Enter】键，通过如下命令提示行进行操作，即可将图形进行极轴阵列，如图 2-127 所示。

命令：ARRAYPOLAR	//执行 "环形阵列" 命令
选择对象：指定对角点：找到 1 个	//选择直线对象
选择对象：	
类型 = 极轴 关联 = 是	
指定阵列的中心点或 [基点(B)/旋转轴(A)]：	//单击圆心为阵列中心点
选择夹点以编辑阵列或 [关联(AS)/基点(B)/项目(I)/项目间角度(A)/填充角度(F)/行(ROW)/层(L)/旋转项目(ROT)/退出(X)]〈退出〉：	//选择 "项目(I)"

输入阵列中的项目数或［表达式(E)］〈6〉: 12　　　　　　　　　　//输入阵列数为 12

选择夹点以编辑阵列或［关联(AS)/基点(B)/项目(I)/项目间角度(A)/填充角度(F)/行(ROW)/层(L)/旋转项目(ROT)/退出(X)］〈退出〉: f　　　　　　　　　　//选择"填充角度(F)"

指定填充角度(+=逆时针、-=顺时针)或［表达式(EX)］〈360〉: 180　　　　　//输入 180

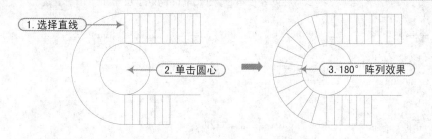

图 2-127　环形阵列

技巧：097　对象的沿路径阵列方法

视频：技巧097-对象的沿路径阵列方法.avi
案例：无

技巧概述：路径阵列是将对象以一条曲线为基准进行有规律的复制（路径可以是直线、多段线、三维多段线、样条曲线、螺旋、圆弧、圆或椭圆）。

在创建路径阵列时，选择路径曲线，再指定项目数量和项目之间的距离，可以控制阵列中副本的数量，执行"路径阵列"命令的方法主要有以下几种。

方法 01　选择"修改｜阵列｜路径阵列"命令。

方法 02　在命令行中输入"ARRAYPATH"命令并按【Enter】键。

方法 03　在"修改"面板中单击"路径阵列"按钮 ⌒。

执行命令后选择阵列图形，按【Enter】键，通过如下命令提示行进行操作，即可将图例以曲线路径进行路径阵列，如图 2-128 所示。

命令：ARRAYPATH　　　　　　　　　　　　　　　　　//执行"路径阵列"命令

选择对象：找到 1 个　　　　　　　　　　　　　　　　//选择对象

选择对象：

类型 = 路径　关联 = 是

选择路径曲线：　　　　　　　　　　　　　　　　　　//选择路径曲线

选择夹点以编辑阵列或［关联(AS)/方法(M)/基点(B)/切向(T)/项目(I)/行(R)/层(L)/对齐项目(A)/Z 方向(Z)/退出(X)］〈退出〉: m　　　　　　　　　　//选择"方法(M)"

输入路径方法［定数等分(D)/定距等分(M)］〈定距等分〉: d　　// "等分(D)"

指定 列数 之间的距离或［总计(T)/表达式(E)］〈954.5942〉：　　//*取消*

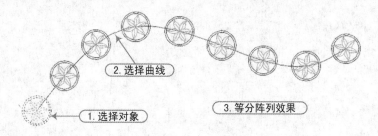

图 2-128　路径阵列

技巧提示 ★★★☆☆

无论使用矩形阵列、环形阵列还是路径阵列，选择阵列后的图形将会呈现多种夹点，如图 2-129 所示。单击这些夹点并进行拖动，可以改变阵列矩形图形的行数/列数/间距、环形阵列图形的填充角度/项目数、路径阵列图形的行数、层数排列等方式。

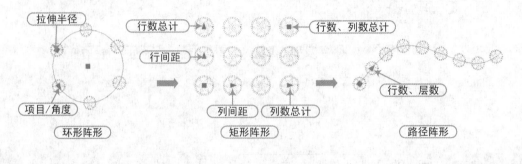

图 2-129　阵列图形的夹点

技巧：098　图形对象的修剪方法

视频：技巧098-图形对象的修剪方法.avi
案例：无

技巧概述： 修剪命令用于以指定的切割边去裁剪所选定的对象，切割边和被裁剪的对象可以是直线、圆弧、圆、多段线、构造线和样条曲线等，执行"修剪"命令的方法有以下几种。

方法 01 选择"修改 | 修剪"命令。

方法 02 在命令行中输入或动态输入"trim"或"TR"命令并按【Enter】键。

方法 03 单击"修改"面板中的"修剪"按钮 ✂。

执行"修剪"命令后，根据提示进行操作，即可修剪图形对象操作，如图 2-130 所示。

命令：TRIM	//执行"修剪"命令
当前设置:投影=UCS，边=无	
选择剪切边...	
选择对象或〈全部选择〉：找到 1 个	//选择切割边
选择对象：找到 1 个，总计 2 个	//选择切割边
选择对象：找到 1 个，总计 3 个	//选择切割边
选择对象：	//按【Space】键结束选择
选择要修剪的对象，或按住 Shift 键选择要延伸的对象，或[栏选(F)/窗交(C)/投影(P)/边(E)/删除(R)/放弃(U)]：	//单击内圆弧
选择要修剪的对象，或按住 Shift 键选择要延伸的对象，或[栏选(F)/窗交(C)/投影(P)/边(E)/删除(R)/放弃(U)]：	//单击内圆弧
选择要修剪的对象，或按住 Shift 键选择要延伸的对象，或[栏选(F)/窗交(C)/投影(P)/边(E)/删除(R)/放弃(U)]：	//单击内圆弧
选择要修剪的对象，或按住 Shift 键选择要延伸的对象，或[栏选(F)/窗交(C)/投影(P)/边(E)/删除(R)/放弃(U)]：	//按【Space】键结束命令

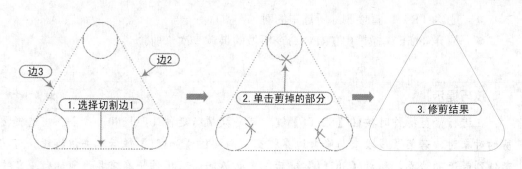

图 2-130　修剪操作 1

对象既可以作为剪切边，也可以作为被修剪的对象。如图 2-131 所示的圆是线段的一条剪切边，同时它也正在被线段修剪。

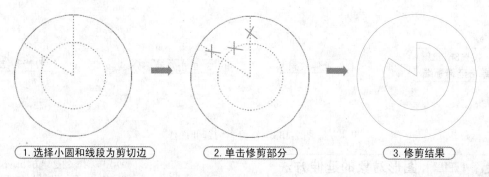

图 2-131　修剪操作 2

在修剪过程中，连续两次按【Space】键或者【Enter】键，默认将所有的图形对象作为剪切边，然后在要修剪的部分单击即可将其修剪掉，如图 2-132 所示。

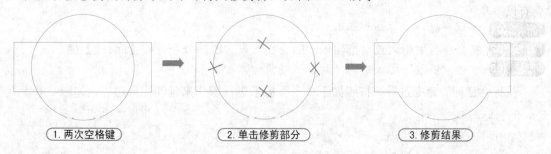

图 2-132　修剪操作 3

在进行修剪对象操作时，命令行各选项的含义如下。

- 全部选择：按【Enter】键可快速选择视图中所有可见的图形，从而用作剪切边或边界的边。
- 栏选（F）：选择与栏选相交的所有对象。
- 窗交（C）：选择矩形区域（由两点确定）内部或与之相交的对象。
- 投影（P）：指定修剪对象时 AutoCAD 使用的投影模式。
- 边（E）：确定对象在另一对象的延长边处进行修剪，还是仅在三维空间中与该对象相交的对象处进行修剪。

- 删除（R）：直接删除所选中的对象。
- 放弃（U）：撤销由 TRIM 命令所做的最近一次修剪。

技巧提示 ★★★★☆

在进行修剪操作时按住【Shift】键，可转换执行延伸（EXTEND）命令。当选择要修剪的对象时，若某条线段未与修剪边界相交，则按住【Shift】键后单击该线段，可将其延伸到最近的边界，释放【Shift】键后，重新返回修剪操作，在需要修剪的位置单击即可，如图 2-133 所示。

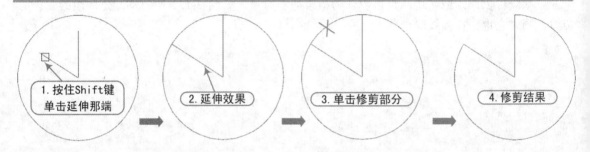

图 2-133　修剪中的延伸操作

技巧：099　图形对象的延伸方法

视频：技巧099-图形对象的延伸方法.avi
案例：无

技巧概述：延伸命令和修剪命令是一组作用相反的命令，使用延伸命令可以将直线、圆弧和多段线等对象的端点延长到指定的边界，使其与边界对象相交。执行"延伸"命令的方法主要有以下几种。

方法 01 选择"修改 | 延伸"命令。

方法 02 在命令行中输入或动态输入"Extend"或"EX"命令并按【Enter】键。

方法 03 单击"修改"面板中的"延伸"按钮--/。

执行"延伸"命令过后，按照如下命令行提示进行操作来延伸图形边界，如图 2-134 所示。

命令:EXTEND	//执行"延伸"命令
当前设置:投影=UCS，边=无	
选择边界的边...	
选择对象或〈全部选择〉:找到 1 个	//选择直线
选择对象:	//按【Space】键结束选择
选择要延伸的对象，或按住 Shift 键选择要修剪的对象，或	
[栏选(F)/窗交(C)/投影(P)/边(E)/放弃(U)]:	//拾取单击圆弧上端点
选择要延伸的对象，或按住 Shift 键选择要修剪的对象，或	
[栏选(F)/窗交(C)/投影(P)/边(E)/放弃(U)]:	//拾取单击圆弧下端点
选择要延伸的对象，或按住 Shift 键选择要修剪的对象，或	
[栏选(F)/窗交(C)/投影(P)/边(E)/放弃(U)]:	//按【Space】键结束命令

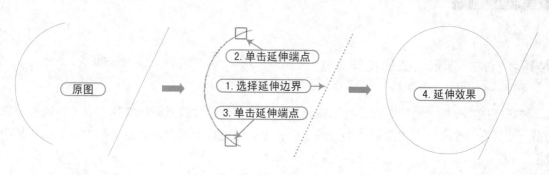

图 2-134　延伸操作

所谓"隐含交点"，指的是边界与对象延长线之间没有实际的交点，而是边界被延长后，与对象延长线存在一个隐含交点。

对"隐含交点"下的图线进行延伸时，需要更改默认的延伸模式，即将默认模式更改为"延伸模式"，按照下面命令行的相关提示，执行延伸操作，如图 2-135 所示。

命令: EX	//执行"延伸"命令
当前设置:投影=UCS，边=无	
选择边界的边...	
选择对象或〈全部选择〉:　找到 1 个	//选择线段 A 和 B
选择对象:	//按【Space】键结束选择
选择要延伸的对象，或按住 Shift 键选择要修剪的对象，或	
[栏选(F)/窗交(C)/投影(P)/边(E)/放弃(U)]:　E	//选择"边"选项
输入隐含边延伸模式 [延伸(E)/不延伸(N)]: E	//选择"延伸"模式
选择要延伸的对象，或按住 Shift 键选择要修剪的对象，或[栏选(F)/窗交(C)/投影(P)/边(E)/放弃(U)]:	
	//单击线段 B 与边界线相邻的一端
选择要延伸的对象，或按住 Shift 键选择要修剪的对象，或[栏选(F)/窗交(C)/投影(P)/边(E)/放弃(U)]:	
	//单击线段 A 与边界线相邻的一端

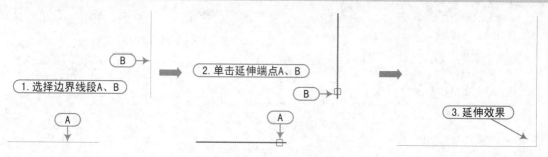

图 2-135　延伸操作

> **技巧提示** ★★★☆☆
>
> 修剪对象时，在选择修剪对象的同时如果按住【Shift】键，可将其延伸到最近的边界；而延伸对象时，在选择延伸的对象的同时如果按住【Shift】键，可以修剪超出延伸边界的对象。

技巧：100 图形对象的拉伸方法

视频：技巧100-图形对象的拉伸方法.avi
案例：无

技巧概述： 使用"拉伸"命令可以按指定的方向和角度拉长或缩短实体，也可以调整对象大小，使其在一个方向上按比例增大或缩小；还可以通过移动端点、顶点或控制点来拉伸某些对象。

使用"拉伸"命令可以拉伸线段、弧、多段线和轨迹线等实体，但不能拉伸圆、文本、块和点。该命令选择对象时只能使用交叉窗口方式或者交叉多边形方式，当对象有端点在交叉窗口的选择范围外时，交叉窗口内的部分将被拉伸，交叉窗口的端点将保持不动。如果对象是文字块或圆时，它们不会被拉伸，当对象整体在交叉窗口选择范围内时，它们只可以移动，而不能被拉伸。在 AutoCAD 中，可以通过以下几种方式来执行拉伸命令。

方法 ① 选择"修改 | 拉伸"命令。

方法 ② 在命令行中输入或动态输入"Stretch"或"S"命令并按【Enter】键。

方法 ③ 在"修改"面板中单击"拉伸"按钮。

执行"拉伸"命令后，根据如下提示进行操作，按照如图 2-136 所示使用其命令拉伸图形对象。

命令：_stretch	// 启动"拉伸"命令
以交叉窗口或交叉多边形选择要拉伸的对象...	
选择对象：	// 框选 AB 范围的对象
选择对象：	// 按【Enter】键结束选择
指定基点或 [位移(D)] 〈位移〉：	// 捕捉拉伸的基点位置
指定第二个点或〈使用第一个点作为位移〉：	// 向右拖动输入 500 并按【Space】键确定

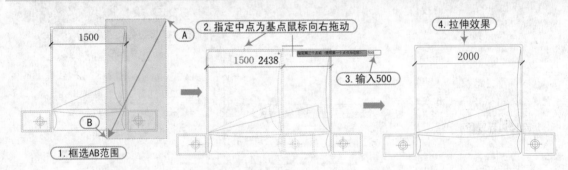

图 2-136 拉伸操作

技巧提示 ★★★★★

想要得到拉伸的效果，关键在于用交叉窗口方式或者交叉多边形方式选择对象，且必须使拉伸对象部分处于窗口中，则对象在窗口的端点移动而窗口以外的端点保持不动，这样才能达到拉伸变形的目的。如果用其他方式选择对象，将会整体移动对象，效果等同于"移动"命令。

技巧：101 | 图形对象的拉长方法

视频：技巧101-图形对象的拉长方法.avi
案例：无

技巧概述： 拉长命令用于改变非封闭对象的长度，包括直线和弧线，但对于封闭的对象，该命令无效。用户可以通过直接指定一个长度增量、角度增量（对于圆弧）、总长度或者相对于原长的百分比增量来改变原对象的长度，也可以通过拖动的方式来改变原对象的长度。

可以通过以下几种方法拉长对象。

方法 01 选择"修改 | 拉长"命令。

方法 02 在命令行中输入或动态输入"Lengther"或"LEN"命令并按【Enter】键。

方法 03 在"修改"面板中单击"拉长"按钮 。

执行上述任意一种操作后，其命令提示如下：

命令：LENGTHEN

选择对象或 [增量(DE)/百分数(P)/全部(T)/动态(DY)]：

命令行中各选项的具体含义如下。

● 增量（DE）：将选定图形对象的长度增加一定的数值量。表示通过设置长度增量来拉长或者缩短图形，如图 2-137 所示，其执行过程如下：

命令：LENGTHEN	//执行"拉长"命令
选择对象或 [增量(DE)/百分数(P)/全部(T)/动态(DY)]：de	//选择"增量(DE)"选项
输入长度增量或 [角度(A)] <0.0000>：-50	//输入-50 表示将直线缩短 50
选择要修改的对象或 [放弃(U)]：	//单击直线的右端表示缩短右端长度左端不变
选择要修改的对象或 [放弃(U)]：	//按【Enter】键确定

技巧提示 ★★★☆☆

在上述执行命令过程中，提示"选择要修改的对象"时，如果单击直线的左端，则缩短后的直线将保留右端部分不变，如图 2-138 所示；由此可见在拉长或者缩短图形时，选择的是哪个方向，则哪个方向的图形发生变化。

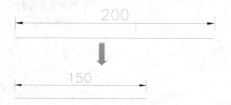

图 2-137 增量拉长操作　　　　　　　　图 2-138 选择端点方式

● 百分数（P）：通过指定对象总长度的百分数设置对象长度。百分数也按照圆弧总包含角的指定百分比修改圆弧角度。执行该选项后，系统继续提示"输入长度百分数<当前>："，这里需要输入非零正数值。其执行过程如下，绘制效果如图 2-139 所示。

命令：LENGTHEN	//执行"拉长"命令
选择对象或 [增量(DE)/百分数(P)/全部(T)/动态(DY)]：p	//选择"百分数(P)"选项
输入长度百分数：200	//输入 200，表示将直线的长度变为原来的200%，

	既是 2 倍
选择要修改的对象或［放弃(U)］:	//单击直线的右端
选择要修改的对象或［放弃(U)］:	//按【Enter】键确定

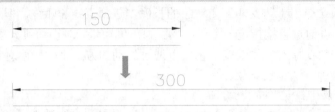

图 2-139　百分数方式拉长

● 全部（T）：通过指定从固定端点测量的总长度的绝对值来设置选定对象的长度。"全部"选项也按照指定的总角度设置选定圆弧的包含角。系统继续提示"指定总长度或[角度(A)]<当前>："，指定距离、输入非零正值、输入"A"或按【Enter】键。

在执行"拉长"命令过程中，选择"全部（T）"项，设置其总长度为 300，根据如下命令提示操作，同样可以将 150 的线段拉长至 300 的长度。

命令:LENGTHEN	//执行"拉长"命令
选择对象或［增量(DE)/百分数(P)/全部(T)/动态(DY)］: t	//选择"全部(T)"选项
指定总长度或［角度(A)］: 300	//输入线段总长度 300
选择要修改的对象或［放弃(U)］:	//选择线段

● 动态（DY）：打开动态拖动模式。通过拖动选定对象的端点之一来改变其长度，其他端点保持不变。如图 2-140 所示为将圆弧进行拉长的操作过程，其命令提示如下：

命令: LENGTHEN	
选择对象或［增量(DE)/百分数(P)/全部(T)/动态(DY)］: dy	//选择"动态(DY)"选项
选择要修改的对象或［放弃(U)］:	//拾取圆弧左端点，拾取位置确定拉长端点
指定新端点:	//拖动以改变弧形长度

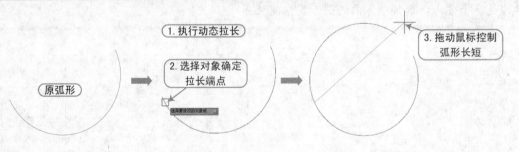

图 2-140　动态拉长方式

技巧：102　对象的圆角操作方法　　　视频：技巧102-对象的圆角操作方法.avi
案例：无

技巧概述： 圆角命令用于将两个图形对象用指定半径的圆弧光滑地连接起来。其中可以圆角的对象包括直线、多段线、样条曲线、构造线、射线等。

如果选择的两条直线不相交，则 AutoCAD 将对直线进行延伸或者裁剪，然后用过渡圆弧连接；如果指定的半径为 0，则不产生圆角，而是将两个对象延伸直至相交。可以通过以下几种方式来执行圆角命令。

方法 01　选择"修改／圆角"命令。

方法 02　在"修改"面板中单击"圆角"按钮 。

方法 03　在命令行中输入或动态输入"Fillet"或"F"命令并按【Enter】键。

　　执行"圆角"命令后，首先显示当前的修剪模式及圆角的半径值，可以事先根据需要进行设置，再根据提示选择第一个、第二个对象后按【Enter】键，即可按照所设置的模式和半径值进行圆角操作，如图 2-141 所示。命令执行过程如下：

```
命令：FILLET                          //执行"圆角"命令
当前设置：模式 = 修剪，半径 = 10
选择第一个对象或 ［放弃(U)/多段线(P)/半径(R)/修剪(T)/多个(M)］：r //选择"半径(R)"选项
指定圆角半径：50                       //输入半径值50
选择第一个对象或 ［放弃(U)/多段线(P)/半径(R)/修剪(T)/多个(M)］：  //单击第一条边
选择第二个对象，或按住 Shift 键选择对象以应用角点或 ［半径(R)］：  //单击第二条边
选择第二个对象，或按住 Shift 键选择对象以应用角点或 ［半径(R)］：按【Enter】键确定
```

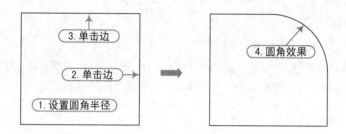

图 2-141　圆角操作

　　执行"圆角"命令后，命令行中各选项的含义如下。

- 放弃（U）：放弃圆角操作命令。
- 多段线（P）：在一条二维多段线的两个直线段的节点处插入圆滑的弧。选择多段线后，系统会根据指定圆弧的半径把多段线各顶点用圆滑弧连接起来。

　　以矩形为例，在圆角过程中，设置圆角半径后，再选择"多段线（P）"项，表示对多段线进行圆角，选择该矩形后，自动将矩形每个角点进行一次性圆角，其命令提示如下：

```
命令：FILLET
当前设置：模式 = 修剪，半径 = 50.0000
选择第一个对象或 ［放弃(U)/多段线(P)/半径(R)/修剪(T)/多个(M)］：r
指定圆角半径 <50.0000>：                //设置半径
选择第一个对象或 ［放弃(U)/多段线(P)/半径(R)/修剪(T)/多个(M)］：p //选择"多段线"选项
选择二维多段线或 ［半径(R)］：           //选择矩形对象
4 条直线已被圆角                        //自动将矩形圆角
```

- 半径（R）：用于输入连接圆角的圆弧半径。

技巧提示　　　　　　　　　　　　　　　　　　　　　　★★★☆☆

　　当设置半径为 0 时，可以快速创建零距离倒角或零半径圆角。通过这种方法，可以将两条相交或不相交的线段进行修剪连接操作，如图 2-142 所示。

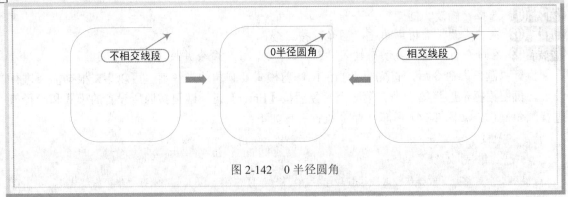

图 2-142　0 半径圆角

- 修剪（T）：在"输入修剪模式选项 [修剪（T）/不修剪（N）] <修剪>:"的提示下，输入"N"表示不进行修剪，输入"T"表示进行修剪。

在修剪模式下选择"不修剪（N）"选项，表示保留原对象的同时创建过渡圆弧，如图 2-143所示。命令执行过程如下：

命令：FILLET

当前设置：模式 = 修剪，半径 = 50.0000

选择第一个对象或 [放弃(U)/多段线(P)/半径(R)/修剪(T)/多个(M)]：t //设置修剪模式

输入修剪模式选项 [修剪(T)/不修剪(N)] <修剪>：n //设置不修剪

图 2-143　修剪模式

- 多个（M）：用于对多个对象进行圆角操作。

技巧：103　座机电话的绘制实例

视频：技巧103-座机电话的绘制实例.avi
案例：座机电话.dwg

技巧概述：在学习了圆角命令以后，接下来以"座机电话.dwg"文件来讲解其绘制步骤。

步骤 01 正常启动 AutoCAD 2014 软件，系统自动创建空白文件，在快速访问工具栏中单击"保存"按钮💾，将其保存为"座机电话.dwg"文件。

步骤 02 执行"矩形"命令（REC），在图形区任意指定一点绘制出一个 200×250 的矩形，如图 2-144 所示。

步骤 03 执行"圆角"命令（F），设置圆角半径为 20，将矩形进行半径 20 的圆角操作，其操命令执行过程如下，效果如图 2-145 所示。

命令：FILLET

当前设置：模式 = 修剪，半径 = 10.0000

选择第一个对象或 [放弃(U)/多段线(P)/半径(R)/修剪(T)/多个(M)]：r

指定圆角半径:20　　　　　　　　　　　　　　//设置圆角半径 20

选择第一个对象或 [放弃(U)/多段线(P)/半径(R)/修剪(T)/多个(M)]: p　//选择"多段线"选项

选择二维多段线或 [半径(R)]:　　　　　　　　//选择矩形对象

4 条直线已被圆角　　　　　　　　　　　　　　//自动将矩形圆角

步骤 04 执行"分解"命令（X），根据命令提示"选择对象"时，选择上步圆角后的矩形，按【Space】键确定，将其分解成为单独的线条。

步骤 05 执行"偏移"命令（O），输入偏移距离为 10，按【Space】键确定后依次单击圆角矩形的左、上、下侧 3 条直线边，向内进行偏移；再输入偏移距离为 50，将偏移的垂直线段继续向右偏移，如图 2-146 所示。

图 2-144　绘制矩形　　　　　　图 2-145　圆角操作　　　　　　图 2-146　偏移线段

步骤 06 再执行"圆角"命令（F），设置圆角半径为 0，对上步偏移好的每相邻线段进行 0 度圆角操作，效果如图 2-147 所示。

命令: FILLET

当前设置: 模式 = 修剪，半径 = 10.0000

选择第一个对象或 [放弃(U)/多段线(P)/半径(R)/修剪(T)/多个(M)]: r

指定圆角半径:0　　　　　　　　　　　　　//设置圆角半径 0

选择第一个对象或 [放弃(U)/多段线(P)/半径(R)/修剪(T)/多个(M)]: p　//选择垂直边

选择第二个对象，或按住 Shift 键选择对象以应用角点或 [半径(R)]:　　//选择水平边

命令: FILLET　　　　　　　　　　　　//按【Space】键重复命令

当前设置: 模式 = 修剪，半径 = 0.0000

选择第一个对象或 [放弃(U)/多段线(P)/半径(R)/修剪(T)/多个(M)].　　//选择垂直边

选择第二个对象，或按住 Shift 键选择对象以应用角点或 [半径(R)]:　　//选择水平边

命令: FILLET　　　　　　　　　　　　//继续重复命令直至将 4 条线段修剪成直角

步骤 07 根据同样的方法，通过执行"偏移"命令（O）和"圆角"命令（F），在绘制出一个长方形，如图 2-148 所示。

步骤 08 执行"矩形"命令（REC），绘制一个 25×20 的矩形。再执行"圆角"命令（F），设置圆角半径为 5，对矩形进行圆角处理。

步骤 09 执行"陈列"命令（AR），选择上步的圆角矩形，将其阵列复制成 4 行、3 列，列间距为 35，行间距为 30 的矩形阵列效果，如图 2-149 所示，其命令执行方式如下：

命令: ARRAYRECT　　　　　　　　　　　//执行"矩形阵列"命令

选择对象: 找到 1 个　　　　　　　　　　　//选择圆角矩形对象

选择对象:

类型 = 矩形　关联 = 是

选择夹点以编辑阵列或［关联(AS)/基点(B)/计数(COU)/间距(S)/列数(COL)/行数(R)/层数(L)/退出(X)］

〈退出〉: r　　　　　　　　　　　　　　　　　　　　　//选择"行数（R）"选项

　输入行数数或［表达式(E)］〈0〉: 4　　　　　　　　　//设置行数为 4

　指定 行数 之间的距离或［总计(T)/表达式(E)］〈0〉: 300　　//输入间距 30

　指定 行数 之间的标高增量或［表达式(E)］〈0〉:　　　//按【Space】键

选择夹点以编辑阵列或［关联(AS)/基点(B)/计数(COU)/间距(S)/列数(COL)/行数(R)/层数(L)/退出(X)］

〈退出〉: COL　　　　　　　　　　　　　　　　　　　//选择"列数(COL)"选项

　输入列数数或［表达式(E)］〈4〉: 1　　　　　　　　　//设置列数为 3

　指定 列数 之间的距离或［总计(T)/表达式(E)］〈954.5942〉:　//设置列间距 35

图 2-147　圆角操作

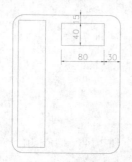

图 2-148　绘制长方形

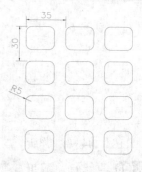

图 2-149　绘制阵列矩形

步骤 ⑩ 执行"椭圆"命令（EL），绘制长轴为 15，半轴为 5 的椭圆。

步骤 ⑪ 再执行"复制"命令（CO），选择椭圆，将其水平复制出 4 份，其间距均为 25，如图 2-150 所示。其命令执行过程如下：

命令: COPY　　　　　　　　　　　　　　　　　//执行"复制"命令

选择对象: 找到 1 个　　　　　　　　　　　　//选择椭圆

选择对象:　　　　　　　　　　　　　　　　//按【Enter】键确认选择

当前设置: 复制模式 = 多个

指定基点或［位移(D)/模式(O)］〈位移〉:　　//指定椭圆上象限点为基点

指定第二个点或［阵列(A)］〈使用第一个点作为位移〉:@25,0　//水平复制 200 的距离

指定第二个点或［阵列(A)/退出(E)/放弃(U)］〈退出〉:@50,0　//水平再复制 400 的距离

指定第二个点或［阵列(A)/退出(E)/放弃(U)］〈退出〉:@75,0　//水平再复制 600 的距离

指定第二个点或［阵列(A)/退出(E)/放弃(U)］〈退出〉:　//按【Enter】键结束复制命令

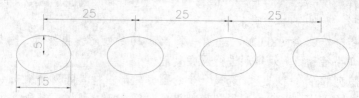

图 2-150　绘制并复制椭圆

步骤 ⑫ 执行"移动"命令（M），将阵列的圆角矩形和椭圆移到电话的内部，如图 2-151 所示形成按键效果。

步骤 **13** 再通过执行"复制"命令（CO），将椭圆按键向上复制出一份，效果如图 2-152 所示。

步骤 **14** 最后执行"单行文字"命令（DT），在按键上输入相应文字，最终效果如图 2-153 所示。至此图形绘制完毕，按【Ctrl+S】组合键进行保存。

图 2-151　移动圆角矩形

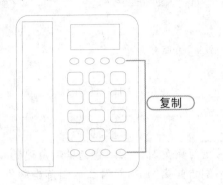
图 2-152　复制按键

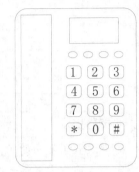
图 2-153　输入文字

技巧：104　对象的倒角操作方法

视频：技巧104-对象的倒角操作方法.avi
案例：无

技巧概述：倒角命令是指用斜线连接两个不平行的线型对象，可以用斜线连接直线段、双向无限长线、射线和多段线等。在 AutoCAD 中，可以通过以下几种方式来执行倒角命令。

方法 01 选择"个性 I 倒角"命令。

方法 02 在命令行中输入或动态输入"Chamfer"或"CHA"命令并按【Enter】键。

方法 03 在"修改"面板中单击"倒角"按钮 ◿。

执行"倒角"命令后，首先显示当前的修剪模式及倒角 1、2 的距离值，可以根据需要按如下提示进行操作，即可使用其命令倒角其图形对象，如图 2-154 所示。其命令提示如下：

```
命令: CHAMFER                                    //执行"倒角"命令
("修剪"模式) 当前倒角距离 1 = 0.0000, 距离 2 = 0.0000        //当前模式
选择第一条直线或 [放弃(U)/多段线(P)/距离(D)/角度(A)/修剪(T)/方式(E)/多个(M)]: d
                                                //选择"距离(D)"项
指定 第一个 倒角距离: 35                          //设置第一个倒角距离值为 35
指定 第二个 倒角距离: 25                          //设置第二个倒角距离值为 35
选择第一条直线或 [放弃(U)/多段线(P)/距离(D)/角度(A)/修剪(T)/方式(E)/多个(M)]:
                                                //拾取边 1
选择第二条直线，或按住 Shift 键选择直线以应用角点或 [距离(D)/角度(A)/方法(M)]:
                                                //拾取边 2
命令:  CHAMFER                                   //按【Space】键重复命令
("修剪"模式) 当前倒角距离 1 = 35.0000, 距离 2 = 25.0000    //上步设置的倒角模式
选择第一条直线或 [放弃(U)/多段线(P)/距离(D)/角度(A)/修剪(T)/方式(E)/多个(M)]:
                                                //拾取边 3
选择第二条直线，或按住 Shift 键选择直线以应用角点或 [距离(D)/角度(A)/方法(M)]:
                                                //拾取边 4
```

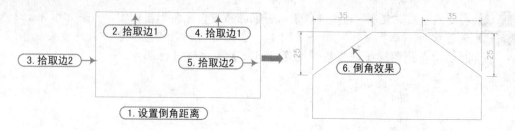

图 2-154　倒角操作

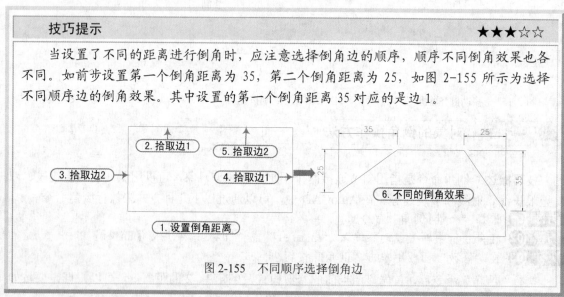

技巧提示　　　　　　　　　　　　　　　　　　★★★☆☆

　　当设置了不同的距离进行倒角时，应注意选择倒角边的顺序，顺序不同倒角效果也各不同。如前步设置第一个倒角距离为 35，第二个倒角距离为 25，如图 2-155 所示为选择不同顺序边的倒角效果。其中设置的第一个倒角距离 35 对应的是边 1。

图 2-155　不同顺序选择倒角边

执行"倒角"命令后，其命令行中各选项的含义如下。

- 放弃（U）：放弃倒角操作命令。
- 多段线（P）：可以实现在单一的步骤中对整个二维多段线进行倒角。同"圆角"命令中选择"多段线（P）"选项的圆角操作相似。以矩形为例，在倒角过程中，设置了倒角距离后，再选择"多段线（P）"选项，表示对多段线进行倒角，选择该矩形后，自动将矩形每个角点进行一次性倒角。
- 距离（D）：通过输入倒角的斜线距离进行倒角，斜线的距离可以相同也可以不同。如果两个倒角距离都为 0，则倒角操作将修剪或延伸这两个对象直到它们相交，但不创建倒角线，如图 2-156 所示。

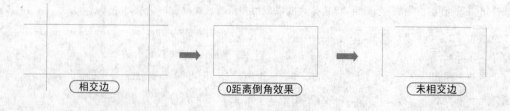

图 2-156　0 距离倒角

- 角度（A）：通过输入第一个倒角距离和角度进行倒角，如设置倒角距离为 30、角度为 45 后的效果如图 2-157 所示，命令提示执行过程如下：

命令：CHAMFER

（"修剪"模式）当前倒角长度 = 30.0000，角度 = 45

选择第一条直线或 [放弃(U)/多段线(P)/距离(D)/角度(A)/修剪(T)/方式(E)/多个(M)]：a

　　　　　　　　　　　　　　　　//选择"角度(A)"选项

指定第一条直线的倒角长度 <30.0000>：　　　//设置第一条直线倒角长度为 30

指定第一条直线的倒角角度 <45>：　　　　　//设置角度为 45

选择第一条直线或 [放弃(U)/多段线(P)/距离(D)/角度(A)/修剪(T)/方式(E)/多个(M)]：

　　　　　　　　　　　　　　　　//拾取边 1

选择第二条直线，或按住 Shift 键选择直线以应用角点或 [距离(D)/角度(A)/方法(M)]：

　　　　　　　　　　　　　　　　//拾取边 2

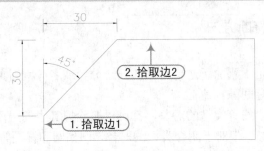

图 2-157　角度倒角

　　在机械制图中，把工件的棱角切削成一定斜面称为倒角。为了去除零件上因机加工产生的毛刺，也为了便于零件装配，一般在零件端部做出倒角，如图 2-158 所示的"C2"。倒角多为 45，也可制成 30° 或 60°。设置 45 度的倒角，其两条倒角边的长度相等，倒角标识 C 是英文 chamfer 的缩写，是斜切的意思。C2 是简写，全称是 C2×45°，距离为 2mm。

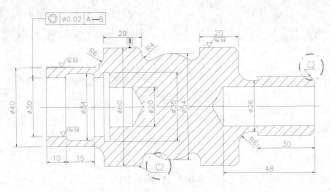

图 2-158　机械中标注的倒角

● 修剪（T）：倒角后是否保留原拐角边。在"输入修剪模式选项 [修剪（T）/不修剪（N）]<修剪>:"的提示下，输入"N"表示不进行修剪，即保留原对象的同时，创建倒角线；输入"T"表示进行修剪，如图 2-159 所示。

图 2-159 倒角修剪模式

- 方式（E）：用于设置倒角的方法，其命令行提示为"输入修剪方法 [距离（D）/
角度（A）] <距离>:"，选择"距离（D）"选项，即以两条边的倒角距离来修剪倒
角；选择"角度（A）"选项，则表示以一条边的距离以及相应的角度来修剪倒角。
- 多个（M）：用于同时对多个对象进行倒角操作。

技巧：105 **对象的打断方法**

视频：技巧105-对象的打断方法.avi
案例：无

技巧概述：打断命令用于删除所选定对象的一部分，或者分割对象为两个部分，对象之间
可以具有间隙，也可以没有间隙。

对于直线、圆弧、多段线等类型的对象，都可以删除掉其中的一段，或者在指定点将原来
的一个对象分割成两个对象。但对于闭合类型的对象，例如圆和椭圆等，"打断"命令只能用两
个不重合的断点按逆时针方向删除掉一段，从而使其变成弧，而不是将原来的一个对象断裂成
两个对象。

在 AutoCAD 中，可以通过以下方式执行打断命令。

方法 01 选择"修改|打断"命令。

方法 02 在命令行中输入或动态输入"Break"或"BR"命令并按【Enter】键。

方法 03 在"修改"面板中单击"打断"按钮⚬。

执行"打断"命令后，根据命令行提示，即可将图形进行打断于两点，如图 2-160 所示。

命令：BREAK	//执行"打断"命令
选择对象：	//选择矩形拾取位置即为打断第一点
指定第二个打断点 或 [第一点(F)]：	//在对象上单击确定打断第二点

图 2-160 打断操作

技巧：106 **对象的打断于点方法**

视频：技巧106-对象的打断于点方法.avi
案例：无

技巧概述：AutoCAD 还提供了一种名为"打断于点"的功能，该功能仅将图形在某一个点
位置打断，打断后的图形在外观上不会有明显变化。要将对象一分为二并且不删除某个部分，
输入的第一个点和第二个点应相同。通过输入"@"指定第二个点即可实现此目的，可以通过

以下方式来执行打断于点命令。

方法 01 在命令行中输入或动态输入 "Break" 命令，再指定第二个打断点时，输入 "F" 并按【Enter】键。

方法 02 在 "修改" 面板中单击 "打断于点" 按钮 □。

　　启动命令后，其命令执行过程如下，如图 2-161 所示上、下两条直线为同一条直线打断前后的效果，但此时很难判断直线是否被打断。选中直线，就可以通过显示的夹点进行判断（3 个夹点为两条线段）。

```
命令: _break
选择对象:
指定第二个打断点 或 [第一点(F)]: _f          //执行 "打断于点" 命令
指定第一个打断点:                          //单击直线的中点为打断点
指定第二个打断点: @                        //输入 "@" 并按【Enter】键
```

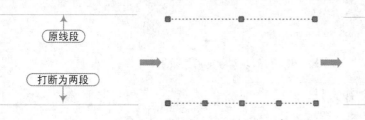

图 2-161　打断于点操作

技巧提示　　　　　　　　　　　　　　　　　　　　　　　★★★★☆

　　使用 "打断" 命令可以将直线、圆弧、圆、多段线、椭圆、样条曲线、圆环以及其他几种对象类型拆分为两个对象或将其中的一端删除。还可以使用 "打断于点" 命令在单个点处打断选定的对象，有效对象包括直线、开放的多段线和圆弧。不能在一点打断闭合对象（例如圆）。在圆上指定两个打断点后，程序将按逆时针方向删除圆上第一个打断点到第二个打断点之间的部分，从而将圆转换成圆弧。如图 2-162 所示为不同顺序指定两个打断点后的打断效果。

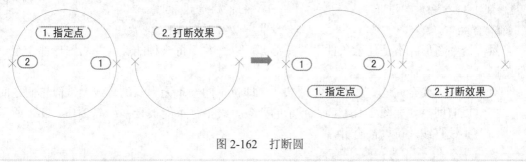

图 2-162　打断圆

技巧：107　**对象的分解方法**　　　　　　视频: 技巧107-对象的分解方法.avi
　　　　　　　　　　　　　　　　　　　　　案例: 无

　　技巧概述： 使用分解命令可以将多个组合实体分解为单独的图元对象，组合对象是由多个基本对象组合而成的复杂对象，如多段线、多线、标注、块、面域、网格、多边形网格、三维网格以及三维实体等，外部参照作为整体不能被分解，可以通过以下几种方式执行分解于点命令。

方法 01 选择"修改|分解"命令。

方法 02 在命令行中输入或动态输入"EXPLODE"或"X"命令并按【Enter】键。

方法 03 在"修改"面板中单击"分解"按钮 。

执行"分解"命令后，AutoCAD 提示选择操作对象，使用任意一种方法选择操作对象，然后按【Space】键确定即可。

分解后的图形在外观上不会有明显变化，只有选中被分解的图形通过其夹点来判断。例如，使用"分解"命令可以将图块对象分解成独立的线段，如图 2-163 所示。

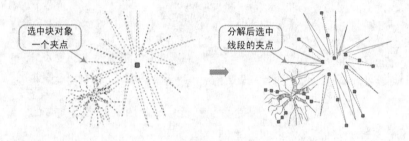

图 2-163　分解块对象前后的效果

技巧：108 对象的合并方法

视频：技巧108-对象的合并方法.avi
案例：无

技巧概述：与打断命令相对应的是合并命令，合并就是把单个图形合并以形成一个完整的图形，AutoCAD 中可以合并的图形包括直线、多段线、圆弧、椭圆弧和样条曲线等。执行"合并"命令通常有以下 3 种方法。

方法 01 选择"修改|合并"命令。

方法 02 在命令行中输入或动态输入"JOIN"或"J"命令并按【Enter】键。

方法 03 在"修改"面板中单击"合并"按钮 。

执行"合并"命令后，其命令行提示如下：

命令: _join	//执行"合并"命令
选择源对象或要一次合并的多个对象:	//选择要合并的第一个对象
选择要合并的对象:	//选择要合并的另一个对象
选择要合并的对象:	//按【Enter】键结束选择

当然，合并图形并不是任意条件下的图形都可以合并，每一种能够合并的图形都会有一些条件限制。

- 直线：要合并的直线对象必须共线，即位于同一条无限长的直线上，但它们之间可以有间隙。如图 2-164（a）所示的两条直线平行不能被合并；图 2-164（b）所示的共线直线才可以被合并。

平行直线

共线直线

（a）　　　　　　　　　　　　　（b）

图 2-164　不同的直线

- 多段线：对象可以是直线、多段线或圆弧。对象之间不能有间隙，并且必须位于与 UCS 的 X、Y 平面平行的同一平面上。
- 圆弧：圆弧对象必须位于同一假想的圆上，但它们之间可以有间隙，使用"闭合"选项可将源圆弧转换成圆。如图 2-165 所示，左边的两段粗实线圆弧可以合并，因为它们共用一个圆（虚线）；但右边的两段圆弧不可以合并，因为这两段圆弧分别代表了两个不同的圆。

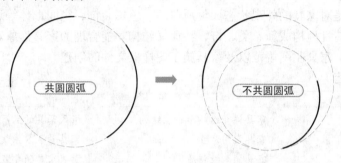

图 2-165　不同的直线

- 椭圆弧：椭圆弧必须位于同一椭圆上，但它们之间可以有间隙。使用"闭合"选项可将源椭圆弧闭合成完整的椭圆。
- 样条曲线：样条曲线和螺旋对象必须相接（端点对端点），合并后的结果是单个样条曲线。

技巧提示　　　　　　　　　　　　　　　　★★★☆☆

合并两条、多条圆弧或椭圆弧时，将从源对象开始按逆时针方向合并圆弧或椭圆弧。

第3章　家具设计基础与制图规范

● 本章导读

　　家具造型设计是对家具的外观状态、材质肌理、色彩装饰、空间形体等造型要素进行综合分析与研究，并创造性地构成新、美、奇、特而又结构功能合理的家具形象。本章主要介绍家具设计的基础知识、家具制图规范以及家具施工图样板文件的创建。

● 本章内容

家具设计师的要求	家具榫卯结构和拆装结构	板式家具的生产流程及设备
家具图框的制作	家具常用尺寸	家具的32S系统
家具的标尺工具	家具的木纹材质	拆装家具的安装方法
家具常用符号及其用途	家具开料图框制作	家具样板绘图环境的设置
三视图的绘制原则	二维家具立体图的绘制	家具样板图层的设置
家具板材的认识	家具的剖视图	家具样板文字样式的设置
板材常用规格	家具局部大样图的绘制	家具样板尺寸标注样式的设置
家具部件的称谓	家具的曲线放样图	家具孔位符号表的创建
		保存为家具样板文件

技巧：109　家具设计师的要求　　视频：无　案例：无

　　技巧概述： 作为一个合格的家具设计师，必须具备图纸的设计能力、家具工艺能力、生产制造的能力等，具体要求如图 3-1 所示。

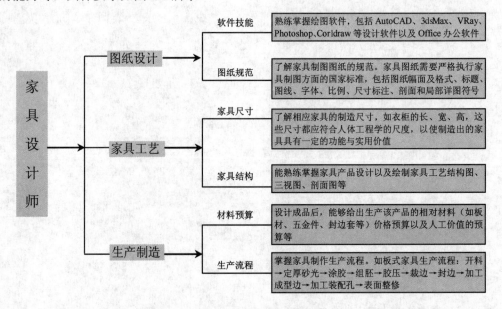

图 3-1　家具设计师具备的能力

技巧：110 | 家具图框的制作

视频：技巧110-制作家具图框.avi
案例：家具图框.dwg

技巧概述： 家具施工图中，完善其图框对象可使施工图纸更规范完善。图框对象包括图纸名称、单位名称、设计与制图人员、绘图比例、文件版本号等。下面以家具制图中标准的 A4 横式幅面来创建图框，具体操作步骤如下。

步骤 01 正常启动 AutoCAD 2014 软件，系统自动创建空白文件，在快速访问工具栏中单击"保存"按钮，将其保存为"家具图框.dwg"文件。

步骤 02 在命令行中输入"LA"并按【空格键】，则打开"图层特性管理"面板，单击"新建"按钮，新建一个名称为"图层 1"的图层，该名称处于可编辑状态。

步骤 03 输入新名称"图框"，然后单击"置为当前"按钮，将"图框"图层置为当前图层，最后关闭"图层特性管理"面板，如图 3-2 所示。

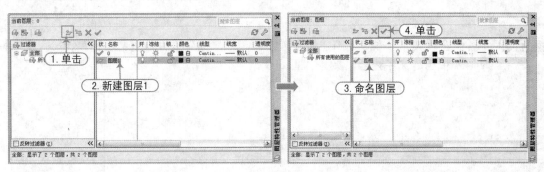

图 3-2　新建"图框"图层

技巧提示　　★★★★☆

在 CAD 中绘制任何对象都是在图层上进行的，在绘制图形前必须建立相应的图层，不同图层上的图形对象是独立的，可对图层上的对象进行编辑，且不影响其他图层上的图形效果。系统默认的图层为"0"层，而在"0"图层上是不可以绘图的，因此这里新建了"图框"图层。

步骤 04 执行"矩形"命令（REC），绘制一个 280×200 的矩形对象，如图 3-3 所示。

步骤 05 执行"偏移"命令（O），将矩形向内偏移 3，然后选择偏移后的线段，在"特性"面板中设置线宽为"0.3mm"，效果如图 3-4 所示。

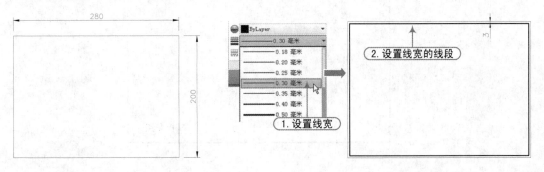

图 3-3　绘制矩形　　　　　　　　　图 3-4　为偏移线段设置线宽

步骤 06 执行"矩形"命令（REC），在图框线右下侧内绘制 140×42 的矩形；再执行"分解"命令（X），将其进行分解打散操作，如图 3-5 所示。

步骤 07 执行"偏移"命令（O）和"修剪"命令（TR），将 140×42 的矩形通过偏移和修剪操作以绘制出表格轮廓，如图 3-6 所示。

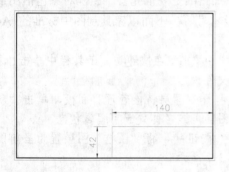

图 3-5　绘制矩形并分解　　　　　　　　　图 3-6　偏移、修剪后的操作

步骤 08 执行"多行文字"命令（MT），设置字体为"宋体"，再设置文字高度为 3，在表格内输入相应的文字内容，效果如图 3-7 所示。

标准	签名	日 期	材料		单位名称
设计					
工艺			规格		家具名称及型号
制图			数量		
审核			比例		家具部件及代号
批准		共 张　第 张			

图 3-7　输入文字

步骤 09 执行"矩形"命令（REC），捕捉外矩形右下角点为第一角点，在提示"指定对角点："时，输入相对坐标值"@-297,210"以绘制出 A4 横幅边框。绘制完成的家具图框效果如图 3-8 所示。

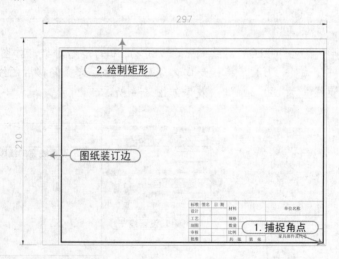

图 3-8　绘制的图框

技巧提示　　　　　　　　　　　　　　　　　　★★★☆☆

绘制的 297×210 矩形为 A4 幅面线，由幅面线至图框的距离为图纸装订边。

技巧：111　　**家具的标尺工具**　　　　视频：无
　　　　　　　　　　　　　　　　　　　　　　案例：无

技巧概述：在绘制好家具图形以后，可以使用 AutoCAD 的"标注"功能对图形进行尺寸的标注，如图 3-9 所示。

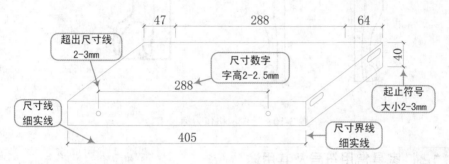

图 3-9　家具尺寸标注的组成及规格

专业技能　　　　　　　　　　　　　　　　　　★★★★★

根据规定，图样上的尺寸由尺寸界线、尺寸线、尺寸起止符号（在 AutoCAD 中被称作"箭头"）和尺寸数字组成。

- 尺寸界限和尺寸线。国家规定尺寸界线用细实线来绘制，并且与被标注的图样垂直，一端应离开被标注图例轮廓线至少 2mm，另一端超过尺寸线 3~3mm，图样中的轮廓线、轴线或对称中心线等也可用来作为尺寸界线。尺寸线必须用细实线来绘制，图样中的其他图线（如轮廓线、对称中心线等）一律不能用来代替尺寸线。
- 尺寸起止符号。有两种：一种是标注线型尺寸时用中粗短实线绘制，倾斜方向为沿着尺寸界线顺时针 45°，其长度约为 2mm。
- 尺寸数字。尺寸数字应该用工程字书写，图样的尺寸以标注尺寸为准，不得从图上直接量取。装饰图上的尺寸单位在总平面图上以米为单位，其余图上则以毫米为单位，并规定在尺寸数字后面一律不注写单位。

倘若标注不规则且有复杂造型的家具图形时，使用"标注"功能已不能使其达到准确性，可以使用直线、偏移命令绘制出固定尺寸的网格，以网格作为标尺工具可达到精确的范围，如图 3-10 所示。

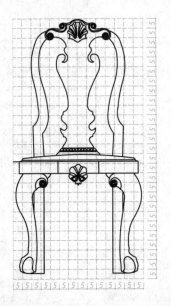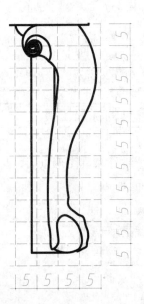

图 3-10 绘制网格作为标尺工具

技巧：112 | 家具常用符号及其用途

视频：无
案例：无

家具图上常用的基本线型有实线、虚线、点画线、折断线、波浪线等。不同的线型其使用情况也不相同，如表 3-1 所示。

表 3-1 图线的线型、线宽及用途

名称	线型	线宽	用途
粗实线	——————	0.30	图框线、标题栏外框线、剖切符号、局部详图可见轮廓线。如图 3-11 所示的粗实线为茶几俯视图中可见轮廓边
细实线	————————	0.25	尺寸中的尺寸线、尺寸界线、各种图例线、各种符号图线等
粗虚线	- - - - - - -	0.3	局部详图中连接件外螺纹的简化画法
虚线	— — — — —	1.5	不可见轮廓线，包括玻璃等透明材料后面的轮廓线。如图 3-11 所示的虚线为茶几不可见木方轮廓
点划线	—·—·—·—	1.5	对称中心线、回转体轴线、半剖视分界线、可动零、部件的外轨迹线。如图 3-12 所示的点划线为剖开的图形内部材料结构
双点划线	—··—··—	1.5	假想轮廓线、可动部分在极限位置或中间位置时的轮廓线
折断线	⌐⌐⌐⌐⌐⌐	1.5	假想断开线、阶梯剖视的分界线。如图 3-13 所示的断开线表示该茶几比较长，为了具体表示两端效果，从而绘制断开线，但中间是延长的
波浪线	∼∼∼∼∼∼	1.5	假想断开线、回转体断开线、局部剖视的分界线

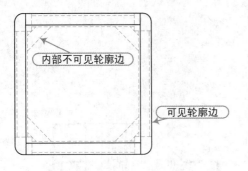

图 3-11　外轮廓与内轮廓线

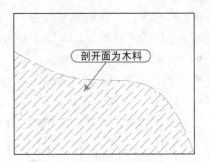

图 3-12　剖开点划线

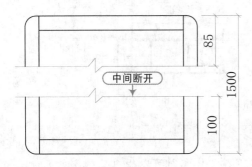

图 3-13　断开线用途

图 3-14　镂空效果

在家具制图中除了使用不同的线型、线宽来表示不同的用途外，还提供了一些图示以表示家具不同的状态。

● 如图 3-14 所示的中间两条相交斜线表示该家具隔层板内部镂空且没有门板。

● 如图 3-15 所示的两组细虚线分别代表了两个关闭的门板，且明确地表达了门板的开启方向。在绘制家具图形时，有门板的图形一定要绘制出该门板线。

● 如图 3-16 所示的圆茶几内部的 3 条斜线代表该茶几表面为透明或半透明玻璃材质。

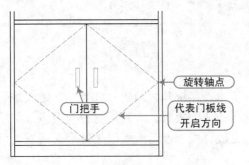

图 3-15　虚线门板线

图 3-16　透明玻璃材质线

技巧：113　三视图的绘制原则　　　视频：无　　案例：无

技巧概述：视图就是将物体向投影面投射所得的图形。三视图表示将物体放在一个分角分别向 V、H、W 面投影，形成主、俯、左三视图，如图 3-17 所示。

● 主视图：实体的正面投影。

● 俯视图：实体的水平投影。

- 左视图：实体的侧面投影。

三视图之间的对应关系，如图 3-18 所示。

- V 图与 H 图：长对正。
- V 图与 W 图：高平齐。
- H 图与 W 图：宽相等。

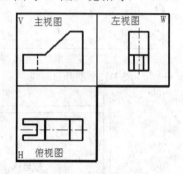

图 3-17　三视图

图 3-18　三视图三等关系

专业技能　　　　　　　　　　　　　　　　★★★★☆

　　在已知一个视图（左视\俯视\主视）后，在绘制图形时可以根据三视图的三等关系，使用"构造线"命令（XL）的捕捉已知视图角点来绘制出延伸线，以确定其他两个视图的基本轮廓与位置，使三视图的绘制更为简单。在绘制三视图时应注意以下几点：

- 将物体自然放平，一般使主要表面与投影面平行或垂直，进而确定主视图的投影方向。
- 整体和局部都要符合三视图的投影规律。
- 可见轮廓线用粗实线绘制，不可见的轮廓线用虚线绘制，当虚线与实线重合时画实线。
- 特别应注意俯视图、左视图宽相等和前、后方位关系。

技巧：114　家具板材的认识

视频：无
案例：无

技巧概述： 家具的板材划分为实木板、实木指接板和人造板三大类。人造板是利用木材在加工过程中产生的边角废料，混合其他纤维制作成的板材。人造板材种类很多，常用的有刨花板、纤维板（密度板）、细木工板（大芯板）、胶合板以及防火板等装饰型人造板，可根据各自特点用于家庭不同的地方。

1. 实木板

　　实木板是采用完整的木材制成的板材。这些板材坚固耐用、纹路自然，是优中之选。但由于此类板材造价高，而且施工工艺要求高，在装修中的使用并不多见。实木板一般按照板材实质名称分类，没有统一的标准规格。

　　缺点： 实木家具最主要的问题是含水率的变化使它易变形，所以不能让阳光直射，室内温度不能过高或过低，过于干燥和潮湿的环境对实木家具都是不合适的。另外实木家具的部件结合通常采用榫结构和胶粘剂，成品一般不能拆卸，搬运很不方便。

2．实木指接板

实木指接板又名集成板、集成材、指接材，是将经过深加工处理过的实木小块像"手指头"一样拼接而成的板材，木板间采用锯齿状接口，类似两手手指交叉对接，如图 3-19 所示。由于原木条之间是交叉结合的，这样的结合构造本身有一定的结合力，又因不用再上下粘表面板，故其使用的胶极其微量。

优点： 由于实木接板的连接处较少，用胶量也较少，所以环保系数相对较高。具有易加工性，可切割、钻孔、锯加工和成型加工。

缺点： 实木指接板容易变形，开裂。好的实木指接板品质有保证但成本较高。

3．人造板

人造板是另一种是仿实木，也就是从外观上看木材的自然纹理、手感及色泽都和实木家具一模一样，但实际上是实木和人造板混合制作的家具。例如侧板、搁板等使用薄木贴面的刨花板或密度纤维板，门和抽屉则采用实木。

人造板其实就是利用木材在加工过程中产生的边角废料，混合其他纤维制作成的板材。人造板材种类很多，常用的有刨花板、纤维板（密度板）、细木工板（大芯板）、胶合板，以及防火板等装饰型人造板，可根据各自特点用于家庭不同的地方。

优点： 人造板家具部件的结合通常采用各种金属五金件，装配和拆卸都十分方便，加工精度高的家具可以多次拆卸安装。因为具有多种贴面，颜色和质地方面的变化可给人各种不同的感受，在外形设计上也有很多变化，具有个性，而且不易变形。

- **纤维板：** 高密度纤维板也称高密度板，是利用木材或植物纤维经机械分离和化学处理，掺入胶粘剂和防水剂，再经铺装、成型和高温、高压压制成的一种人造板材，如图 3-20 所示，密度在 $750kg/m^3$ 以上。

- **刨花板：** 刨花板是由天然木材粉碎成颗粒状后，经过混胶、高压等工序成型。它的断面可以分为 3 层：中间一层颗粒大，两边颗粒小，如图 3-21 所示。中间层的片状颗粒是有方向性的，它决定了板材的稳定性。刨花板克服了天然木材的一些缺点，它的不易变形和稳定性能使其在家具行业得以广泛应用。且有良好的吸音和隔音性能，饰面刨花板可作为免漆板。

- **细木工板：** 细木工板（俗称大芯板、木工板）是具有实木板芯的胶合板，它将原木切割成条，拼接成芯，外贴面材加工而成，如图 3-22 所示，其竖向（以芯板材走向区分）抗弯压强度差，但横向抗弯压强度较高。面材按层数可分为三合板、五合板等，按树种可分为柳桉、榉木、柚木等，质量好的细木工板面板表面平整光滑，不易翘曲变形，并可根据表面砂光情况将板材分为一面光和两面光两种类型，两面光的板材可用做家具面板、门窗套框等要害部位的装饰材料。

图 3-19　指接板　　　　　　　　　　　图 3-20　密度板

图 3-21 刨花板

图 3-22 细木工板

技巧：115 | **板材常用规格**

视频：无
案例：无

技巧概述：相对于人造板材来说，家具板材常用规格为 2440×1220mm，常用厚度为 3mm、5mm、8mm、12mm、15mm、18mm、25mm。下面以密度板和刨花板材为例讲解其厚度与家具用途。

1. 密度板

● 3mm 厚：主要用于家具的背板或者装饰表面。

● 5mm 厚：用于家具的背板或者抽屉的底板。

● 8mm 厚：作为实木复合门、复合门板的基材。

● 12mm 厚：用于家具抽屉两侧或后侧板。

● 15mm 厚：作为侧板和面板。

● 18mm 厚：使用范围很广，可作为侧板、面板、背板、底板、顶板等，是家具板材中最常用厚度的板材。

● 25mm 厚：比较厚的板材，一般根据需要订制或者作为拼接厚度板材使用。

2. 刨花板

刨花板常用的厚度有 12 mm、16 mm、18 mm、25 mm、38mm，常作为免漆饰面板使用，极少作为拼接板材使用。

技巧：116 | **家具部件的称谓**

视频：无
案例：无

技巧概述：家具的种类很多，如茶几、沙发、床、衣柜、书柜、写字台等。在生产过程中，每个家具各个部件都有相应的名称，以便在生产中对各部件进行技术交流。下面针对部分家具列出了其相应的部件称谓。

● 衣柜部件板材：包括左侧板、右侧板、顶板、底板、层板、背板、前脚条、门板等，如图 3-23 所示。

● 书台部件板材：包括外侧板（书台脚）、背板、书台面、主机架底板、托拉面、托拉板、中隔板等，如图 3-24 所示。

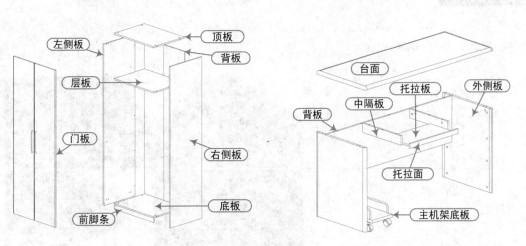

图 3-23　衣柜部件称谓　　　　　　图 3-24　书台部件称谓

● 床部件板材：包括床头屏、床边、床尾、床板（排骨架）、床头柜等，如图 3-25 所示。
● 而抽屉部件板材：包括抽面板、抽侧板、抽尾板与抽底板，如图 3-26 所示。

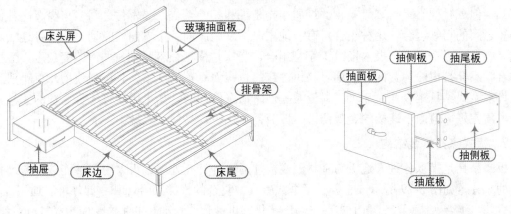

图 3-25　床部件称谓　　　　　　图 3-26　抽屉部件称谓

技巧：117　家具榫卯结构和拆装结构

视频：无
案例：无

技巧概述：结构设计离不开材料的性能。材料不同，材料的物理、力学性能和加工性能就会有很大的差异，零件之间的接合方式也就表现出各自的特征。木材由于干缩湿胀的特性使得实木板状构件易于变形，从而采用榫（通"笋"）卯接合框架结构。而人造板由于克服了木材各向异性的缺陷，使得幅面尺寸稳定。但由于在制造过程中，木材的自然结构已被破坏，许多力学性能指标（抗弯强度最为明显）大为降低，使得榫卯结构对人造板来说无法使用，因而采用圆孔、木榫、五金连接件的连接方式。所以现代家具的结构，木家具以榫卯接合为主，板式家具则以连接件接合为主。

1．榫卯结构

榫卯结构是实木家具中相连接的两构件上采用的一种凹凸处理接合方式。凸出部分叫榫（或榫头），凹进部分叫卯（或榫眼、榫槽），如图 3-27 所示。这种形式在我国传统家具中达到很高的技艺水平，同时也常见于其他木、竹、石制的器物中。

中国传统红木家具的灵魂就是榫卯结构。整套家具甚至整幢房子不使用一根铁钉，却能使用几百年甚至上千年，在人类轻工制造史上堪称奇迹。这种传统的民族制作工艺正是海内外人士追捧的原因，如图 3-28 所示。

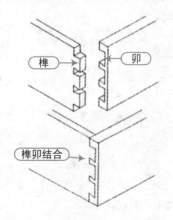

图 3-27　榫卯结构　　　　　　　　　　图 3-28　榫卯结构应用于古代建筑中

榫卯结构组合的家具比用铁钉连接的家具更加结实耐用。相对于拆装家具而言，榫卯结构的家具一但成行便不易拆装。第一，榫卯结构是榫和卯的结合，是木件之间多与少、高与低、长与短之间的巧妙组合，这种组合可有效地限制木件之间向各个方向的扭动。而铁钉连接就做不到。例如，用铁钉将两根木枨做 T 字型组合，竖枨与横枨很容易被扭曲而改变角度，而用榫卯结合就不会被扭曲。其次，金属容易锈蚀或氧化，而真正的红木家具可以使用几百年或上千年。许多明式家具距今几百年，虽显沧桑，但木质坚硬如初。如果用铁钉组合这样的家具，很可能木质完好，但由于连接的金属锈蚀、疲劳、老化等，易使家具散架。

2．板式家具拆装结构

板式家具是指以各种人造板为基材制成板件后进行开孔处理，再采用各种连接件通过孔位接合的家具，如图 3-29 所示，它摒弃了框式家具中复杂的榫卯接合，其零部件可以通用互换，便于拆装、组合、搬运，有利于实现产品连续化、机械化、自动化的生产。应用"32mm 系统"的设计准则，采用现代家具五金件与圆（棒）榫连接，轻易实现了拆装目的，既可以设计成全拆装结构，也可以设计成半拆装结构。

金属材料在板式家具中主要用做结构连接功能件与装饰件，好的设计把结构件与装饰功能合为一体。常见的金属五金结构件如表 3-2 所示。

表 3-2　常用的五金连接件

品　名	功能与作用
导轨	用于连接抽屉与侧板，其作用承托抽屉，使抽屉拉动灵活，可防止抽屉脱落
门铰	用于连接门与侧板，其作用为使门开、闭灵活，紧密
拉手	用于方便开启门或抽屉，也具有装饰作用
螺丝	用于部件与部件、物件、装饰件之间的连接
三合一、四合一	是一种连接件，用于部件之间的连接，为板式超装家具的专用五金
层板夹、层板托	安装在侧板上，用于层板的支撑
万向轮、定向轮	安装在装饰架、桶箱等小件家具的底部上，便于家具的灵活移动
挂衣杆、衣通托	安装于衣柜内，用于挂衣物用
铝脚	一种新型五金件，安装于柜、几等家具作为脚用，具装饰性
角码	由于特殊部件的连接，如床高屏后支撑板
脚钉	安装于家具最底部，间隔家具与地面，使家具放置更平稳
特殊	一般为专门加工的五金，起连接与装饰作用，也有的单独具备连接作用或装饰作用

　　如图 3-30 所示为板式拆装家具中最常见的三合一连接件（偏心轮、连接杆、预埋件）与圆榫示意图效果。

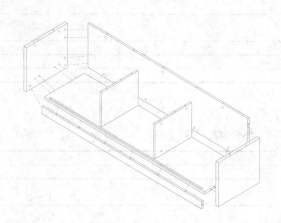

　　　　　　　　　　　　　　　　　　　　　　　圆榫

　　　　　　　　　　　　　　　　　　　　　　　组合效果

　　　　　　　　　　　　预埋件　　　连接件　　　偏心轮

　　　　图 3-29　拆装家具　　　　　　　图 3-30　拆装家具常用连接件

技巧：118　家具常用尺寸

视频：无
案例：无

　　技巧概述：家具设计最主要的依据是人体工程学上的尺度，如人体站立时的基本高度和伸手最大的活动范围，坐姿时的小腿高度和大腿的长度及上身的活动范围，睡姿时的人体宽度、长度及翻身的范围等都与家具尺寸有着密切的关系，下面来讲解各家具的基本尺度。

　　客厅家具基本尺度如表 3-3 所示。

表 3-3　客厅家具尺度　　　　　　　　单位：mm

电视柜	深度：450～600，高度：600～700
茶几	小型，长方形：长度 600～750，宽度 450～600，高度 380～500（380 最佳） 中型，长方形：长度 1200～1350；宽度 380～500 或者 600～750 正方形：长度 75～90，高度 43～50 大型，长方形：长度 150～180，宽 60～80，高度 33～42（33 最佳） 圆形：直径 75，90，105，120；高度 33～42 方形：宽度 90，105，120，135，150；高度 33～42
沙发	单人式：长度 800～950，深度 850～900； 坐垫高：350～420；背高：700～900 双人式：长度：1260～1500；深厚：800～900 三人式：长度：1750～1960；深度：800～900 四人式：长度：2320～2520；深度 800～900

　　餐厅家具基本尺度如表 3-4 所示。

表 3-4　餐厅家具尺度　　　　　　　　单位：mm

餐桌	餐桌高：750～790； 圆桌直径：二人 500，三人 800，四人 900，五人 1100，六人 1100-1250，八人 1300，十人 1500，十二人 1800； 方餐桌尺寸：二人 700×850，四人 1350×850，八人 2250×850
餐椅	高：450～500
酒吧台	高：900～1050，宽 500
酒吧凳	高：600～750

　　卧室家具基本尺度如表 3-5 所示。

表 3-5　卧室家具尺度　　　　　　　　　　　　　　　　　单位：mm

单人床	宽度：90，105，120； 长度：180，186，200，210
双人床	宽度：135，150，180； 长度 180，186，200，210
圆床	直径：186，212.5，242.4（常用）
衣柜	宽 800～1200，高 1600～2000，深 500
床头柜	高 500～700，宽 500～800

办公家具基本尺度如表 3-6 所示。

表 3-6　办公家具尺度　　　　　　　　　　　　　　　　　单位：mm

办公桌	长 1200～1600，宽 500～650，高 700～800
办公椅	高 400～450，长×宽 450×450
沙发	宽 600～800，高 350～400； 靠背面 1000
茶几	前置型：900×400×400； 中心型：900×900×400，700×700×400； 左右型：600×400×400
书柜	高 1800，宽 1200～1500，深 450～500
书架	高 1800，宽 1000～1300，深 350～450

商场营业厅家具基本尺度如表 3-7 所示。

表 3-7　商场营业厅家具尺度　　　　　　　　　　　　　　　单位：mm

营业员货柜台	厚 600，高 800～1000
单靠背立货架	厚 300～500，高 1800～2300
双靠背立货架	厚 600～800，高 1800～2300
小商品橱窗	厚 500～800，高 400～1200
陈列地台高	400～800
敞开式货架	400～600
放射式售货架	直径 2000
收款台	长 1600，宽 600

技巧：119　**家具的木纹材质**　　　　视频：技巧119-木纹材质的绘制.avi
　　　　　　　　　　　　　　　　　　　　案例：木纹图例.dwg

技巧概述：按树干剖开面来分类，则木纹可分为直纹、山纹和花纹 3 种纹理状态。

- 直纹：指将树干以垂直纵向剖开后，剖开面显示的纹理状态，其剖开面近似于直线，所以称为"直纹"，如图 3-31 所示。
- 山纹：表示剖开面显示的纹理状态近似于山的形状，不排除山纹周围有直纹的现象，如图 3-32 所示。
- 花纹：表示在剖开树干时，刚好剖切在树疙瘩（树结、树疤痕）上切出来的花纹，如图 3-33 所示。这种花纹纹理比较美观，由于树木种类不同树切出来的疤痕也不同，因此花纹纹理可以说是独一无二的。

图 3-31　直纹　　　　　　　　　图 3-32　山纹　　　　　　　　　图 3-33　花纹

1．直纹

在 AutoCAD 家具设计中木纹符号用来表示该板材的木质纹理，根据直纹的纹理走向，在绘制好板材后，可以使用"直线"命令（L）在板材中间绘制出折断线，如图 3-34 所示。符号的走向不同代表着纹理方向也不同。

2．山纹

根据前面对山纹纹理形状的介绍，可知山纹形状类似于波浪，在 CAD 绘图中可以使用"样条曲线"命令（SPL）在板材中间绘制出三组重叠的波纹，如图 3-35 所示，根据波纹的走向来判断纹理的方向。

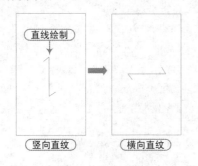

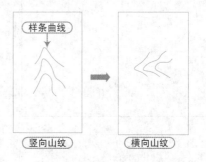

图 3-34　直纹图例　　　　　　　　　　　　　图 3-35　花纹图例

3．对纹

在生产过程中还会用到像木纹拼花贴纸一样拼成的成对的花纹，称为对纹，在 CAD 中它是由多组成对的山纹组成，如图 3-36 所示。

4．花纹

由于花纹是剖切到木结而形成的独一无二的纹理，因此在 CAD 绘图过程中不能绘制固定的纹理图形，只需要使用"多行文字"命令（MT）在板材上注写文字"花纹拼花见图"，如图 3-37 所示，即使用单独的一张图纸来表现出该花纹大样。

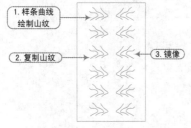

图 3-36　对纹图例　　　　　　　图 3-37　花纹图例

技巧：120 家具开料图框制作

视频：技巧120-制作开料图框.avi
案例：开料图框.dwg

技巧概述：在家具制作过程中，每一块板材都有自己的名称、部件代号、开料尺寸、数量、制作基材等，所以需要将此家具中的所有板材以清单的方式列出来，以便于开料部门按照这个清单进行操作，操作步骤如下。

步骤 01 启动 AutoCAD 2014 软件，单击"打开"按钮，将"案例\03\家具图框.dwg"文件打开，如图 3-38 所示；再单击"另存为"按钮，将文件另存为"案例\03\开料图框.dwg"文件。

步骤 02 执行"直线"命令（L）和"偏移"命令（O），捕捉粗线矩形上水平边绘制一条水平线，再将其以 7mm 的单位向下偏移出多条直线，如图 3-39 所示。可以根据实际家具板材数量来偏移直线的行数。

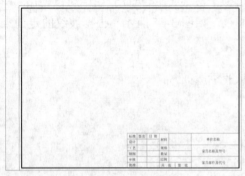

图 3-38　打开的图形

图 3-39　绘制行

步骤 03 再通过直线和偏移命令，捕捉粗线矩形左垂直边绘制一条垂直线段，再将其向右依次偏移 15、35、35、45、15、50、15mm 以作为表格的列数，如图 3-40 所示。

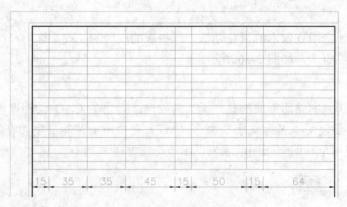

图 3-40　绘制列

步骤 04 执行"复制"命令（CO），将下侧表格内文字复制到上侧表格的表头行，并双击修改文字内容，效果如图 3-41 所示。

标准	部件名称	部件代号	开料尺寸	数量	材料名称	封边	工艺说明
01							
02							
03							
04							
05							
06							
07							
08							
09							
10							

图 3-41　输入表格文字

步骤 05 至此，该开料图框已经绘制完成，按【Ctrl+S】组合键进行保存。

专业技能 ★★★★☆

　　开料图框完成以后，可以将家具立体图插入该图框内，再将各部件板材数据填入到表格内，如图 3-42 所示为案例文件下的"餐柜.dwg"文件的开料明细表。如 01-1 板材的开料尺寸"987×353×40"，其中第一位数 987 代表板材的木纹走向长度，353 代表板材的宽度，40 为板材的厚度。

图 3-42　餐柜开料明细表

技巧：121　二维家具立体图的绘制

视频：技巧121-书柜二维立面图的绘制.avi
案例：书柜二维立面图.dwg

　　技巧概述：二维家具立体图是在二维平面视图的基础上，使家具呈现出立体的效果，二维立体图主要起图示作用。二维立体图比三维模型图绘制起来更快，但二维立体图对尺寸的要求没有三维模型图要求得那么精准，主要是为了能更快捷、更直观地绘制家具立体的感觉。操作步骤如下。

步骤 01 启动 AutoCAD 2014 软件，打开已经绘制好的二维平面图"案例\03\书柜.dwg"文件，如图 3-43 所示。将其另存为 "书柜二维立体图.dwg" 文件。

步骤 02 在状态栏单击 按钮，以启用 "极轴追踪" 功能，且右击设置捕捉 30° 的极轴；同样单击 和 按钮以启用 "对象捕捉" 与 "对象捕捉追踪" 功能，如图 3-44 所示。

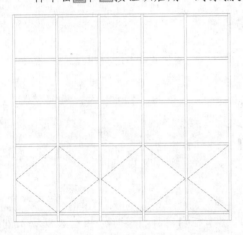

<table>
<tr><td>90</td></tr>
<tr><td>45</td></tr>
<tr><td>✓ 30</td><td>2. 选择</td></tr>
<tr><td>22.5</td></tr>
<tr><td>18</td></tr>
<tr><td>15</td></tr>
<tr><td>10</td></tr>
<tr><td>5</td></tr>
<tr><td>✓ 启用(E)</td></tr>
<tr><td>✓ 使用图标(U)</td></tr>
<tr><td>设置(S)...</td><td>3. 单击</td></tr>
<tr><td>显示</td></tr>
</table>

1. 选择并右击   4. 单击

图 3-43　打开的图形　　　　　　　　图 3-44　开启捕捉功能

步骤 03 执行 "直线" 命令（L），捕捉左上角顶点并单击以确定第一点，向右上方向移动捕捉到 30° 的极轴后，按【F12】键启用动态输入功能，且输入 200，按【Space】键确定，如图 3-45 所示。

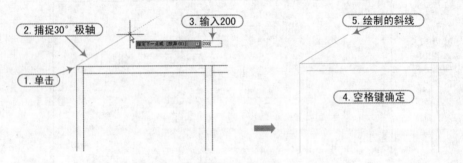

2. 捕捉30° 极轴　　3. 输入200　　　　5. 绘制的斜线

1. 单击　　　　　　　　　　　　　4. 空格键确定

图 3-45　绘制斜线

步骤 04 执行 "复制" 命令（CO），以斜线下侧为基点，捕捉复制到其他相应的角点处，如图 3-46 所示。

步骤 05 执行 "直线" 命令（L），按【F8】键打开正交模式，捕捉点分别绘制水平和垂直的线段，以达成平面立体视觉效果，如图 3-47 所示。

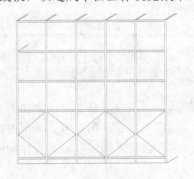

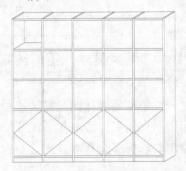

图 3-46　复制斜线　　　　　　　　图 3-47　绘制直线

步骤 06 执行"复制"命令（CO），将左上侧第一个框架内的直线图形复制到其他框架内，形成隔板框架效果，如图 3-48 所示。

步骤 07 执行"直线"命令（L），在形成的板材面上绘制出直纹纹理符号，并通过执行"复制"命令（CO）复制到其他相应的位置，如图 3-49 所示。

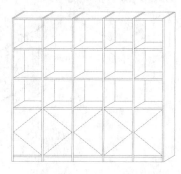

图 3-48　复制线段

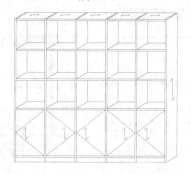

图 3-49　绘制直纹符号

步骤 08 最后执行"矩形"命令（REC），绘制出 15×150 的矩形作为门板拉手；再通过执行"复制"命令（CO）将其复制到其他门板位置，如图 3-50 所示。

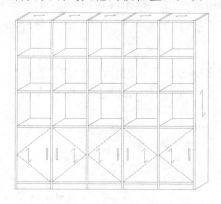

图 3-50　绘制二维立体效果

技巧提示　　　　　　　　　　　　　　　　　　★★★☆☆

本实例中二维立体倾斜的角度为 30，实际操作中可自定义立体倾斜的角度值。

技巧：122　家具的剖视图

视频：无
案例：无

技巧概述： 剖视图用于表达家具内部或被遮挡部分的结构形状及各零部件间的装配方式。剖视图的原理是假想用一平面剖切开所要表达的物体，然后将挡在前面的部分移去，再进行投影。这样获得的图形就是剖视图，它将原来看不到的结构形状变成可见。

剖视图又分全剖视图、半剖视图和局部剖视图，下面将详细地介绍这 3 种视图的形成。

1．全剖视图

全剖视图用于外形简单，内部复杂且视图又不对称的家具或零部件，是用一个剖切面完全剖开家具或零部件所得的视图，如图 3-51 所示。

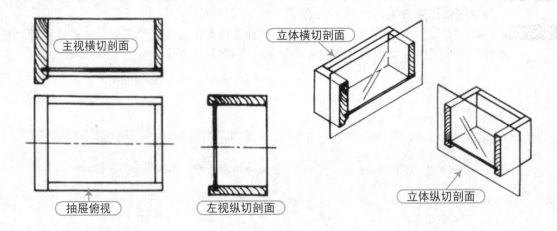

图 3-51　全剖视图

同样的一个图形剖切平面，若位置不同，就会造成剖视图不同，而剖面符号即代表剖开物体的具体位置。标注方法：剖切符号用两条长约 6～8mm 的粗实线表示，尽可能不与物体轮廓线相交，剖切符号的编号采用字母；相应的剖视图图名用同样的字母标注，如图 3-52 所示。

2．半剖视图

当家具或零部件某一方向结构对称，且内外形状均需表达时，可以中心线点划线为界，一半保留外形画成视图，一半画成半剖视图，如图 3-53 所示。

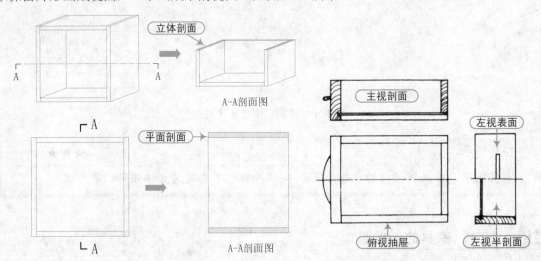

图 3-52　指定 A-A 位置剖切　　　　　　　　　　图 3-53　半部视图

专业技能	★★★☆☆

当家具或零部件画成剖视及剖面图时，假想被剖切的部分一般应画出剖面符号（即使用"图案填充（H）"命令以不同的图例进行填充），以表示已被剖切部分和零件材料的类别。要注意的是剖面符号用线(剖面线)均为细实线。剖面符号如图 3-54 所示。

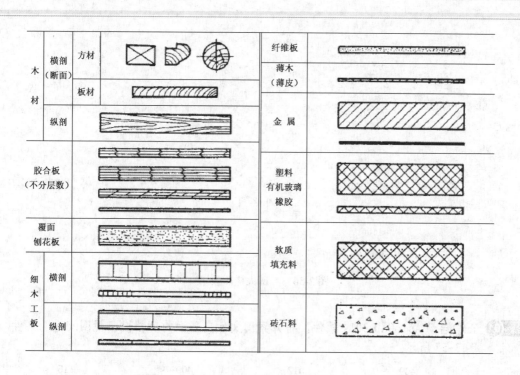

图 3-54　剖面符号分类

3. 局部剖视图

当家具或零部件不对称时，可根据需要灵活确定剖切位置和剖切范围，画出局部剖视图，既表达局部内部结构形状，又基本表达外形。局部剖视中剖视部分与外形部分用波浪线为界，如图 3-55 所示，局部剖视一般不加标注。

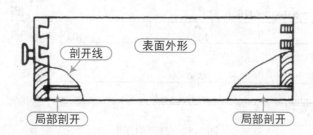

图 3-55　局部剖视图

技巧：123　家具局部大样图的绘制

视频：技巧123-局部大样图的绘制.avi
案例：挡板三视图.dwg

技巧概述： 将家具或其零部件的部分结构用大于基本视图或原图所用比例画出的图形称局部大样图，其目的在于将打印出来比较模糊的部位，通过放大几倍或几十倍的比例来使放大区域更为直观，如图 3-56 所示，操作步骤如下。

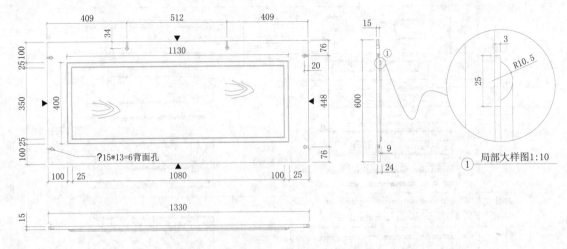

图 3-56　局部大样图效果

步骤 **01** 正常启动 AutoCAD 2014 软件，打开案例文件夹下面的 "挡板三视图.dwg" 文件，如图 3-57 所示。

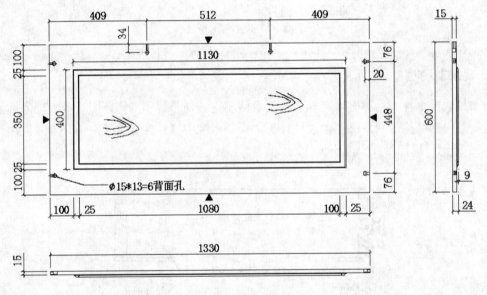

图 3-57　打开的图形

步骤 **02** 由于该图形内部细节比较复杂，观察时不够清晰，这样可以将需要放大的细节图形做成大样图。

步骤 **03** 执行 "圆" 命令（C），在左视图需要放大的位置绘制一个圆，如图 3-58 所示。

步骤 **04** 执行 "复制" 命令（CO）和 "修剪" 命令（TR），将圆和圆内图形向外复制出一份。

步骤 **05** 执行 "缩放" 命令（SC），指定任意基点，再输入比例值为 10，将复制出的图形放大 10 倍；执行 "样条曲线" 命令（SPL），将放大图和原图进行连接，效果如图 3-59 所示。

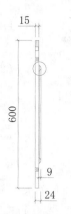

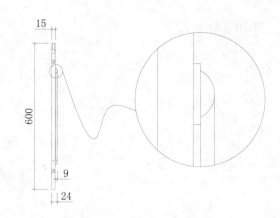

图 3-58 绘制圆   图 3-59 复制并放大圆内图形

步骤 06 将"尺寸标注"图层置为当前图层,执行"线形标注"命令(DLI)和"半径标注"命令(DRA),对大样图进行尺寸标注,如图 3-60 所示。

技巧提示 ★★★★★

图形放大 10 倍以后,同样标注出来的是放大 10 倍的尺寸。大样图的目的是为了使看图者能够更直观地看到细节的原始真实性,以便施工。如果需要将放大图形改回到原始尺寸,可以执行"编辑标注"命令(ED)命令修改标注中的文字。

步骤 07 执行"编辑标注"命令(ED)命令,然后在需要修改的各个尺寸标注上单击,然后在输入框内输入原始的尺寸(现尺寸÷10)并按【Enter】键,修改效果如图 3-61 所示。

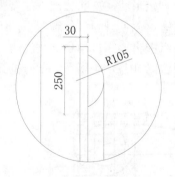

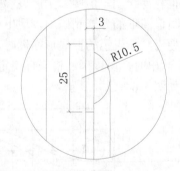

图 3-60 标注尺寸   图 3-61 编辑修改尺寸

步骤 08 接下来绘制详图索引符号,在圆圈处执行"圆"命令(C),绘制直径为 8mm 的圆;再执行"多行文字"命令(MT),设置字体高度为 7,在圆内输入阿拉伯数字 1;由于该图形较大,为了能够显示该符号,执行"缩放"命令(SC),将其放大 5 倍,效果如图 3-62 所示。

步骤 09 根据同样的方法,在放大详图下侧绘制直径为 12 的圆,且在圆内输入同样的编号"1",然后再将其放大 5 倍。

步骤 10 再执行"直线"命令(L),捕捉圆右象限点向右绘制一条水平线;再执行"多行文字"命令(MT),设置字体高度为 35,在水平线上注写详图比例,如图 3-63 所示。

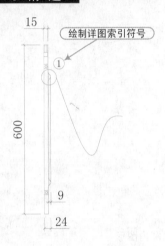

图 3-62 绘制详图符号   图 3-63 图名标注

技巧提示   ★★★★☆

　　在视图中被放大部位的附近应画出直径为 8mm 的实线圆圈作为局部详图索引标志，圈中写上阿拉伯数字。同时，在相应的局部详图附近则画上直径为 12mm 的粗实线圆圈，圈中写上同样的阿拉伯数字作为局部详图标志。局部视图、局部剖视或家具上某零部件的局部视图都可画成与原视图不同的比例，但在图名下必须标注比例。

技巧：124   **家具的曲线放样图**   视频：无
　　　　　　　　　　　　　　　　　　　　案例：无

　　技巧概述：在许多古典家具中，常常会出现许多带弧线或者不规则的造型家具，在 CAD 绘图中可能会很容易绘制，但实际生产过程中，要让固定形状的木头去展现这些生动的曲线，则需要设计人员以图纸的方式精确地表现出曲线的状态，以便开料者能够根据图纸放样出该曲线模型。在不便用圆弧表示的曲线形零件时，可在图纸中将该零件用引出线注明"另有 1:1 样板"。若在图上画出时，可以用网格坐标确定曲线形状，如图 3-64 所示。部分圆弧曲线可用半径尺寸注出，如图 3-64（a）所示。

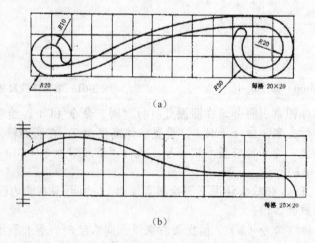

图 3-64 图名标注

技巧：125　板式家具的生产流程及设备

视频：无
案例：无

　　技巧概述：经过了订单测量、总平面图设计、预算、签订合同、方案设计和最后的精确测量后，板式家具进入生产加工阶段。

　　板式家具是以人造板材为基本材料，经封边修饰，由五金连接而成的家具。板式家具是大规模机械化生产，生产过程主要包括开料、封边、打孔等环节，而使用到的机械设备以及加工工艺如表 3-8 所示。

表 3-8　板式家具生产流程及其设备工艺

流程	使用设备	设备图片	加工工艺
开料	电子开料锯 推台锯		1．大幅面素板据切时应平起平落，每次开料不超过三层； 2．人工锯切后的板件大小头之差应小于 2mm
木工成型	立式铣床 回转工作台铣床 镂铣机		立式铣床加工覆面板需较大幅面。回转铣床可加工各种弯曲成型的覆面板。镂铣机可进行铣槽及雕花
排钻	32mm 排钻机 多轴排钻机		1．必须分清部件的前后与正反，以及木纹纹理方向，不得搞错方向； 2．部件表面无划花； 3．孔位无钻穿、钻爆、孔边无崩缺
封边	直线封边机 曲线封边机 异性封边机		覆面板封边要求：结合牢固，密封，表面平整，清洁，无胶痕，确保尺寸与形状的精度
贴纸	人工手工贴纸 应用滚筒、刀片、碎布、胶袋		在砂磨好的白坯部件上贴上印有木纹的纸，起到表面装饰作用（适用在平面、异形、线条部件上）
底油	喷枪 过滤纸		将白坯或贴纸部件表面上的细小孔填平，以节约面漆，并使其表面达到一定强度，降低吸水、吸湿性能
打磨	卧式砂光机 立式砂光机		对于覆面材料进行休整处理以提高光洁度
面油	喷枪 过滤网		1．颜色、亮度符合色板要求，整体颜色均匀一致，无色深、色浅、色差等现象； 2．异形、转角部位涂膜柔滑，颜色均匀，无少喷、漏喷等现象

续表

流程	使用设备	设备图片	加工工艺
成品试装	组合各板件保证		安装好的产品、五金件必须严实、方正、牢固，结合处不得有崩茬、歪扭和松动等现象存在
包装	应用泡沫、木条将各板材、配件等放置纸箱包装箱内并封口		包装过程中包装板件讲究放置平稳严实、受力平衡均匀、不允许有板件倾斜现象
入库			将成品存入仓库以备用

技巧：126 家具的32S系统

视频：无
案例：无

技巧概述："32S 系统"是以 32mm 为模数的，制有标准"接口"的家具结构与制造体系。这个制造体系的标准化部件为基本单元，可以组装为采用圆榫（又称木销、木榫）胶接的固定式家具，或使用各类现代五金连接的拆装式家具。

"32S"系统需要零部件上的孔间距为 32mm 的整数倍，即使其"接口"都为 32mm 的整数倍，接口处都在 32mm 方格网点上，至少应保持平面坐标系中有一致方向满足要求，从而保证实现模块化并可用排钻一次打出，这样可提高效率并确保打眼的精度。如图 3-65 所示为某板材 32mm 的开孔图。

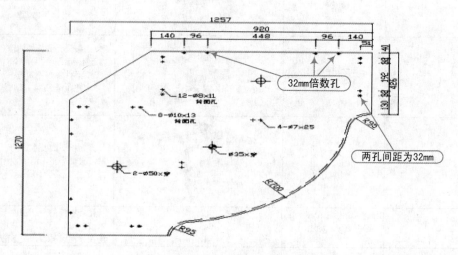

图 3-65 32mm 排孔图

"32S"系统使得设备、刀具、五金配件的生产都有一个共同遵归的接口标准，对孔的加工与家具的装配也就变得十分简便灵活。

专业技能 ★★★★★

为什么要以 32mm 为模数？

- 能一次钻出多个安装孔的加工工具是靠齿轮轮齿合传动的排钻设备，齿轮间合理的轴间距不应小于 30mm，若小于这个间距，那么齿轮装置的寿命将受到影响。
- 欧洲长期习惯使用英制为尺寸量度，对英制的尺度非常熟悉。若选用 /in(in=25.4mm) 作为轴间距，显然与齿间距产生矛盾，如果选用英制尺度是

1.25in，换算成分制，则为 31.75mm（1.25in=25.4+6.35=31.75mm），取其整数即为 32mm。

- 与 30mm 相比，32mm 是一个可做安全整数倍分的数值，即它可以被 2 多次整除，具有很强的灵活性和适应性。
- 板式家具中以 32mm 是一个可作为间距的模式并不表示家具外形尺寸是 32mm 的整数倍。因此这与我国建筑行业推行的 30mm 模数并不矛盾。

技巧：127　拆装家具的安装方法　　视频：无　案例：无

技巧概述：板式拆装家具常用三合一五金件进行安装，其安装示意图如图 3-66 所示。

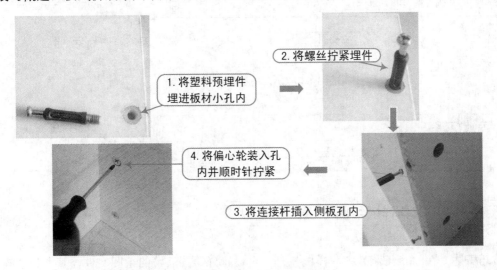

1. 将塑料预埋件埋进板材小孔内
2. 将螺丝拧紧埋件
3. 将连接杆插入侧板孔内
4. 将偏心轮装入孔内并顺时针拧紧

图 3-66　安装操作步骤

若板材上需要加固定圆榫件，则圆榫离三合一孔位的距离为 32mm，且同样起到连接两板材的作用，如图 3-67 所示。

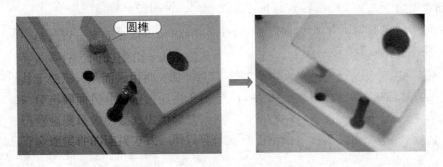

圆榫

图 3-67　圆榫的安装

在 CAD 制图中，板材的孔位位置要绘制出来，其中包括圆榫的孔，还有三合一连接件的孔等，而且还要使用"引线"命令标注出孔位的尺寸、深度、数量，如图 3-68 所示。

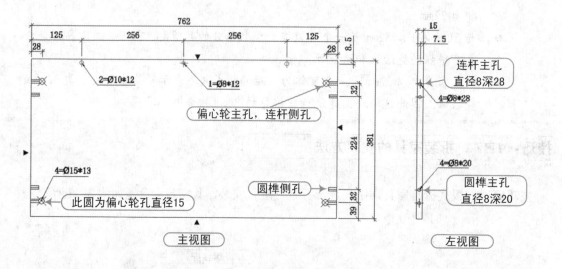

图 3-68　CAD 中板材孔位的绘制

专业技能	★★★☆☆
注释 "4=Ø15×13" 代表此板材上直径为 15mm、深度为 13mm 的孔一共有 4 个。	

技巧：128　家具样板绘图环境的设置

视频：技巧128-设置家具样板的绘图环境.avi
案例：家具样板.dwg

技巧概述：在 AutoCAD 中，样板就是一个设置好绘图环境的绘图文件，其默认的样板图都存储在系统的 Template 文件夹中（也可以将其样板文件保存在自己所需要的位置，以便随时调用），用户可根据需要直接使用它们，也可按自己的风格设定自己的样板图。

样板文件是工程图纸的初始化，常包括以下部分：图幅比例、单位类型和精度、图层、标题栏、绘图辅助命令、文字标注样式、尺寸标注样式、常用图形符号图块等。

在本实例中，以 A4 图纸为实例，具体讲解如何利用 AutoCAD 2014 软件创建属于自己的家具样板文件，操作步骤如下。

步骤 01　启动 AutoCAD 2014 软件，在弹出的 "创建新图形" 对话框中选择 "从草图开始" 选项，再选择 "公制(m)" 单选按钮，然后单击 "确定" 按钮，如图 3-69 所示，从而新建一个空白文件。

步骤 02　执行 "图形单位" 命令（UN），弹出 "图形单位" 对话框，按照如图 3-70 所示进行设置。

步骤 03　执行 "图形界限" 命令（limits），依照提示，设定图形界限的左下角为（0,0），右上角为（297,210），从而设定 A4 幅面的横向界限。

步骤 04　在命令行输入命令<Z>→<空格>→<A>，使输入的图形界限区域全部显示在图形窗口内。

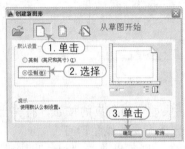

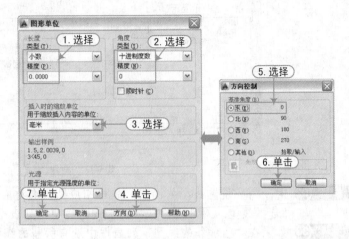

图 3-69　图幅格式　　　　　　　　　　　　　图 3-70　设置图形单位

　　用户在新建文件时，如果当前的系统变量 STARTUP 值为 1 时，则将显示上侧的"创建新图形"对话框；返之，若该变量值为 0，则系统将以默认的方式打开"选择样板"对话框，选择其中一个样板来新建一个空白的".dwg"文件。

技巧：129　家具样板图层的设置

视频：技巧129-家具样板图层的设置.avi
案例：家具样板.dwg

　　技巧概述：根据家具制图的要求，应设置相应的图层对象，为使后面在绘制家具图时能够对应上相应的图层对象,用户可以参照如表 3-9 所示进行设置，操作步骤如下。

表 3-9　图层规划

序　号	图层名	颜　色	线　型	线　宽
1	0	白色	Continuous	默认
2	粗实线	白色	Continuous	0.30mm
3	粗虚线	绿色	Dashed	0.30mm
4	中心轴线	红色	Center	0.20mm
5	细虚线	绿色	Dashed	0.20mm
6	尺寸	蓝色	Continuous	0.20mm
7	轮廓线	白色	Continuous	0.20mm
8	文本	白色	Continuous	0.20mm
9	剖面线	白色	Continuous	0.20mm
10	辅助线	洋红	Continuous	默认
11	符号	红色	Continuous	默认

步骤 01　执行"图层"命令（LA），弹出"图层特性管理器"面板，单击"新建图层"按钮，将自动创建"图层 1"图层，并呈可编辑状态，此时将"图层 1"更名为"尺寸"，再依次单击"颜色"和"线宽"列对应的按钮，设置其颜色为"蓝色"，线宽为"0.2"即可，如图 3-71 所示。

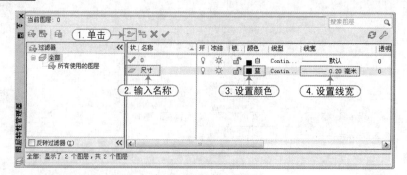

图 3-71　新建图层

步骤 02 对于需要设置线型的图层，单击相应图层名称右侧"线型"列对应的按钮，将弹出"选择线型"对话框，从"已加载的线型"列表框中选择需要的线型即可。

步骤 03 如果在"已加载的线型"列表框中没有所需的线型对象，则可以单击"加载"按钮，弹出"加载或重载线型"对话框，选择需要的线型加载进去即可，如图 3-72 所示。

图 3-72　加载线型

技巧提示　　　　　　　　　　　　　　　　　　　　　★★★☆☆

对于设置了虚线、点划线的图层对象，如果线型比例因子过小，则"显示"不出虚线、点划线效果，此时应设置线型比例。执行"线型比例因子"命令（LTS），再调整其比例值即可。

步骤 04 再根据表 3-9 设置其他图层对象，其设置好的图层如图 3-73 所示。

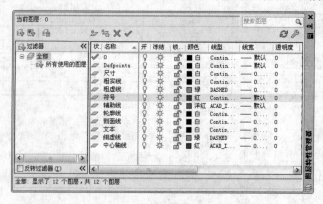

图 3-73　创建的图层

技巧：130 | 家具样板文字样式的设置

视频：技巧130-创建家具样板.avi
案例：家具样板.dwg

技巧概述：在绘制家具图时，还要添加文字注释说明，以及对其进行图名与比例的标注，通过设置不同的文字样式，可以更加快捷方便地进行不同对象的文字标注。本家具样板文件中包括"图内注释"和"图名注释"两种文字样式。操作步骤如下。

步骤 01 执行"文字样式"命令（ST），弹出"文字样式"对话框。单击"新建"按钮，弹出"新建文字样式"对话框，在"样式名"文本框中输入"图内注释"，并设置字体为"宋体"，高度为"35"，宽度因子为"1"，然后单击"应用"按钮，建立"图内注释"文字样式，如图 3-74 所示。

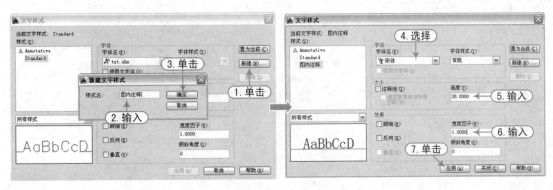

图 3-74　设置"图内注释"样式

步骤 02 同样，再单击"新建"按钮，在弹出的"新建文字样式"对话框中新建"图名注释"，并设置字体为"黑体"，高度为"50"，宽度因子为"1"，然后单击"应用"按钮，建立"图名注释"文字样式，如图 3-75 所示。

步骤 03 同样，再新建"尺寸注释"，并设置字体为"宋体"，高度为"0"，宽度因子为"1"，然后单击"应用"和"关闭"按钮，建立"尺寸注释"文字样式，如图 3-76 所示。

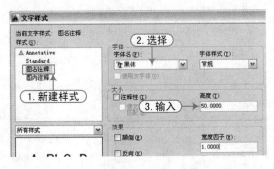

图 3-75　设置"图名注释"样式

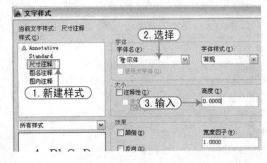

图 3-76　设置"尺寸注释"样式

技巧提示　　　　　　　　　　　　　　　　　　　　★★★☆☆

　　"尺寸注释"样式主要是应用于尺寸标注对象的文字，其高度应设置为 0，这样可在后面标注尺寸时通过绘图的比例来改变文字大小。

技巧：131 家具样板尺寸标注样式的设置

技巧概述： 每一个工程图都应该有相应的尺寸标注，从而使施工人员有据可查。由于家具施工图的比例较小，常用比例为 1：1：1、5、1：10、1：20 等，下面就以 1：10 的比例来设置标注样式。操作步骤如下。

步骤 01 执行"标注样式"命令（D），弹出"标注样式管理器"对话框，单击"新建"按钮，弹出"创建新标注样式"对话框，在"新样式名"文本框中输入"家具-10"，其余设置为默认项，然后单击"继续"按钮，如图 3-77 所示。

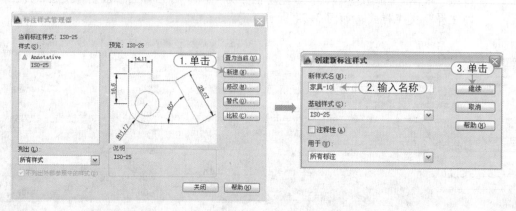

图 3-77　新建"家具-10"标注样式

步骤 02 此时将弹出"新建标注样式：家具-10"对话框，在"线"选项卡中，选择颜色为随层"Bylayer"，设置"超出尺寸线"为 1.25、"起点偏移量"为 1.5，如图 3-78 所示进行设置。

步骤 03 切换至"符号和箭头"选项卡中，设置箭头为"倾斜"，引线标记为"小点"，圆心标记大小为"1.5"，如图 3-79 所示。

图 3-78　设置"线"选项卡

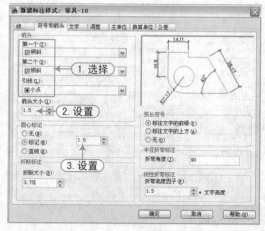

图 3-79　设置"符号和箭头"选项卡

步骤 04 切换至"文字"选项卡中，文字样式选择前面创建的"尺寸注释"样式、字高选择"3.5"，"从尺寸线偏移大小"设置为"1"，"文字对齐"方式选择"与尺寸线对齐", 如图 3-80 所示。

步骤 05 切换至"调整"选项卡中, 设置标注全局比例为"10", 如图 3-81 所示。

技巧提示 ★★★☆☆

此样板是以 1:10 的比例进行创建的, 因此, 设置全局比例为"10"。

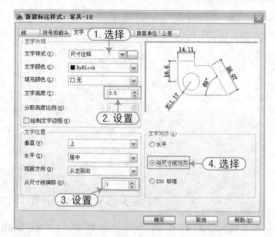

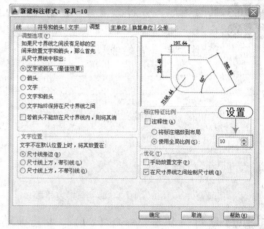

图 3-80 设置"文字"选项卡　　　　　图 3-81 设置"调整"选项卡

步骤 06 在"主单位"选项卡中, 设置"单位格式"为"小数", 在"精度"列表框中选择"0", 选择"小数分隔符"为"句点", 然后单击"确定"按钮, 如图 3-82 所示。

步骤 07 回到"标注样式"对话框, 选择"家具-10"样式, 单击"置为当前"按钮, 并关闭对话框, 如图 3-83 所示。

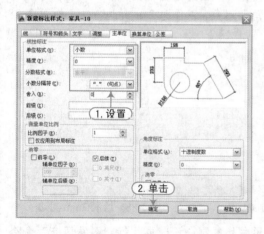

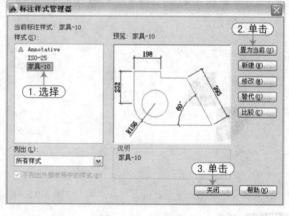

图 3-82 设置"主单位"选项卡　　　　　图 3-83 置为当前样式

技巧提示 ★★★☆☆

在"单位格式"下拉列表框中选择"小数"、在"精度"下拉列表框中选择"0", 这样在标注尺寸时, 标注的尺寸为整数。

技巧：132 家具孔位符号表的创建

视频：技巧132-创建家具孔位符号表.avi
案例：家具样板.dwg

技巧概述：本书主要讲解板式拆装家具的绘制，拆装家具的各个板材都需要将打孔位置绘制出来，以便于生产安装。这里将常用的三合一孔位与圆榫的孔位绘制出来，且以创建图块的形式保存为孔位符号图块，操作步骤如下。

步骤 01 在"图层"下拉列表框中将"0"图层置为当前图层。

步骤 02 通过矩形、分解、偏移和修剪命令，绘制出如图 3-84 所示的表格。

步骤 03 执行"圆"命令（C），绘制半径为 4 的圆；再执行"直线"命令（L），绘制长为 15 且互相垂直的线段，以形成直径为 8 的正孔位，如图 3-85 所示。

图 3-84　绘制表格框　　　　　　　　　　　　　　图 3-85　绘制 Ø8 正孔

步骤 04 执行"复制"命令（CO），将上步绘制好的图形向外复制出一份；再执行"图案填充"命令（H），选择样例为"SOLTD"并在指定的位置进行填充，如图 3-86 所示，绘制直径为 8 的反面孔。

步骤 05 执行"圆"命令（C），绘制半径 3 和 4.5 的同心圆；再执行"直线"命令（L），同前面步骤一样绘制水平和垂直的线段；再执行"旋转"命令（RO），将两条线段旋转 45° 以形成直径为 9 的孔，如图 3-87 所示。

步骤 06 执行"多边形"命令（POL），输入侧面数为 3，在绘图区单击一点，根据提示选择"外切于圆"，再输入半径为 4.5，绘制三角形对象，以作为 2mm 封边符号，如图 3-88 所示。

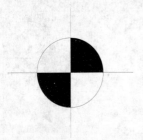　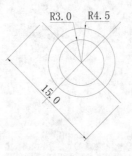　

图 3-86　绘制 Ø8 反面孔　　　　图 3-87　绘制 Ø9 孔　　　　图 3-88　绘制 2mm 封边

步骤 07 执行"复制"命令（CO），将绘制的三角形向外复制一份；再执行"图案填充"命令（H），选择样例为"SOLTD"对三角形进行填充操作，以形成 1mm 封边符号，如图 3-89 所示。

步骤 08 同样执行"复制"命令（CO），将原三角形再复制一份；通过执行"分解"命令（X）和"删除"命令（E），将三角形下侧边删除掉，形成 0.45mm 封边符号，如图 3-90 所示。

步骤 09 执行"矩形"命令（REC）和"直线"命令（L），绘制 20×8 的矩形，再过矩形垂直中点绘制出一条水平线段，且转换为点划线，效果如图 3-91 所示，以形成圆榫侧孔。

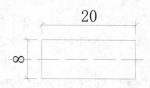

图 3-89　绘制 1mm 封边　　　　图 3-90　绘制 0.45mm 封边　　　　图 3-91　绘制 Ø8 侧孔

步骤 ⑩ 执行"直线"命令绘制垂直的中心虚线；再执行"圆"命令（C），捕捉垂直交点来绘制半径为 7.5 的圆；再执行"偏移"、"修剪"命令将线段进行偏移和修剪，从而绘制出偏心轮主孔和连接件侧孔位，如图 3-92 所示。

步骤 ⑪ 执行"移动"命令（M），将绘制好的各个图形放置到图框内相应位置，如图 3-93 所示。

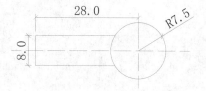

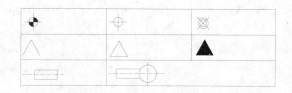

图 3-92　绘制三合一孔　　　　　　　　　　　图 3-93　移动符号

步骤 ⑫ 执行"单行文字"命令（DT），设置字体高度为 3.5，在符号的位置各输入相应的文字内容，如图 3-94 所示。

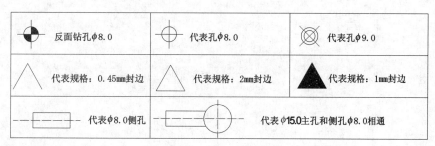

图 3-94　输入文字注释

步骤 ⑬ 执行"创建块"命令（B），按照如图 3-95 所示的操作步骤，创建"孔位符号"内部图块。

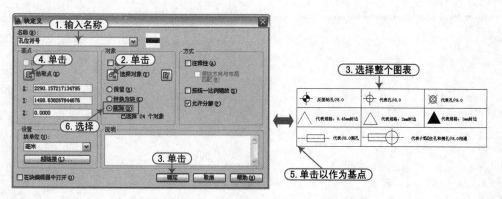

图 3-95　保存为内部图块

技巧：133 保存为家具样板文件

视频：技巧133-将设置好图形保存为样板.avi
案例：家具样板.dwg

技巧概述： 通过前面的操作，已经对样板文件中所涉及的单位、界限、图层、文字和标注样式、图块等已经创建完成，接下来就将其保存为样板.dwt 文件。

选择"文件 | 另存为"命令，弹出"图形另存为"对话框，在"文件类型"下拉列表框中选择"AutoCAD 图形样板（*.dwt）"项，在"文件名"文本框中输入"家具样板"，再选择保存的位置，然后单击"保存"按钮，弹出"样板选顶"对话框，在"说明"文本框中输入相应的文字说明，然后单击"确定"按钮即可，如图 3-96 所示。

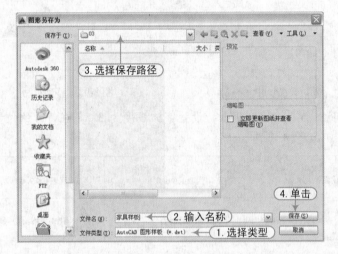

图 3-96 保存家具样板文件

第4章 书台施工图的绘制技巧

● **本章导读**

本章主要讲解板式书台全套施工图的绘制技巧，主要包括书台透视图、零部件示意图、各部件工艺图（部件三视图、模型图）、书台主柜模型图与装配图、书台副柜模型图与装配图、书台活动柜模型图与装配图，并列出书台开料明细表、五金配件明细表以及包装材料明细表，以便读者全面掌握家具整套施工图的绘制内容。

● **本章内容**

书台透视图效果	02-1 副柜左侧板的绘制	03-1 活动柜侧板的绘制
书台零部件示意图效果	02-2 副柜侧板条的绘制	03-2 活动柜底板的绘制
01-1 书台右侧板的绘制	02-3 副柜面板的绘制	03-3 活动柜面板的绘制
01-2 书台侧板条的绘制	02-4 副柜面板前后条的绘制	03-4 活动柜背板的绘制
01-3 书台面板的绘制	02-5 副柜面板侧条的绘制	03-5 活动柜下抽面板的绘制
01-4 书台面板前后条的绘制	02-6 副柜背板的绘制	03-6 活动柜下抽侧板的绘制
01-5 书台面板侧条的绘制	01 系列主柜模型图的绘制	03-7 活动柜下抽尾板的绘制
01-6 书台背板的绘制	主柜装配示意图的绘制	03-8 活动柜底板的绘制
01-7 书台中隔板的绘制	02 系列副柜模型图的绘制	03-9 活动柜上抽面板的绘制
01-8 书台托拉面板的绘制	副柜装配示意图的绘制	03-10 活动柜上抽侧板的绘制
01-9 书台托拉板的绘制	03 系列活动柜模型图的绘制	03-11 活动柜上抽尾板的绘制
01-10 书台主机底板的绘制	活动柜装配示意图的绘制	书台开料明细表
书台活动柜五金配件明细表	书台整体模型图的绘制	书台主柜五金配件明细表
	书台副柜五金配件明细表	书台包装材料明细表

技巧：134 书台透视图效果

视频：无
案例：书台透视图.dwg

技巧概述：采用实木或者原木材质制作而成的书台广泛用于公司和其他组织机构的高级管理层的办公室。

本章将以如图 4-1 所示带副柜的板式拆装书台进行讲述，讲解书台中各部件三视图、模型图，书台中主柜、副柜和活动柜的装配示意图、模型图的绘制。

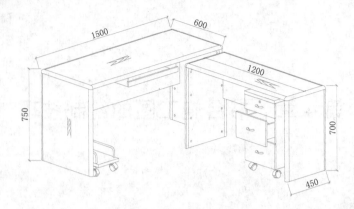

图 4-1　书台透视图效果

技巧：135　书台零部件示意图效果

视频：无
案例：书台零部件示意图.dwg

　　技巧概述：首先讲解组成此书台各个部件板材三视图及模型图的绘制，其中包括右侧板、侧板条、面板、面板前后条、面板侧条、背板、中隔板、托拉面板、主机架底板等，各部件示意图如图 4-2 所示。在下面的工艺图绘制中，将以此部件号顺序进行绘制，如 01-1 号板代表右侧板。

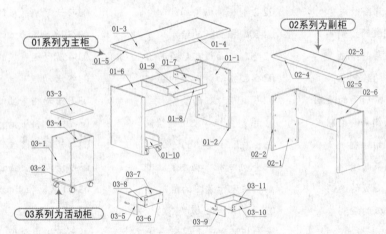

图 4-2　书台部件示意图

技巧：136　01-1书台右侧板的绘制

视频：技巧136-书台右侧板的绘制.avi
案例：01-1三视图.dwg　01-1模型图.dwg

　　技巧概述：书台侧板厚度为 36mm，为了节约木材成本则将侧板做成了复合结构——由两块 9mm 的层板中间夹着木方条。复合结构示意图如图 4-3 所示。将板材经过冷压机复合成为一块板后，在表面进行封边处理即可形成整块侧板，应注意的是在进行排钻时，由于中间多处镂空，打孔必须打在木方条上，以保证家具的稳定性。

　　书台左、右侧板开料尺寸大小相同，只是在后面排钻时，孔位成对，且板材有内外、底面之分，只需要绘制出右侧板（01-1）图形，即可将右侧板镜像得到左侧板图形。

　　在绘制右侧板之前，可以调用前面已设置好绘制环境的"家具样板.dwt"文件，以此为基础来绘制书台右侧板图形，效果如图 4-4 所示。

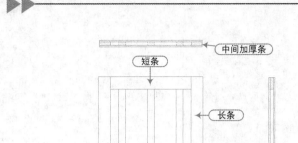

图 4-3　右侧板效果

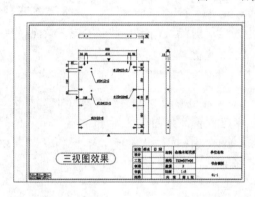

三视图效果

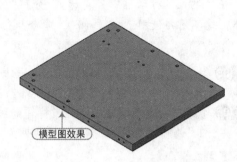

模型图效果

图 4-4　右侧板

1. 绘制右侧板三视图

步骤 01 启动 AutoCAD 2014 软件，单击"打开"按钮，将前面第 3 章创建的"家具样板.dwt"文件打开；再单击"另存为"按钮，将文件另存为"案例\04\01-1 三视图.dwg"文件。

步骤 02 在"常用"选项卡的"图层"面板中选择"轮廓线"图层，并置为当前图层。执行"矩形"命令（REC），在视图中绘制 598×724 的矩形，如图 4-5 所示。

步骤 03 执行"分解"命令（X）和"偏移"命令（O），将矩形相应边按照如图 4-6 所示进行偏移，且将偏移得到的线段转换为"辅助线"图层。

图 4-5　绘制矩形

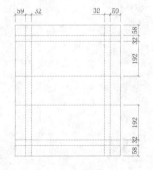

图 4-6　绘制行

步骤 04 切换到"符号"图层，执行"插入块"命令（I），在弹出的"插入"对话框中，选择第 3 章样板文件中保存的内部图块"孔位符号"，将其插入图形中，效果如图 4-7 所示。

图 4-7 插入图块

步骤 05 执行"复制"命令（CO）、"旋转"命令（RO）和"镜像"命令（MI），将"Ø8.0 侧孔"和三合一孔符号复制到辅助线相应位置，如图 4-8 所示。

步骤 06 执行"删除"命令（E），将辅助线删除掉；再执行"偏移"命令（O），将水平线向下偏移，且将偏移的线段转换为"辅助线"图层，如图 4-9 所示。

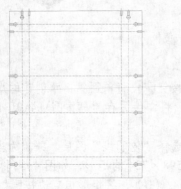

图 4-8 复制符号

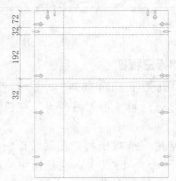

图 4-9 偏移辅助线

步骤 07 执行"复制"命令（CO），将"Ø8.0 正孔"符号复制到辅助线交点上；再执行"缩放"命令（SC），将最上和最下两个孔符号放大到 Ø10mm，且将垂直线段删除，如图 4-10 所示。

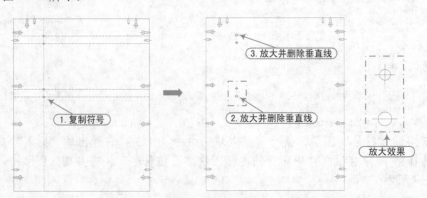

图 4-10 复制符号

技巧提示　　　　　　　　　　　　　　　　　　　　　　　　★★★★☆

　　将直径 8mm 的圆孔放大至直径 10mm 的圆孔时，直接在提示"指定比例因子"下输入 10/8，按【Space】键，系统自动计算出比例且放大图形。需要注意的是选择要缩放的对象时不能一次性选择两个，为了使图形其于原点进行缩放请指定圆心为基点。

步骤 08 切换至"轴线"图层，执行"构造线"命令（XL），选择"水平（H）"选项，捕捉主视图端点绘制水平构造线，如图 4-11 所示。

步骤 09 切换到"轮廓线"图层，执行"直线"命令（L），在右侧捕捉构造线绘制出宽为 36 的矩形；再执行"构造线"命令（XL），捕捉矩形水平中点绘制一点垂直构造线，如图 4-12 所示。

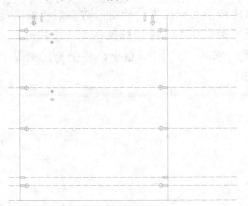

图 4-11　绘制构造线

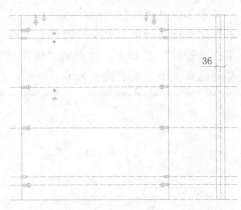

图 4-12　绘制矩形轮廓

步骤 10 执行"复制"命令（CO），将"Ø8.0 正孔"符号复制到辅助线交点上；再执行"删除"命令（E），将辅助线删除，绘制的左视图效果如图 4-13 所示。

步骤 11 根据同样的方法执行"构造线"命令（XL），捕捉主视图端点绘制出垂直的构造线；再执行"直线"命令（L），绘制出宽度为 36 的矩形；再捕捉矩形垂直线段中点绘制一条水平构造线以形成交点，如图 4-14 所示。

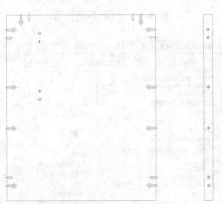

图 4-13　复制孔符号

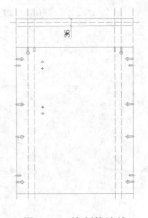

图 4-14　绘制构造线

步骤 12 执行"复制"命令（CO），将直径 8 的正孔符号复制到辅助线交点，再执行"删除"命令（E），将构造线删除掉，完成俯视图的绘制，如图 4-15 所示。

步骤 ⑬ 通过复制、缩放、旋转和镜像操作，将"1mm 封边"符号放大 2 倍并复制到主视图相应位置，如图 4-16 所示。

专业技能 ★★★☆☆

　　由于主视图形较大，这里将封边符号放大 2 倍以便于观看。注意的是其他符号反映真实的孔位宽度大小，不建议随意地缩放。

步骤 ⑭ 将"尺寸线"图层置为当前图层，执行"线性标注"命令（DLI）和"连续标注"命令（DCO），对图形进行尺寸标注，效果如图 4-17 所示。

技巧提示 ★★★★☆

　　由于家具样板文件中创建的标注为 1∶10 的比例，在标注不同的图形前，则根据实际要求来改变标注的比例大小。即执行"标注样式"命令（D），选择标注样式"家具-10"，再单击"修改"按钮，在弹出的"修改标注样式：家具-10"对话框中，将全局比例因子调整到适当大小，这里设置为 6，如图 4-18 所示。

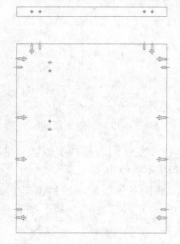

图 4-15　复制孔符号

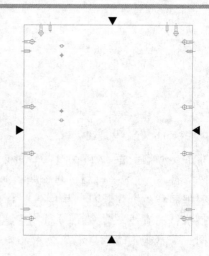

图 4-16　复制封边符号

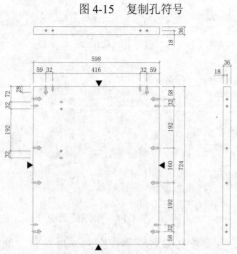

图 4-17　标注图形尺寸

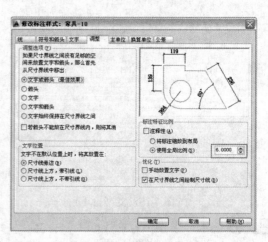

图 4-18　调整标注比例

步骤 ⑮ 切换至"文本"图层，执行"引线"命令（LE），根据命令提示"指定第一个引线点或[设置（S）]"，选择"设置（S）"选项，则弹出"引线设置"对话框，在"引线和箭头"选项卡中设置"箭头"为"实心闭合"；在"附着"选项卡中勾选"最后一行加下画线"复选框，如图 4-19 所示。

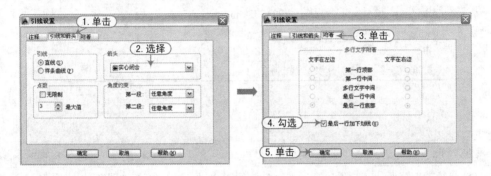

图 4-19　引线设置

步骤 ⑯ 设置好以后再根据命令提示在主视图右上侧相应的位置单击，拖出一条引线，然后按【Enter】键直至出现文本输入框后，在文字格式工具栏中选择"图内注释"文字样式，设置文字高度为 25，然后在输入文字内容，单击"确定"按钮以完成引线注释，如图 4-20 所示。

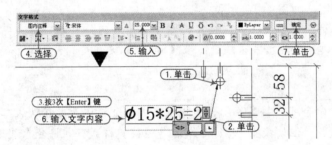

图 4-20　绘制引线

步骤 ⑰ 重复执行"引线"命令（LE），在其他相应位置进行引线注释，效果如图 4-21 所示。
步骤 ⑱ 执行"插入块"命令（I），将第 3 章创建的"家具图框"插入图形中；再执行"缩放"命令（SC），输入比例因子为 8，将其放大 8 倍以框住三视图，如图 4-22 所示。

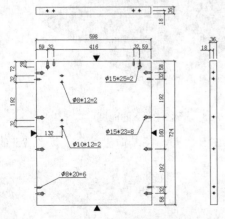

图 4-21　绘制其他引线

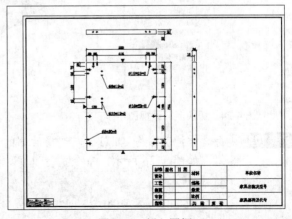

图 4-22　插入图框

步骤 ⑲ 执行"复制"命令（CO），在右下角表格内复制文字，并双击修改文字内容，以完成标准的家具制图效果，如图 4-23 所示。

标准	签名	日 期	材料	金柚木刨花板	单位名称
设计					
工艺			规格	723*597*36	书台侧板
制图			数量	2	
审核			比例	1:8	
批准			共 张	第 1 张	01-1

图 4-23　输入文字内容

专业技能 ★★★☆☆

　　1:8 代表 A4 纸图框缩放比例，即 A4 纸幅面放大了 8 倍，但图框内的图形仍是 1:1 比例。

---

2. 绘制右侧板模型图

步骤 ① 单击"另存为"按钮🖫，将绘制的三视图文件另存为"01-1 模型图.dwg"文件。在绘图区域左上侧单击"视图控件"按钮，调整视图为"西南等轴测"，使图形切换到三维视图，如图 4-24 所示。

步骤 ② 执行"复制"命令（CO），将主视图相应图形向外复制一份；再执行"面域"命令（REG），选择外矩形 4 条线段，按【Space】键确定，将矩形形成一个整体面。

软件技能 ★★★★☆

　　使用"面域"命令可以将多条闭合的线段形成一个整体面，在默认二维线框视觉下看不出图形有多大变化，但切换至"概念"或者其他视觉样式下，将会看到矩形的面域效果，如图 4-25 所示。

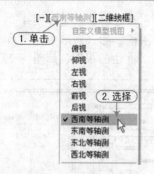

图 4-24　切换至三维视图 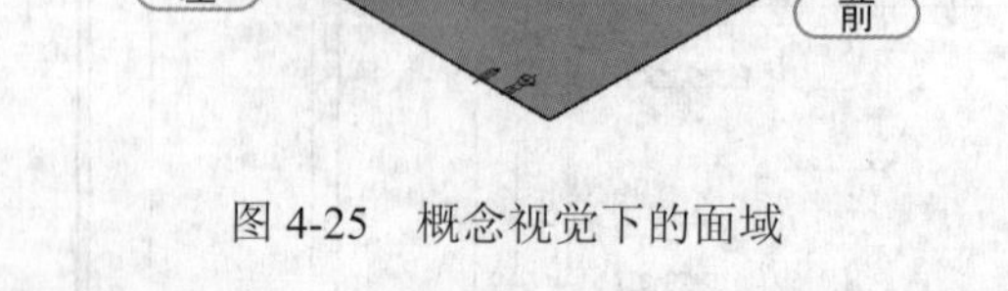　　　　　　　图 4-25　概念视觉下的面域

步骤 ③ 执行"拉伸"命令（EXT），选择后侧的两个 Ø15 的圆，将其向上拉伸高度为 25 的实体，如图 4-26 所示，命令执行过程如下：

命令: EXTRUDE	// 执行"拉伸"命令
当前线框密度: ISOLINES=4，闭合轮廓创建模式 = 实体	
找到 2 个	// 选择两个圆

指定拉伸的高度或 [方向(D)/路径(P)/倾斜角(T)/表达式(E)]：25 // 输入拉伸高度为 25

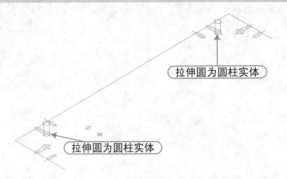

图 4-26 拉伸圆

软件技能 ★★★★★

当视图切换至三维视图后，所有的三维操作都是在三维空间下进行的，读者可以将工作空间由"草图注释"切换至"三维建模"空间，如图 4-27 所示。

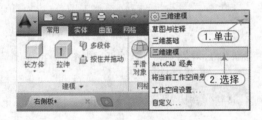

图 4-27 切换三维建模空间

在"三维建模"工作空间下，提供了实体绘制与编辑的常用命令面板，需要执行某种命令可直接单击相应的按钮即可。如"拉伸"命令的按钮为 ，启动命令后选择拉伸图形再指引拉伸的高度，需要注意的是输入正数代表向上拉伸，负数为向下拉伸。

步骤 04 同样，重复执行"拉伸"命令（EXT），选择图中其他 8 个 Ø15 的圆，拉伸高度为 23 的实体，如图 4-28 所示。

技巧提示 ★★★★☆

拉伸的高度是根据前面绘制的三视图中的尺寸标注和引线注释来决定的，并不是无据可寻。在引线标注中，后侧圆注释了"Ø15*25=2"，代表后侧 2 个 Ø15 圆的深度为 25，而下侧注释了"Ø15*23=8"代表下侧 8 个圆的深度为 23。

步骤 05 再执行"拉伸"命令（EXT），将中间两个 Ø8 和两个 Ø10 的圆，全部拉伸高度为 12 的实体，如图 4-29 所示。

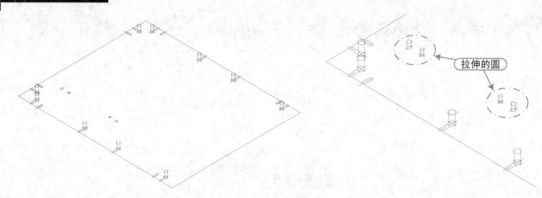

图 4-28　拉伸其他圆　　　　　　　　　　　图 4-29　拉伸小圆

步骤 06 重复执行"拉伸"命令（EXT），将外矩形向上拉伸高度为 36 的实体，以形成带厚度的板材，如图 4-30 所示。

接下来要绘制左侧的侧孔，在三维制图中默认的世界坐标系图标为 ，需要旋转 UCS 为用户坐标系 才能绘制左侧的图形。

步骤 07 执行"坐标系"命令（UCS），根据命令提示选择"面 (F)"选项，再拾取长方体左侧面，以确定 UCS 坐标，如图 4-31 所示。

> 命令：UCS
>
> 当前 UCS 名称：*没有名称*
>
> 指定 UCS 的原点或 [面(F)/命名(NA)/对象(OB)/上一个(P)/视图(V)/世界(W)/X/Y/Z/Z 轴(ZA)]〈世界〉：f
>
> 选择实体面、曲面或网格：
>
> 输入选项 [下一个(N)/X 轴反向(X)/Y 轴反向(Y)]〈接受〉：

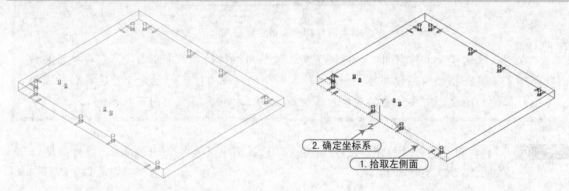

图 4-30　拉伸矩形为实体　　　　　　　　　　图 4-31　建立用户坐标系

步骤 08 执行"圆"命令（C），捕捉左前侧孔端点分别绘制圆；再执行"拉伸"命令（EXT），将两个圆各自拉伸-28 和-20 的圆柱实体，如图 4-32 所示。

技巧提示　　　　　　　　　　　　　　　　　　　　★★★☆☆

坐标系中 X、Y、Z 所指方向为正，与其相反方向为负，图 4-32 中拉伸方向与 Z 轴所指方向相反，因此为负。

步骤 09 执行"复制"命令（CO），将上步的两个圆柱体，复制到左侧具有相同符号的位置；再执行"移动"命令（M），将圆柱都向上移动 18，以保证圆在板材的正中位置，如

图 4-33 所示。

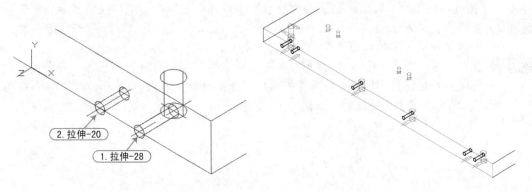

图 4-32 绘制左侧圆柱　　　　　　　　图 4-33 复制圆柱体

技巧提示　　　　　　　　　　　　　　　　　★★★☆☆

由于圆柱图形比较多，为了便于观察，这里将所指的圆柱体转换成了粗实线。

步骤 ⑩ 执行 "三维镜像" 命令（MIRROR3D），将上步的圆柱体以长方体板材的中线进行左右镜像，如图 4-34 所示。其命令执行过程如下：

命令: MIRROR3D　　　　　　　　　　　// 执行 "三维镜像" 命令

选择对象: 找到 1 个　　　　　　　　　// 分别选择左侧面上的 6 个圆柱体

选择对象: 找到 1 个, 总计 2 个

选择对象: 找到 1 个, 总计 3 个

选择对象: 找到 1 个, 总计 4 个

选择对象: 找到 1 个, 总计 5 个

选择对象: 找到 1 个, 总计 6 个

选择对象:　　　　　　　　　　　　　// 按【Spacer】键确定选择

指定镜像平面（三点）的第一个点或[对象(O)/最近的(L)/Z 轴(Z)/视图(V)/XY 平面(XY)/YZ 平面

(YZ)/ZX 平面(ZX)/三点(3)]:　　　　　// 指定中点 1

在镜像平面上指定第二点:　　　　　　// 指定中点 2

在镜像平面上指定第三点:　　　　　　// 指定中点 3

是否删除源对象？[是(Y)/否(N)]〈否〉:　// 按【Spacer】键确定不删除源对象

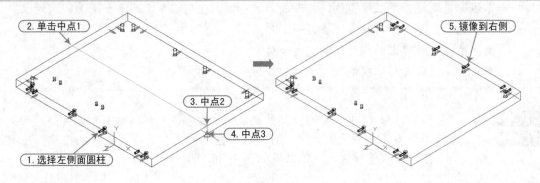

图 4-34 镜像左圆柱到右侧

左右侧孔圆柱体绘制好以后，后面孔位没有绘制，那么如何将后侧的孔位显示到前侧？

步骤 ⑪ 在绘图区域左上侧单击"视图控件"按钮，依次单击"后视"→"东北等轴测"，以调整视图，效果如图 4-35 所示。

步骤 ⑫ 执行"圆"命令（C），捕捉前侧侧孔端点以绘制圆；再执行"拉伸"命令（EXT），将圆分别拉伸为-20 和-28 深度的圆柱实体；执行"移动"命令（M），将圆柱向上移动 18 以保证正中位置，如图 4-36 所示。

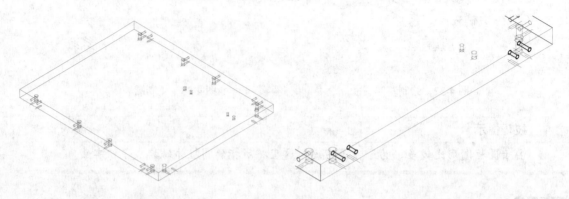

图 4-35　切换视图效果　　　　　　　　　图 4-36　绘制前侧圆柱

步骤 ⑬ 执行"差集"命令（SU），或者依次单击"实体"→"布尔值"→"差集"按钮 ⊙，选择长方体，按【Spacer】键结束选择，再选择要减去的内部所有实体，按【Spacer】键确定差集。

命令：SUBTRACT	// 执行"差集"命令
选择要从中减去的实体、曲面和面域...	
选择对象：找到 1 个	// 选择要保留的实体对象（长方体）
选择对象：	// 按【Enter】键确定
选择要减去的实体、曲面和面域...	
选择对象：找到 30 个	// 选择要减去的实体对象（所有圆柱体）
选择对象：	// 按【Enter】键确定并退出

软件技能	★★★☆☆
布尔运算是通过合并三维实体、曲面或面域对象，使用以下方法重塑成为一个对象。 ● 差集，从一个对象中减去另一个对象。 ● 交集，从对象的相交处创建复合对象。 ● 并集，合并对象以形成一个新对象。	

步骤 ⑭ 执行"删除"命令（E），将除模型外的所有的线条删除掉，效果如图 4-37 所示。

步骤 ⑮ 在二维线框下看不出多大的效果，可单击绘图区左上侧的"视觉样式控件"按钮，切换为"概念"视觉样式，实体效果如图 4-38 所示。

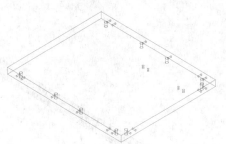

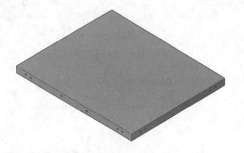

图 4-37　删除多余线条　　　　　　　　图 4-38　概念视觉下的实体

步骤 16 在命令行中输入"3DROTATE"并按【Enter】键，或者在"修改"面板中单击"三维旋转"按钮 ⊕，选择实体，则出现一个旋转夹点工具（球体），拾取红色 X 轴，则实体绕 X 轴旋转，再输入旋转角度为 180，即将实体进行上、下翻转，如图 4-39 所示。

命令: _3drotate	// 执行"三维旋转"命令
UCS 当前的正角方向：ANGDIR=逆时针　ANGBASE=0	// 当前旋转模式
选择对象：找到 1 个	// 选择长方体
选择对象：	// 按【Enter】键确认选择
指定基点：	// 按【Enter】键以默认的中心基点
拾取旋转轴：	// 移动到旋转夹点工具上拾取红色 X 轴线，则显示出一条红色旋转轴线
指定角的起点或键入角度：180	// 输入旋转角度为 180

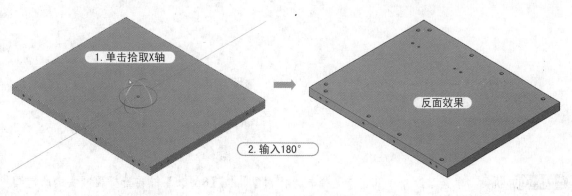

图 4-39　三维旋转实体

专业技能　　　　　　　　　　　　　　　　　　　　　　　★★★☆☆

　　板材正面以光滑平整的装饰外观呈现于眼前，而它的反面、侧面因为需要与其他板材相结合，故加工成了连接的各种孔洞。

技巧：137　01-2 书台侧板条的绘制　　　　视频：技巧137-书台侧板条模型图的绘制.avi
　　　　　　　　　　　　　　　　　　　　　案例：01-2模型图.dwg　　01-2三视图.dwg

　　技巧概述： 书台侧板条安装在侧板上，孔位相对应，两块侧板条安装在一块侧板上，故带有弧形状的侧板条必须成对。绘制侧板条效果如图 4-40 所示。

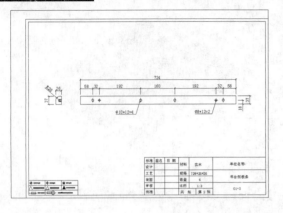
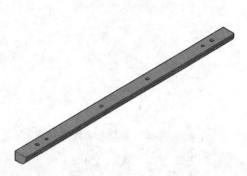

图 4-40　书台侧板条三视图与模型图效果

　　根据图 4-40 所示的侧板条图形效果，其三视图非常简单，读者可自行绘制。这里讲解其模型图的绘制方法，操作步骤如下。

步骤 01 在 AutoCAD 2014 环境中，单击"打开"按钮📂，打开"01-2 三视图.dwg"文件，再单击"另存为"按钮🖫，将文件另存为"01-2 模型图.dwg"文件。

步骤 02 单击绘图区左上侧的"视图控件"按钮，将视图切换成"西南等轴测"。

步骤 03 执行"复制"命令（CO），将主视图图形向外复制一份；执行"面域"命令（REG），将矩形轮廓线面域组成一个整体面。

步骤 04 执行"拉伸"命令（EXT），将内部所有的圆向上拉伸为 12 的实体，如图 4-41 所示。

步骤 05 重复执行"拉伸"命令（EXT），将矩形向上拉伸为 26 的实体，如图 4-42 所示。

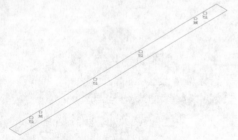

图 4-41　拉伸为圆柱体　　　　　　　　　　图 4-42　拉伸为长方体

步骤 06 执行"差集"命令（SU），选择长方体对象，按【Space】键再选择要减去的所有圆柱实体，则以长方体减去圆柱体形成孔洞效果。

步骤 07 在"三维建模"空间下，单击"实体编辑"面板中的"圆角边"按钮▣，根据命令提示选择"半径（R）"选项，设置半径值为 20，再选择需要圆角的边，按【Space】键键接受圆角半径操作，如图 4-43 所示。

命令: _FILLETEDGE	// 执行"圆角边"命令
半径 = 1.0000	
选择边或 [链(C)/环(L)/半径(R)]: r	// 选择"半径"选项
输入圆角半径或 [表达式(E)] <1.0000>: 20	// 设置圆角半径值为 20
选择边或 [链(C)/环(L)/半径(R)]:	// 选择圆角的边
选择边或 [链(C)/环(L)/半径(R)]:	// 按【Space】键确定选择
已选定 1 个边用于圆角。	// 提示选择的边
按 Enter 键接受圆角或 [半径(R)]:	// 空格键接受圆角

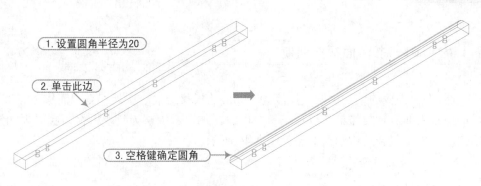

图 4-43　圆角边操作

步骤 08 将视觉样式调整为"概念"，在"修改"面板中单击"三维旋转"按钮⊕，选择实体对象，在旋转夹点工具上指定红色 X 轴为旋转轴，再输入绕 X 轴旋转的角度为 180，则将实体上、下翻转，如图 4-44 所示，可以看到底端的孔洞状况。

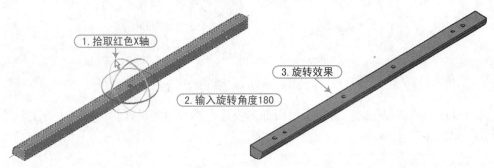

图 4-44　三维旋转

步骤 09 执行"删除"命令（E），将除实体模型外的所有二维线条图形删除掉，以完成该模型图的绘制。

技巧提示　　　　　　　　　　　　　　　　　　　★★★☆☆

　　绘制三维图形必须先掌握与控制视图，如果用一个立方体代表三维空间中的三维模型，那么各种预置标准视图的观察方向如图 4-45 所示。

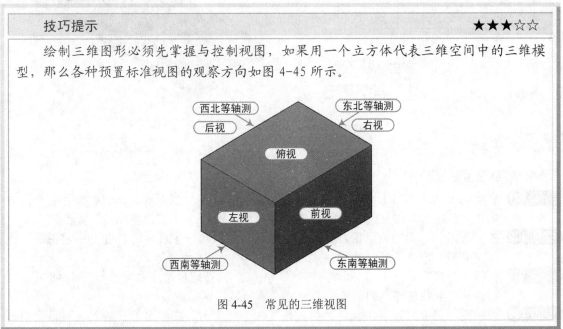

图 4-45　常见的三维视图

技巧：138 **01-3书台面板的绘制**

视频：技巧138-书台面板的绘制.avi
案例：01-3三视图.dwg 01-3模型图.dwg

技巧概述：书台面板的结构由两层厚度为18mm的板材经过冷压处理复合而成为厚度36mm的板材，最后在表面进行封边处理以形成整个面板。加厚面板层为整块板材，底层为加厚层木方框架结构，其内部复合结构示意效果如图4-46所示。

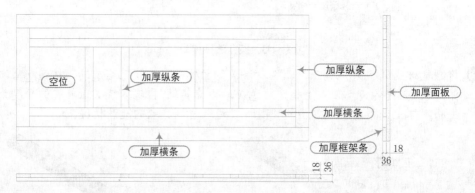

图 4-46　面板复合结构图

在对面板进行排钻打孔时，由于板材内部多为镂空，必须确保开孔位置在木方上。绘制面板图形效果如图4-47所示。

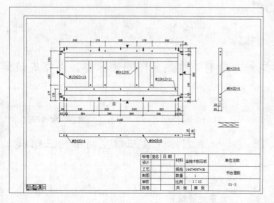
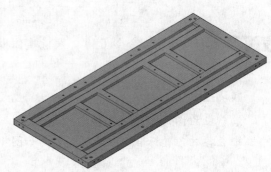

图 4-47　面板三视图与模型图效果

1. 绘制面板三视图

步骤 01 启动 AutoCAD 2014 软件，单击"打开"按钮，将"家具样板.dwt"文件打开；再单击"另存为"按钮，将文件另存为"案例\04\01-3三视图.dwg"文件。

步骤 02 在"常用"选项卡的"图层"面板中选择"轮廓线"图层，将其置为当前图层；执行"矩形"命令（REC），在视图中绘制1448×598的矩形。

步骤 03 执行"分解"命令（X）和"偏移"命令（O），将矩形相应边按照如图4-48所示进行偏移，且将偏移得到的线段转换为"辅助线"图层。

步骤 04 切换到"符号"图层，执行"插入块"命令（I），在弹出的"插入"对话框中选择内部图块"孔位符号"，将其插入图形中，效果如图4-49所示。

步骤 05 通过执行"复制"命令（CO）、"旋转"命令（RO）和"镜像"命令（MI），将三合一孔和Ø8侧孔复制到辅助线位置，如图 4-50 所示。然后再执行"删除"命令（E），将辅助线删除掉。

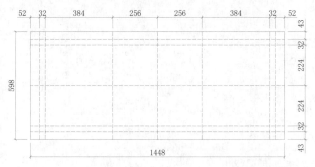

图 4-48　绘制矩形和辅助线

图 4-49　插入的符号

图 4-50　复制孔位符号

步骤 06 同样执行"偏移"命令（O），将矩形按照如图 4-51 所示进行偏移，且转换偏移的线段为"辅助线"图层。

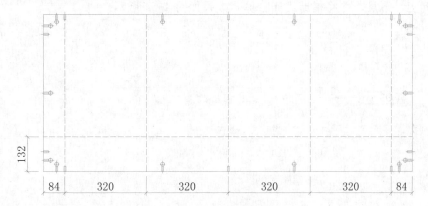

图 4-51　绘制辅助线

步骤 07 执行"复制"命令（CO），将 Ø8 正孔符号复制到辅助线交点上；执行"缩放"命令（SC），将其中 3 个孔放大成为 Ø10mm，并将 Ø10 符号中的水平线段和辅助线删除，如图 4-52 所示。

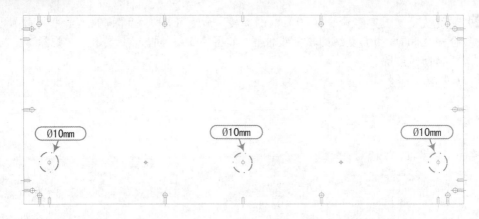

图 4-52　绘制辅助线

步骤 08 执行 "偏移" 命令（O），偏移出辅助线，如图 4-53 所示。

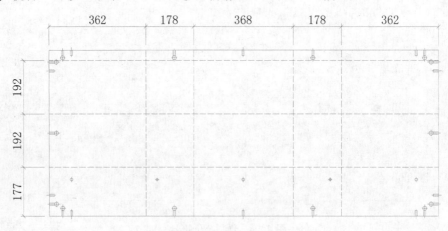

图 4-53　绘制辅助线

步骤 09 执行 "复制" 命令（CO），将 Ø8 正孔符号复制到水平中间层，将 Ø10 正孔符号复制到上、下层，并将辅助线删除掉，效果如图 4-54 所示。

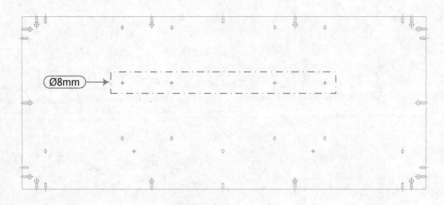

图 4-54　复制符号

步骤 10 执行 "偏移" 命令（O）和 "修剪" 命令（TR），将矩形四条边各向内偏移 60，并修改掉多余线条以形成加厚条效果，如图 4-55 所示。

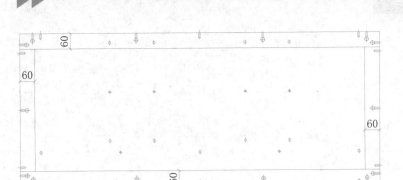

图 4-55　绘制加厚条

步骤⑪ 执行"偏移"命令（O）和"修剪"命令（TR），将线段继续向内按照如图 4-56 所示进行偏移，并修剪出内部加固条效果。

专业技能	★★★☆☆
孔位打在加厚条或加固条板上，这可以使板材能够更加受力。	

步骤⑫ 切换至"轴线"图层，执行"直线"命令（L），分别捕捉主视图的端点向右和向下绘制延伸线，如图 4-57 所示。

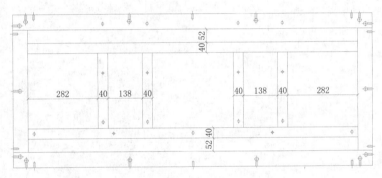

图 4-56　绘制内部加固条

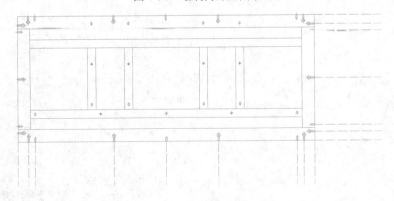

图 4-57　绘制延伸线

步骤⑬ 切换到"轮廓线"图层，执行"矩形"命令（REC），根据延伸线分别绘制宽度为 36 的矩形，并将多余延伸线修剪掉，如图 4-58 所示。

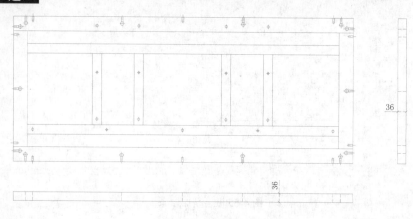

图 4-58　绘制矩形

步骤 14 执行"复制"命令（CO），将 Ø8 正孔符号复制到轴线的中点，然后将轴线删除，效果如图 4-59 所示。

步骤 15 执行"复制"命令（CO），将 1mm 封边符号放大 2 倍且复制到主视图相应位置；再执行"直线"命令（L），在右下侧绘制出板材纹理走向，如图 4-60 所示。

步骤 16 将"尺寸线"图层置为当前图层，执行"线性标注"命令（DLI）和"连续标注"命令（DCO），对图形进行尺寸标注，效果如图 4-61 所示。

步骤 17 切换至"文本"图层，执行"引线"命令（LE），对图形中的孔位进行引线注释；再执行"单行文字"命令（DT），在主视图下侧绘制输入文字"后"，如图 4-62 所示。

图 4-59　复制符号

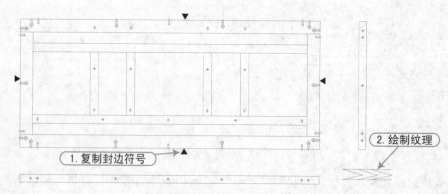

1. 复制封边符号

2. 绘制纹理

图 4-60　绘制纹理及封边

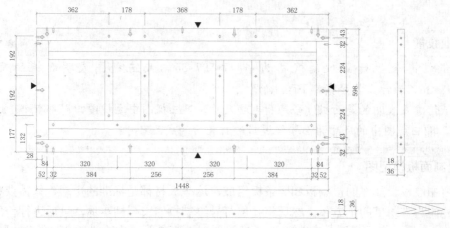

图 4-61　尺寸标注

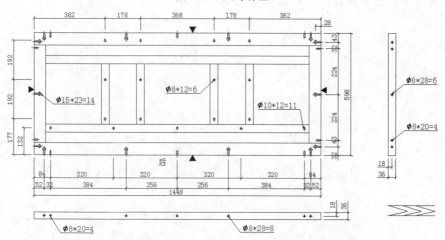

图 4-62　引线注释

步骤 18　执行 "插入块" 命令（I），将 "家具图框" 插入图形中；再执行 "缩放" 命令（SC），输入比例因子为 10，将其放大 10 倍以框住三视图，如图 4-63 所示。

步骤 19　执行 "复制" 命令（CO），在图框右下角表格处复制文字并修改文字内容，完善图纸信息，如图 4-64 所示。

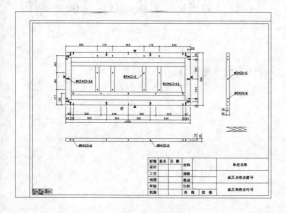

材料	金柚木刨花板	单位名称
规格	1447*597*36	书台面板
数量	1	
比例	1：10	01-3
共　张	第　张	

图 4-63　插入放大图框　　　　　　　　图 4-64　完善图纸信息

专业技能　　　　　　　　　　　　　　　　　　★★★★☆

　　图纸信息表显示面板的规格为 1447*597*36，而三视图表明面板的尺寸为 1448*598*36，为什么长和宽都小了 1mm？

　　图纸信息表表明的是面板复合基材毛坯尺寸，而三视图中主视图四周都有个 1mm 封边符号▼，即三视图中的尺寸为面板经过封边打孔后的成品尺寸。

2. 绘制面板模型图

　　面板由加厚板、加厚的横条板和竖条板组成，这些板材都是标准的矩形，只需要将每块板材面域再拉伸为带厚度的长方体，然后将孔位符号绘制拉伸出圆柱实体，最后进行差集即可。

步骤 01 接上例，将三视图另存为 "01-3 模型图.dwg" 文件。执行 "删除" 命令（E），将不需要的图形删除掉，结果如图 4-65 所示。

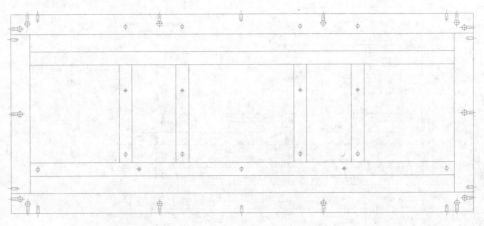

图 4-65　保留的图形

步骤 02 执行 "复制" 命令（CO），将外矩形图形向下复制一份；执行 "直线" 命令（L），分别将各块加厚条两端以直线连接，形成封闭的 10 个矩形轮廓；再执行 "面域" 命令（REG），将这 11 个矩形进行面域处理。

步骤 03 在 "三维建模" 空间下，将视图切换为 "西南等轴测"。

步骤 04 执行 "拉伸" 命令（EXT），将所有的矩形各拉伸为-18 的实体，以形成板材厚度，如图 4-66 所示。

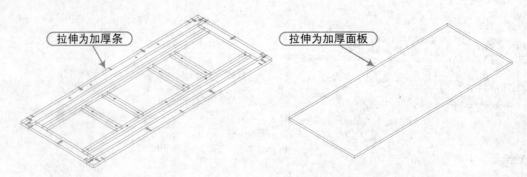

拉伸为加厚条　　　　　　　　　　　　　拉伸为加厚面板

图 4-66　拉伸为板材

由面板结构图可以看出，面板是由两层 18mm 的板材复合而成，因此将这些矩形都拉伸 18mm；但为什么向下拉伸（-18）呢？

因为加厚条上的孔位与矩形是一个平面，若将矩形向上拉伸，则后面会看不见减出的孔洞。

步骤 05 将平面上 Ø8 和 Ø10 的圆拉伸为-12 的实体，如图 4-67 所示。

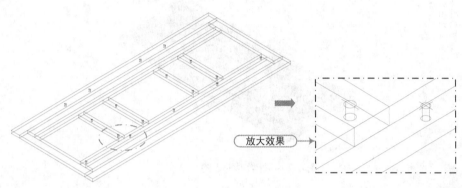

图 4-67　拉伸 Ø8 和 Ø10 小圆

由于图形的孔位较多，为了方便看图，需要将其他符号隐藏起来。也可以将暂时不操作的孔位符号切换到其他图层，并将该图层关闭，将这些不操作的符号隐藏起来。

步骤 06 再执行"拉伸"命令（EXT），将外围加厚条上的 Ø25 正圆拉伸为-23 的实体，如图 4-68 所示。

步骤 07 执行"移动"命令（M），将矩形加厚面板移到加厚条板材的下侧，使上下板重合在一起，如图 4-69 所示。

步骤 08 执行"并集"命令（UN1），或者单击"布尔值"面板中的"并集"按钮，然后选择所有的矩形实体，按【Space】键确定，从而将多个矩形实体合并为一个面板实体。

步骤 09 再执行"差集"命令（SU），选择面板实体，按【Space】键确认选择，再选择要减去的内部圆柱实体，按【Space】键以形成孔洞效果，如图 4-70 所示。

步骤 10 执行"坐标系"命令（UCS），根据如下命令提示，将坐标系以 Y 轴旋转-90°，如图 4-71 所示。

```
命令: UCS                                            // 执行"坐标系"命令
当前 UCS 名称: *没有名称*
指定 UCS 的原点或 [面(F)/命名(NA)/对象(OB)/上一个(P)/视图(V)/世界(W)/X/Y/Z/Z 轴(ZA)] <世界>: y
                                                     // 输入 Y，选择 Y 轴
指定绕 Y 轴的旋转角度: -90                             // 输入绕 Y 轴旋转-90°
```

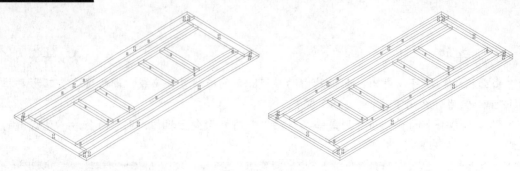

图 4-68　拉伸 Ø25 的圆　　　　　　　　　　图 4-69　移动加厚面板

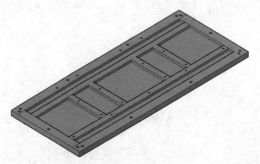

图 4-70　概念视觉下的复合实体

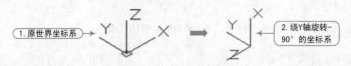

图 4-71　旋转坐标系

技巧提示　　　　　　　　　　　　　　　　　　　　　　★★★☆☆

　　在识别坐标系该如何旋转时，可以通过 Z 轴来辨别。如世界坐标系 Z 轴在上，以上为视角向下看视图，可以绘制出俯视平面；坐标系为 的情况，Z 轴在左侧，以左为视角向右看视图，可以绘制出左、右视平面；坐标系为 的情况，Z 轴在前，以前为视角向后看视图，可以绘制出前、后视平面，选择不同的视图，绘制图形的方向也不同，如图 4-72 所示。

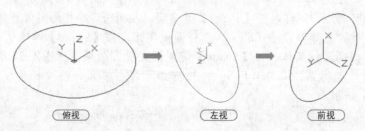

图 4-72　不同的坐标系绘制的不同面的图形

步骤 11　执行"圆"命令（C），捕捉左侧侧孔线条绘制圆；再执行"拉伸"命令（EXT），将圆拉伸−20（Ø8 圆榫侧孔）和−28（三合一孔）深度的圆柱实体；再执行"移动"命令（M），将左侧圆柱实体向下移动 18 以保证在板材正中位置，如图 4-73 所示。

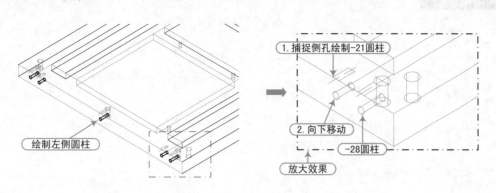

图 4-73　绘制 Ø8 圆榫侧孔

步骤 ⑫ 单击 "修改" 面板中的 "三维镜像" 按钮❎，将左侧的圆柱体以面板长边的中线镜像到右侧，如图 4-74 所示。

步骤 ⑬ 执行 "坐标系" 命令（UCS），根据如下命令提示，将坐标系以 X 轴旋转 90°，如图 4-75 所示。

命令: UCS　　　　　　　　　　　　　　　// 执行 "坐标系" 命令

当前 UCS 名称: *没有名称*

指定 UCS 的原点或 [面(F)/命名(NA)/对象(OB)/上一个(P)/视图(V)/世界(W)/X/Y/Z/Z 轴(ZA)]〈世界〉:X　　　　　　　　　　　　// 输入 X

指定绕 X 轴的旋转角度:90　　　　　　　// 输入绕 X 轴旋转 90°

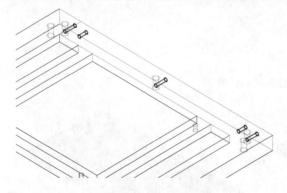

图 4-74　镜像到右侧结果

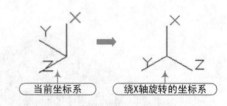

图 4-75　旋转坐标

步骤 ⑭ 执行 "圆" 命令（C），捕捉前侧侧孔线条绘制圆；再执行 "拉伸" 命令（EXT），将圆拉伸-20（Ø8 圆榫侧孔）和-28（三合一孔）深度的圆柱实体；再执行 "移动" 命令（M），将左侧圆柱实体向下移动 18 以保证在板材正中位置，如图 4-76 所示。

技巧提示　　　　　　　　　　　　　　　　　　　　　★★★☆☆

在拉伸过程中，若指向了拉伸方向，则直接输入正值长度即可，无需输入负数。

步骤 ⑮ 单击 "修改" 面板中的 "三维镜像" 按钮❎，将前侧的圆柱体以面板短边的中线镜像到后侧，如图 4-77 所示。

步骤 ⑯ 执行 "差集" 命令（SU），选择复合的面板图形，按【Space】键再选择要减去的所有侧孔圆柱，按【Space】键确定差集；切换到 "概念" 视觉效果,如图 4-78 所示。

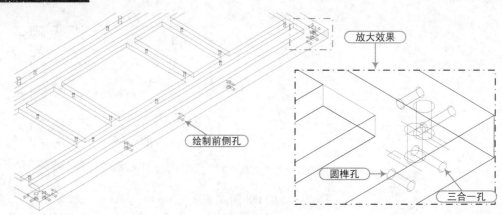

图 4-76　绘制的孔

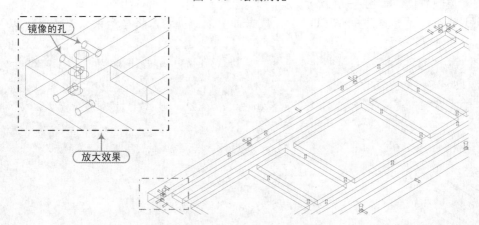

图 4-77　镜像圆柱到后侧

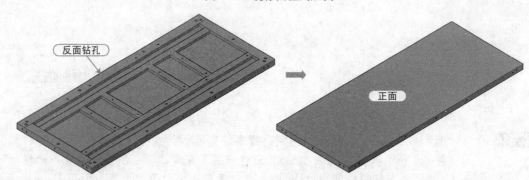

图 4-78　面板实体效果

步骤 17 执行 "删除" 命令（E），将除实体模型外的所有二维线条图形删除掉，以完成该模型图的绘制。

技巧：139 01-4书台面板前后条的绘制

视频：无
案例：01-4三视图.dwg　01-4模型图.dwg

技巧概述： 在前面书台面板模型中可观察到面板前后、左右侧面上都有三合一和圆榫的侧孔位，这使面板四周都被侧条包围，其中包括 1 对前后条、1 对侧条。

绘制书台前后条三视图比较简单，效果如图 4-79 所示。在绘制前后条模型图时请参照前面

01-2 书台侧板条模型图的绘制方法与步骤进行操作，效果如图 4-80 所示。

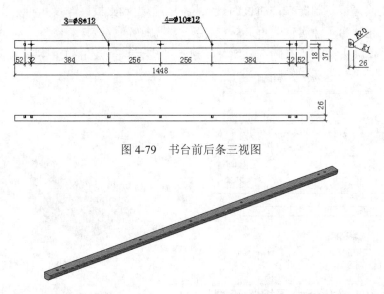

图 4-79 书台前后条三视图

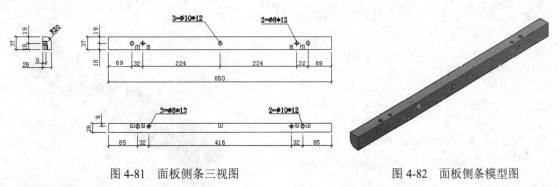

图 4-80 书台前后条模型图

技巧提示 ★★★☆☆

为了使三视图图形更为清楚，这里未将图框和标题栏显示出来，请参照相应的案例观看其他相关信息。

技巧：140 01-5书台面板侧条的绘制

视频：无
案例：01-5三视图.dwg 01-5模型图.dwg

技巧概述：在书台面板短边需要拼接两块短侧条，其绘制方法与面板前后条大致相同，效果如图 4-81 和 4-82 所示。

图 4-81 面板侧条三视图   图 4-82 面板侧条模型图

技巧：141 01-6书台背板的绘制

视频：无
案例：01-6三视图.dwg 01-6模型图.dwg

技巧概述：在绘制书台背板时，首先将案例文件下的"家具样板.dwt"文件打开，并保存为新的文件；通过矩形命令绘制出板材轮廓，再通过偏移辅助线确定孔位位置，再将孔位符号插入并复制到辅助线相应位置，最后进行尺寸标注、插入图框与注释文字信息。绘制书台背板三视图效果如图 4-83 所示。

在绘制模型图时，调用前面绘制的三视图并另存为新文件，切换视图为"西南等轴测"，将主视图轮廓及孔位符号复制出来；通过面域、拉伸矩形绘制出板材厚度；再根据平面图标注的孔位深度拉伸正孔圆为圆柱实体；再旋转坐标系绘制侧孔圆并拉伸为圆柱，再进行三维镜像操作；最后以长方体减去内部所有的圆柱实体，进行差集运算，效果如图 4-84 所示。

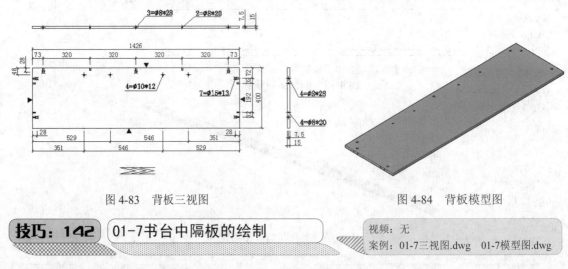

图 4-83　背板三视图　　　　　　　　　　　图 4-84　背板模型图

技巧：142　01-7书台中隔板的绘制

视频：无
案例：01-7三视图.dwg　01-7模型图.dwg

技巧概述：由零部件示意图可以看出，两块中隔板和托拉面板一起组成一个滑动键盘托。

在绘制中隔板三视图时，首先将案例文件下的"家具样板.dwt"文件打开，并保存为新的文件；通过矩形命令绘制出板材轮廓，再通过偏移辅助线确定孔位位置，再将孔位符号插入并复制到辅助线相应位置，最后进行尺寸标注、插入图框与注释文字信息。绘制的书台中隔板三视图效果如图 4-85 所示。

在绘制模型图时，调用前面绘制的三视图并另存为新文件，切换视图为"西南等轴测"，将主视图轮廓及孔位符号复制出来；通过面域、拉伸矩形绘制出板材厚度；再根据平面图标注的孔位深度拉伸正孔圆为圆柱实体；再旋转坐标系绘制侧孔圆并拉伸为圆柱；最后以长方体减去内部所有的圆柱实体，进行差集运算，效果如图 4-86 所示。

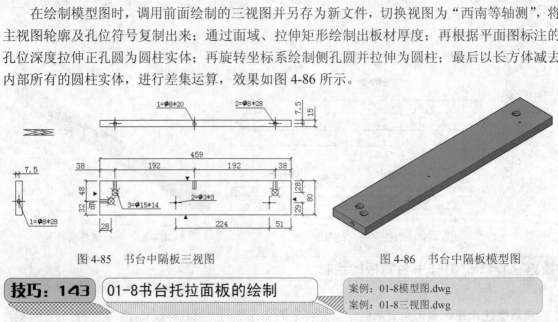

图 4-85　书台中隔板三视图　　　　　　　　图 4-86　书台中隔板模型图

技巧：143　01-8书台托拉面板的绘制

案例：01-8模型图.dwg
案例：01-8三视图.dwg

技巧概述：在绘制书台托拉面板时，请参照前面实例的操作步骤来进行绘制，绘制的托拉面板效果如图 4-87 和 4-88 所示。

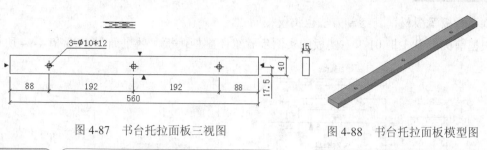

图 4-87　书台托拉面板三视图　　　　　图 4-88　书台托拉面板模型图

技巧：144　01-9书台托拉板的绘制

案例：01-9 模型图.dwg
案例：01-9三视图.dwg

技巧概述：在绘制书台托拉板时，请参照前面实例的操作步骤进行绘制，绘制的托拉板效果如图 4-89 和 4-90 所示。

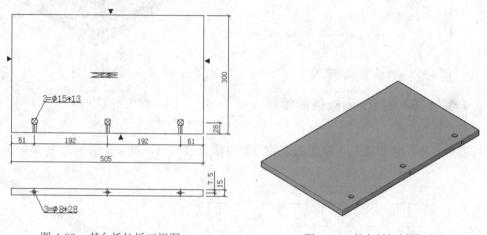

图 4-89　书台托拉板三视图　　　　　图 4-90　书台托拉板模型图

技巧：145　01-10书台主机底板的绘制

案例：01-10模型图.dwg
案例：01-10三视图.dwg

技巧概述：主机底板正面与五金弯管结合，反面连接 4 个滑动轮，以形成一个滑动的主机架，这样可以将计算机主机放入其中。绘制的书台主机底板效果如图 4-91 和 4-92 所示。

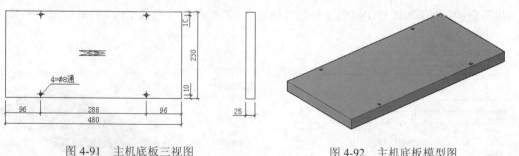

图 4-91　主机底板三视图　　　　　图 4-92　主机底板模型图

技巧：146　02-1副柜左侧板的绘制

案例：02-1模型图.dwg
案例：02-1三视图.dwg

技巧概述：在主柜 01 系列板绘制好以后，接下来绘制副柜 02 系列板，根据前面零部件的示意图可看出，副柜和主柜结构差不多，同样拥有侧板、侧板条、面板、面板前后条、面板侧条、副柜背板等板材，其绘制方法也不仅相同。

根据前面绘制主柜 01-1 右侧板的实例步骤绘制副柜侧板，效果如图 4-93 和 4-94 所示。

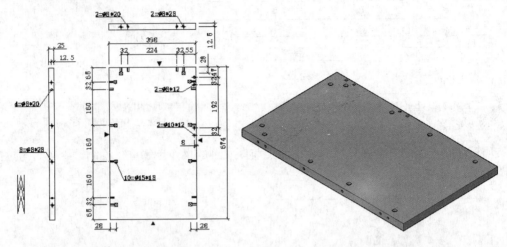

图 4-93　副柜左侧板三视图　　　　　图 4-94　副柜左侧板模型图

技巧：147　02-2副柜侧板条的绘制

案例：02-2模型图.dwg
案例：02-2三视图.dwg

技巧概述：副柜侧板条与主柜侧板条的绘制方法大致相同，效果如图 4-95 和 4-96 所示。

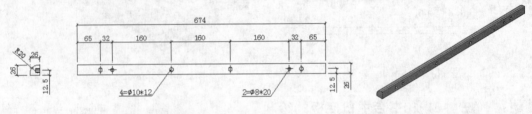

图 4-95　副柜侧板条三视图　　　　　图 4-96　副柜侧板条模型图

技巧：148　02-3副柜面板的绘制

案例：02-3模型图.dwg
案例：02-3三视图.dwg

技巧概述：副柜面板与主柜面板外形结构相同，其绘制方法大致相同，效果如图 4-97 和 4-98 所示。

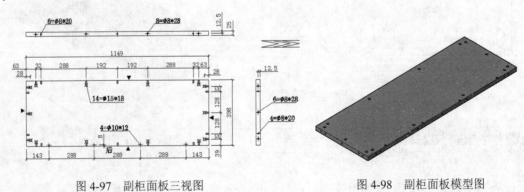

图 4-97　副柜面板三视图　　　　　图 4-98　副柜面板模型图

技巧：149 02-4副柜面板前后条的绘制

案例：02-4模型图.dwg
案例：02-4三视图.dwg

技巧概述： 副柜面板前后条与主柜面板前后条绘制方法大致相同，效果如图 4-99 和 4-100 所示。

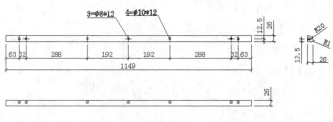

图 4-99　副柜面板前后条三视图

图 4-100　副柜面板前后条模型图

技巧：150 02-5副柜面板侧条的绘制

案例：02-5模型图.dwg
案例：02-5三视图.dwg

技巧概述： 副柜面板侧条与主柜面板侧条的绘制方法大致相同，效果如图 4-101 和 4-102 所示。

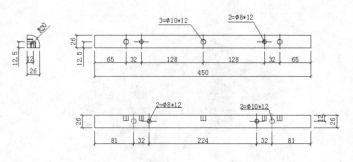

图 4-101　副柜面板侧条三视图

图 4-102　副柜面板侧条模型图

技巧：151 02-6副柜背板的绘制

案例：02-6模型图.dwg
案例：02-6三视图.dwg

技巧概述： 副柜背板与主柜背板的绘制方法大致相同，效果如图 4-103 所示。

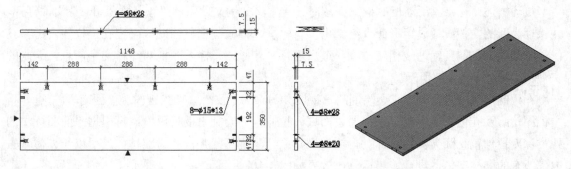

图 4-103　副柜背板的三视图和模型图

技巧：152　03-1活动柜侧板的绘制

案例：03-1模型图.dwg
案例：03-1三视图.dwg

技巧概述：活动柜框架由上下左右 4 块板材组合而成，包括面板、底板和两块侧板，如图 4-104 所示。在绘制活动柜侧板三视图时，首先将案例文件下的"家具样板.dwt"文件打开，并保存为新的文件；通过矩形命令绘制出板材轮廓，再通过偏移辅助线确定孔位位置，再将孔位符号插入并复制到辅助线相应位置，最后进行尺寸标注、插入图框与注释文字信息。绘制的三视图效果如图 4-105 所示。

在绘制模型图时，调用前面绘制的三视图并另存为新文件切换视图为"西南等轴测"，将主视图轮廓及孔位符号复制出来；通过面域、拉伸矩形绘制出板材厚度；再根据平面图标注的孔位深度拉伸正孔圆为圆柱实体；再旋转坐标系绘制侧孔圆并拉伸为圆柱；最后以长方体减去内部所有的圆柱实体，进行差集运算，效果如图 4-106 所示。

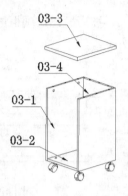

图 4-104　活动柜

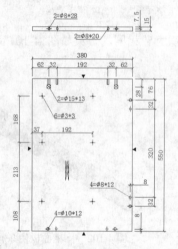

图 4-105　活动柜侧板三视图

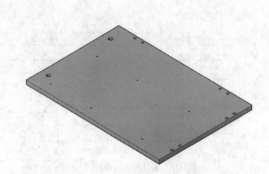

图 4-106　活动柜侧板模型图

技巧：153　03-2活动柜底板的绘制

案例：03-2模型图.dwg
案例：03-2三视图.dwg

技巧概述：在绘制活动柜底板三视图时，首先将案例文件下的"家具样板.dwt"文件打开，并保存为新的文件；通过矩形命令绘制出板材轮廓，再通过偏移辅助线确定孔位位置，再将孔位符号插入并复制到辅助线相应位置，最后进行尺寸标注、插入图框与注释文字信息。绘制的三视图效果如图 4-107 所示。

在绘制模型图时，调用前面绘制的三视图并另存为新文件，切换视图为"西南等轴测"，将主视图轮廓及孔位符号复制出来；通过面域、拉伸矩形绘制出板材厚度；再根据平面图标注的孔位深度拉伸正孔圆为圆柱实体；再旋转坐标系绘制侧孔圆并拉伸为圆柱；最后以长方体减去内部所有的圆柱实体，进行差集运算，效果如图 4-108 所示。

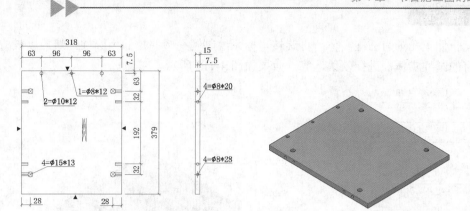

图 4-107 活动柜底板三视图　　　　　　图 4-108 活动柜底板模型图

技巧：154 03-3活动柜面板的绘制

案例：03-3模型图.dwg
案例：03-3三视图.dwg

技巧概述：在绘制活动柜面板三视图时，首先将案例文件下的"家具样板.dwt"文件打开，并保存为新的文件；通过矩形命令绘制出板材轮廓，再通过偏移辅助线确定孔位位置，再将孔位符号插入并复制到辅助线相应位置，最后进行尺寸标注、插入图框与注释文字信息。绘制的三视图效果如图 4-109 所示。

在绘制模型图时，调用前面绘制的三视图并另存为新文件，切换视图为"西南等轴测"，将主视图轮廓及孔位符号复制出来；通过面域、拉伸矩形绘制出板材厚度；再根据平面图标注的孔位深度拉伸正孔圆为圆柱实体；再旋转坐标系绘制侧孔圆并拉伸为圆柱；最后以长方体减去内部所有的圆柱实体，进行差集运算，效果如图 4-110 所示。

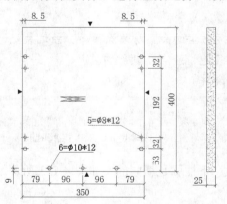

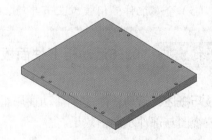

图 4-109 活动柜面板三视图　　　　　　图 4-110 活动柜面板模型图

技巧：155 03-4活动柜背板的绘制

案例：03-4模型图.dwg
案例：03-4三视图.dwg

技巧概述：在绘制活动柜背板三视图时，首先将案例文件下的"家具样板.dwt"文件打开，并保存为新的文件；通过矩形命令绘制出板材轮廓，再通过偏移辅助线确定孔位位置，再将孔位符号插入并复制到辅助线相应位置，最后进行尺寸标注、插入图框与注释文字信息。绘制的三视图效果如图 4-111 所示。

在绘制模型图时，调用前面绘制的三视图并另存为新文件，切换视图为"西南等轴测"，将主视图轮廓及孔位符号复制出来；通过面域、拉伸矩形绘制出板材厚度；再根据平面图标注的孔位深度拉伸正孔圆为圆柱实体；再旋转坐标系绘制侧孔圆并拉伸为圆柱；最后以长方体减去内部所有的圆柱实体，进行差集运算，效果如图 4-112 所示。

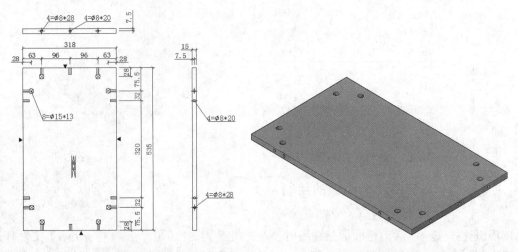

图 4-111　活动柜背板三视图　　　　　　　图 4-112　活动柜背板模型图

专业技能	★★★★★

在进行书台制作时，其材料及要求如下：

（1）台面材料有：胡桃木、樱桃木、柚木、桃花芯木等高级进口木皮（厚度为 0.7mm 以上）。

（2）基材：中、高密度微粒板、纤维板、刨花板等。

（3）实木：柚木、胡桃木、榉木（含水率低于 12%）。

（4）油漆：采用木器专用漆，在恒温、恒湿高度防尘的面漆房喷涂面漆。经过最先进饱和漆工艺精心处理，从而保证台面平整无颗粒、气泡、渣点，颜色均匀。

（5）金属配件：门铰、三节导轨、锁具、五金配件。

技巧：156　**03-5活动柜下抽面板的绘制**

视频：技巧156-03-5下抽面板模型图的绘制.avi
案例：03-5模型图.dwg　　03-5三视图.dwg

技巧概述：活动柜由 3 个活动抽屉组成，其中两个下抽屉是相同的，如图 4-113 所示为活动柜三视图与部件示意图效果。

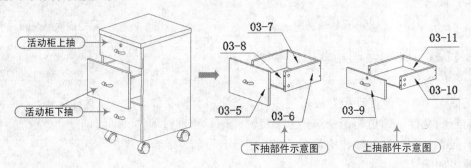

图 4-113　活动柜抽屉

在绘制活动柜下抽屉面板三视图时，首先将案例文件下的"家具样板.dwt"文件打开，并保存为新的文件；通过矩形命令绘制出板材轮廓，再通过偏移辅助线确定孔位位置，再将孔位符号插入并复制到辅助线相应位置，最后进行尺寸标注、插入图框与注释文字信息。绘制的三视图效果如图 4-114 所示。

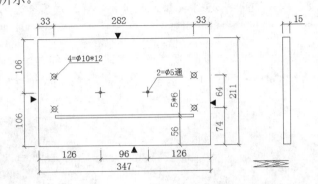

图 4-114　活动柜下抽屉面板三视图

活动柜下抽屉面板三视图的绘制方法比较简单，操作步骤如下：

步骤 01 在 AutoCAD 2014 环境中，单击"打开"按钮，打开"03-5 三视图.dwg"文件，再单击"另存为"按钮，将文件另存为"03-5 模型图.dwg"文件。

步骤 02 执行"删除"命令（E），将除主视图形以外的所有图形对象删除掉，效果如图 4-115 所示。

步骤 03 单击绘图区左上侧的"视图控件"按钮，将视图切换成"西南等轴测"。

步骤 04 执行"面域"命令（REG），将图形中的两个矩形分别进行面域操作。

步骤 05 执行"拉伸"命令（EXT），将外矩形拉伸为-15 的实体，将内矩形拉伸为-6 的实体，如图 4-116 所示。

图 4-115　保留的图形

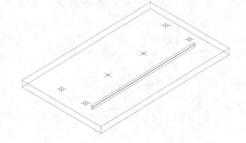

图 4-116　拉伸矩形

步骤 06 再执行"拉伸"命令（EXT），将 4 个 Ø10 的大圆拉伸为-12 的实体，如图 4-117 所示。

步骤 07 复制执行"拉伸"命令（EXT），将 2 个 Ø5 圆拉伸为-15 的实体，如图 4-118 所示。

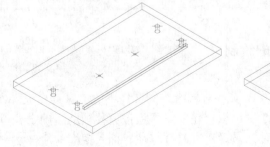

图 4-117　拉伸大圆

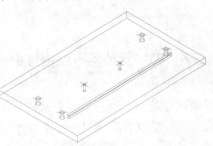

图 4-118　拉伸小圆

专业技能　　　　　　　　　　　　　　　　　　　　★★★☆☆

根据三视图引线注释内容"2=Ø5 通"，代表 2 个直径 5mm 的通孔。"通孔"代表此孔可以对眼望穿整块板材，所以这里将 Ø5 通孔拉伸与板材一样的厚度-15。

步骤 08 执行"差集"命令（SU），以长方体减去内部的圆柱体和小长方体进行差集；再执行"删除"命令（E），将多余的线条删除掉，效果如图 4-119 所示。

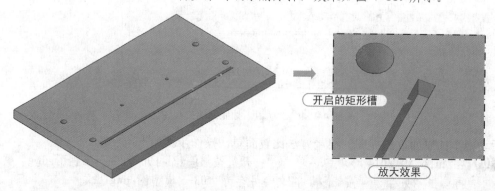

开启的矩形槽

放大效果

图 4-119　绘制的实体模型

技巧提示　　　　　　　　　　　　　　　　　　　　★★★☆☆

以外长方体减去内部小长方体后，形成了矩形凹槽，从结构上看属于一种榫卯结构。这种结构常应用于抽屉的制作，两块抽屉侧板、抽屉尾板一起来将抽屉底板卡住，如图 4-120 所示，然后底板前端凸出来的部分再插入抽屉面板凹槽内。

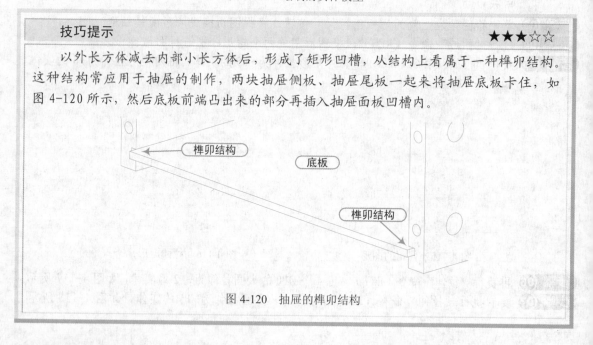

榫卯结构

底板

榫卯结构

图 4-120　抽屉的榫卯结构

技巧：157　**03-6活动柜下抽侧板的绘制**　　视频：技巧157-03-6下抽侧板模型图的绘制.avi
案例：03-6模型图.dwg　03-6三视图.dwg

　　技巧概述：在绘制活动柜下抽侧板三视图时，首先将案例文件下的"家具样板.dwt"文件打开，并保存为新的文件；通过矩形命令绘制出板材轮廓，再通过偏移辅助线确定孔位位置，再将孔位符号插入并复制到辅助线相应位置，最后进行尺寸标注、插入图框与注释文字信息。绘制的三视图效果如图 4-121 所示。

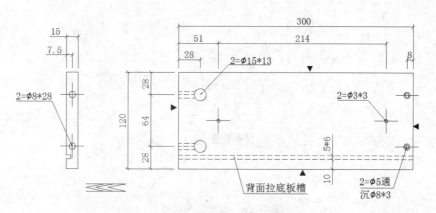

图 4-121　活动柜下抽侧板三视图

活动柜下抽屉侧板三视图的绘制方法比较简单，操作步骤如下：

步骤 01 在 AutoCAD 2014 环境中，单击"打开"按钮，打开"03-6 三视图.dwg"文件，再单击"另存为"按钮，将文件另存为"03-6 模型图.dwg"文件。

步骤 02 执行"删除"命令（E），将除主视图形以外的所有图形对象删除掉，效果如图 4-122 所示。

步骤 03 执行"直线"命令（L），连接水平虚线上、下两端以形成一个小矩形。

步骤 04 执行"面域"命令（REG），将图形中的外矩形和虚线矩形分别进行面域操作，如图 4-123 所示。

图 4-122　保留的图形

图 4-123　面域操作

步骤 05 单击绘图区左上侧的"视图控件"按钮，将视图切换成"西南等轴测"。

步骤 06 执行"拉伸"命令（EXT），将外矩形拉伸为-15 的实体，将内矩形拉伸为-6 的实体，如图 4-124 所示。

步骤 07 执行"拉伸"命令（EXT），将 Ø15 的大圆拉伸为-13 的实体，如图 4-125 所示。

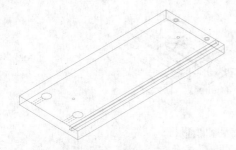

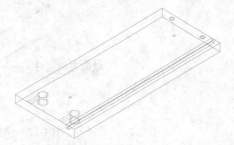

图 4-124　拉伸矩形为实体

图 4-125　拉伸大圆

步骤 08 再执行"拉伸"命令（EXT），将 Ø3 和 Ø8 的圆都拉伸为-3 的实体，如图 4-126 所示。

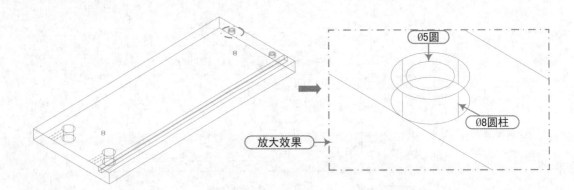

图 4-126　拉伸圆为实体

步骤 09 再执行"拉伸"命令（EXT），将 ø5 拉伸为与板材一样的高度-15，如图 4-127 所示。

步骤 10 执行"坐标系"命令（UCS），输入"F"以选择"面（F）"选项，再单击左侧面以确定坐标系，如图 4-128 所示。

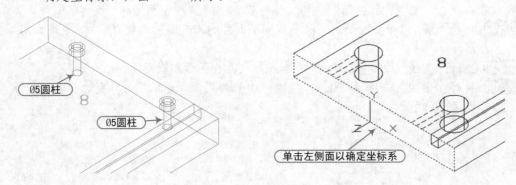

图 4-127　拉伸通孔圆　　　　　　　　　　　图 4-128　新建坐标系

步骤 11 执行"圆"命令（C），捕捉侧孔线条绘制圆；通过执行"拉伸"命令（EXT），将圆拉伸-28 深度的实体；再执行"移动"命令（M），将两个圆柱体向下移动 7.5，保证孔位居中，如图 4-129 所示。

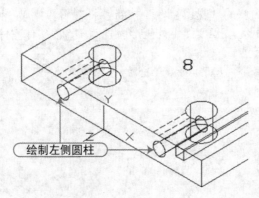

图 4-129　绘制左侧圆柱

步骤 12 执行"差集"命令（SU），以板材长方体减去内部所有的实体，差集效果如图 4-130 所示。

技巧提示　　　　　　　　　　　　　　　　　　　　　　　★★★★☆

　　由三视图可知如图 4-130 所示的孔引线注释为"2=Ø5 通、沉 Ø8*3"，代表直径 8mm 的孔下沉 3mm，中间有直径 5mm 的通孔。在操作中，直接根据提示拉伸不同的高度，再使用差集命令以板材长方体减去两个圆柱实体就形成了这种沉孔。

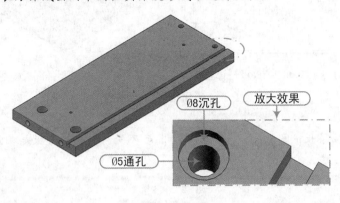

图 4-130　模型效果

技巧：158　03-7 活动柜下抽尾板的绘制
案例：03-7 模型图.dwg
案例：03-7 三视图.dwg

　　技巧概述：在绘制活动柜下抽尾板三视图时，首先将案例文件下的"家具样板.dwt"文件打开，并保存为新的文件；通过矩形命令绘制出板材轮廓，再通过偏移辅助线确定孔位位置，再将孔位符号插入并复制到辅助线相应位置，最后进行尺寸标注、插入图框与注释文字信息。绘制的三视图效果如图 4-131 所示。

　　在绘制模型图时，调用前面绘制的三视图并另存为新文件，切换视图为"西南等轴测"，将主视图轮廓及孔位符号复制出来；通过面域、拉伸矩形绘制出板材厚度；再根据平面图标注的孔位深度旋转坐标系绘制侧孔圆并拉伸为圆柱；最后以长方体减去内部所有的圆柱实体和小长方体，进行差集运算，效果如图 4-132 所示。

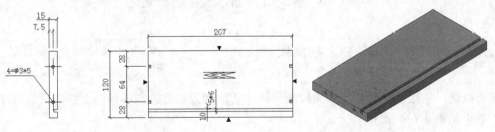

图 4-131　活动柜下抽尾板三视图　　　　　图 4-132　活动柜下抽尾板模型图

技巧：159　03-8 活动柜抽底板的绘制
案例：03-8 模型图.dwg
案例：03-8 三视图.dwg

　　技巧概述：活动柜抽底板图形非常简单，俯视图和左视图都是矩形，如图 4-133 所示。在三维视图中将矩形拉伸为 5 的实体即完成了模型图的绘制，效果如图 4-134 所示。

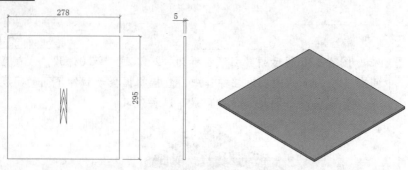

图 4-133 活动柜抽底板三视图　　　　图 4-134 活动柜抽底板模型图

技巧提示　　　　　　　　　　　　　　　★★★☆☆

上抽屉与下抽屉长、宽相同，只是抽屉的高度不同，但抽屉底板是相同的，因此抽屉底板的数量应为 3 块。

技巧：160　03-9活动柜上抽面板的绘制　　　案例：03-9模型图.dwg
　　　　　　　　　　　　　　　　　　　　　　案例：03-9三视图.dwg

技巧概述：在绘制活动柜上抽面板图形时，其绘制方法与绘制活动柜下抽面板的方法大致相同，效果如图 4-135 所示。

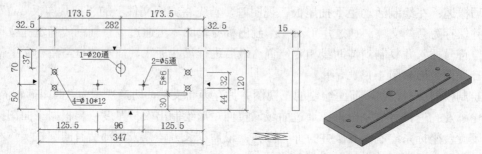

图 4-135 活动柜上抽面板三视图和模型图

技巧：161　03-10活动柜上抽侧板的绘制　　　案例：03-10模型图.dwg
　　　　　　　　　　　　　　　　　　　　　　案例：03-10三视图.dwg

技巧概述：在绘制活动柜上抽侧板图形时，其绘制方法与绘制活动柜下抽侧板的方法大致相同，效果如图 4-136 所示。

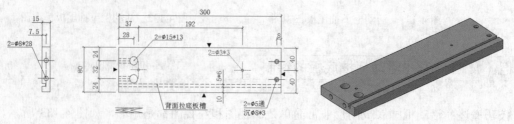

图 4-136 活动柜上抽侧板三视图和模型图

技巧：162 03-11活动柜上抽尾板的绘制

案例：03-11模型图.dwg
案例：03-11三视图.dwg

技巧概述：在绘制活动柜上抽尾板图形时，其绘制方法与绘制活动柜下抽尾板的方法大致相同，效果如图 4-137 所示。

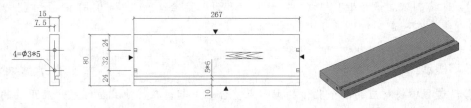

图 4-137 活动柜上抽尾板三视图和模型图

技巧：163 01系列主柜整体模型图的绘制

视频：视频163-主柜整体模型图的绘制.avi
案例：主柜整体模型图.dwg

技巧概述：前面已经绘制好了主柜各个部件的模型图，此节绘制主台整体模型图时，就不需要再重复绘制各部件模型，直接将这些部件模型复制并粘贴到一个新文件，再按规范结合在一起。操作步骤如下。

步骤 01 正常启动 AutoCAD 2014 软件，单击"打开"按钮，将"家具样板.dwt"文件打开；再单击"另存为"按钮，将文件另存为"主柜整体模型图.dwg"文件。

步骤 02 在"三维建模"空间下，将视图切换为"西南等轴测"，且将视觉样式调整成"概念"。

步骤 03 再单击"打开"按钮，依次将"案例\04"文件夹下面 01 系列各个部件模型图文件打开。

步骤 04 然后依次在各个图形中选择各个部件模型，按【Ctrl+C】组合键进行复制，然后按【Ctrl+Tab】组合键切换到"主台模型图"中，再按【Ctrl+V】组合键进行粘贴。

技巧提示 ★★★☆☆

在打开多个 CAD 图形文件时，可以通过【Ctrl+Tab】组合键实现图形文件之间的切换。

步骤 05 执行"三维旋转"命令（3DR），将粘贴过来的各个模型按照主柜零部件示意图进行调整，如图 4-138 所示。

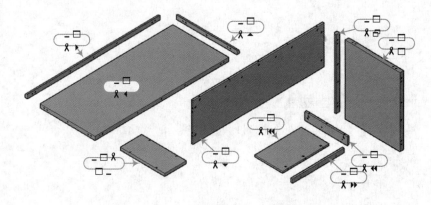

图 4-138 粘贴主柜各部件模型

软件技能 ★★★☆☆

在三维旋转中，以红 X 轴旋转为前后翻转，以绿 Y 轴旋转为左、右翻转，以蓝 Z 轴旋转为图形整体的绕水平底面旋转。

步骤 06 切换到"二维线框"模式下，执行"移动"命令（M），将 01-1 侧板和 01-2 侧板条组合在一起，如图 4-139 所示。

技巧提示 ★★★★★

移动过程中将对应的两个孔位的圆心点重合在一起，在其他孔位位置开启正确的前提下，即完成了两个板材组合边上所有孔位的对齐，这使移动更为精准。这也是试装检验的标准所在，若检验过程中发现孔位没有对齐，那么此板材则不能安装。

步骤 07 执行"三维镜像"命令（MIRROR3D），将 01-2 侧板条以 01-1 的三维中线镜像到前端，以组成整个左侧板，效果如图 4-140 所示。

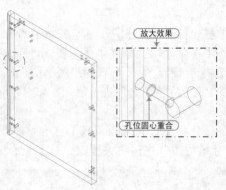

图 4-139 移动图形 　　　　　　　图 4-140 镜像侧板条

步骤 08 执行"移动"命令（M），将 01-6 背板移到左侧板上，如图 4-141 所示。

步骤 09 执行"三维镜像"命令（MIRROR3D），将左侧板以背板三维垂直中线进行左右镜像，效果如图 4-142 所示。

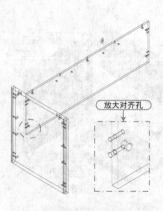
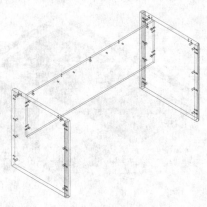

图 4-141 移动背板 　　　　　　　图 4-142 镜像右侧板

步骤 ⑩ 执行"移动"命令（M），将 01-7 中隔板移到背板上；再通过"三维镜像"操作，将其镜像到左侧，如图 4-143 所示。

步骤 ⑪ 执行"移动"命令（M），将 01-9 托拉板和 01-8 托拉面板组合在一起，如图 4-144 所示。

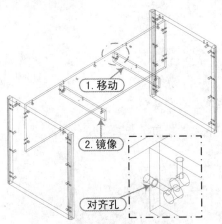

图 4-143　移动镜像中隔板

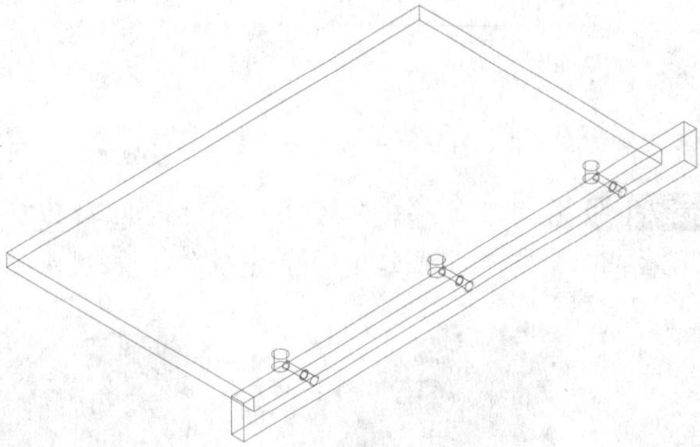

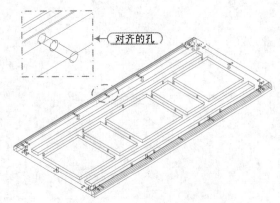

图 4-144　组合托拉板

步骤 ⑫ 再执行"移动"命令（M），将组合好的托拉板移到两块中隔板内，如图 4-145 所示。

技巧提示　　　　　　　　　　　　　　　　★★★☆☆

在托拉板与中隔板之间需要使用滑动导轨五金件进行连接，这里放置时不需要明确的尺寸，移动到中隔板之间即可。

步骤 ⑬ 执行"移动"命令（M），将 01-4 前后条与 01-3 面板组合在一起；并进行"三维镜像"操作以镜像到前侧，如图 4-146 所示。

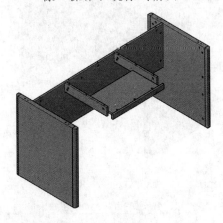

图 4-145　概念视觉下的实体

图 4-146　组合面板和前后侧条

步骤 ⑭ 根据同样的方法，将 01-5 面板侧条移动并镜像到左侧，效果如图 4-147 所示。

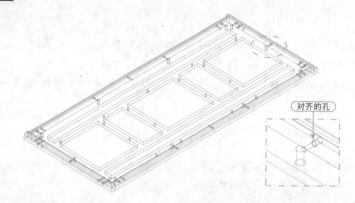

图 4-147　移动对齐面板侧条

步骤 15 在"实体编辑"面板中单击"圆角边"按钮，设置圆角半径为 20，对面板侧条不平滑的四条边进行圆角操作，如图 4-148 所示。

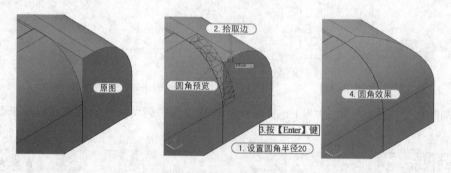

图 4-148　圆角边操作

步骤 16 执行"移动"命令（M），将整块面板移到书台底架上，以组合成书台，如图 4-149 所示。

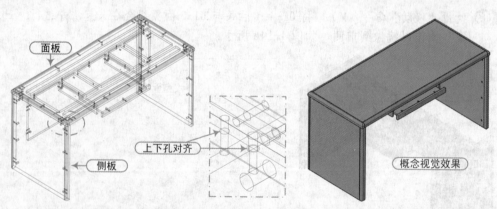

图 4-149　组合主台模型

技巧提示　　　　　　　　　　　　　　　　　　　　　　★★★☆☆

在移动前可以执行"编组"命令（G），将组成面板的 5 块板材编组为一个整体，然后再将面板左侧的孔位与下侧垂直的侧板孔位对齐。

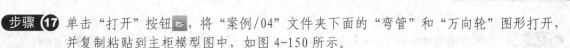

步骤 ⑰ 单击"打开"按钮 📂，将"案例/04"文件夹下面的"弯管"和"万向轮"图形打开，并复制粘贴到主柜模型图中，如图 4-150 所示。

步骤 ⑱ 通过移动、复制和三维镜像操作，将弯管和万向轮移动并复制到 01-10 主机底板上，效果如图 4-151 所示。

步骤 ⑲ 执行"编组"命令（G），将主机架子成组为一个整体；再执行"移动"命令（M），将其移到主台台底以完成整个模型图的绘制，如图 4-152 所示。

技巧提示 ★★★☆☆

　　编组图形以后不可以使用"分解（X）"命令来打散，必须通过"解组（ungroup）"命令进行打散。

图 4-150　复制模型

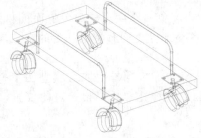

图 4-151　组合主机架

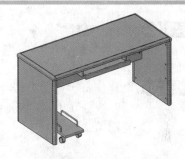

图 4-152　完成模型效果

技巧：164　书台主柜装配示意图的绘制

视频：技巧164-主柜装配示意图的绘制.avi
案例：主柜装配示意图.dwg

技巧概述： 任何一件家具都是由一些零件和部件接合而成的。按照设计图样和有关的技术要求，使用一定的工具或机械设备，将零件接合成部件或将零部件接合成制品的过程，称为装配。将零件接合成部件，称为部件装配；将零部件接合为制品，称为总装配。装配是木质框式家具生产的最后一道工序，必须保证质量以免影响后续的涂饰工艺，从而影响家具产品的总体质量。

　　装配示意图要求说明产品的拆装过程，详细画出各连接件的拆装步骤图解以及总体效果图，使用户一目了然，便于拆装。如图 4-153 所示为书台主柜装配示意图效果，操作步骤如下。

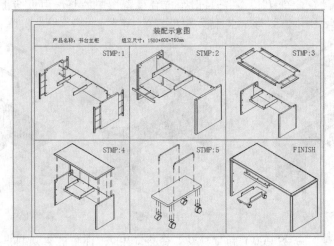

图 4-153　主柜装配示意图效果

步骤 **01** 正常启动 AutoCAD 2014 软件，单击"打开"按钮 ，将"主柜整体模型图.dwg"文件打开；再单击"另存为"按钮 ，将文件另存为"主柜装配示意图.dwg"文件。

步骤 **02** 在"三维建模"空间下，将视图切换为"东南等轴测"。

步骤 **03** 执行"复制"命令（CO），将主台模型图水平向左复制 4 份，如图 4-154 所示。

图 4-154　复制模型

步骤 **04** 执行"删除"命令（E），将第一个主台模型中的面板和托拉板部分删除掉；再执行"移动"命令（M），将各个部件之间预留出一定的空位，如图 4-155 所示，以形成装配第 1 步。

步骤 **05** 同样执行"删除"命令（E），在第二个主台模型图中将面板部分删除；执行"移动"命令（M），将托拉面板和托拉板移出一定的位置，如图 4-156 所示，以形成装配第 2 步。

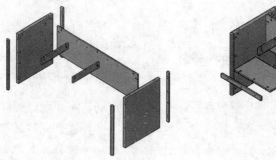
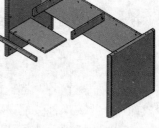

图 4-155　装配 1　　　　　　　　　　图 4-156　装配 2

步骤 **06** 执行"移动"命令（M），将第三个主台模型图中的面板各部件分开且留出一定的位置，如图 4-157 所示，以形成装配第 3 步。

步骤 **07** 执行"移动"命令（M），将第四个主台模型图中的整块面板向上移出一定的高度，如图 4-158 所示，以形成装配第 4 步。

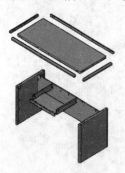
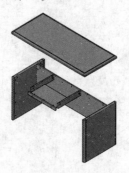

图 4-157　装配 3　　　　　　图 4-158　装配 4　　　　　　图 4-159　装配 5

步骤 **08** 执行"复制"命令（CO）和"移动"命令（M），将主机架复制出一份且将各部件都移出一定的位置，如图 4-159 所示，以形成装配第 5 步。

步骤 ⑨ 在绘图区域左下角单击"布局 1",以从模型空间切换至布局空间。

步骤 ⑩ 执行"插入块"命令(I),将"案例/04/家具图框.dwg"插入布局 1 中;再执行"删除"命令(E),将下侧的标题栏删除掉,如图 4-160 所示。

步骤 ⑪ 执行"偏移"命令(O)和"修剪"命令(TR),将内框按照如图 4-161 所示进行偏移和修剪。

图 4-160 插入图框删除标题栏

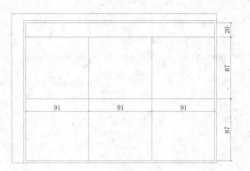

图 4-161 偏移并修剪线条

步骤 ⑫ 选择"视图 | 视口 | 一个视口"命令,分别捕捉偏移出来的矩形格子,绘制出 6 个视口,如图 4-162 所示。

步骤 ⑬ 在各个视口内部双击以激活该视口,根据装配步骤将对应步骤的图形最大化依次显示在视口内部,如图 4-163 所示。

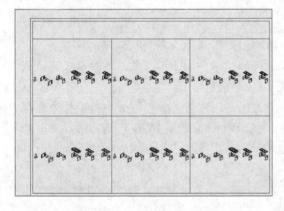

图 4-162 创建 6 个视口

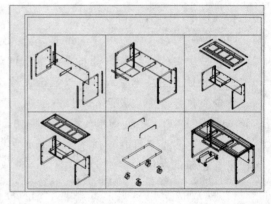

图 4-163 依次显示装配步骤

装配示意图主要是以图纸的方式表达出安装的步骤,不需要反映真实效果,因此我们需要以线条的方式表达出装配说明。AutoCAD 仅在布局中提供了一种将实体模型抽出为线条的功能。

步骤 ⑭ 双击进入第一个视口,在命令行中输入"SOLPROF",按【Space】键提示"选择对象:",然后选择第一个视口中最大化的实体模型,根据如下命令提示进行操作,即可将实体抽出为线条。

命令:SOLPROF	// 执行"抽出线条"命令
选择对象:指定对角点:找到 9 个	// 框选装配 1 实体
选择对象:	// 按【Space】键确定选择
是否在单独的图层中显示隐藏的轮廓线?[是(Y)/否(N)]<是>:	// 按【Space】键默认"是"
是否将轮廓线投影到平面?[是(Y)/否(N)]<是>:	// 按【Space】键默认"是"

是否删除相切的边? [是(Y)/否(N)]: <是>　　　　　　　　　　　　// 按【Space】键默认"是"

_.VPLAYER 输入选项 [?/颜色(C)/线型(L)/线宽(LW)/透明度(TR)/冻结(F)/解冻(T)/重置(R)/新建冻结(N)/视口默认可见性(V)]: _N

输入在所有视口中都冻结的新图层的名称: PV-20FB 输入选项 [?/颜色(C)/线型(L)/线宽(LW)/透明度(TR)/冻结(F)/解冻(T)/重置(R)/新建冻结(N)/视口默认可见性(V)]: _T

输入要解冻的图层名: PV-20FB

指定视口 [全部(A)/选择(S)/当前(C)/当前以外(X)]<当前>: 输入选项 [?/颜色(C)/线型(L)/线宽(LW)/透明度(TR)/冻结(F)/解冻(T)/重置(R)/新建冻结(N)/视口默认可见性(V)]:

命令: _.VPLAYER 输入选项 [?/颜色(C)/线型(L)/线宽(LW)/透明度(TR)/冻结(F)/解冻(T)/重置(R)/新建冻结(N)/视口默认可见性(V)]: _NEW

输入在所有视口中都冻结的新图层的名称: PH-20FB 输入选项 [?/颜色(C)/线型(L)/线宽(LW)/透明度(TR)/冻结(F)/解冻(T)/重置(R)/新建冻结(N)/视口默认可见性(V)]: _T

输入要解冻的图层名: PH-20FB

指定视口 [全部(A)/选择(S)/当前(C)/当前以外(X)]<当前>: 输入选项 [?/颜色(C)/线型(L)/线宽(LW)/透明度(TR)/冻结(F)/解冻(T)/重置(R)/新建冻结(N)/视口默认可见性(V)]:

命令:

已选定 9 个实体。

软件技能　　　　　　　　　　　　　　　　　　　　　★★★★★

"SOLPROF" 命令可以创建三维实体的二维轮廓图,以显示在布局视口中。

选定三维实体将被投影至与当前布局视口平行的二维平面上。结果二维对象在隐藏线和可见线的独立图层上生成,且仅显示在该视口中。

该命令执行后可生成两个块:一个用于整个选择集的可见直线,另一个用于整个选择集的隐藏线。可见线的块将插入图层 PV-4B 中;隐藏线(如果需要)的块将插入图层 PH-4B 中。如果这些图层不存在,该命令将创建它们。如果这些图层已经存在,块将添加到图层上已经存在的信息中。

步骤 15 抽出线条后,生成的可见线与隐藏线图块与原实体重合在一起。执行"移动"命令(M),将抽出的线条块移动出来,效果如图 4-164 所示。再执行"删除"命令(E),将实体和隐藏线块删除掉,留下抽出的可见线条。

步骤 16 将"细虚线"图层置为当前图层,执行"直线"命令(L),捕捉圆孔位绘制连接线段,如图 4-165 所示,以表示孔位连接状态。

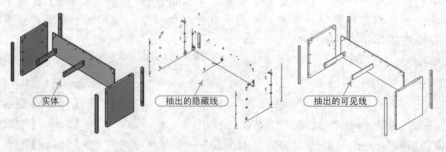

实体　　　　　　　抽出的隐藏线　　　　　　　抽出的可见线

图 4-164　抽出结果

技巧提示　　　　　　　　　　　　　　　　　　　　　　★★★☆☆

　　由于布局中的视口比较小，要在抽出的线条圆孔上绘制直线显得不是那么方便，可以切换到"模型"空间来绘制连接虚线，模型与布局空间下绘制的图形都是相关联的。

　　绘制好虚线以后，发现虚线显示的是实线，需要在视口中执行"线型比例"命令（LTS），这里将比例因子设置为5，即可看到虚线效果。比例数值的大小根据实际情况来定。

步骤 ⑰ 根据同样的方法，依次切换到其他视口中，执行"SOLPROF"命令，抽出实体的线条，再将实体对象和抽出的隐藏线块删除；最后绘制对应孔位的连接虚线，绘制效果如图 4-166 所示。

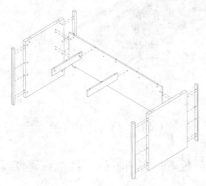
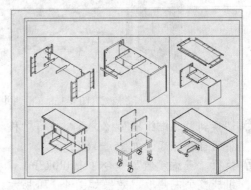

图 4-165　连接可见线的孔位　　　　　图 4-166　抽出其他视口图形效果

步骤 ⑱ 将"文本"图层置为当前图层，执行"多行文字"命令（MT），设置不同大小的文字高度，在相应位置注释文字内容以完成装配效果，如图 4-167 所示。

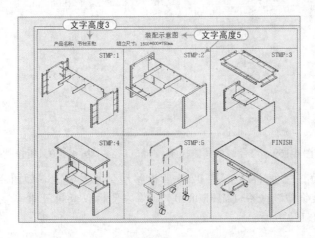

图 4-167　装配示意图效果

技巧：165　**02系列副柜整体模型图的绘制**　　视频：技巧165-副柜整体模型图的绘制.avi
　　　　　　　　　　　　　　　　　　　　　　案例：书台副柜整体模型图.dwg

　　技巧概述：由零部件示意图可看出副柜在主柜主台的基础上少了托拉滑动抽屉，其他结构是相同的，可根据以下步骤进行操作。

步骤 ① 正常启动 AutoCAD 2014 软件，单击"打开"按钮，将"家具样板.dwt"文件打开；

再单击"另存为"按钮，将文件另存为"书台副柜整体模型图.dwg"文件。

步骤 02 在"三维建模"空间下，将视图切换为"西南等轴测"；且将视觉样式调整成"概念"。

步骤 03 再单击"打开"按钮，依次将"案例\04"文件夹下面 02 系列各个部件模型图文件打开。

步骤 04 然后依次在各个图形中选择各个部件模型，按【Ctrl+C】组合键进行复制，然后按【Ctrl+Tab】组合键切换到"主台模型图"中，再按【Ctrl+V】组合键进行粘贴。

步骤 05 执行"三维旋转"命令（3DR），将粘贴过来的各个模型按照副柜零部件示意图的方向进行调整，如图 4-168 所示。

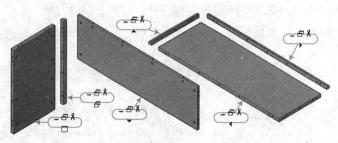

图 4-168 粘贴并旋转实体

步骤 06 切换到"二维线框"模式下，执行"移动"命令（M），将 02-1 左侧板和 02-2 侧板条组合在一起，如图 4-169 所示。

步骤 07 执行"三维镜像"命令（MIRROR3D），将侧板条以左侧板的三维中线镜像到左侧，组成整个左侧板，效果如图 4-170 所示。

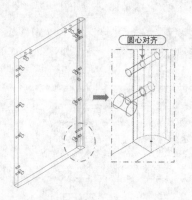
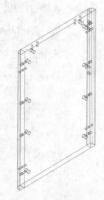

图 4-169 组合侧板和侧板条   图 4-170 镜像侧板条

步骤 08 执行"移动"命令（M），将 02-6 背板移动到左侧板上，如图 4-171 所示。

步骤 09 执行"三维镜像"命令（MIRROR3D），将左侧板以背板三维垂直中线进行左右镜像，效果如图 4-172 所示。

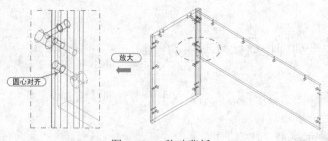

图 4-171 移动背板

步骤 13 执行"移动"命令（M），将 02-4 前后条与 02-3 面板组合在一起；并进行"三维镜像"操作以镜像到前侧，如图 4-173 所示。

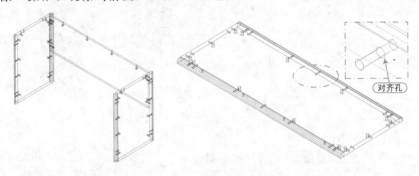

图 4-172 镜像侧板　　　　　图 4-173 组合面板和前后侧条

步骤 14 根据同样的方法，将 01-5 面板侧条移到面板上，并镜像到前侧，效果如图 4-174 所示。

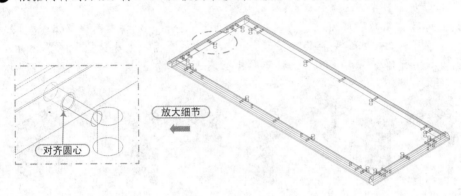

图 4-174 移动对齐面板侧条

步骤 15 切换至"概念"视觉，在"实体编辑"面板中单击"圆角边"按钮，设置圆角半径为 20，对面板侧条上各个棱角边进行圆角边操作，如图 4-175 所示。

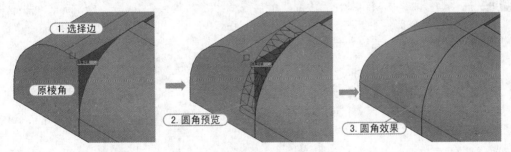

图 4-175 圆角边操作

步骤 16 执行"移动"命令（M），将整块面板移到底架上，以组合成如图 4-176 所示的效果。

技巧提示　　　　　　　　　　　　　　　　　　★★★☆☆

　　在孔位开启精确的情况下，对齐其中一个孔，其他孔位也跟着对齐，以保证孔位的正确性。

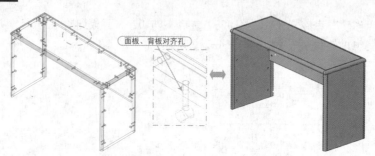

图 4-176　模型效果

技巧：166　书台副柜装配示意图的绘制

视频：技巧166-副柜装配示意图的绘制.avi
案例：副柜装配示意图.dwg

技巧概述： 副柜装配示意图在主台装配图的基础上少了托拉板和主机架，绘制起来会更简单些，操作步骤如下。

步骤 01 正常启动 AutoCAD 2014 软件，单击"打开"按钮，将"副柜整体模型图.dwg"文件打开；再单击"另存为"按钮，将文件另存为"副柜装配示意图.dwg"文件。

步骤 02 执行"复制"命令（CO），将整体模型图水平向左复制 3 份，如图 4-177 所示。

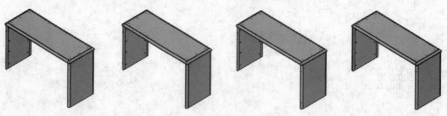

图 4-177　复制模型

步骤 04 执行"删除"命令（E），将第一个整体模型中的面板删除掉；再执行"移动"命令（M），将各个部件之间预留出一定的空位，如图 4-178 所示，以形成装配第 1 步。

步骤 05 执行"移动"命令（M），在第二个模型图中将面板向上移出一定的位置，再将组成面板的各个部件移出一定的位置，如图 4-179 所示，以形成装配第 2 步。

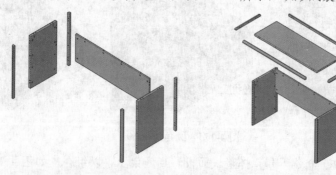

图 4-178　装配 1　　　　　图 4-179　装配 2

步骤 06 执行"移动"命令（M），将第三个模型图中的面板向上移出一定的位置，如图 4-180 所示，以形成装配第 3 步。

步骤 09 在绘图区域左下角单击"布局 1"，以从模型空间切换至布局空间。

步骤 10 执行"插入块"命令（I），将"案例/04/家具图框.dwg"插入布局 1 中；再执行"删除"命令（E），将下侧的标题栏删除掉，如图 4-181 所示。

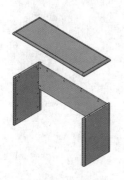
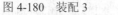

图 4-180　装配 3　　　　　　　　　　图 4-181　插入图框删除标题栏

步骤 ⑪ 执行"偏移"命令（O）和"修剪"命令（TR），将内框按照如图 4-182 所示进行偏移。

步骤 ⑫ 选择"视图 | 视口 | 一个视口"命令，分别捕捉偏移出来的矩形格子，绘制出 4 个视口，如图 4-183 所示。

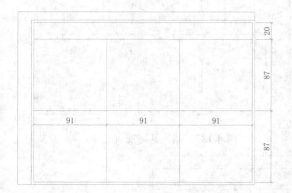

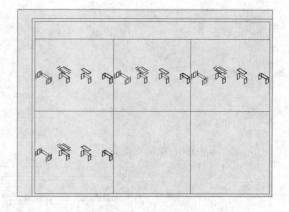

图 4-182　偏移、修剪线条　　　　　　　　　　图 4-183　创建 4 个视口

步骤 ⑬ 在各个视口内部双击以激活该视口，根据装配步骤将对应步骤的图形最大化依次显示在视口内部，如图 4-184 所示。

步骤 ⑭ 双击进入第一个视口，在命令行中输入"SOLPROF"，按【Space】键提示"选择对象"，然后选择第一个视口中最大化的实体模型，根据命令提示直接按【Enter】键以默认的设置进行操作，即可将实体抽出为线条。

步骤 ⑮ 执行"移动"命令（M），将抽出的线条块移出来。再执行"删除"命令（E），将实体和隐藏线块删除掉，留下抽出的可见线条，如图 4-185 所示。

步骤 ⑯ 将"细虚线"图层置为当前图层，执行"直线"命令（L），捕捉圆孔位绘制连接线段，如图 4-186 所示，以表示孔位连接状态。

步骤 ⑰ 根据同样的方法，依次切换到其他视口中，执行"SOLPROF"命令，抽出实体的线条，再将实体对象和抽出的隐藏线块删除；最后绘制对应孔位的连接虚线，绘制效果如图 4-187 所示。

步骤 ⑱ 执行"多行文字"命令（MT），设置文字高度为 5，对图名和步骤进行注释；设置文字高度为 3，对产品名称及组立尺寸进行注释，效果如图 4-188 所示。

步骤 ⑲ 至此，活动柜装配示意图已经绘制完成，按【Ctrl+S】组合键保存。

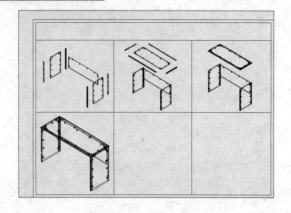

图 4-184　依次显示装配步骤

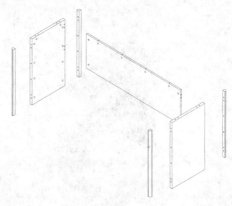

图 4-185　抽出第一个视口实体线条

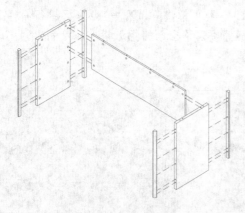

图 4-186　绘制连接虚线

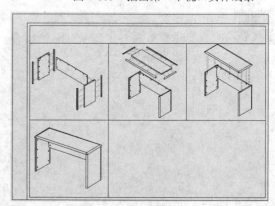

图 4-187　抽出其他视口线条

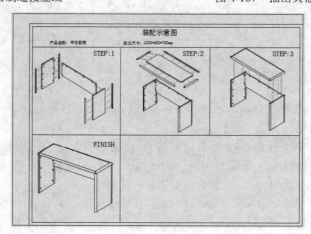

图 4-188　文字注释

技巧：167　**03系列活动柜模型图的绘制**

视频：技巧167-活动柜整体模型图的绘制.avi
案例：活动柜整体模型图.dwg

　　技巧概述：活动柜结构犹如一个匣子，再将 3 个抽屉放入其中，操作步骤如下。

步骤 01　正常启动 AutoCAD 2014 软件，单击"打开"按钮，将"家具样板.dwt"文件打开；再单击"另存为"按钮，将文件另存为"活动柜整体模型图.dwg"文件。

步骤 02　在"三维建模"空间下，将视图切换为"西南等轴测"；且将视觉样式调整成"概念"。

步骤 03 再单击"打开"按钮 ，依次打开"案例\04"文件夹下面 03 系列各个部件模型图文件。

步骤 04 然后依次在各个图形中选择各个部件模型，按【Ctr1+C】组合键进行复制，然后按【Ctr1+Tab】组合键切换到"活动柜整体模型图"中，再按【Ctr1+V】组合键进行粘贴。

步骤 05 执行"三维旋转"命令（3DR），将粘贴过来的各个模型按照活动柜零部件示意图进行调整，如图 4-189 所示

步骤 06 切换到"二维线框"模式下，执行"移动"命令（M），将 03-1 侧板和 03-4 背板组合在一起，如图 4-190 所示。

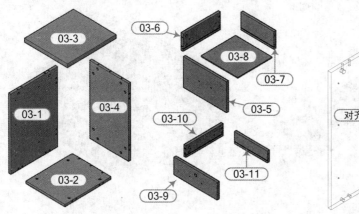

图 4-189　粘贴活动柜各部件模型

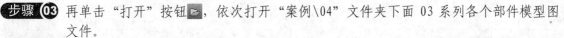

图 4-190　组合背板侧板

步骤 07 执行"三维镜像"命令（MIRROR3D），选择侧板然后以背板三维垂直中线进行镜像，效果如图 4-191 所示。

步骤 08 执行"移动"命令（M），将 03-2 底板和 03-3 面板组合在一起，如图 4-192 所示。

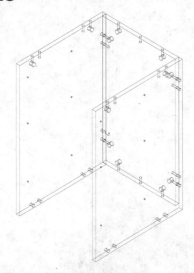

图 4-191　镜像侧板

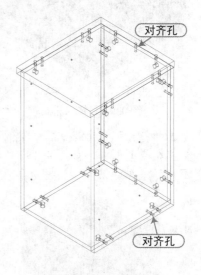

图 4-192　组合底板和面板

步骤 09 执行"移动"命令（M），将 03-6 下抽侧板与 03-7 下侧尾板组合在一起，如图 4-193 所示。

步骤 10 执行"移动"命令（M），再将抽底板移到凹槽内部，如图 4-194 所示。

专业技能 ★★★☆☆

抽屉底板上没有任何孔位，侧板、尾板、面板与底板都是使用榫卯结构凹凸形状进行连接。因此底板要保证四条边都要留出一部分卡在四周侧板的凹槽内。

步骤 11 执行"三维镜像"命令（MIRROR3D），将侧板镜像到前侧，如图 4-195 所示。

步骤 12 重复执行"移动"命令，再将 03-5 下抽面板进行组合，如图 4-196 所示。

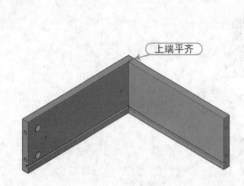

图 4-193　组合上抽侧板与尾板

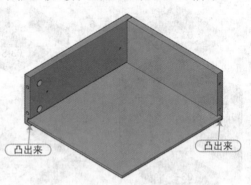

图 4-194　组合底板

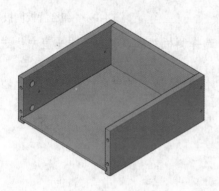

图 4-195　镜像侧板

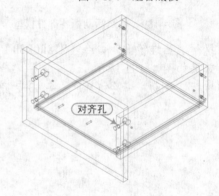

图 4-196　组合抽面板

步骤 13 单击"打开"按钮 📂 ，将"案例/04"文件夹下面的"拉手"图形打开，并复制粘贴到主柜模型图中，如图 4-197 所示。

步骤 14 下抽屉组合好以后，根据同样的方法组合上抽屉，效果如图 4-198 所示。

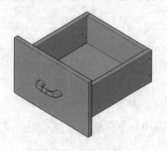

图 4-197　复制拉手

图 4-198　组合上抽屉

步骤 15 执行"移动"命令（M），将上抽屉和下抽屉移动对齐到柜体中，如图 4-199 所示。

再将上抽屉和下抽屉一起向后移动 0.5，以保证抽屉水平居中。

步骤 16 切换到"前视"视图，并将视觉样式切换为"二维线框"；执行"移动"命令（M），将上抽屉和下抽屉按照如图 4-200 所示的效果进行移动。

专业技能　　　　　　　　　　　　　　　　　　　　　　　　　★★★☆☆

　　在移动抽屉到柜内时，确保抽屉与柜内之间的间隙为 2mm、抽屉与抽屉之间同样保持这样的间隙，以使抽屉能够方便地拖动。

步骤 17 执行"复制"命令（CO），将下抽屉向下移动 213mm，以保证抽屉之间 2mm 的间隙，效果如图 4-201 所示。

步骤 18 将视图切换至"西南等轴测"，将视觉样式调整为"概念"。

步骤 19 单击"打开"按钮，将"案例/04"文件夹下面的"万向轮"图形打开，并复制粘贴到主柜模型图中；然后通过执行"复制"命令（CO），将其复制到活动柜底部，如图 4-202 所示。

图 4-199　移动抽屉到柜内

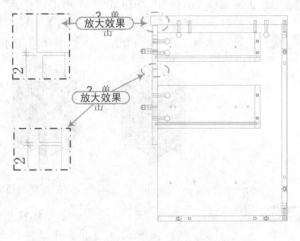

图 4-200　移动抽屉位置

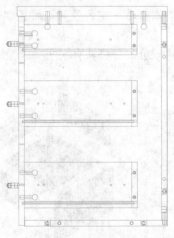

图 4-201　复制抽屉

图 4-202　模型效果

专业技能 ★★★★☆

　　弯管、万向轮、三合一五金配件都属于有色金属材质。有色金属种类有不锈钢、锌合金和铝合金3种。

　　不锈钢种类：a、201#用于建筑、家居装修及户外装潢、装饰等；b、304#多用于机械的特种配件，医疗器械制作、家居饰品、装饰小配件制作。

　　锌合金：用于家具装饰、家居装潢、小装饰品，各种拉手及封口配件。

　　铝合金：用于户外及建筑装修及室内隔断用料。

技巧：168 书台活动柜装配示意图的绘制

视频：技巧168-活动柜装配示意图的绘制.avi
案例：活动柜装配示意图.dwg

　　技巧概述：前面已经学习了主柜装配示意图的绘制方法，再绘制活动柜装配示意图就简单多了。操作步骤如下。

步骤 01 正常启动 AutoCAD 2014 软件，单击"打开"按钮，将"活动柜整体模型图.dwg"文件打开；再单击"另存为"按钮，将文件另存为"活动柜装配示意图.dwg"文件。

步骤 02 执行"复制"命令（CO），将整体模型图水平向左复制2份，如图 4-203 所示。

图 4-203　复制模型

步骤 03 执行"删除"命令（E），在第一个整体模型中将除侧板和背板外的所有实体删除掉；再执行"移动"命令（M），将各个部件之间预留出一定的空位，如图 4-204 所示以形成装配第 1 步。

步骤 04 在第二个模型图中，将抽屉删除掉，再将实体移动一定的位置，如图 4-205 所示，以形成装配第 2 步。

步骤 05 执行"复制"命令（CO），将抽屉向外复制一份，并将实体移开，如图 4-206 所示以形成装配第 3 步。

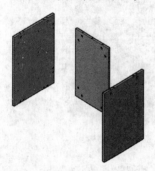

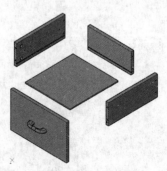

图 4-204　装配 1　　　　　　图 4-205　装配 2　　　　　　图 4-206　装配 3

步骤 ⑨ 在绘图区域左下角单击 "布局 1"，以从模型空间切换至布局空间。

步骤 ⑩ 执行 "插入块" 命令（I），将 "案例/04/家具图框.dwg" 插入布局 1 中；再执行 "删除" 命令（E），将下侧的标题栏删除掉，如图 4-207 所示。

步骤 ⑪ 执行 "偏移" 命令（O）和 "修剪" 命令（TR），将内框按照如图 4-208 所示进行偏移。

图 4-207　插入图框删除标题栏

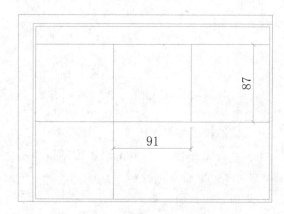

图 4-208　偏移和修剪线条

步骤 ⑫ 选择 "视图 | 视口 | 一个视口" 命令，分别捕捉偏移出来的矩形格子，绘制出 4 个视口，如图 4-209 所示。

步骤 ⑬ 在各个视口内部双击以激活该视口，根据装配步骤将对应步骤的图形最大化依次显示在视口内部，且以二维线框视觉显示，效果如图 4-210 所示。

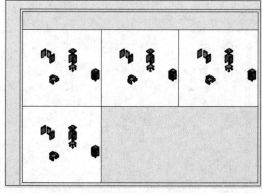

图 4-209　创建 4 个视口

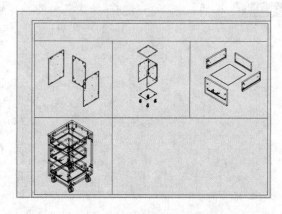

图 4-210　依次显示装配步骤

步骤 ⑭ 双击进入第一个视口，在命令行中输入 "SOLPROF"，按【Space】键提示 "选择对象"，然后选择第一个视口中最大化的实体模型，根据命令提示直接按【Enter】键以默认的设置进行操作，即可将实体抽出为线条。

步骤 ⑮ 执行 "移动" 命令（M），将抽出的线条块移动出来；再执行 "删除" 命令（E），将实体和隐藏线块删除掉，留下抽出的可见线条如图 4-211 所示。

步骤 ⑯ 将 "细虚线" 图层置为当前图层，执行 "直线" 命令（L），捕捉圆孔位绘制连接线段，如图 4-212 所示，以表示孔位连接状态。

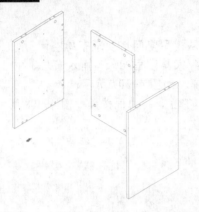

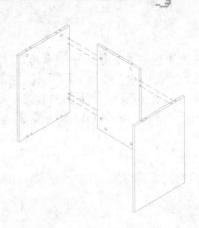

图 4-211　抽出第一个视口实体线条　　　　　图 4-212　绘制连接虚线

软件技能　　　　　　　　　　　　　　　　　　　★★★★★

　　注意在执行"SOLPROF"命令抽出实体线条过程中，遇到以"创建块（B）"命令和以"写块（W）"命令创建的图块是无效的。需要使用"分解"命令（X），先将图块打散，然后再抽出实体的线条。

步骤 17 根据同样的方法，依次切换到其他视口中，执行"SOLPROF"命令，抽出实体的线条，再将实体对象和抽出的隐藏线块删除；最后绘制对应孔位的连接虚线，绘制效果如图 4-213 所示。

步骤 18 执行"多行文字"命令（MT），设置文字高度为 5，对图名和步骤进行注释；设置文字高度为 3，对产品名称及组立尺寸进行注释，效果如图 4-214 所示。

步骤 19 至此，活动柜装配示意图已经绘制完成，按【Ctrl+S】组合键保存。

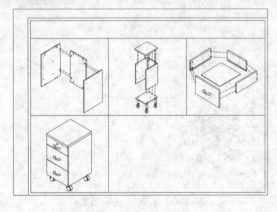

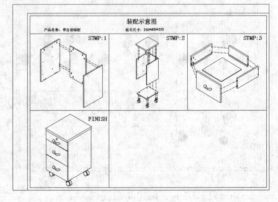

图 4-213　抽出其他视口线条　　　　　　　图 4-214　文字注释

技巧：169　　**书台整体模型图的绘制**　　　　　视频：技巧169-书台整体模型图的绘制.avi
　　　　　　　　　　　　　　　　　　　　　　　　案例：书台整体模型图.dwg

　　技巧概述：前面已经绘制好了书台主柜、副柜和活动柜等模型图，这里只需要将 3 个模型组合在一起，即可完成整个书台模型图，操作步骤如下。

步骤 01 正常启动 AutoCAD 2014 软件，单击"打开"按钮，将"家具样板.dwt"文件打开；再单击"另存为"按钮，将文件另存为"书台整体模型图.dwg"文件。

步骤 02 在"三维建模"空间下，将视图切换为"西南等轴测"；且将视觉样式调整成"概念"。

步骤 03 再单击"打开"按钮 📂，依次将"案例\04"文件夹下面的"主柜整体模型图.dwg"、"副柜整体模型图.dwg"和"活动柜整体模型图.dwg"文件依次打开。

步骤 04 然后依次在各个图形中选择整个模型，按【Ctrl+C】组合键进行复制，然后按【Ctrl+Tab】组合键切换到"书台整体模型图"中，再按【Ctrl+V】组合键进行粘贴。

步骤 05 执行"移动"命令（M），将粘贴过来的 3 个模型按照零部件示意图的方向进行调整，效果如图 4-215 所示。

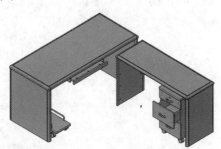

图 4-215　书台整体模型图效果

技巧：170 　书台包装材料明细表

视频：无
案例：书台包装材料明细表.dwg

技巧概述：在对书台板件进行包装时，所用到的包装材料如表 4-1 所示。

表 4-1　书台包装材料明细表　　　　　　单位：mm

板件与板件之间用PE纸隔离

纸箱编号	纸箱结构	纸箱内尺寸	体积(m³)	净重(kg)	毛重(kg)	五金配件	有无玻璃	层数	部件名称	规格	数量	名称	规格	数量	备注
3-1 书台	中封	1515*665*129	0.14			五金配件1包		2	书台外侧板	724*650*37	2	泡沫	1530*630*10	2	箱颜色为黄色
								2	书台面板	1500*650*37	1	泡沫	1530*100*10	2	
								3	书台背板	1426*400*15	1	泡沫	600*100*10	2	
								3	书台隔板	459*80*15	2	泡沫	填平		
								3	书台托板面	560*40*15	1				
								4	书台托拉板	505*300*15	1				
								4	主机架底板	480*300*25	1				
3-2 副柜	中封	1365*465*85	0.06			五金配件1包		1	副柜侧板	674*450*26	2	泡沫	1380*480*10	2	箱颜色为黄色
								2	副柜面板	1200*450*26	1	泡沫	1380*70*10	2	
								3	副柜背板	1148*350*15	1	泡沫	450*70*10	2	
												泡沫	填平		
3-3 活动柜	中封	565*395*145	0.04			五金配件1包		1/2	侧板	550*380*15	2	泡沫	580*410*10	2	箱颜色为黄色
								4	底板	318*380*15	1	泡沫	580*95*10	2	
								7	面板	350*400*25	1	泡沫	385*95*10	2	
								3	背板	318*535*15	1	泡沫	填平		
								4/5	下抽面板	347*210*15	2				
								5/6	下抽侧板	300*120*15	4				
								7	下抽尾板	267*120*15	2				
								8重叠	下抽底板	295*278*5	3				
								7	上抽面板	347*120*15	1				
								5/7	上抽侧板	300*80*15	2				
								6	上抽尾板	267*80*15	1				

技巧：171 　书台开料明细表

视频：无
案例：书台开料明细表.dwg

技巧概述：根据如表 4-2 所示的各部件开料尺寸、数量和材料名称，可将书台各部件板材进行开料。

表4-2　书台开料明细表　　　　　　　　　　　　　　　　　单位：mm

书台开料明细表

单位	MM	产品规格	1500*1280*750		产品颜色	金柚色		
标准	部件名称	部件代号	开料尺寸	数量	材料名称		封边	工艺说明
01	书台外侧板	01-1	723*596*36	2			4	
			734*608*9	4	单面金柚木板			
			734*70*18	4	光板			压空心板
			468*70*18	4	光板			
			594*40*18	6	光板			
02	书台侧板条	01-2	724*37*26	4	实木○水冬瓜○			
03	书台面板	01-3	1447*547*25	1			4	
			1458*608*18	1	金柚色刨花板			
			1458*65*18	2	金柚色刨花板		封1长边	
			1328*40*18	2	金柚色刨花板		封2长边	加厚板
			478*65*18	2	金柚色刨花板		封1长边	
			294*40*18	2	金柚色刨花板		封2长边	
04	书台面板前后条	01-4	1448*37*26	2	实木○水冬瓜○			
05	书台面板侧条	01-5	650*37*26	2	实木○水冬瓜○			
06	书台背板	01-6	1425*399*15	1	金柚色刨花板		4	
07	书台中隔板	01-7	458*79*15	2	金柚色刨花板		4	
08	书台托拉板面	01-8	559*39*15	1	金柚色刨花板		4	
09	书台托拉板	01-9	504*299*15	1	金柚色刨花板		4	
10	书台主机架底板	01-10	479*229*25	1	金柚色刨花板		4	
11	副柜左右侧板	02-1	673*397*25	2	金柚色刨花板		4	
12	副柜侧板条	02-2	674*26*26	4	实木○水冬瓜○			
13	副柜面板	02-3	1148*397*25	1	金柚色刨花板			
14	副柜面板前后条	02-4	1149*26*26	2	实木○水冬瓜○			
15	副柜面板侧条	02-5	450*26*26	2	实木○水冬瓜○			
16	副柜背板	02-6	1147*349*15	1	金柚色刨花板		4	
17	活动柜侧板	03-1	549*379*15	2	金柚色刨花板		4	
18	活动柜底板	03-2	317*378*15	1	金柚色刨花板		4	
19	活动柜面板	03-3	349*399*25	1	金柚色刨花板		4	
20	活动柜背板	03-4	317*534*15	1	金柚色刨花板		4	
21	活动柜下抽面板	03-5	346*210*15	2	金柚色刨花板		4	
22	活动柜下抽侧板	03-6	299*119*15	4	金柚色刨花板		4	
23	活动柜下抽尾板	03-7	266*119*15	2	金柚色刨花板		4	
24	活动柜下抽底板	03-8	295*278*15	3	金柚色			
25	活动柜上抽面板	03-9	346*119*15	1	金柚色刨花板		4	
26	活动柜上抽侧板	03-10	299*79*15	2	金柚色刨花板		4	
27	活动柜上抽尾板	03-11	266*79*15	1	金柚色刨花板		4	

技巧：172　书台主柜五金配件明细表　　　　视频：无
案例：主柜五金配件明细表.dwg

技巧概述：书台五金配件明细表如表4-3所示。

表4-3　书台主柜五金配件明细表　　　　　　　　单位：mm

五 金 配 件 明 细 表

产品名称：书台[主柜]

分类名称	材料名称	规 格	数 量	备 注	分类名称	材料名称	规 格	数 量	备 注
封袋配件	三合一	∅15*11 / ∅7*28	20套		安装配件	三合一	∅15*11 / ∅7*28	30套	
	木榫	∅8*30	12个			木榫	∅8*30	18个	
	自攻螺丝	∅4*14	24粒						
	平头螺丝	∅6*35	8粒						
	白脚钉		4粒						

	材料名称	规 格	数 量	备 注
发包装配件	万向轮	2″	4个	
	普通路轨	12″[300mm]	1付	
	五金弯管	∅12　孔距288mm	2条	

技巧：173　书台副柜五金配件明细表

视频：无
案例：副柜五金配件明细表.dwg

技巧概述： 书台副柜五金配件明细表如表4-4所示。

表4-4　书台副柜五金配件明细表　　　　　　　　单位：mm

五 金 配 件 明 细 表

产品名称：书台[副柜]

分类名称	材料名称	规 格	数 量	备 注	分类名称	材料名称	规 格	数 量	备 注
封袋配件	三合一	∅15*11 / ∅7*28	11套		安装配件	三合一	∅15*11 / ∅7*28	30套	
	木榫	∅8*30	10个			木榫	∅8*30	18个	

	材料名称	规 格	数 量	备 注
发包装配件				

技巧：174　书台活动柜五金配件明细表

视频：无
案例：活动柜五金配件明细表.dwg

技巧概述： 书台活动柜五金配件明细表如表4-5所示。

表 4-5 书台副柜五金配件明细表   单位：mm

五 金 配 件 明 细 表

产品名称:书台[活动柜]

分类名称	材料名称	规 格	数 量	备 注	分类名称	材料名称	规 格	数 量	备 注
封袋配件	三合一	∅15*11 / ∅7*28	28套		安装配件				
	木榫	∅8*30	10个						
	拉手螺丝	∅4*22	6粒						
	自攻螺丝	∅4*14	44粒						
	自攻螺丝	∅4*30	12粒						
	抽屉锁		1个						
	锁片		1个						

		分类名称	材料名称	规 格	数 量	备 注
		发包装配件	两节路轨	300MM	3付	
			万向轮	2″	4个	
			拉手	孔距96mm[圆]	3个	

第5章 餐柜施工图的绘制

● **本章导读**

本章主要讲解板式拆装餐柜全套施工图的绘制技巧，包括餐柜透视图、零部件示意图、各部件工艺图（部件三视图、模型图）、餐柜模型图与装配图示意图等，在后面还列出了餐柜开料明细表、五金配件明细表以及包装材料明细表，以供读者学习。

● **本章内容**

技巧：175 餐柜透视图效果

视频：无
案例：餐柜透视图.dwg

技巧概述：有品位有格调的餐厅中总有一款好看的餐边柜相伴。餐边柜是放在餐桌椅旁边，用来放餐具的柜子。本章将以如图 5-1 所示的板式拆装餐柜为 T 列，讲解餐柜各部件三视图、模型图，餐柜装配示意图、模型图的绘制。

技巧：176 餐柜零部件示意图效果

视频：无
案例：餐柜零部件示意图.dwg

技巧概述：首先讲解组成此餐柜各个部件板材三视图及模型图的绘制，其中包括左侧板、底板、层板、面板、面板前条、面板侧条、背板、脚条、抽面板、抽侧板、抽尾板、抽底板、抽底条、铝框门、铝框门玻离、玻璃层板等，各部件示意图如图 5-2 所示，在后面的工艺图绘制中，将以此部件号顺序进行，如 01-1 号板代表左侧板。

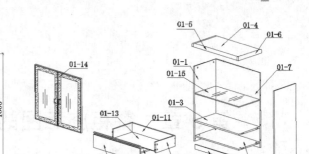

图 5-1　餐柜透视图　　　　　　　图 5-2　餐柜部件示意图

技巧：177　01-1餐柜外侧板的绘制

视频：技巧177-餐柜外侧板的绘制.avi
案例：01-1三视图.dwg　01-1模型图.dwg

技巧概述：在绘制外侧板之前，可以调用前面设置好绘制环境的"家具样板.dwt"文件，以此为基础来绘制餐柜侧板图形，效果如图 5-3 所示。

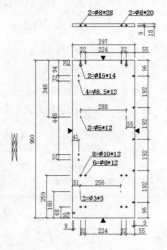
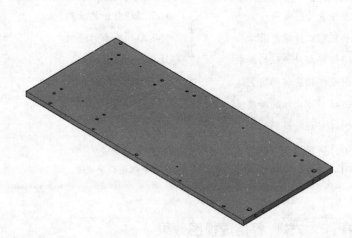

图 5-3　餐柜外侧板效果

1. 绘制外侧板三视图

步骤 01　启动 AutoCAD 2014 软件，单击"打开"按钮，将"家具样板.dwt"文件打开；再单击"另存为"按钮，将文件另存为"案例\05\01-1 三视图.dwg"文件。

步骤 02　在"常用"选项卡的"图层"面板中选择"轮廓线"图层，并置为当前图层，执行"矩形"命令（REC），在视图中绘制 397mm × 960mm 的矩形，如图 5-4 所示。

步骤 03　执行"分解"命令（X）和"偏移"命令（O），将矩形相应边按照如图 5-5 所示进行偏移，并将偏移得到的线段转换为"辅助线"图层。

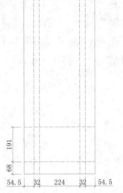

图 5-4　绘制矩形　　　　　　　　　　　图 5-5　偏移辅助线

步骤 04 切换到"符号"图层，执行"插入块"命令（I），在弹出的"插入"对话框中，选择第 3 章样板文件中保存的内部图块"孔位符号"，将其插入图形中，效果如图 5-6 所示。

步骤 05 执行"复制"命令（CO）、"旋转"命令（RO）和"镜像"命令（MI），将"Ø8.0 侧孔"和三合一孔符号复制到辅助线相应位置，如图 5-7 所示。

步骤 06 执行"复制"命令（CO），将 Ø8 正圆孔复制到下侧辅助线交点处，如图 5-8 所示。

步骤 07 再将 Ø8 正圆孔复制一份，并执行"缩放"命令（SC），指定圆心为基点，输入缩放比例因子为 10/8，将 Ø8 的正圆孔放大到 Ø10mm 正圆孔，且将垂直线段删除；然后执行"复制"命令（CO），将 Ø10 圆孔复制到外侧辅助线交点，再将辅助线删除，效果如图 5-9 所示。

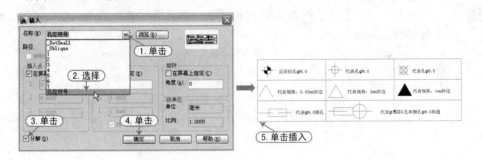

图 5-6　插入图块

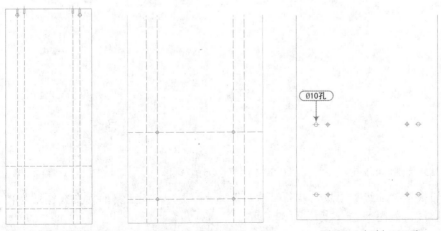

图 5-7　复制符号　　　　　　图 5-8　复制 Ø8 孔　　　　　　图 5-9　复制 Ø10 孔

步骤 08 再执行"偏移"命令（O），按照如图 5-10 所示偏移出辅助线。

步骤 09 执行"复制"命令（CO），将前面的 Ø8 和 Ø10 正圆孔分别复制到辅助线交点上，并将辅助线删除，效果如图 5-11 所示。

步骤 10 再执行"偏移"命令（O），按照如图 5-12 所示偏移出辅助线。

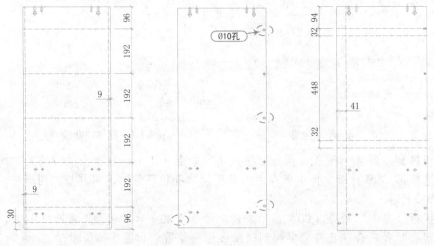

图 5-10　偏移辅助线　　　图 5-11　复制孔符号　　　图 5-12　偏移辅助线

步骤 11 执行"圆"命令（C），在辅助线交点处绘制直径为 8.5mm 的圆，如图 5-13 所示，然后将辅助线删除。

步骤 12 再根据如图 5-14 所示的效果偏移出辅助线；再执行"圆"命令（C），在辅助线交点绘制直径为 5mm 的圆。

步骤 13 再根据如图 5-15 所示的效果偏移出辅助线；再执行"圆"命令（C），在辅助线交点绘制直径为 3mm 的圆。

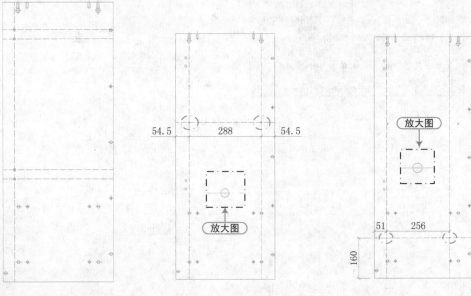

图 5-13　绘制 Ø8.5 孔　　　图 5-14　绘制 Ø5 孔　　　图 5-15　绘制 Ø3 孔

步骤 14 切换至"轴线"图层，执行"直线"命令（L），在上侧捕捉主视图端点向上绘制投影线，如图 5-16 所示。

步骤 15 切换到"轮廓线"图层，执行"直线"命令（L），在右侧捕捉构造线绘制出宽 18 的矩形，如图 5-17 所示。

步骤 16 执行"修剪"命令（TR），将多余的投影线修剪掉；再执行"复制"命令（CO），将"Ø8 正孔"符号复制到辅助线中点上，如图 5-18 所示。最后将投影线删除掉。

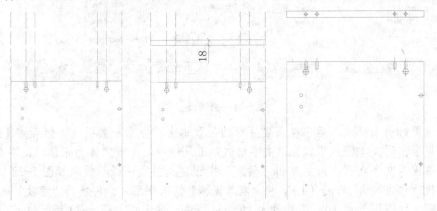

图 5-16　绘制投影线　　　　图 5-17　绘制矩形　　　　图 5-18　复制孔位符号

步骤 17 通过复制、缩放、旋转和镜像操作，将"1mm 封边"符号放大 2 倍并复制到主视图相应位置，如图 5-19 所示。

步骤 18 将"尺寸线"图层置为当前图层，执行"线性标注"命令（DLI）和"连续标注"命令（DCO），对图形进行尺寸标注；再执行"直线"命令（L），在左侧绘制出板材纹理走向，效果如图 5-20 所示。

步骤 19 切换至"文本"图层，执行"引线"命令（LE），根据命令提示"指定第一个引线点或 [设置(S)]"，选择"设置（S）"选项，则弹出"引线设置"对话框，在"引线和箭头"选项卡中设置"箭头"为"实心闭合"；在"附着"选项卡中勾选"最后一行加下画线"复选框，如图 5-21 所示。

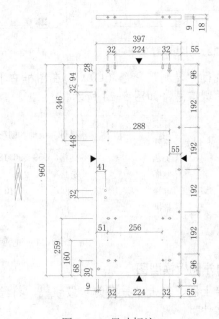

图 5-19　复制封边符号　　　　　　　图 5-20　尺寸标注

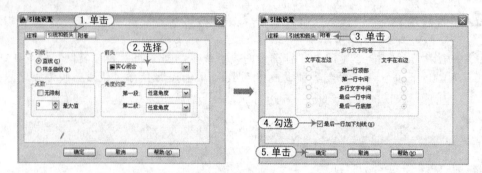

图 5-21 引线设置

步骤 20 设置好引线格式以后，在需要注释的位置单击，拖出一条引线，然后按【Enter】键直至出现文本输入框，在"文字格式"工具栏中，设置字体为宋体，文字高度为 30，再输入文字内容，最后单击"确定"按钮完成引线注释，效果如图 5-22 所示。

步骤 21 执行"插入块"命令（I），将"家具图框"插入图形中；再执行"缩放"命令（SC），输入比例因子为 10，将其放大 10 倍以框住三视图，如图 5-23 所示。

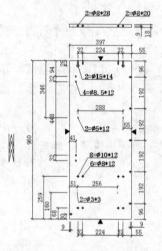

图 5-22 引线注释效果

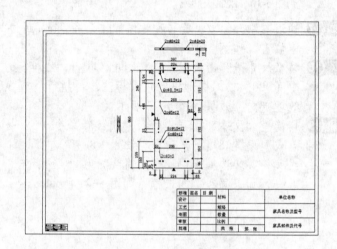

图 5-23 插入放大图框

步骤 22 执行"复制"命令（CO），在图框右下角表格处复制文字并修改文字内容，以完善图纸信息，如图 5-24 所示。

标准	签名	日期	材料	金柚木刨花板	单位名称
设计					
工艺			规格	959*396*18	餐柜外侧板
制图			数量	2	
审核			比例	1：10	01-1
批准			共 张	第 张	

图 5-24 完善图纸信息

2. 绘制外侧板模型图

步骤 01 接上例，单击"另存为"按钮，将绘制的三视图文件另存为"01-1 模型图.dwg"文件。

步骤 02 执行 "删除" 命令（E），将不需要的图形删除掉，保留的图形效果如图 5-25 所示。

步骤 03 执行 "面域" 命令（REG），选择外矩形 4 条线段，按【Enter】键确定，将矩形形成一个整体面。

步骤 04 在绘图区域左上侧单击 "视图控件" 按钮，调整视图为 "西南等轴测"，使图形切换到三维视图。

步骤 05 根据三视图引线注释的孔位深度执行 "拉伸" 命令（EXT），将图形中的 Ø8、Ø10、Ø8.5、Ø5 的圆全部拉伸为-12 的圆柱实体，如图 5-26 所示。

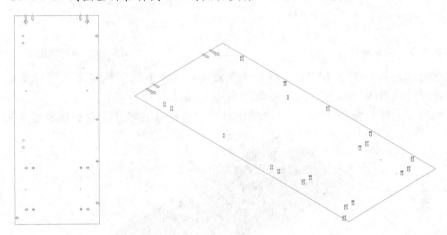

图 5-25 保留的图形　　　　　　　　图 5-26 拉伸圆为实体

步骤 06 再执行 "拉伸" 命令（EXT），将 Ø3 圆拉伸为-3 的圆柱实体；将 Ø15 的圆拉伸为-15 的圆柱实体，效果如图 5-27 所示。

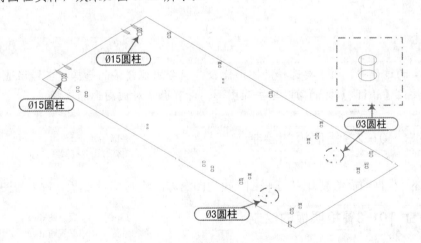

图 5-27 拉伸圆为实体

步骤 07 执行 "拉伸" 命令（EXT），将矩形拉伸为-18 的长方体，如图 5-28 所示。

接下来绘制后侧的侧孔，如何将后侧侧孔调整到前侧来绘制呢？

步骤 08 单击 "视图控件" 按钮，依次单击 "后视" → "东北等轴测" 视图；再执行 "圆" 命令（C），捕捉侧孔位置绘制圆；将圆拉伸为-28 和-20，再执行 "移动" 命令（M），将圆柱实体向下移动 9 以保证孔位居于正中位置，如图 5-29 所示。

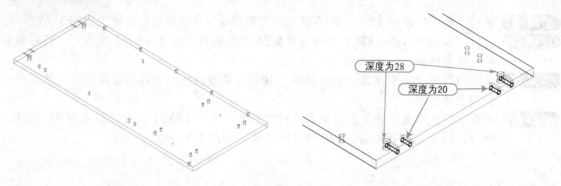

图 5-28 拉伸矩形为长方体   图 5-29 绘制侧孔

步骤 09 执行"差集"命令（SU），以长方体减去内部所有的圆柱实体，进行差集；再将视觉样式调整为"概念"，效果如图 5-30 所示。

步骤 10 执行"删除"命令（E），将除模型外的所有线条删除掉，以完成模型图的绘制。

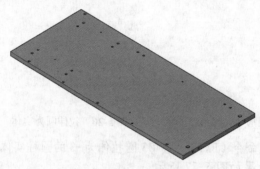

图 5-30 模型效果

技巧提示 ★★★☆☆

在差集的过程中，由于要选择的图形比较多而会出现错误的选择，在错误选择了某个图形后，按住【Shift】键的同时单击此图形，即可取消对该图形的选择。

技巧：178 01-2餐柜底板的绘制   案例：01-2三视图.dwg
                                                      案例：01-2模型图.dwg

技巧概述：根据前面绘制 01-1 三视图、模型图的方法绘制 01-2 底板，效果如图 5-31 所示。

技巧：179 01-3餐柜层板的绘制   案例：01-3模型图.dwg
                                                      案例：01-3三视图.dwg

技巧概述：在绘制层板三视图时，首先将案例文件下的"家具样板.dwt"文件打开，并另存为新的文件；通过矩形命令绘制出板材轮廓，再通过偏移辅助线确定孔位置，再将孔位符号插入并复制到辅助线相应位置，最后进行尺寸标注、插入图框与注释文字信息。

在绘制模型图时，调用前面绘制的三视图并另存为新文件，切换视图为"西南等轴测"，将主视图外矩形轮廓通过面域、拉伸绘制出板材厚度；再根据平面图标注的孔位深度拉伸正孔圆为圆柱实体；再旋转坐标系绘制侧孔圆，拉伸为圆柱；最后用长方体减去内部所有的圆柱实体，进行差集运算，效果如图 5-32 所示。

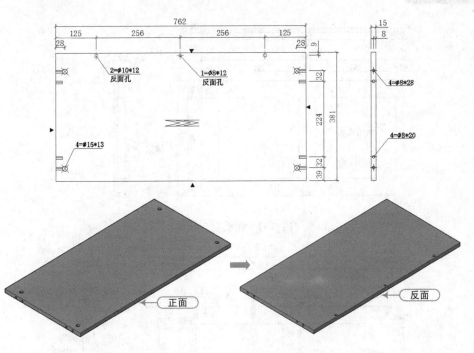

图 5-31　底板效果

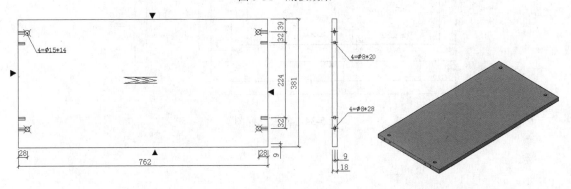

图 5-32　层板效果

技巧：180　01-4餐柜面板的绘制

视频：技巧180-餐柜面板模型图的绘制.avi
案例：01-4模型图.dwg　01-4三视图.dwg

　　技巧概述： 餐柜面板是由两层板材经过冷压处理复合成为厚度 40mm 的板材，最后在表面进行封边处理以形成整个面板。加厚面板层为 15mm 的整块板材，底层为 25mm 加厚层木方框架结构，其内部复合结构示意效果如图 5-33 所示。

　　在绘制层板三视图时，首先将案例文件下的"家具样板.dwt"文件打开，并另存为新的文件；通过矩形命令绘制出板材轮廓，再通过偏移辅助线确定孔位置，再将孔位符号插入并复制到辅助线相应位置，最后进行尺寸标注、插入图框与注释文字信息，效果如图 5-34 所示。

　　面板模型图的绘制步骤如下。

步骤 01　在 AutoCAD 2014 环境中，单击"打开"按钮，打开"01-4 三视图.dwg"文件；再单击"另存为"按钮，将文件另存为"01-4 模型图.dwg"文件。

步骤 02　执行"删除"命令（E），将不需要的图形删除掉，结果如图 5-35 所示。

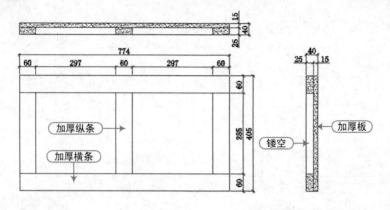

图 5-33　面板复合结构

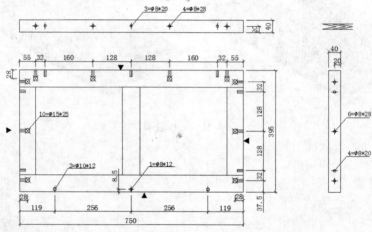

图 5-34　面板三视图

图 5-35　保留的图形

专业技能	★★★☆☆

　　面板属于复合结构，包含两层板材，三视图中已经绘制出内部加厚条，绘制模型图时为什么要把板材线条删除掉呢？

　　面板内部的复合结构经过表面贴木皮和封边后，就形成了一个整体板材，然后再在这块板材上进行排钻出孔位，因此模型图反映为整块面板外部效果。

步骤 03 再执行 "面域" 命令（REG），将矩形进行面域处理。在 "三维建模" 空间下，将视图切换为 "西南等轴测"。

步骤 04 执行 "拉伸" 命令（EXT），将 3 个小圆拉伸为-12 的圆柱实体；将Ø15 大圆拉伸为-25 的圆柱实体，如图 5-36 所示。

步骤 05 重复 "拉伸" 命令，将矩形拉伸为-40 的长方体，如图 5-37 所示。

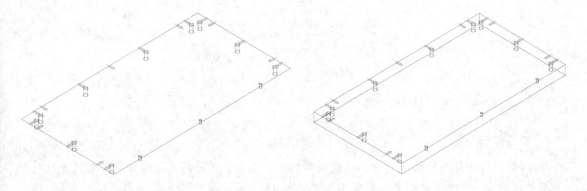

图 5-36　拉伸正面圆　　　　　　　　　　　图 5-37　拉伸矩形

步骤 06 执行 "坐标系" 命令（UCS），根据命令提示选择 "面（F）" 选项，再拾取左侧面来新建坐标系，如图 5-38 所示。

步骤 07 执行 "圆" 命令（C），捕捉左侧孔线条端点绘制出圆；再将圆拉伸出圆柱实体，最后将圆柱实体向下移动 20 以保证正中位置，如图 5-39 所示。

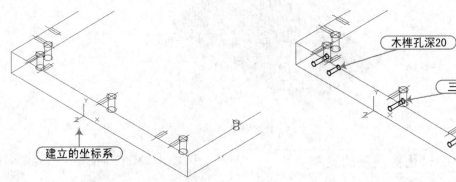

图 5-38　新建坐标系　　　　　　　　　　　图 5-39　绘制左侧圆柱

步骤 08 执行 "三维镜像" 命令（MIRROR3D），选择上步绘制的圆柱以长方体水平三维中线镜像到右侧，如图 5-40 所示。

步骤 09 在绘图区左上侧单击 "视图控件" 按钮，依次单击 "后视" → " 东北等轴测"，将后侧面调整到前侧面来进行绘图。

步骤 10 同样，捕捉前侧面的侧孔绘制圆，并拉伸为圆柱实体，最后向下移动 20，效果如图 5-41 所示。

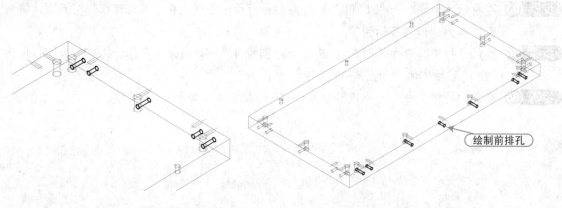

图 5-40　镜像到右侧　　　　　　　　图 5-41　绘制前排孔

技巧提示　　　　　　　　　　　　　　　　　　　　　★★★★☆

　　调整视图和旋转坐标系都可以改变图形的绘制方向，不同的是：旋转坐标系只是改变 UCS 绘图方向，三维图形位置没有发生改变；而调整视图即改变了三维图形的位置方向（如图 5-41 中将后侧图形调整到前侧显示来绘制侧孔）。

步骤 ⑪ 执行"差集"命令（SU），用长方体减去内部所有圆柱实体，差集效果如图 5-42 所示。

步骤 ⑫ 执行"删除"命令（E），将除实体以外的所有线条删除掉。

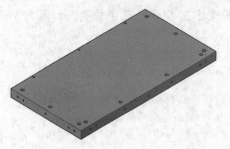

图 5-42　模型效果

技巧：181　01-5面板前条的绘制　　　　　案例：01-5模型图.dwg
　　　　　　　　　　　　　　　　　　　　　案例：01-5三视图.dwg

　　技巧概述：绘制面板前条三视图比较简单，其效果如图 5-43 所示。在绘制模型图时，首先将主视图外矩形面域拉伸为高度是 25mm 的长方体，再根据引线注释的深度拉伸 Ø8 和 Ø10 的圆为圆柱，然后将长方体相应边按照半径为 20 和半径为 1mm 进行圆角边操作，最后进行差集，效果如图 5-44 所示。

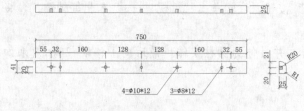

图 5-43　三视图效果

图 5-44　模型效果

技巧：182 | **01-6面板侧条的绘制**

视频：技巧182-01-6面板侧条的绘制.avi
案例：01-6模型图.dwg　01-6三视图.dwg

技巧概述： 在绘制面板侧条之前，可以调用前面设置好绘图环境的"家具样板.dwt"文件，以此为基础绘制图形，效果如图5-45所示。

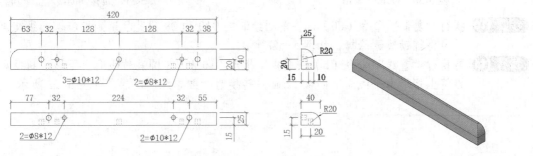

图5-45　面板侧条图形效果

1. 绘制面板侧条三视图

步骤 01 启动 AutoCAD 2014 软件，单击"打开"按钮，将"家具样板.dwt"文件打开；再单击"另存为"按钮，将文件另存为"案例\05\01-6 三视图.dwg"文件。

步骤 02 在"常用"选项卡的"图层"面板中选择"轮廓线"图层，并置为当前图层；执行"矩形"命令（REC），在视图中绘制 420×40 的矩形。

步骤 03 执行"圆角"命令（F），设置圆角半径为 20mm，对矩形左上直角进行圆角处理，如图 5-46 所示。

步骤 04 执行"分解"命令（X）和"偏移"命令（O），将矩形相应边按照如图 5-47 所示进行偏移，并将偏移得到的线段转换为"辅助线"图层。

图 5-46　绘制圆角矩形　　　　　　　　　　　图 5-47　偏移辅助线

步骤 05 执行"圆"命令（C），在辅助线交点处分别绘制 Ø10 和 Ø8 的圆孔，如图 5-48 所示。

步骤 06 执行"矩形"命令（REC），在下侧绘制同长且宽度为 25mm 的对齐矩形。

步骤 07 切换至"细虚线"图层，执行"直线"命令（L），捕捉上矩形孔位线向下矩形绘制投影线，如图 5-49 所示。

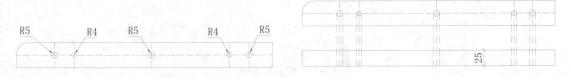

图 5-48　绘制圆　　　　　　　　　　　图 5-49　绘制矩形和投影线

步骤 08 执行"偏移"命令（O），将下矩形下水平线向上偏移 12mm；再执行"修剪"命令（TR），修剪出侧孔效果，如图 5-50 所示。

步骤 09 执行"偏移"命令（O），将下矩形线段按照如图 5-51 所示偏移出辅助线。

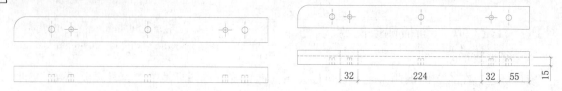

图 5-50　修剪出侧孔　　　　　　　　　　　图 5-51　偏移辅助线

步骤 ⑩ 执行 "复制" 命令（CO），将前面绘制的 Ø10 和 Ø8 圆孔复制到相应辅助线交点，然后再将辅助线删除掉，如图 5-52 所示。

步骤 ⑪ 再执行 "直线" 命令（L），捕捉下矩形 Ø10 和 Ø8 圆孔位线向上矩形绘制投影线；再将上矩形水平线向上偏移 12mm 并转换为 "细虚线" 图层，如图 5-53 所示。

图 5-52　复制孔位　　　　　　　　　　　　图 5-53　绘制投影线

步骤 ⑫ 执行 "修剪" 命令（TR），将多余的线条修剪掉以形成主视图侧孔，如图 5-54 所示。

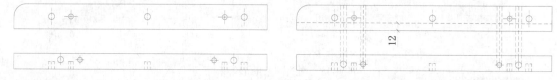

图 5-54　修剪出侧孔

步骤 ⑬ 切换到 "轮廓线" 图层，执行 "矩形" 命令（REC），在主视和俯视图的右侧绘制出同宽且长度分别为 25mm 和 40mm 的对齐矩形，如图 5-55 所示。

图 5-55　绘制对齐矩形

步骤 ⑭ 切换到 "细虚线" 图层，执行 "直线" 命令（L），捕捉主视和俯视图主孔线向右绘制投影线；再将矩形左垂直线向右偏移 12mm 并转换为 "细虚线" 图层，如图 5-56 所示。

图 5-56　绘制投影线

技巧提示　　　　　　　　　　　　　　　　　　　　　　★★★☆☆

　　这里上、下组投影线分别是 5 条，即分别捕捉 Ø10 和 Ø8 圆的上、下象限点=4 条+捕捉圆心 1 条=5 条。

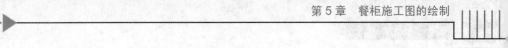

步骤 ⑮ 执行 "修剪" 命令（TR），修剪多余的线条以形成 Ø10 和 Ø8 侧孔效果，如图 5-57 所示。

步骤 ⑯ 执行 "圆角" 命令（F），将上下矩形相应直角进行半径 20mm 的圆角操作，如图 5-58 所示。

步骤 ⑰ 执行 "偏移" 命令（O），将两个圆角矩形按照如图 5-59 所示偏移出细虚线。

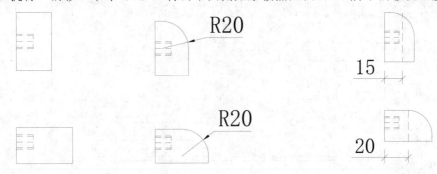

图 5-57　修剪效果　　　　图 5-58　圆角操作　　　　图 5-59　偏移操作

步骤 ⑱ 执行 "偏移" 命令（O），再将两条细虚线各向两边分别偏移 4mm 和 5mm；将矩形下水平边向上偏移 12mm 的高度；再将多余的线条修剪掉，形成 Ø10 和 Ø8 侧孔效果，如图 5-60 所示。

图 5-60　偏移和修剪出侧孔

步骤 ⑲ 将 "尺寸线" 图层置为当前图层，执行 "线性标注" 命令（DLI）和 "连续标注" 命令（DCO），对图形进行尺寸标注。

步骤 ⑳ 切换至 "文本" 图层，执行 "引线" 命令（LE），对图形孔位进行文字注释，如图 5-61 所示。

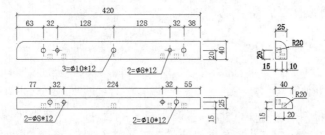

图 5-61　尺寸标注和引线注释效果

步骤 ㉑ 执行 "插入块" 命令（I），将 "家具图框" 插入图形中；再执行 "缩放" 命令（SC），输入比例因子为 4，将其放大 4 倍以框住三视图。

步骤 ㉒ 执行 "复制" 命令（CO），在图框右下角表格处复制文字并修改文字内容，以完善图纸信息，如图 5-62 所示。

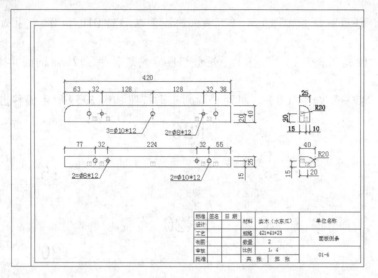

图 5-62　完善图纸信息

2．绘制面板侧条模型图

步骤 01 接上例，单击"另存为"按钮，将文件另存为"01-6 模型图.dwg"文件。

步骤 02 执行"删除"命令（E），将不需要的图形删除掉，结果如图 5-63 所示。

图 5-63　保留的图形

步骤 03 执行"面域"命令（REG），选择外轮廓线条面域成为一个整体面。在"三维建模"空间下，将视图切换为"西南等轴测"。

步骤 04 执行"拉伸"命令（EXT），将正圆拉伸为-12mm 的圆柱实体，如图 5-64 所示。

步骤 05 重复"拉伸"命令，将外轮廓矩形面域拉伸为-25mm 的长方体，如图 5-65 所示。

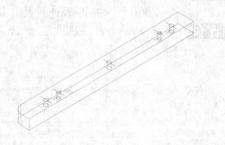

图 5-64　拉伸圆为实体　　　　　　　　　图 5-65　拉伸矩形

步骤 06 执行"坐标系"命令（UCS），选择"面（F）"选项，再单击前侧面以创建坐标系。

步骤 07 执行"圆"命令（C），在前侧捕捉侧孔线条绘制 4 个圆，并将圆拉伸为-12mm 的圆柱实体；再执行"移动"命令（M），将 4 个圆柱实体向下移动 15mm，如图 5-66 所示。

步骤 08 执行"差集"命令（SU），以长方体减去内部所有圆柱体进行差集，效果如图 5-67 所示。

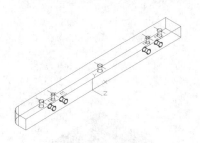

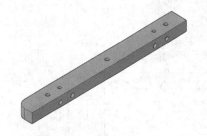

图 5-66　绘制前侧孔　　　　　　　　　　图 5-67　差集效果

步骤 ⑨ 执行"三维旋转"命令（3DR），将模型以 X 轴旋转 90°，如图 5-68 所示。

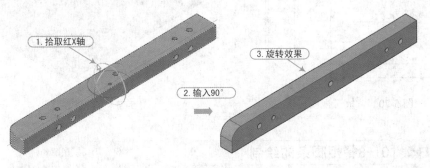

图 5-68　三维旋转操作

步骤 ⑩ 单击"实体编辑"面板中的"圆角边"按钮，根据命令提示选择"半径（R）"选项，设置半径值为 20mm;再选择需要圆角的边，按【Enter】键接受圆角半径操作，如图 5-69 所示。

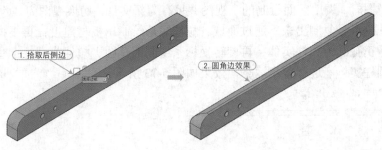

图 5-69　圆角边操作

技巧：183　01-7餐柜背板的绘制

案例：01-7模型图.dwg
案例：01-7三视图.dwg

技巧概述： 在绘制背板三视图时，首先将案例文件下的"家具样板.dwt"文件打开，并另存为新的文件；通过矩形命令绘制出板材轮廓，再通过偏移辅助线确定孔位置，再将孔位符号插入并复制到辅助线相应位置，最后进行尺寸标注、插入图框与注释文字信息，效果如图 5-70 所示。

在绘制模型图时，调用前面绘制的三视图并另存为新文件，切换视图为"西南等轴测"，将主视图轮廓及孔位符号复制出来；通过面域、拉伸矩形绘制出板材厚度；再根据平面图标注的孔位深度拉伸正孔圆为圆柱实体；再旋转坐标系绘制侧孔圆、拉伸为圆柱；最后用长方体减去内部所有的圆柱实体，进行差集运算，效果如图 5-71 所示。

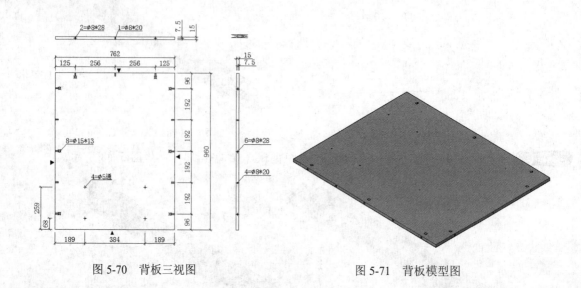

图 5-70　背板三视图　　　　　　　　　　　图 5-71　背板模型图

技巧：184　　01-8餐柜脚条的绘制

案例：01-8模型图.dwg
案例：01-8三视图.dwg

技巧概述： 在绘制三视图时，首先将案例文件下的"家具样板.dwt"文件打开，并另存为新的文件；通过矩形命令绘制出板材轮廓，再通过偏移辅助线确定孔位置，再将孔位符号插入并复制到辅助线相应位置，最后进行尺寸标注、插入图框与注释文字信息，效果如图5-72所示。

在绘制模型图时，调用前面绘制的三视图并另存为新文件，切换视图为"西南等轴测"，将主视图轮廓及孔位符号复制出来；通过面域、拉伸矩形绘制出板材厚度；再根据平面图标注的孔位深度，拉伸正孔圆为圆柱实体；再旋转坐标系绘制侧孔圆、拉伸为圆柱；最后扩长方体减去内部所有的圆柱实体，进行差集运算，效果如图5-73所示。

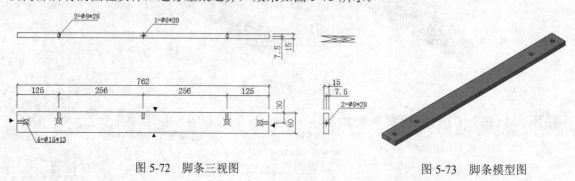

图 5-72　脚条三视图　　　　　　　　　　　图 5-73　脚条模型图

技巧：185　　01-9抽面板的绘制

视频：技巧185-抽面板模型图的绘制.avi
案例：01-9模型图.dwg　　01-9三视图.dwg

技巧概述： 在绘制三视图时，首先将案例文件下的"家具样板.dwt"文件打开，并另存为新的文件；通过矩形命令绘制出板材轮廓，再通过偏移辅助线确定孔位置，再将孔位符号插入并复制到辅助线相应位置，最后进行尺寸标注、插入图框与注释文字信息，效果如图 5-74所示。

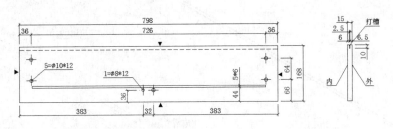

图 5-74　抽面板三视图

模型图的绘制步骤如下。

步骤 01　在 AutoCAD 2014 环境中，单击"打开"按钮📂，打开"01-9 三视图.dwg"文件；再单击"另存为"按钮📙，将文件另存为"01-9 模型图.dwg"文件。

步骤 02　执行"删除"命令（E），将不需要的图形删除掉，结果如图 5-75 所示。

步骤 03　执行"面域"命令（REG），将图形中的两个矩形进行面域；再执行"矩形"命令（REC），捕捉虚线角点绘制一个矩形，如图 5-76 所示。

图 5-75　保留的图形

图 5-76　捕捉虚线绘制的矩形

步骤 04　在"三维建模"空间下，将视图切换为"西南等轴测"。

步骤 05　执行"拉伸"命令（EXT），将圆拉伸为-12mm 的实体，如图 5-77 所示。

步骤 06　再执行"拉伸"命令（EXT），将外矩形拉伸为-15mm 的长方体作为板材；将前侧矩形拉伸为-6 的长方体作为减去的凹槽，如图 5-78 所示。

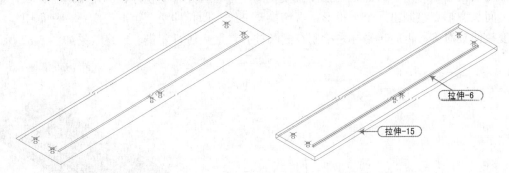

图 5-77　拉伸圆

图 5-78　拉伸矩形

步骤 07　执行"拉伸"命令（EXT），将后侧矩形拉伸为-2.5mm 的实体；再执行"移动"命令（M），将其向下移动到与外长方体中点对齐，如图 5-79 所示。

步骤 08　执行"差集"命令（SU），以外长方体减去内部小长方体和圆柱实体进行差集，效果如图 5-80 所示。

步骤 09　执行"删除"命令（E），将除模型外的线条删除掉以完成模型图的绘制。

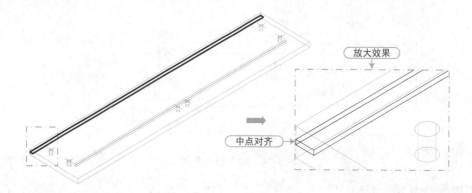

图 5-79　拉伸并对齐后侧长方体

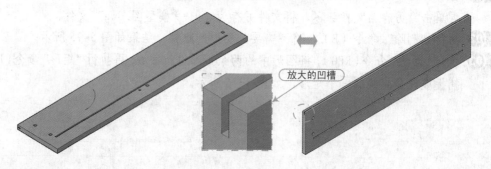

图 5-80　模型效果

技巧：186　01-10抽侧板的绘制

案例：01-10模型图.dwg
案例：01-10三视图.dwg

技巧概述：抽侧板三视图的绘制方法和前面的绘制方法大致相同，效果如图 5-81 所示。在绘制抽侧板模型图时，和前面绘制抽面板模型图一样，首先将主视外轮廓矩形进行面域，捕捉虚线之间长宽端点绘制出一个小矩形；再切换至三维视图拉伸两个矩形为实体，根据引线标注的深度拉伸圆对象，再旋转坐标系绘制左侧圆柱孔，最后进行差集，最终效果如图 5-82 所示。

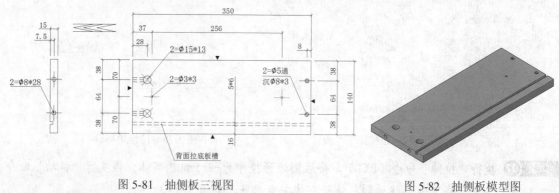

图 5-81　抽侧板三视图

图 5-82　抽侧板模型图

技巧：187　01-11抽尾板的绘制

案例：01-11模型图.dwg
案例：01-11三视图.dwg

技巧概述：抽尾板的绘制方法与前面绘制抽屉面板、侧板的方法相同，其效果如图 5-83 所示。

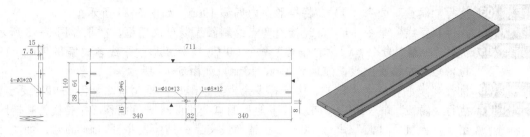

图 5-83　抽尾板三视图和模型图

技巧：188 01-12抽底条的绘制

案例：01-12模型图.dwg
案例：01-12三视图.dwg

技巧概述：抽底条图形相对比较简单，这里就不再阐述，其效果如图 5-84 所示。

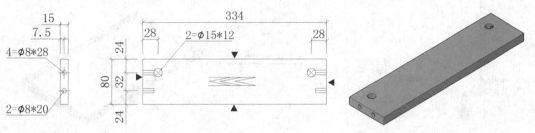

图 5-84　抽底条三视图和模型图

技巧：189 01-13抽底板的绘制

案例：01-13模型图.dwg
案例：01-13三视图.dwg

技巧概述：抽底板非常简单，使用矩形命令即可绘制出三视图，再将主视图矩形拉伸为 5mm 的实体即完成了模型图的绘制，如图 5-85 所示。

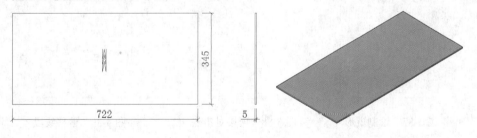

图 5-85　抽底板三视图和模型图

技巧：190 01-14铝框门的绘制

视频：技巧190-01-14铝框门的绘制.dwg
案例：01-14模型图.dwg 01-14三视图.dwg

技巧概述：餐柜掩门是由铝材门框中间夹着玻璃门制作而成的，效果如图 5-86 所示。
铝框门的绘制步骤如下。

1. 绘制铝框门三视图

步骤 01 启动 AutoCAD 2014 软件，单击"打开"按钮，将"家具样板.dwt"文件打开；再单击"另存为"按钮，将文件另存为"案例\05\01-14 三视图.dwg"文件。

步骤 02 在"常用"选项卡的"图层"面板中选择"轮廓线"图层，并置为当前图层；执行"矩形"命令（REC），在视图中绘制 522mm × 274mm 的矩形。

步骤 03 执行"偏移"命令（O），将矩形向内偏移 19mm，如图 5-87 所示。

步骤 04 执行"直线"命令（L），连接对角点绘制斜线以形成门框，效果如图 5-88 所示。

步骤 05 执行"分解"命令（X）和"偏移"命令（O），将外矩形水平线各向偏移 98mm、19mm；将内矩形左垂直线段向左偏移 1mm、15mm，如图 5-89 所示。

步骤 06 执行"修剪"命令（TR），修剪掉多余线条以形成门框洞口，如图 5-90 所示。

步骤 07 执行"偏移"命令（O），在上、下矩形洞口处将线段进行偏移，并转换为"辅助线"图层；再执行"圆"命令（C），在辅助线交点分别绘制半径 4mm 的圆，如图 5-91 所示，然后将辅助线修剪掉，效果如图 5-92 所示。

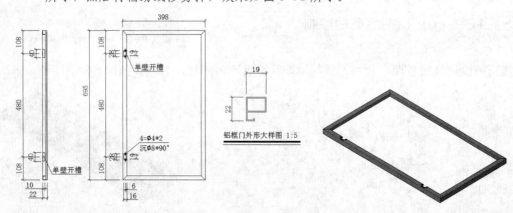

图 5-86 三视图和模型图效果

图 5-87 绘制矩形

图 5-88 连接对角点

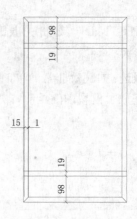

图 5-89 偏移线段

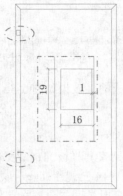

图 5-90 修剪效果

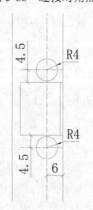

图 5-91 绘制圆

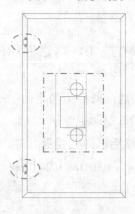

图 5-92 修剪效果

步骤 08 执行 "矩形" 命令（REC），在图形的右侧绘制一个 19mm×22mm 的直角矩形，如图 5-93 所示。

步骤 09 执行 "分解" 命令（X）和 "偏移" 命令（O），将矩形各边向内偏移 1mm，如图 5-94 所示。

步骤 10 再执行 "偏移" 命令（O），按照如图 5-95 所示的效果再次进行偏移。

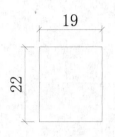
图 5-93　绘制矩形

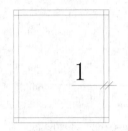
图 5-94　偏移线段

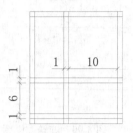
图 5-95　偏移线段

步骤 11 执行 "修剪" 命令（TR），修剪掉多余的线条，效果如图 5-96 所示。

步骤 12 执行 "复制" 命令（CO），将上步绘制好的大样图复制出一份；执行 "缩放" 命令（SC），选择其中一个大样图，输入比例因子为 5，以放大 5 倍。

步骤 13 执行 "线形标注" 命令（DLI），对放大的大样图进行尺寸标注，如图 5-97 所示。

步骤 14 执行 "编辑标注" 命令（ED）命令，单击尺寸文字，显示文字输入框，将放大的尺寸删除，输入原始的尺寸，如图 5-98 所示。

图 5-96　修剪效果

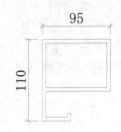
图 5-97　标注放大图

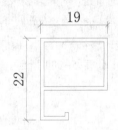
图 5-98　修改回原尺寸

> 　　由于大样图原图形过小，为了更清楚地看图，这里将大样图放大了 5 倍，但在标注图形尺寸时，还是要改回到原尺寸：19×22。

步骤 15 执行 "旋转" 命令（RO），将另一大样图旋转 90°，效果如图 5-99 所示。

步骤 16 执行 "直线" 命令（L），捕捉大样图左上角点向上绘制一条 657mm 的垂线；再执行 "镜像" 命令（MI），将大样图以垂直线的中点进行上、下镜像，如图 5-100 所示。

步骤 17 执行 "直线" 命令（L），连接上、下大样图的顶点绘制连接线，以形成铝框门的剖开视图轮廓，如图 5-101 所示。

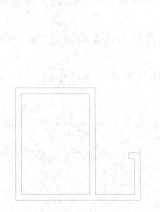

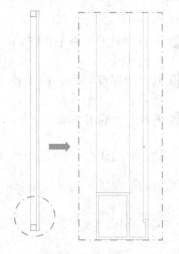

图 5-99　旋转大样图　　　图 5-100　镜像图形　　　图 5-101　连接角点

步骤 18 执行"直线"命令（L），捕捉左、右垂直线段中点绘制一条中心辅助线；再执行"偏移"命令（O），将辅助线向上、下各偏移 420mm，再将左垂直线段向右偏移 1，如图 5-102 所示。

步骤 19 执行"矩形"命令（REC），根据如下命令提示，设置圆角半径为 5mm 绘制一个 10mm ×40mm 的圆角矩形，如图 5-103 所示。

命令：RECTANG	// 执行"矩形"命令
指定第一个角点或 [倒角(C)/标高(E)/圆角(F)/厚度(T)/宽度(W)]：f	// 选择"圆角"选项
指定矩形的圆角半径 <0.0000>：5	// 设置圆角半径为 5mm
指定第一个角点或 [倒角(C)/标高(E)/圆角(F)/厚度(T)/宽度(W)]：	// 单击指定一点
指定另一个角点或 [面积(A)/尺寸(D)/旋转(R)]：@10,40	// 输入相对坐标值确定矩形

步骤 20 执行"移动"命令（M）和"复制"命令（CO），将圆角矩形移动复制到上辅助线交点上如图 5-104 所示，然后将辅助线删除掉。

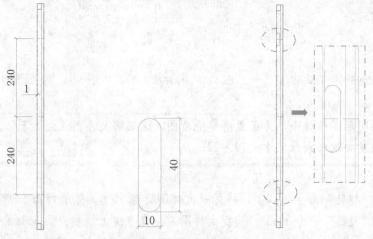

图 5-102　绘制偏移辅助线　　　图 5-103　绘制圆角矩形　　　图 5-104　移动复制

步骤 21 执行"线形标注"命令（DLI）和"连续标注"命令（DCO），对图形进行尺寸标注。

步骤 22 执行"引线"命令（LE），对孔位进行文字注释。

步骤 23 执行"多行文字"命令（MT），设置文字高度为 30，在相应位置输入图名；再执行

"直线"命令（L），在图名下侧绘制出两条同长的水平线段，以完成图名标注，如图 5-105 所示。

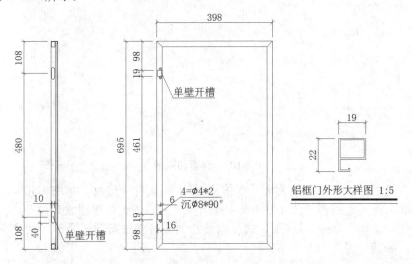

图 5-105　标注图形

步骤 (24) 执行"插入块"命令（I），将"家具图框"插入图形中；再执行"缩放"命令（SC），输入比例因子为 7，将其放大 7 倍以框住三视图。

步骤 (25) 执行"复制"命令（CO），在图框右下角表格处复制文字并修改文字内容，以完善图纸信息，如图 5-106 所示。

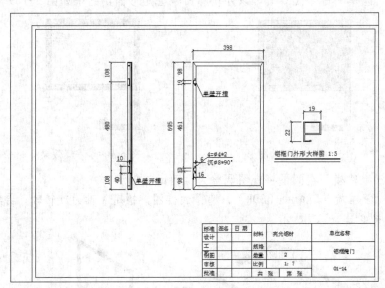

图 5-106　完善图纸信息

2. 绘制铝框门模型图

铝框门模型图比较复杂，其绘制步骤如下。

步骤 (01) 接上例，单击"另存为"按钮，将文件另存为"01-14 模型图.dwg"文件。

步骤 (02) 执行"删除"命令（E），将标注、图框对象删除掉，效果如图 5-107 所示。

图 5-107　保留的图形

步骤 03 由三视图可知大样图被放大了 5 倍（1:5），执行"缩放"命令（SC），选择大样图轮廓，输入比例因子为 1/5（或者输入 0.2），将大样图缩放到原尺寸大小。

步骤 04 执行"面域"命令（REG），选择缩放后的大样图进行面域操作，切换至"概念"模式，效果如图 5-108 所示。

技巧提示　　　　　　　　　　　　　　　　　　　★★★☆☆

若面域的对象为图块时，必须先执行"分解"命令（X），将图块打散，然后再进行面域。

步骤 05 执行"差集"命令（SU），以外轮廓面减去矩形面，结果如图 5-109 所示。

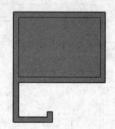　　　　　　　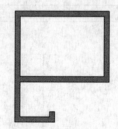

图 5-108　面域的图形　　　　　　　　　图 5-109　差集效果

步骤 06 在"三维建模"空间下将视图调整为"西南等轴测"。

步骤 07 执行"三维旋转"命令（3DR），选择大样图，指定 X 轴为旋转轴，再输入 90°，旋转效果如图 5-110 所示。

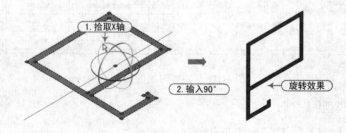

图 5-110　三维旋转

步骤 08 执行"复制"命令（CO），将上步旋转后的大样图图形复制一份到主视图的左下角，如图 5-111 所示。

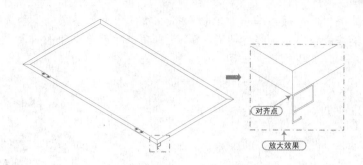

图 5-111　移动图形

步骤 09 执行"拉伸"命令（EXT），选择大样图对象，根据命令行提示选择"路径（P）"选项，然后拾取左侧线段为拉伸路径，拉伸实体效果如图 5-112 所示。命令执行过程如下：

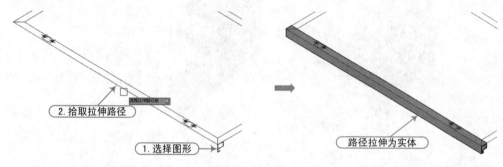

图 5-112　路径拉伸

```
命令：EXTRUDE                                            // 执行"拉伸"命令
当前线框密度： ISOLINES=4，闭合轮廓创建模式 = 实体
选择要拉伸的对象或 [模式(MO)]：找到 1 个            // 选择剖面大样图
选择要拉伸的对象或 [模式(MO)]：                      // 按【Space】键确定选择
指定拉伸的高度或 [方向(D)/路径(P)/倾斜角(T)/表达式(E)]：p    // 选择"路径"选项
选择拉伸路径或 [倾斜角(T)]：                          // 拾取直线作为拉伸路径
```

步骤 10 选择前侧对角线段，执行"拉伸"命令（EXT），向下指引拖出超出实体的高度并单击，将线条拉伸为曲面效果，如图 5-113 所示。

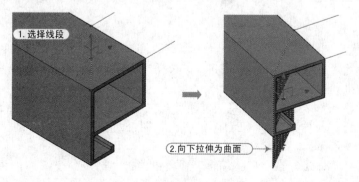

图 5-113　拉伸线条为曲面

步骤⑪ 在"实体编辑"面板中单击"剖切"按钮，根据如下命令提示选择实体为剖切的对象，根据命令提示选择"曲面（S）"选项，然后单击曲面对象，最后在保留实体的一端单击以完成剖切，如图 5-114 所示。

命令：_slice	// 执行"剖切"命令
选择要剖切的对象：找到 1 个	// 选择实体
选择要剖切的对象：	// 按【Space】空格键确认选择
指定 切面 的起点或 [平面对象(O)/曲面(S)/Z 轴(Z)/视图(V)/XY(XY)/YZ(YZ)/ZX(ZX)/三点(3)] <三点>：s	// 选择"曲面"选项
选择曲面：	// 选择曲面对象
选择要保留的剖切对象或 [保留两个侧面(B)]：	// 在需要保留的实体部分单击

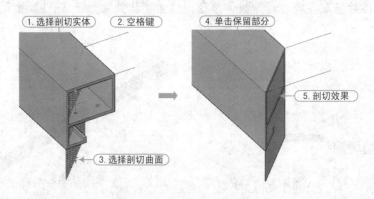

图 5-114 剖切实体

步骤⑫ 使用同样的方法，在实体的另一段拉伸对角线段为曲面，再将实体以曲面进行剖切，效果如图 5-115 所示。

步骤⑬ 执行"镜像"命令（MI），将剖切后的实体以线段的中点进行左右镜像，如图 5-116 所示。

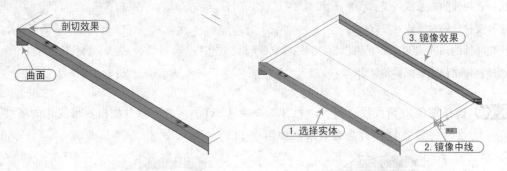

图 5-115 剖切另一端   图 5-116 镜像实体

步骤⑭ 同样执行"三维旋转"命令（3DR），选择大样图，指定 Y 轴为旋转轴，再输入 90°，旋转效果如图 5-117 所示。

步骤⑮ 执行"移动"命令（M），将大样图移到主视图前端线条上，如图 5-118 所示。

步骤⑯ 同样执行"拉伸"命令（EXT），将大样图以最前侧线条进行路径拉伸为实体，如图 5-119 所示。

步骤⑰ 使用同样的方法，在"实体编辑"面板中单击"剖切"按钮，将拉伸的实体以前面创建的曲面进行剖切，效果如图 5-120 所示。

步骤 ⑱ 使用前面的绘制方法，选择实体右侧上表面的对角线条，执行"拉伸"命令（EXT），将其向下拉伸为曲面；再通过"剖切"命令将实体以曲面剖切成为 45° 角，如图 5-121 所示。

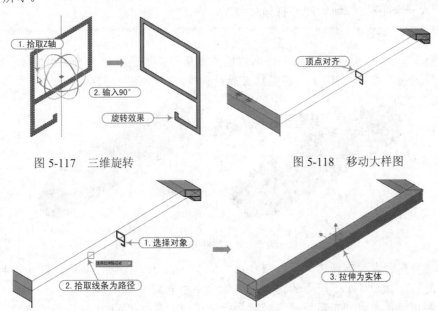

图 5-117 三维旋转　　　　　　　图 5-118 移动大样图

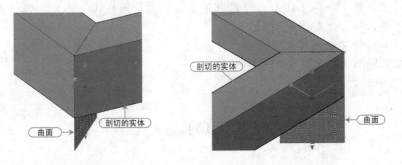

图 5-119 路径拉伸

图 5-120 剖切实体左端　　　　　图 5-121 剖切右端

步骤 ⑲ 执行"删除"命令（E），将曲面对象删除掉。

步骤 ⑳ 执行"镜像"命令（MI），将剖切后的前侧实体镜像到后侧，如图 5-122 所示。

步骤 ㉑ 执行"面域"命令（REG），将左侧铝框表面上的小矩形线段进行面域为整体面；再执行"拉伸"命令（EXT），将矩形和两侧的圆各拉伸为-2mm 的实体，如图 5-123 所示。

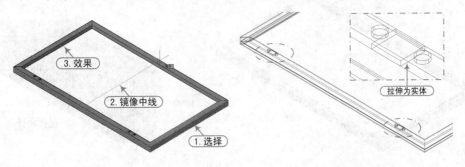

图 5-122 镜像操作　　　　　　　图 5-123 拉伸内部圆和矩形

技巧提示 ★★★★☆

　　根据铝框大样图尺寸可知道铝门框内部为空心，只有1mm厚的铝材体，因此拉伸时只需要比1大一个单位（2mm）即可将铝材打穿。

步骤 ㉒ 执行"拉伸"命令（EXT），将侧视图的圆弧形多段线拉伸为5mm的实体；再执行"三维旋转"命令（3DR），将其绕Y轴旋转90°，如图5-124所示。

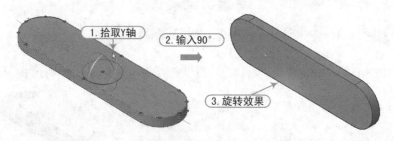

图 5-124　拉伸并旋转

步骤 ㉓ 切换到"左视"视图，执行"移动"命令（M）和"复制"命令（CO），将弧形实体复制到如图5-125所示的内部长方体水平中点向下1mm的位置。

步骤 ㉔ 再切换视图为"东南等轴测"，执行"移动"命令（M），使弧形实体对齐到铝框内侧，如图5-126所示。

步骤 ㉕ 执行"差集"命令（SU），以铝框侧条减去内部圆柱体、小长方体、弧形实体以进行差集运算，效果如图5-127所示。

步骤 ㉖ 可以通过"三维动态观察"命令（3DO）和"三维旋转"命令（3DR），从不同的角度观察模型的状态，如图5-128所示。

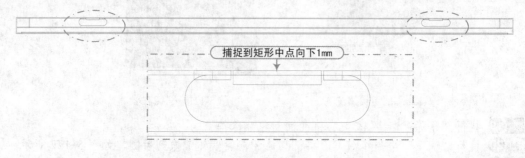

图 5-125　移动对齐

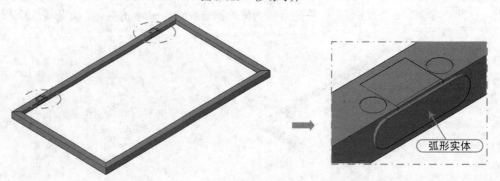

图 5-126　对齐到内侧

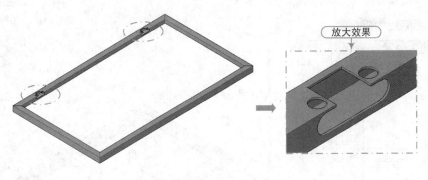

放大效果

图 5-127 差集效果

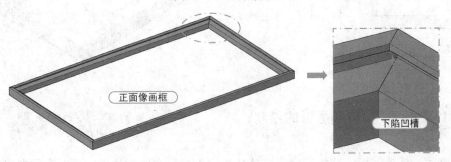

正面像画框

下陷凹槽

图 5-128 不同角度下的门框效果

步骤 27 执行"删除"命令（E），将除实体外的所有线条删除掉。

专业技能 ★★★★☆

市场中铝框条种类很多，可制作成推拉门、阳台窗、衣柜、吊顶等，但[它们都是由侧面空心轮廓延长的长条形，如图 5-129 所示，在施工制作时，以切割机来切割需要的长短与形状，再拼接成整体框架结构。

图 5-129 铝材

技巧：191 | **01-14-1 铝框门玻璃的绘制**

案例：01-14-1模型图.dwg
案例：01-14-1三视图.dwg

技巧概述： 铝框门玻璃被卡在铝框门的凹槽内。绘制三视图时使用矩形、偏移命令即可绘制出基本轮廓，再对相应位置进行图案填充，然后将孔位符号插入并复制到相应位置，最后进行文字尺寸标注。

在绘制模型图时，首先切换至三维视图，对矩形、圆进行拉伸，最后进行差集即可，如图 5-130 所示。

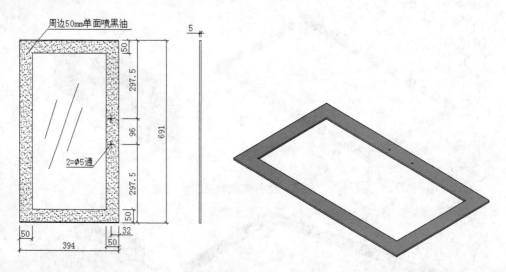

图 5-130　铝框门玻璃

技巧：192　01-15玻璃层板的绘制

案例：01-15模型图.dwg
案例：01-15三视图.dwg

技巧概述： 玻璃层板安装在柜内，玻璃各边均为光滑有圆角边以防止对人体造成伤害。

在绘制三视图时，使用矩形命令绘制出玻璃基本外轮廓，再通过向内偏移 1mm 形成平面看到的圆角边，最后使用直线命令在中间绘制出玻璃图例，效果如图 5-131 所示。

绘制模型图时，在三维视图中将主视外矩形拉伸 8mm，然后使用倒角边命令将所有棱角边各进行半径为 1mm 的圆角处理，效果如图 5-132 所示。

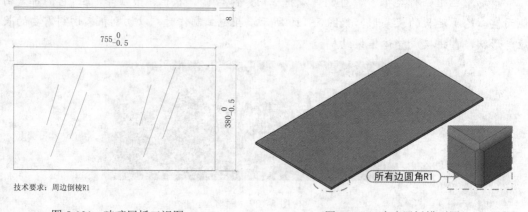

技术要求：周边倒棱R1

所有边圆角R1

图 5-131　玻璃层板三视图

图 5-132　玻璃层板模型图

技巧提示　　　　　　　　　　　　　　　　　★★★★☆

由图 5-131 可以看出其标注的尺寸有上、下偏差，在 CAD 中如何标注偏差值呢？

在"家具样板"文件中执行"标注"命令（D），选择标注样式"家具-10"，单击"修改"按钮，在弹出的"修改标注样式：家具-10"对话框中，切换到"公差"选项卡，并按照如图 5-133 所示进行设置，即可标注出上、下偏移 0～0.5mm 的极限偏差。

图 5-133　修改标注样式

技巧：193　**餐柜整体三视图的绘制**

视频：技巧193-餐柜整体三视图的绘制.avi
案例：餐柜整体三视图.dwg

　　技巧概述： 餐柜三视图是以餐柜上、前和左面进行垂直投影得到的 3 个投影面图形，如图 5-134 所示。

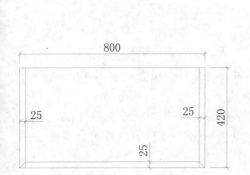

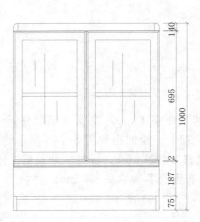

图 5-134　三视图效果

1. 俯视图的绘制

步骤 01　在 AutoCAD 2014 环境中，单击"打开"按钮，打开"家具样板.dwt"文件；再单击"另存为"按钮，将文件另存为"餐柜整体三视图.dwg"文件。

步骤 02　将"轮廓线"图层置为当前层，执行"矩形"命令（REC），绘制 800mm×420mm 的矩形，如图 5-135 所示。

步骤 03　执行"分解"命令（X）和"偏移"命令（O），将矩形打散操作，再将 3 条边各向内偏移 25mm；再执行"修剪"命令（TR），将多余的线条修剪掉，如图 5-136 所示。

步骤 04　执行"直线"命令（L），捕捉对角点绘制连接斜线，以代表弧形轮廓，如图 5-137 所示。

图 5-135　绘制矩形　　　　图 5-136　偏移修剪　　　　图 5-137　绘制斜线

2. 主视图的绘制

步骤 01 执行"矩形"命令（REC），在俯视图下侧绘制 800mm × 1000mm 的对齐矩形，如图 5-138 所示。

步骤 02 执行"圆角"命令（F），对上侧两个直角进行半径为 20mm 的圆角处理，如图 5-139 所示。

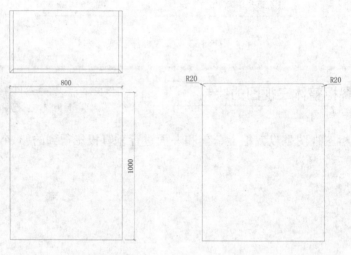

图 5-138　绘制对齐矩形　　　　　　　图 5-139　圆角处理

步骤 03 执行"分解"命令（X），将圆角矩形分解；再通过执行"偏移"命令（O）和"修剪"命令（TR），绘制出如图 5-140 所示的效果。

步骤 04 再执行"偏移"命令（O），将组成抽屉的上水平线条向下偏移 2mm、9mm、14mm、4mm、3mm，将垂直线段各向内偏移 2mm；再执行"修剪"命令（TR），修剪出五金拉手条效果，如图 5-141 所示。

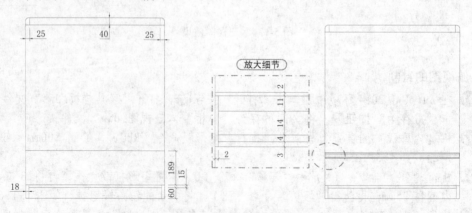

图 5-140　偏移修剪　　　　　　　图 5-141　绘制抽屉五金拉手

步骤 05 执行 "矩形" 命令（REC），绘制 398mm × 695mm 的矩形作为门板轮廓；再执行 "偏移" 命令（O），将矩形向内偏移 8mm 和 40mm，以形成铝框轮廓；再执行 "直线" 命令（L），连接外两个矩形的对角点绘制斜线，如图 5-142 所示。

步骤 06 执行 "图案填充" 命令（H），在上侧功能区的 "图案填充编辑器" 中选择样例为 "DOTS"，设置比例为 10，角度为 45，对铝框门进行填充操作，效果如图 5-143 所示。

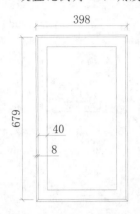

图 5-142　绘制铝框门

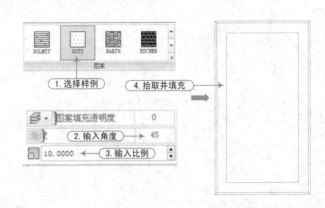

图 5-143　填充图案

步骤 07 执行 "移动" 命令（M）和 "镜像" 命令（MI），将门板放置到相应位置，如图 5-144 所示。

步骤 08 执行 "偏移" 命令（O），将底面线向上偏移 610mm 和 18mm，再将多余的线条修剪掉，以形成玻璃门框内的层板效果；再执行 "直线" 命令（L），在玻璃内框中绘制出垂直平行线以表示透明玻璃图例效果，如图 5-145 所示，完成主视图的绘制。

图 5-144　移动门板

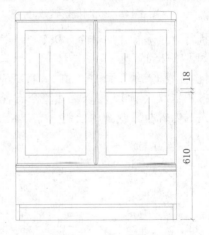

图 5-145　主视图绘制完成

3. 左视图的绘制

步骤 01 执行 "矩形" 命令（REC），在主视图的右侧绘制出 420mm × 1000mm 的矩形，如图 5-146 所示。

步骤 02 执行 "圆角" 命令（F），将左上直角进行半径 20mm 的圆角处理，如图 5-147 所示。

步骤 03 执行 "分解" 命令（X），将矩形打散操作；再执行 "偏移" 命令（O），将左垂直线向右偏移 22mm 以形成门板厚度；再执行 "直线" 命令（L），捕捉主视图端点绘制延伸线，如图 5-148 所示。

步骤 04 执行 "修剪" 命令（TR），修剪掉多余的线条以形成左视图轮廓，如图 5-149 所示。

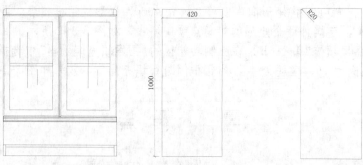

图 5-146 绘制对齐矩形　　　　　　图 5-147 圆角处理

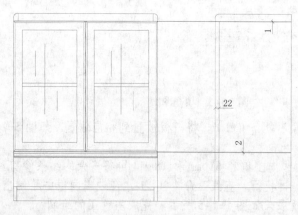

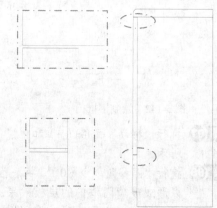

图 5-148 绘制投影线　　　　　　　图 5-149 修剪效果

步骤 05 执行"线形标注"命令（DLI）、"连续标注"命令（DCO），对图形进行尺寸标注，如图 5-150 所示。

步骤 06 执行"插入块"命令（I），将家具图框插入图形中；执行"缩放"命令（SC），将图框放大到 13 倍以框住整个三视图，再双击表格输入相应内容，如图 5-151 所示，完成电视柜三视图的绘制。

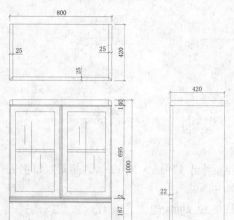

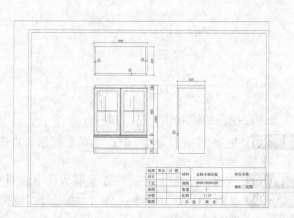

图 5-150 尺寸标注效果　　　　　　图 5-151 插入图框并修改相应内容

技巧：194 | 餐柜整体模型图的绘制

视频：技巧194-餐柜整体模型图的绘制.avi
案例：餐柜整体模型图.dwg

技巧概述： 前面已经绘制好了餐柜各个部件的模型图，此节绘制整体模型图时，就不需要再重复绘制各部件模型，直接将这些部件模型复制并粘贴到一个新文件并按规范结合在一起即可。操作步骤如下。

步骤 01 正常启动 AutoCAD 2014 软件，单击"打开"按钮，将"家具样板.dwt"文件打开；再单击"另存为"按钮，将文件另存为"餐柜整体模型图.dwg"文件。

步骤 02 在"三维建模"空间下，将视图切换为"西南等轴测"，并将视觉样式调整成"概念"视觉样式。

步骤 03 再单击"打开"按钮，依次将"案例\05"文件夹下面 01 系列各个部件模型图文件打开。

步骤 04 然后依次在各个图形中选择各个部件模型，按【Ctrl+C】组合键进行复制，然后按【Ctrl+Tab】组合键切换到"餐柜整体模型图"中，再按【Ctrl+V】组合键进行粘贴。

步骤 05 执行"三维旋转"命令（3DR），将粘贴过来的各个模型，按照主柜零部件示意图的方向进行调整，如图 5-152 所示。

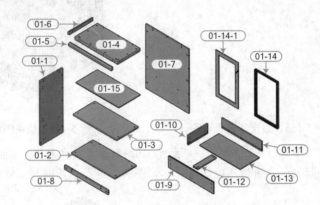

图 5-152　粘贴的模型

步骤 06 切换到"二维线框"模式下，执行"移动"命令（M），将 01-1 侧板和 01-2 底板组合在一起，如图 5-153 所示。

步骤 07 再将 01-3 号层板板移动对齐到侧板上，如图 5-154 所示。

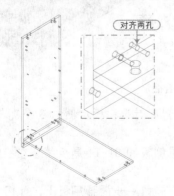

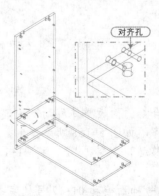

图 5-153　组合侧板和底板　　　　图 5-154　组合层板

技巧提示 ★★★☆☆

在移动对齐两个模型其中的一对孔位后，必须先查看其他孔位是否同样对齐，或者查看板材与板材的结合是否合理，若发现其他孔位没有对齐或者板材结合不合理，可以先将其中一个模型通过"三维旋转"命令调转一下方向，也许是方向反了。

步骤 08 再执行"移动"命令（M），将 01-8 前脚条和 01-7 背板对齐到主体架上，如图 5-155 所示。

步骤 09 执行"三维镜像"命令（MIRROR3D），将侧板以背板三维垂直中线进行镜像，效果如图 5-156 所示。

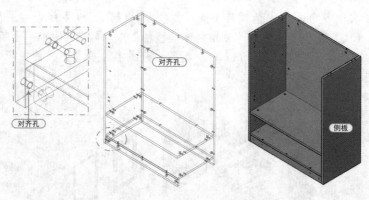

图 5-155　组合背板和脚条　　　　　　　　图 5-156　镜像侧板

步骤 10 执行"移动"命令（M），将 01-4 面板、01-5 面板前条和 01-6 面板侧条相应孔位移动对齐组合起来；并通过三维镜像操作，将侧条进行前后镜像，效果如图 5-157 所示。

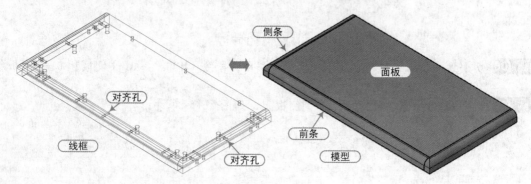

图 5-157　组合面板

步骤 11 再将组合好的面板整体移动到主架上，对齐时选面板后侧的 3 个孔与背板上的 3 个孔位对齐，如图 5-158 所示。

步骤 12 执行"移动"命令（M），将 01-10 抽屉侧板和 01-11 尾板结合在一起，如图 5-159 所示。

步骤 13 将 01-9 号抽面板和 01-12 号抽底条组合到前一步的抽屉板上，如图 5-160 所示。

步骤 14 再将 01-13 抽底板移动到抽屉板的凹槽内，如图 5-161 所示。

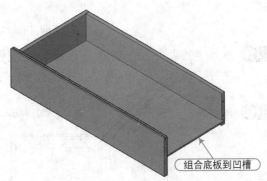

图 5-158　移动面板到主体　　　　　　　　图 5-159　组合抽屉侧板尾板

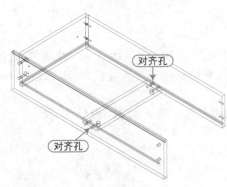

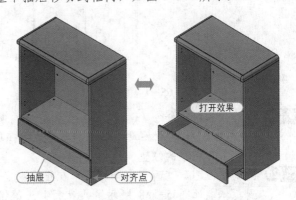

图 5-160　组合抽面板、抽底条　　　　　　图 5-161　组合底板

步骤 ⑮ 执行"三维镜像"命令（MIRROR3D），将抽屉侧板镜像到前侧，如图 5-162 所示。

步骤 ⑯ 执行"移动"命令（M），将整个抽屉移动到柜内，如图 5-163 所示。

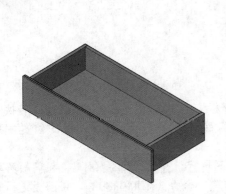

图 5-162　抽屉组成效果　　　　　　　　　图 5-163　移动抽屉到柜内

技巧提示　　　　　　　　　　　　　　　　　　　　★★★☆☆

　　将抽屉移动到柜子内部之前，可以先执行"编组"命令（G）将各个抽屉板组成一个整体，然后再移动到底板的上方，且与侧板外侧平齐的位置。

步骤 ⑰ 切换到"左视"视图，在二维线框模式下，执行"移动"命令（M），将 01-15 玻璃层板移动到如图 5-164 所示的位置。

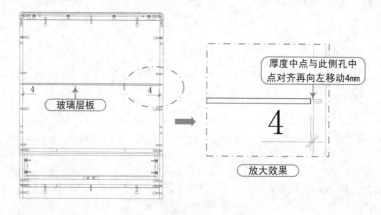

图 5-164　移动玻璃层板

步骤 18 执行"直线"命令（L），在铝框门上捕捉中点绘制互相垂直的线段以找到中点；再执行"移动"命令（M），将铝框门玻的中点移动到十字交点处以对齐，如图 5-165 所示。

步骤 19 再切换到"俯视"视图，将门玻璃移动到铝框凹槽内部，如图 5-166 所示。

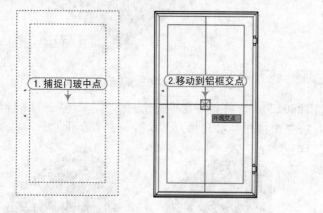

图 5-165　居中对齐

图 5-166　移动玻璃到铝框内

步骤 20 执行"编组"命令（G），将上步组合好的餐柜掩门编组为一个整体；将视图转换为"左视"，执行"移动"命令（M），将掩门移动到距离面板以下 2mm 的位置，如图 5-167 所示的位置。

步骤 21 再调整视图到"西南等轴测"，在正交状态下执行"移动"命令（M），将门板移动到柜体上如图 5-168 所示；再执行"三维镜像"命令（MIRROR3D），将门板进行镜像，效果如图 5-169 所示。

技巧提示　　　　　　　　　　　　　　　　　　★★★★☆

　　在移动三维模型图时，在一个平面视图中只能对齐对象的 XY 坐标点，其 Z 轴坐标点还需要再次切换视图来对齐，当在一个视图中对齐了图形再切换到另外视图对齐时，可以直接在正交下移动该图形直至与目标对象出现垂直点时单击，即对齐了其三维点坐标。

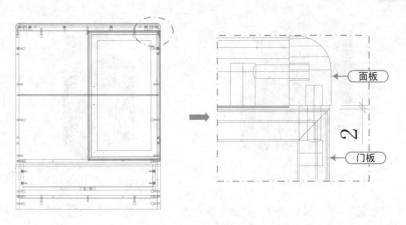

图 5-167　平面视图移动掩门

图 5-168　移动门板三维点

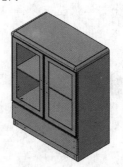

图 5-169　三维镜像门板

技巧：195　**餐柜装配示意图的绘制**

视频：技巧195-餐柜装配示意图的绘制.avi
案例：餐柜装配示意图.dwg

技巧概述：装配示意图要求说明产品的拆装过程，详细画出各连接件的拆装步骤图以及总体效果图，使用户一目了然，便于拆装，操作步骤如下。

步骤01　正常启动 AutoCAD 2014 软件，单击"打开"按钮，将"餐柜整体模型图.dwg"文件打开；再单击"另存为"按钮，将文件另存为"餐柜装配示意图.dwg"文件。

步骤02　执行"复制"命令（CO），将主台模型图水平向左复制 4 份，如图 5-170 所示。

 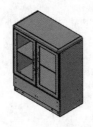  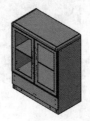 

图 5-170　复制模型

步骤03　执行"删除"命令（E），在第一个整体模型中将门板、抽屉和面板删除掉；再执行"移动"命令（M），将各个部件之间预留出一定的空位，如图 5-171 所示以形成装配第 1 步。

步骤04　在第二个模型图中，将抽屉和门板删除掉，再将面板向上移动一定的位置，如图 5-172 所示以形成装配第 2 步。

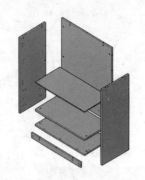

图 5-171　装配 1

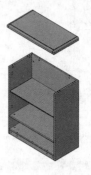

图 5-172　装配 2

步骤 05 执行 "复制" 命令 (CO)，将抽屉复制出一份，并将各个板材移动出一定的间隙，如图 5-173 所示以形成装配第 3 步。

步骤 06 在第三个整体模型中，将门板删除，将抽屉向前拖出一定的距离，如图 5-174 所示以形成装配第 4 步。

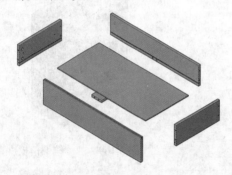

图 5-173　装配 3

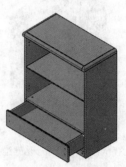

图 5-174　装配 4

步骤 07 继续在第四个模型图中将门板向前移动出一定的位置，如图 5-175 所示以形成装配第 5 步。

步骤 08 在绘图区域左下角单击 "布局 1"，以从模型空间切换至布局空间。

步骤 09 执行 "插入块" 命令 (I)，将 "案例/04/家具图框.dwg" 插入布局 1 中；再执行 "删除" 命令 (E)，将下侧的标题栏删除掉如图 5-176 所示。

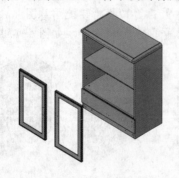

图 5-175　装配 5

图 5-176　插入表格

步骤 10 执行 "偏移" 命令 (O) 和 "修剪" 命令 (TR)，将内框按照如图 5-177 所示进行偏移。

步骤 11 执行 "视图 | 视口 | 一个视口" 命令，分别捕捉偏移出来的矩形格子绘制出 6 个视口，如图 5-178 所示。

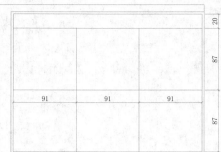

图 5-177　偏移、修剪线条

图 5-178　创建 6 个视口

步骤 ⑫ 在各个视口内部双击以激活该视口，根据装配步骤将对应步骤的图形最大化依次显示在视口内部，并将视觉样式切换为"二维线框"模式，如图 5-179 所示。

步骤 ⑬ 双击进入第一个视口，在命令行中输入"SOLPROF"，按【Space】键提示"选择对象"，然后选择第一个视口中最大化的实体模型，根据命令提示直接按【Enter】键以默认的设置进行操作，即可将实体抽出为线条。

步骤 ⑭ 执行"移动"命令（M），将抽出的线条块移动出来。再执行"删除"命令（E），将实体和隐藏线块删除掉，留下抽出的可见线条，如图 5-180 所示。

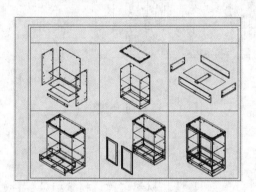

图 5-179　依次显示装配步骤

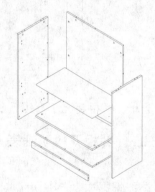

图 5-180　抽出第一个视口实体线条

步骤 ⑮ 将"细虚线"图层置为当前图层，执行"直线"命令（L），捕捉圆孔位绘制连接线段，如图 5-181 所示以表示孔位连接状态。

步骤 ⑯ 根据同样的方法，依次切换到其他视口中，执行"SOLPROF"命令，抽出实体的线条，再将实体对象和抽出的隐藏线块删除；最后绘制对应孔位的连接虚线，绘制效果如图 5-182 所示。

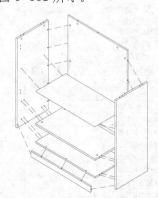

图 5-181　绘制连接虚线

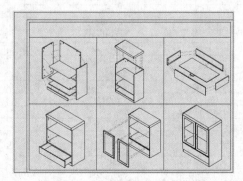

图 5-182　抽出其他视口线条

技巧提示　　　　　　　　　　　　　　　　　　　　★★★★★

　　注意在执行 "SOLPROF" 命令抽出实体线条过程中，遇到以 "创建块（B）" 命令和以 "写块（W）" 命令创建的图块时，是无效的。需要使用 "分解" 命令（X）先将图块打散，然后再抽出实体的线条。

步骤 ⑰ 执行 "多行文字" 命令（MT），设置文字高度为 5 对图名和步骤进行注释；设置文字高度为 3 对产品名称及组合尺寸进行注释，效果如图 5-183 所示。

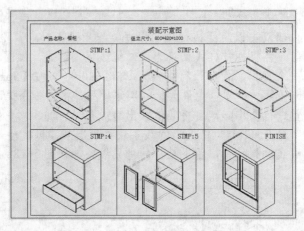

图 5-183　餐柜装配图效果

步骤 ⑱ 至此，餐柜装配示意图已经绘制完成，按【Ctrl+S】组合键保存。

技巧：196　餐柜开料明细表

视频：无
案例：餐柜开料明细表.dwg

　　技巧概述：根据如表 5-1 所示各部件开料尺寸、数量和材料名称可将餐柜各部件板材进行开料。

表 5-1　餐柜开料明细表　　　　　　　　　　　　　　　　单位：mm

<table>
<tr><td colspan="9" align="center">餐柜开料明细表</td></tr>
<tr><td>单位</td><td></td><td>产品规格</td><td>800*420*1000</td><td colspan="2">产品颜色</td><td colspan="2">金柚色</td></tr>
<tr><td>序号</td><td>零部件名称</td><td>零部件代号</td><td>开料尺寸</td><td>数量</td><td>材料名称</td><td>封边</td><td>备注</td></tr>
<tr><td>1</td><td>外侧板</td><td>01-1</td><td>959*396*18</td><td>2</td><td>金柚色刨花板</td><td>4</td><td></td></tr>
<tr><td>2</td><td>底板</td><td>01-2</td><td>761*380*15</td><td>1</td><td>金柚色刨花板</td><td>4</td><td></td></tr>
<tr><td>3</td><td>层板</td><td>01-3</td><td>761*380*18</td><td>1</td><td>金柚色刨花板</td><td>4</td><td></td></tr>
<tr><td>4</td><td>面板</td><td>01-4</td><td>749*394*40</td><td>1</td><td>金柚色刨花板</td><td>4</td><td>成型开料</td></tr>
<tr><td></td><td></td><td></td><td>760*405*15</td><td>1</td><td>金柚色刨花板</td><td></td><td></td></tr>
<tr><td></td><td></td><td></td><td>760*60*25</td><td>2</td><td>金柚色刨花板</td><td>封长边</td><td>加厚</td></tr>
<tr><td></td><td></td><td></td><td>285*60*25</td><td>3</td><td>金柚色刨花板</td><td>封长边</td><td></td></tr>
<tr><td>5</td><td>面板前条</td><td>01-5</td><td>750*41*25</td><td>1</td><td>实木◦水冬瓜◦</td><td></td><td></td></tr>
<tr><td>6</td><td>面板侧条</td><td>01-6</td><td>421*41*25</td><td>2</td><td>实木◦水冬瓜◦</td><td></td><td></td></tr>
<tr><td>7</td><td>背板</td><td>01-7</td><td>959*761*15</td><td>1</td><td>金柚色刨花板</td><td>4</td><td></td></tr>
<tr><td>8</td><td>前脚条</td><td>01-8</td><td>761*59*15</td><td>1</td><td>金柚色刨花板</td><td>4</td><td></td></tr>
<tr><td>9</td><td>抽面板</td><td>01-9</td><td>797*167*15</td><td>1</td><td>黑色花梨</td><td>4</td><td>先开槽后封边</td></tr>
<tr><td>10</td><td>抽侧板</td><td>01-10</td><td>349*139*15</td><td>2</td><td>金柚色刨花板</td><td>4</td><td></td></tr>
<tr><td>11</td><td>抽尾板</td><td>01-11</td><td>710*139*15</td><td>1</td><td>金柚色刨花板</td><td>4</td><td></td></tr>
<tr><td>12</td><td>抽底拉条</td><td>01-12</td><td>333*79*15</td><td>1</td><td>金柚色刨花板</td><td>4</td><td></td></tr>
<tr><td>13</td><td>抽底板</td><td>01-13</td><td>345*722*5</td><td>1</td><td>金柚色刨花板</td><td></td><td></td></tr>
</table>

技巧：197 餐柜包装材料明细表

案例：无
案例：餐柜包装材料明细表.dwg

技巧概述： 在对餐柜板件进行包装时，所用到的包装材料如表 5-2 所示。

表 5-2 餐柜包装材料明细表　　　　　　单位：mm

纸箱编号	纸箱结构	纸箱内尺寸	体积(m³)	净重(kg)	毛重(kg)	五金配件	有无玻璃	层数	部件 名称	部件 规格	部件 数量	包装辅助材料 名称	包装辅助材料 规格	包装辅助材料 数量	备注
3-1	中封	975*810*50	0.05					1	背板	959*761*15	1	泡沫	990*805*10	2	箱颜色为黄色
								2	外侧板/侧条	959*396*18		泡沫	990*40*10	2	
												泡沫	780*40*10	2	
												泡沫	填平		
3-2	中封	815*435*150	0.06			五金配件1包	有	1	面板	800*420*40	1	泡沫	830*450*10	4	玻璃用10mm泡沫隔离
								2	底板	761*380*15	1	泡沫	830*180*10	2	
								3	玻璃层板	755*380*8	1	泡沫	430*180*10	2	
								4	层板	761*380*18	1	泡沫	695*398*10	3	
								5	抽底拉条	333*79*15	1	泡沫	填平		
								5	抽面板	797*167*15	1				
								5	抽尾板	710*139*15	1				
								6	抽侧板	349*139*15	2				箱颜色为黄色
								7	前脚条	761*59*15	1				
								7	抽底板	345*722*5	1				
3-3	中封	710*415*70	0.03			五金配件1包	有	1/2	铝框门	695*398*22	2				铝门用10mm泡沫隔离
															箱颜色为黄色

技巧：198 餐柜五金配件明细表

视频：无
案例：餐柜五金配件明细表.dwg

技巧概述： 餐柜五金配件明细表如表 5-3 所示。

表 5-3 餐柜五金配件明细表　　　　　　单位：mm

五金配件明细表

产品名称：餐柜

分类名称	材料名称	规格	数量	备注	分类名称	材料名称	规格	数量	备注
封袋配件	三合一	∅15*11 / ∅7*28	30套		安装配件	三合一	∅15*11 / ∅7*28	10套	
	木榫	∅8*30	20个			木榫	∅8*30	7个	
	自攻螺丝	∅4*14	24粒			铝门框玻璃	691*394*5	2块	
	自攻螺丝	∅4*30	6粒			凹槽拉手F603	L794mm	1条	
	玻璃层板夹		4个			封头A.B		2个	
	白脚钉		6粒						
	拉手螺丝	∅4*12	4粒						
	铝框门较	直门较	4						

	材料名称	规格	数量	备注
发包装配件	铝门框	695*398*22	2件	外购
	玻璃层板	760*380*8	1块	
	二节路轨	14"[350mm]	1付	
	拉手	孔距96mm	2个	

第6章 鞋柜施工图的绘制

● **本章导读**

本章主要讲解板式鞋柜全套施工图的绘制技巧，主要包括鞋柜透视图、零部件示意图、各部件工艺图（部件三视图、模型图）、鞋柜模型图与装配图；在后面还列出了鞋柜开料明细表、五金配件明细表以及包装材料明细表，使读者掌握鞋柜整套施工图的绘制内容。

● **本章内容**

鞋柜透视图效果	01-5 面板前条的绘制	鞋柜整体三视图的绘制
鞋柜零部件示意图	01-6 鞋柜底板的绘制	鞋柜整体模型图的绘制
01-1 鞋柜左侧板的绘制	01-7 鞋柜脚条的绘制	鞋柜装配示意图的绘制
01-2 侧板前条的绘制	01-8 鞋柜左背板的绘制	鞋柜包装材料明细表
01-3 侧板上条的绘制	01-9 鞋柜层板的绘制	鞋柜五金配件明细表
01-4 鞋柜面板的绘制	01-10 鞋柜门板的绘制	鞋柜开料明细表

技巧：199　鞋柜透视图效果

视频：无
案例：鞋柜透视图.dwg

技巧概述：鞋柜的主要用途是陈列闲置的鞋，同时有着放鞋子和杂物的功能。随着社会的进步和人类生活水平的提高，从早期的木鞋柜演变成现在多种多样款式和制材的鞋柜，包括木质鞋柜、电子鞋柜、消毒鞋柜等。

虽然电子鞋柜的问世是鞋柜发展史上的一次巨大飞跃，但传统鞋柜的地位还是不可被取代的。本章以如图 6-1 所示的板式拆装鞋柜进行讲述，讲解了鞋柜各部件三视图、模型图，鞋柜装配示意图、模型图的绘制。

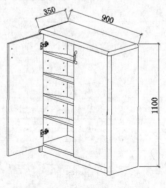

图 6-1　鞋柜透视图

技巧：200　鞋柜零部件示意图

视频：无
案例：鞋柜零部件示意图.dwg

技巧概述：首先讲解组成此鞋柜各个部件板材三视图及模型图的绘制，其中包括左侧板、侧板前条、侧板上条、面板、面板前条、底板、左背板、脚条、层板、门板等，各部件示意图效果如图 6-2 所示，在下面的工艺图绘制中，将以此部件号顺序来进行，如 01-1 号板代表了左侧板。

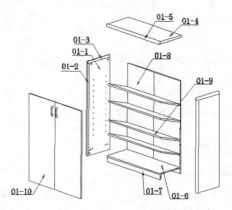

图 6-2 鞋柜部件示意图

技巧：201 01-1鞋柜左侧板的绘制

视频：技巧201-鞋柜左侧板的绘制.avi
案例：01-1三视图.dwg 01-1模型图.dwg

技巧概述：在绘制左侧板之前，可以调用前面设置好绘制环境的"家具样板.dwt"文件，以此为基础来绘制鞋柜侧板图形，效果如图 6-3 所示。

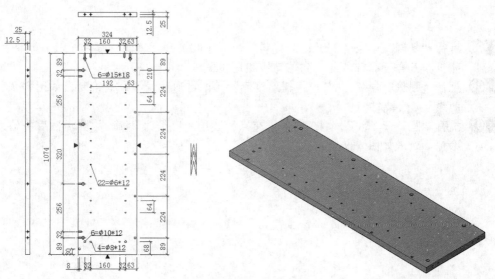

图 6-3 左侧板三视图和模型图效果

1. 绘制左侧板三视图

步骤 01 启动 AutoCAD 2014 软件，单击"打开"按钮 ，将"家具样板.dwt"文件打开；再单击"另存为"按钮 ，将文件另存为"案例\06\01-1 三视图.dwg"文件。

步骤 02 在"常用"选项卡的"图层"面板中，选择"轮廓线"图层，置为当前图层，执行"矩形"命令（REC），在视图中绘制 324×1074 的矩形，如图 6-4 所示。

步骤 03 执行"分解"命令（X）和"偏移"命令（O），将矩形相应边按照如图 6-5 所示进行偏移，且将偏移得到的线段转换为"辅助线"图层。

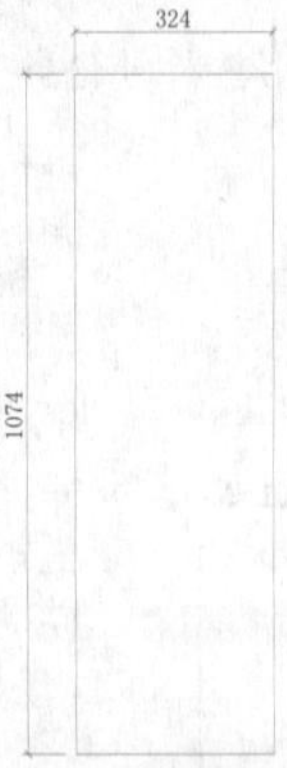

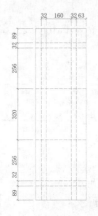

图 6-4   绘制矩形 　　　　　　　　　　　　　　图 6-5   偏移辅助线

步骤 04 切换到"符号"图层，执行"插入块"命令（I），在弹出的"插入"对话框中，选择样板文件中保存的内部图块"孔位符号"，将其插入图形中，效果如图 6-6 所示。

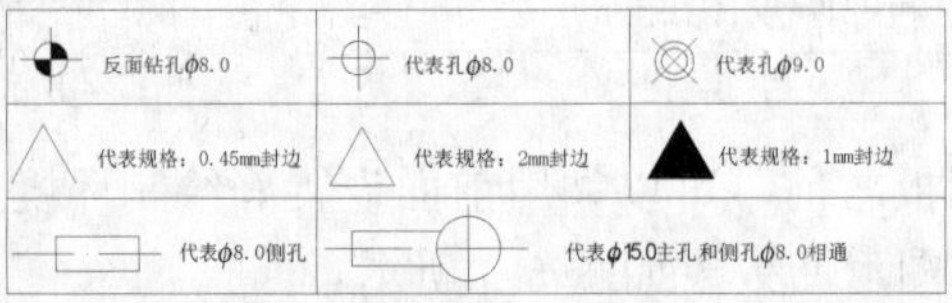

图 6-6   插入符号图块

步骤 05 执行"复制"命令（CO）、"旋转"命令（RO）和"镜像"命令（MI），将"Ø8 侧孔"和三合一孔符号复制到辅助线相应位置，如图 6-7 所示。

步骤 06 执行"删除"命令（E），将辅助线删除掉；再通过偏移命令绘制出如图 6-8 所示辅助线。

步骤 07 执行"圆"命令（C），在辅助线交点处各绘制直径为 10mm 的圆，然后将辅助线删除掉，效果如图 6-9 所示。

图 6-7   复制符号 　　　　　　　　图 6-8   偏移辅助线 　　　　　　　图 6-9   绘制 Ø10 圆

步骤 08 再通过"偏移"命令绘制出辅助线，如图 6-10 所示；再执行"圆"命令（C），在辅助线交点上分别绘制直径 8mm 和直径 10mm 的圆，如图 6-11 所示。

步骤 09 执行"删除"命令（E），将辅助线删除掉；再通过"偏移"命令绘制出辅助线，如图 6-12 所示。

图 6-10　绘制辅助线

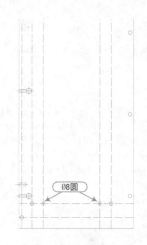

图 6-11　绘制圆孔

图 6-12　绘制辅助线

步骤 10 通过执行"圆"命令（C）和"复制"命令（CO），在辅助线交点处绘制直径为 6mm 的圆；再执行"删除"命令（E），将辅助线删除掉，效果如图 6-13 所示。

步骤 11 切换至"轴线"图层，执行"直线"命令（L），在上侧捕捉主视图端点向上和向左绘制投影线，如图 6-14 所示。

步骤 12 切换到"轮廓线"图层，执行"直线"命令（L），在右侧捕捉构造线绘制出宽为 25mm 的矩形如图 6-15 所示。

步骤 13 执行"修剪"命令（TR），将多余的投影线修剪掉；再执行"复制"命令（CO），将"Ø8 正孔"符号复制到辅助线中点上，如图 6-16 所示。最后将投影线删除掉。

步骤 14 通过复制、缩放、旋转和镜像操作，将"1mm 封边"符号放大 1.5 倍并复制到主视图相应位置，如图 6-17 所示。

步骤 15 将"尺寸线"图层置为当前图层，执行"线性标注"命令（DLI）和"连续标注"命令（DCO），对图形进行尺寸标注；再执行"直线"命令（L），在右下侧绘制出板材纹理走向，效果如图 6-18 所示。

图 6-13　绘制圆孔　　　　图 6-14　绘制投影线

图 6-15　绘制矩形

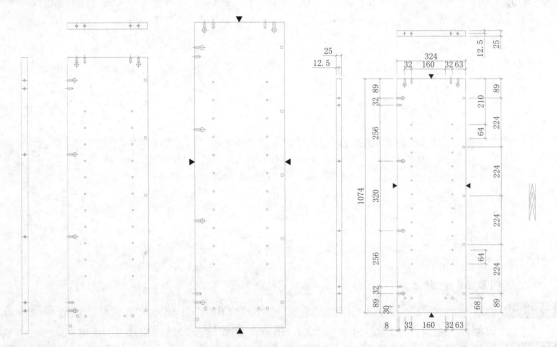

图 6-16 复制符号   图 6-17 复制封边   图 6-18 标注图形尺寸

步骤 16 切换至"文本"图层,执行"引线"命令(LE),根据命令提示"指定第一个引线点或〔设置(S)〕",选择"设置(S)"选项,则弹出"引线设置"对话框,在"引线和箭头"选项卡中设置"箭头"为"实心闭合";在"附着"选项卡中勾选"最后一行加下画线"复选框,如图 6-19 所示。

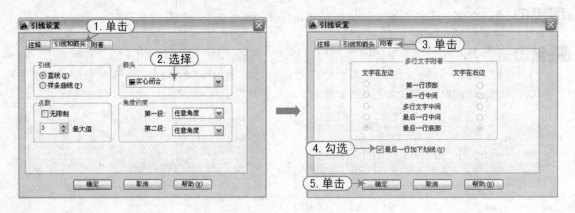

图 6-19 引线设置

步骤 17 设置好引线格式以后,在需要注释的位置单击,拖出一条引线,然后按【Enter】键直至出现文本输入框后,在"文字格式"工具栏中设置字体为宋体,设置文字高度为 30,再输入文字内容,最后单击"确定"按钮以完成引线注释,如图 6-20 所示。

步骤 18 执行"插入块"命令(I),将"家具图框"插入图形中;再执行"缩放"命令(SC),输入比例因子为 10,将其放大 10 倍以框住三视图。

步骤 19 执行"复制"命令(CO),在图框右下角表格处复制文字并修改文字内容,以完成图纸信息,如图 6-21 所示。

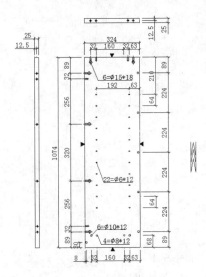

材料	金柚木刨花板	单位名称	
规格	1073*323*25	左侧板	
数量	2		
比例	1:10		
共　张	第　张	01-1	

图 6-20　引线注释效果　　　　图 6-21　完善图纸信息

2．绘制左侧板模型图

步骤 01 接上例，单击"另存为"按钮，将绘制的三视图文件另存为"01-1 模型图.dwg"文件。

步骤 02 执行"删除"命令（E），将不需要的图形删除掉，保留图形效果，如图 6-22 所示。

步骤 03 执行"面域"命令（REG），选择外矩形 4 条线段，按【Space】键确定以将矩形形成一个整体面。

步骤 04 在绘图区域左上侧，单击"视图控件"按钮，调整视图为"西南等轴测"，使图形切换到三维视图。

步骤 05 根据三视图引线注释的孔位深度，执行"拉伸"命令（EXT），将图形中的 Ø8、Ø10、Ø6 的圆全部向下拉伸为-12mm 的圆柱实体，如图 6-23 所示。

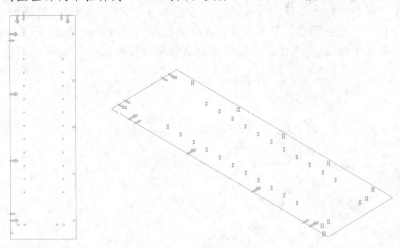

图 6-22　保留的图形　　　　图 6-23　拉伸圆为实体

步骤 06 再执行"拉伸"命令（EXT），将 6 个 Ø15 的圆拉伸为-18mm 的圆柱实体，效果如图 6-24 所示。

步骤 07 执行"拉伸"命令（EXT），将矩形拉伸为-25mm 的长方体，如图 6-25 所示。

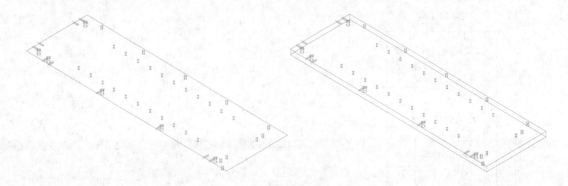

图 6-24　拉伸圆为实体　　　　　　　　　　图 6-25　拉伸矩形为长方体

步骤 08 执行"坐标系"命令 UCS，选择"面（F）"选项，再单击左侧面以确定坐标系。

步骤 09 再执行"圆"命令（C），捕捉左侧孔线段端点绘制圆；再将圆拉伸为−28mm 和−20mm 的深度；再执行"移动"命令（M），将圆柱实体向下移动 12.5mm 以保证孔位正中，如图 6-26 所示。

专业技能　　　　　　　　　　　　　　　　　　　　　　　★★★★☆

　　三合一标准孔的深度为 28mm，圆榫标准孔深度为 20mm，这里不一一指出每个圆拉伸的深度；以两个互相垂直的孔即可辨别是三合一孔；正面孔为偏心轮孔，侧面深 28mm 的孔为连接杆孔。

　　接下来绘制后侧的侧孔，如何将后侧侧孔调整到前侧来绘制呢？

步骤 10 单击"视图控件"按钮，依次单击"后视"→"东北等轴测"视图；再执行"圆"命令（C），捕捉侧孔位置绘制圆；再将圆拉伸为−28mm 和−20mm 的深度，再执行"移动"命令（M），将圆柱实体向下移动 9 以保证孔位正中，如图 6-27 所示。

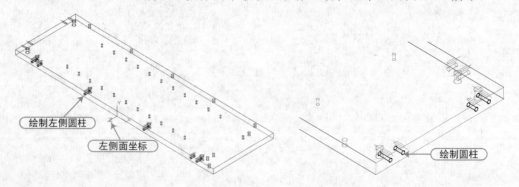

图 6-26　绘制左侧圆柱　　　　　　　　　　图 6-27　切换视图绘制圆柱

步骤 11 执行"差集"命令（SU），以长方体减去内部所有的圆柱实体，以进行差集；再将视觉样式调整为"概念"，效果如图 6-28 所示。

步骤 12 执行"删除"命令（E），将除模型外所有的线条删除掉以完成模型图的绘制。

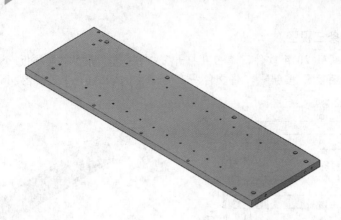

图 6-28　模型效果

技巧：202　01-2侧板前条的绘制

案例：01-2三视图.dwg
案例：01-2模型图.dwg

技巧概述： 首先将案例文件下的"家具样板.dwt"文件打开，并另存为新的文件；通过矩形、圆角命令绘制出板材轮廓，再通过偏移辅助线确定孔位置，再将孔位符号插入并复制到辅助线相应位置，最后进行尺寸标注、插入图框与注释文字信息。绘制的侧板前条三视图效果如图 6-29 所示。

在绘制模型图时，调用前面绘制的三视图并另存为新文件；首先切换视图为"西南等轴测"，通过面域、拉伸矩形绘制出板材厚度；再根据平面图标注的孔位深度去拉伸正孔圆为圆柱实体；再以长方体减去内部所有的圆柱实体进行差集运算，最后对需要圆角的位置进行"圆角边操作"，效果如图 6-30 所示。

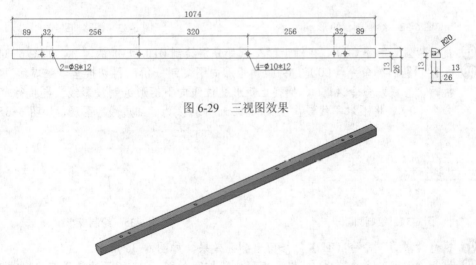

图 6-29　三视图效果

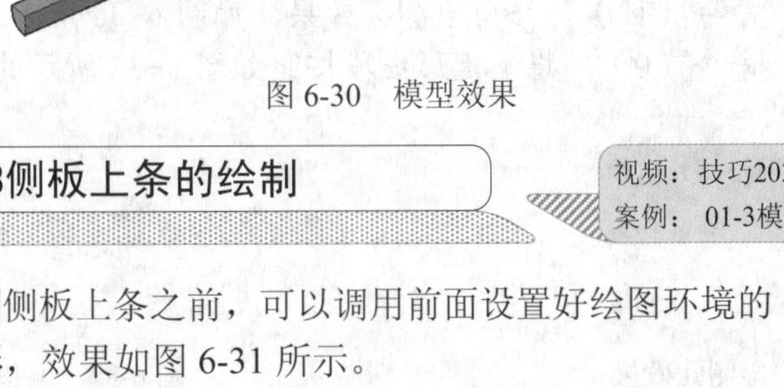

图 6-30　模型效果

技巧：203　01-3侧板上条的绘制

视频：技巧203-侧板上条的绘制.avi
案例：01-3模型图.dwg　01-3三视图.dwg

技巧概述： 在绘制侧板上条之前，可以调用前面设置好绘图环境的"家具样板.dwt"文件，以此为基础来绘制图形，效果如图 6-31 所示。

1. 绘制侧板上条三视图

步骤 01 启动 AutoCAD 2014 软件，单击"打开"按钮，将"家具样板.dwt"文件打开；再单击"另存为"按钮，将文件另存为"案例\06\01-3 三视图.dwg"文件。

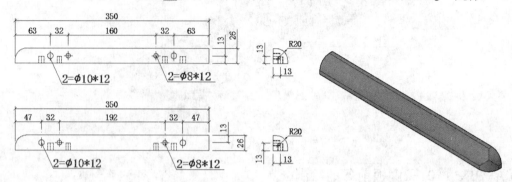

图 6-31　侧板上条图形效果

步骤 02 在"常用"选项卡的"图层"面板中，选择"轮廓线"图层并置为当前图层，执行"矩形"命令（REC），在视图中绘制 350×26 的矩形。

步骤 03 执行"圆角"命令（F），设置圆角半径为 20mm，对矩形左上直角进行圆角处理，如图 6-32 所示。

步骤 04 执行"分解"命令（X）和"偏移"命令（O），将矩形相应边按照如图 6-33 所示进行偏移，且将偏移得到的线段转换为"辅助线"图层。

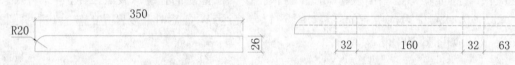

图 6-32　绘制圆角矩形　　　　　　　　　　　图 6-33　偏移辅助线

步骤 05 执行"圆"命令（C），在辅助线交点处分别绘制 Ø10 和 Ø8 的圆孔，如图 6-34 所示。

步骤 06 执行"复制"命令（CO），将圆角矩形向下复制一份；再切换至"细虚线"图层，执行"直线"命令（L），捕捉上矩形孔位线向下矩形绘制投影线；再执行"偏移"命令（O），将下水平线段向上偏移 12mm 并转换为"细虚线"图层，如图 6-35 所示。

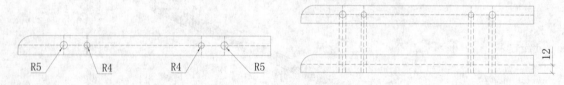

图 6-34　绘制圆　　　　　　　　　　　　　　图 6-35　绘制投影线

步骤 07 执行"修剪"命令（TR），修剪出侧孔效果，如图 6-36 所示。

步骤 08 执行"偏移"命令（O），将下矩形线段按照如图 6-37 所示的效果偏移出辅助线。

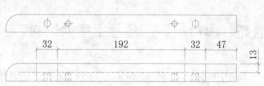

图 6-36　修剪出侧孔效果　　　　　　　　　　图 6-37　偏移辅助线

步骤 09 执行"复制"命令（CO），将前面绘制的 Ø10 和 Ø8 圆孔复制到相应辅助线交点，然后再将辅助线删除掉，如图 6-38 所示。

步骤 10 再执行"直线"命令（L），捕捉下矩形 Ø10 和 Ø8 圆孔位线向上矩形绘制投影线；再将上矩形水平线向上偏移 12mm 并转换为"细虚线"图层，如图 6-39 所示。

步骤 11 执行"修剪"命令（TR），将多余的线条修剪掉以形成主视图侧孔，如图 6-40 所示。

步骤 12 切换到"轮廓线"图层，执行"矩形"命令（REC），各在主视右侧绘制出 26×26 对齐的矩形，如图 6-41 所示。

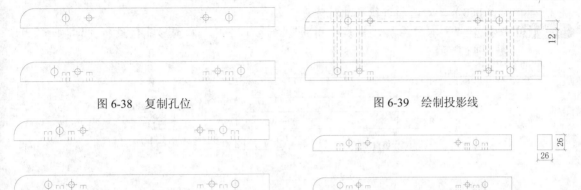

图 6-38　复制孔位　　　　　　　　　　　图 6-39　绘制投影线

图 6-40　修剪出侧孔　　　　　　　　　　图 6-41　绘制对齐矩形

步骤 13 切换到"细虚线"图层，执行"直线"命令（L），捕捉主视和俯视图主孔线向右绘制投影线；再将矩形左垂直线向右偏移 12mm 并转换为"细虚线"图层，如图 6-42 所示。

图 6-42　绘制投影线

步骤 14 执行"修剪"命令（TR），修剪多余的线条以形成 Ø10 和 Ø8 侧孔效果，如图 6-43 所示。

步骤 15 执行"圆角"命令（F），将上下矩形相应直角进行半径 20mm 的圆角操作，如图 6-44 所示。

步骤 16 执行"直线"命令（L），捕捉下水平线中点绘制一条垂直线段，并转换为"细虚线"图层；再执行"偏移"命令（O），再将细虚线各向两边分别偏移 4mm 和 5mm；将矩形下水平边向上偏移成高度为 12mm 的细虚线，如图 6-45 所示。

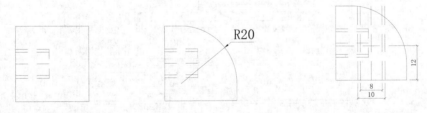

图 6-43　修剪效果　　　　图 6-44　圆角操作　　　　图 6-45　偏移细虚线

步骤 17 再执行"修剪"命令（TR），将多余的线条修剪掉，以形成 Ø10 和 Ø8 侧孔效果，如图 6-46 所示。

步骤 18 执行"复制"命令（CO），将绘制好的侧视图向下复制一份与俯视图对齐，如图 6-47 所示。

图 6-46　修剪出侧孔　　　　　　　　　图 6-47　复制图形

步骤 ⑲ 将"尺寸线"图层置为当前图层，执行"线性标注"命令（DLI）和"连续标注"命令（DCO），对图形进行尺寸标注。

步骤 ⑳ 切换至"文本"图层，执行"引线"命令（LE），对图形孔位进行文字注释，如图 6-48 所示。

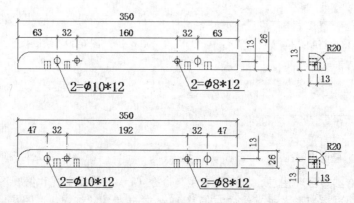

图 6-48　尺寸标注、引线注释效果

步骤 ㉑ 执行"插入块"命令（I），将"家具图框"插入图形中；再执行"缩放"命令（SC），输入比例因子为 4，将其放大 4 倍以框住三视图。

步骤 ㉒ 执行"复制"命令（CO），在图框右下角表格处复制文字并修改文字内容，以完善图纸信息，如图 6-49 所示。

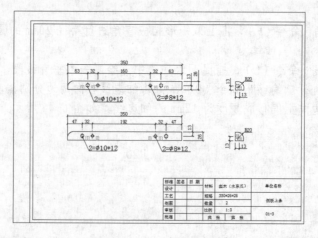

图 6-49　完善图纸信息

2. 绘制侧板上条模型图

步骤 ㉑ 接上例，单击"另存为"按钮，将文件另存为"01-3 模型图.dwg"文件。

步骤 ㉒ 执行"删除"命令（E），将除左上侧俯视图以外的图形删除掉，效果如图 6-50 所示。

图 6-50 保留的图形

步骤 03 再执行"面域"命令（REG），将圆角矩形进行面域处理。在"三维建模"空间下，将视图切换为"西南等轴测"。

步骤 04 执行"拉伸"命令（EXT），将圆拉伸为-12mm 深度的圆柱实体，如图 6-51 所示。

步骤 05 重复拉伸命令将矩形拉伸为-26mm 的长方体，如图 6-52 所示。

步骤 06 执行"坐标系"命令 UCS，根据命令提示选择"面（F）"，再拾取前侧面来新建坐标系。

步骤 07 执行"圆"命令（C），捕捉左侧孔线条端点绘制出圆；再将圆拉伸出-12mm 的圆柱实体，最后将圆柱向下移动 13mm，如图 6-53 所示。

步骤 08 执行"差集"命令（SU），以圆角长方体减去内部所有圆柱实体，差集效果如图 6-54 所示。

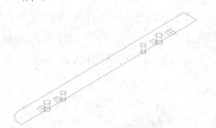

图 6-51 拉伸正面圆

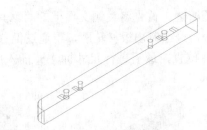

图 6-52 拉伸矩形

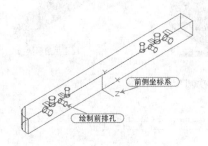

图 6-53 绘制侧圆孔

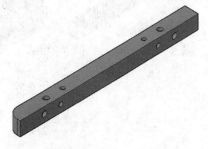

图 6-54 差集效果

步骤 09 执行"三维旋转"命令（3DR），将模型以 X 轴旋转 90°，如图 6-55 所示。

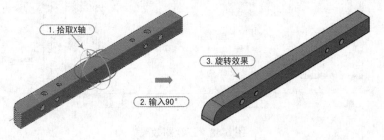

图 6-55 三维旋转操作

步骤 10 单击"实体编辑"面板中的"圆角边"按钮，根据命令提示选择"半径（R）"选项，设置半径值为 20mm，再选择需要圆角的边，按【Space】键接受圆角半径操作，如图 6-56 所示。

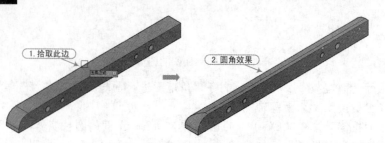

图 6-56　圆角边操作

步骤 ⑪ 切换到"西北等轴测"，按【Space】键重复"圆角边"命令，根据如图 6-57 所示提示选择下侧边进行圆角操作。

技巧：204　01-4鞋柜面板的绘制

案例：01-4三视图.dwg
案例：01-4模型图.dwg

技巧概述： 首先将案例文件下的"家具样板.dwt"文件打开，并另存为新的文件；通过矩形、圆角命令绘制出板材轮廓，再通过偏移辅助线确定孔位置，再将孔位符号插入并复制到辅助线相应位置，最后进行尺寸标注、插入图框与注释文字信息。绘制的面板三视图效果如图6-58 所示。

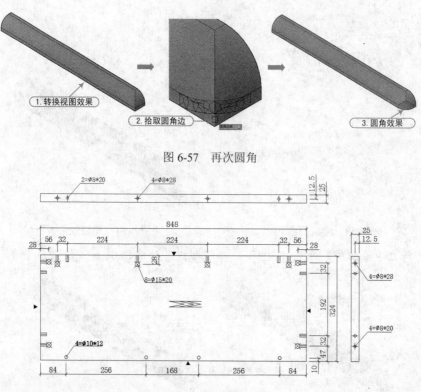

图 6-57　再次圆角

图 6-58　三视图效果

在绘制模型图时，调用前面绘制的三视图并另存为新文件，切换视图为"西南等轴测"，通过面域、拉伸矩形绘制出板材厚度；再根据平面图标注的孔位深度去拉伸正孔圆为圆柱实体；再旋转坐标系绘制侧孔圆、拉伸为圆柱；最后以长方体减去内部所有的圆柱实体进行差集运算，效果如图6-59 所示。

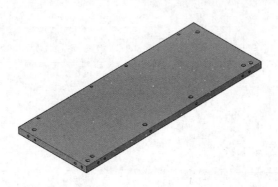

图 6-59　模型图效果

技巧：205　01-5面板前条的绘制

案例：01-5模型图.dwg
案例：01-5三视图.dwg

技巧概述： 首先将案例文件下的"家具样板.dwt"文件打开，并另存为新的文件；通过矩形、圆角命令绘制出板材轮廓，再通过偏移辅助线确定孔位置，再将孔位符号插入并复制到辅助线相应位置，最后进行尺寸标注、插入图框与注释文字信息。绘制的面板前条三视图效果如图 6-60 所示。

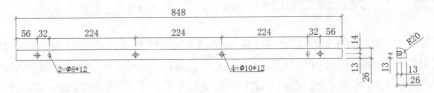

图 6-60　三视图效果

在绘制模型图时，调用前面绘制的三视图并另存为新文件，切换视图为"西南等轴测"，通过面域、拉伸矩形绘制出板材厚度；再根据平面图标注的孔位深度去拉伸正孔圆为圆柱实体；再以长方体减去内部所有的圆柱实体进行差集运算，最后对需要圆角的位置进行"圆角边操作"，效果如图 6-61 所示。

图 6-61　模型图效果

技巧：206　01-6 鞋柜

案例：01-6三视图.dwg
案例：01-6模型图.dwg

技巧概述： 在绘制底板三视图时，首先将案例文件下的"家具样板.dwt"文件打开，并另存为新的文件；通过矩形命令绘制出板材轮廓，再通过偏移辅助线确定孔位置，再将孔位符号插入并复制到辅助线相应位置，最后进行尺寸标注、插入图框与注释文字信息，效果如图 6-62 所示。

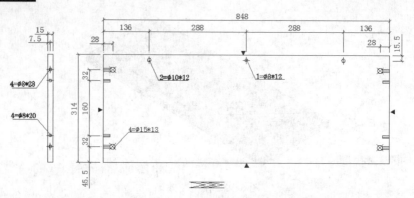

图 6-62　三视图效果

在绘制模型图时，调用前面绘制的三视图并另存为新文件，切换视图为"西南等轴测"，将主视图轮廓及孔位符号复制出来；通过面域、拉伸矩形绘制出板材厚度；再根据平面图标注的孔位深度去拉伸正孔圆为圆柱实体；再旋转坐标系绘制侧孔圆、拉伸为圆柱；最后以长方体减去内部所有的圆柱实体进行差集运算，效果如图 6-63 所示。

技巧：207　01-7鞋柜脚条的绘制

案例：01-7模型图.dwg
案例：01-7三视图.dwg

技巧概述：首先将案例文件下的"家具样板.dwt"文件打开，并另存为新的文件；通过矩形命令绘制出板材轮廓，再通过偏移辅助线确定孔位置，再将孔位符号插入并复制到辅助线相应位置，最后进行尺寸标注、插入图框与注释文字信息。三视图效果如图 6-64 所示。

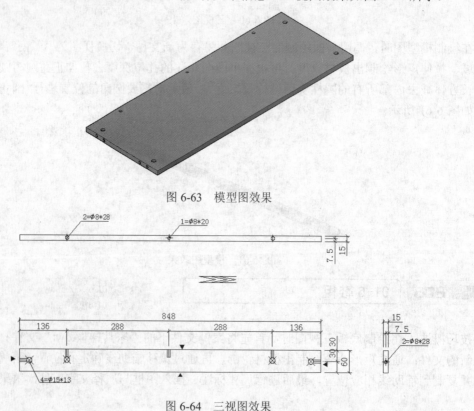

图 6-63　模型图效果

图 6-64　三视图效果

> **技巧提示**　　　　　　　　　　　　　　　　　　★★★☆☆
>
> 　　图 6-64 中的标注 "7.5" 在当前图形中是无法标注出来的，因为 "家具-10" 标注样式精确度为 0，小数后位数不能被标注出来。可执行 "编辑标注" 命令（ED），单击要修改的标注对象，然后在出现的文本框中修改标注文字为 7.5 即可。

　　在绘制模型图时，调用前面绘制的三视图并另存为新文件，切换视图为 "西南等轴测"，将主视图轮廓及孔位符号复制出来；通过面域、拉伸矩形绘制出板材厚度；再根据平面图标注的孔位深度去拉伸正孔圆为圆柱实体；再旋转坐标系绘制侧孔圆、拉伸为圆柱；最后以长方体减去内部所有的圆柱实体进行差集运算，效果如图 6-65 所示。

图 6-65　模型图效果

技巧：208　01-8 鞋柜左背板的绘制

案例：01-8模型图.dwg
案例：01-8三视图.dwg

　　技巧概述：在绘制三视图时，首先将案例文件下的 "家具样板.dwt" 文件打开，并另存为新的文件；通过矩形命令绘制出板材轮廓，再通过偏移辅助线确定孔位置，再将孔位符号插入并复制到辅助线相应位置，最后进行尺寸标注、插入图框与注释文字信息，效果如图 6-66 所示。

　　在绘制模型图时，调用前面绘制的三视图并另存为新文件，切换视图为 "西南等轴测"，将主视图轮廓及孔位符号复制出来；通过面域、拉伸矩形绘制出板材厚度；再根据平面图标注的孔位深度去拉伸正孔圆为圆柱实体；再旋转坐标系绘制侧孔圆、拉伸为圆柱；最后以长方体减去内部所有的圆柱实体进行差集运算，效果如图 6-67 所示。

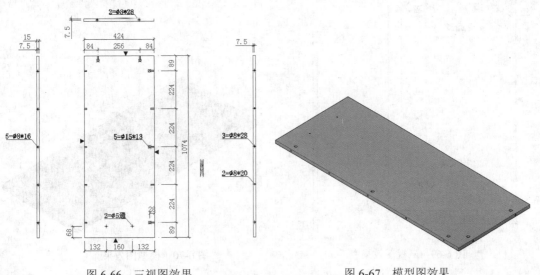

图 6-66　三视图效果　　　　　　　　　　　图 6-67　模型图效果

技巧：209 | 01-9鞋柜层板的绘制

案例：01-9三视图.dwg
案例：01-9模型图.dwg

技巧概述： 层板图形非常简单，直接绘制出矩形并拉伸为长方体即可，效果如图 6-68 所示。

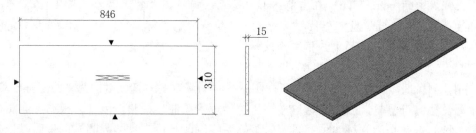

图 6-68　鞋柜层板效果

技巧：210 | 01-10 鞋柜门板的绘制

案例：01-10模型图.dwg
案例：01-10三视图.dwg

技巧概述： 在绘制三视图时，首先将案例文件下的"家具样板.dwt"文件打开，并另存为新的文件；通过矩形命令绘制出板材轮廓，再通过偏移辅助线确定孔位置，再将孔位符号插入并复制到辅助线相应位置，最后进行尺寸标注、插入图框与注释文字信息，效果如图 6-69 所示。

在绘制模型图时，调用前面绘制的三视图并另存为新文件，切换视图为"西南等轴测"，通过面域、拉伸矩形绘制出板材厚度；再根据平面图标注的孔位深度去拉伸正孔圆为圆柱实体；最后以长方体减去内部所有的圆柱实体进行差集运算，效果如图 6-70 所示。

技巧：211 | 鞋柜整体三视图的绘制

视频：技巧211-鞋柜整体三视图的绘制.avi
案例：鞋柜整体三视图.dwg

技巧概述： 三视图是以鞋柜上、前和左面进行垂直投影所得到的 3 个投影面图形，下面讲解如图 6-71 所示三视图的绘制方法。

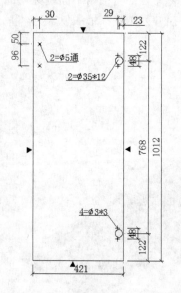

图 6-69　三视图效果

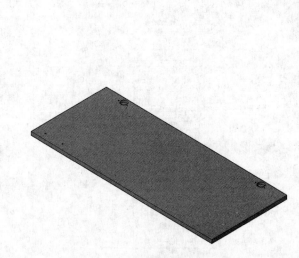

图 6-70　模型图效果

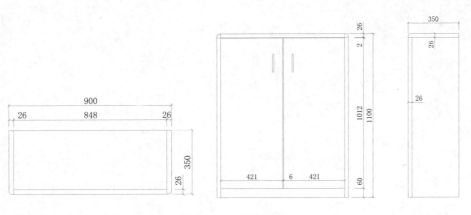

图 6-71　三视图效果

1. 俯视图的绘制

步骤 01　在 AutoCAD 2014 环境中，单击"打开"按钮 📂，打开"家具样板.dwt"文件，再单击"另存为"按钮 🖫，将文件另存为"鞋柜整体三视图.dwg"文件。

步骤 02　将"轮廓线"图层置为当前层，执行"矩形"命令（REC），绘制 900×350 的矩形，如图 6-72 所示。

步骤 03　执行"圆角"命令（F），设置圆角半径为 20mm，对下侧两直角进行圆角操作，如图 6-73 所示。

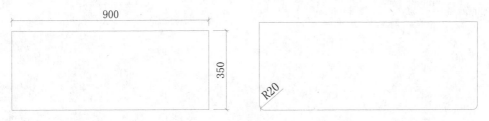

图 6-72　绘制矩形　　　　　　　　　　　图 6-73　圆角处理

步骤 04　执行"分解"命令（X），将圆角矩形分解；再通过执行"偏移"命令（O）和"修剪"命令（TR），将矩形的三条边各向内偏移 26mm，再修剪出侧板条与面板前条效果，如图 6-74 所示。

2. 主视图的绘制

步骤 01　执行"矩形"命令（REC），在俯视图下侧绘制 900×1100 的对齐矩形，如图 6-75 所示。

步骤 02　执行"圆角"命令（F），对上侧两个直径进行半径为 20mm 的圆角处理，如图 6-76 所示。

图 6-74　偏移修剪操作

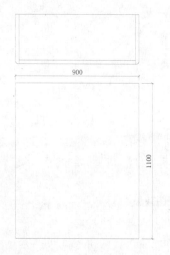

图 6-75　绘制对齐矩形　　　　　图 6-76　圆角处理

步骤 03 执行"分解"命令（X），将圆角矩形分解；再通过执行"偏移"命令（O）和"修剪"命令（TR），绘制出如图 6-77 所示效果。

步骤 04 执行"矩形"命令（REC），绘制 421mm×1021mm 的矩形作为门板；使用执行"移动"命令（M）和"复制"命令（CO），将门板放置到相应位置，如图 6-78 所示。

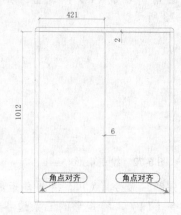

图 6-77　偏移修剪操作　　　　　图 6-78　绘制门板

专业技能　　　　　　　　　　　　　　　　　　★★★☆☆

　　两个门板之间保留了一定的缝隙，门板与面板之间预留了 2mm 的缝隙以方便鞋柜掩门能够随意的开启。

步骤 05 执行"矩形"命令（REC），绘制 10×120 的矩形作为拉手；通过执行"复制"命令（CO）将拉手复制到柜门上，如图 6-79 所示。

3.　左视图的绘制

步骤 01 执行"矩形"命令（REC），在主视图右侧绘制 350mm×1100mm 的对齐矩形，如图 6-80 所示。

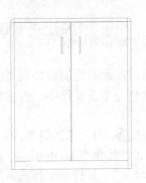

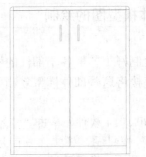

图 6-79　绘制拉手　　　　　　　　　图 6-80　在右侧绘制矩形

步骤 02 执行 "圆角" 命令（F），对矩形左上直角进行半径 20mm 的圆角处理，如图 6-81 所示。

步骤 03 执行 "偏移" 命令（O），将上侧和左侧线段各向内偏移 26mm；再执行 "修剪" 命令（TR），修剪出面板和侧板前条效果，如图 6-82 所示。

图 6-81　圆角处理　　　　　　　　图 6-82　偏移修剪操作

步骤 04 执行 "线形标注" 命令（DLI）和 "连续标注" 命令（DCO），对图形进行尺寸标注，如图 6-83 所示。

步骤 05 执行 "插入块" 命令（I），将家具图框插入图形中；执行 "缩放" 命令（SC），将图框放大到 11 倍以框住整个三视图，再双击表格输入相应内容。如图 6-84 所示，完成床尾柜三视图的绘制。

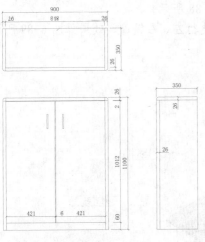

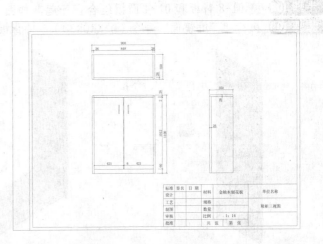

图 6-83　尺寸标注效果　　　　　　　　图 6-84　插入图框修改标题栏

技巧：212 鞋柜整体模型图的绘制

视频：技巧212-鞋柜整体模型图的绘制.avi
案例：鞋柜整体模型图.dwg

技巧概述： 前面已经绘制好了鞋柜各个部件的模型图，在此节绘制整体模型图时，不需要再重复绘制各部件模型，直接将这些部件模型复制并粘贴到一个新文件中，再按规范结合在一起即可。操作步骤如下。

步骤 01 正常启动 AutoCAD 2014 软件，单击"打开"按钮 📂，将"家具样板.dwt"文件打开；再单击"另存为"按钮 🖫，将文件另存为"鞋柜整体模型图.dwg"文件。

步骤 02 在"三维建模"空间下，将视图切换为"西南等轴测"；且将视觉样式调整成"概念"。

步骤 03 再单击"打开"按钮 📂，依次将"案例\06"文件夹下面 01 系列各个部件模型图文件打开。

步骤 04 然后依次在各个图形中选择各个部件模型，按【Ctrl+C】组合键进行复制，然后按【Ctrl+Tab】组合键切换到"鞋柜整体模型图"中，再按【Ctrl+V】组合键进行粘贴。

步骤 05 执行"三维旋转"命令（3DR），将粘贴过来的各个模型，按照零部件示意图的方向进行调整，如图 6-85 所示。

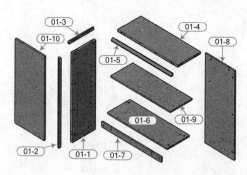

图 6-85　粘贴的模型

步骤 06 切换到"二维线框"模式下，执行"移动"命令（M），将 01-1 侧板和 01-2 侧板前条、01-3 侧板上条组合在一起，以形成整块左侧板，如图 6-86 所示。

步骤 07 再执行"移动"命令（M），将 01-7 脚条和 01-6 底板组合到左侧板上，如图 6-87 所示。

步骤 08 将 01-8 背板和 01-4 面板组合在一起，如图 6-88 所示。

步骤 09 执行"三维镜像"命令（MIRROR3D），将背板进行左、右镜像，效果如图 6-89 所示。

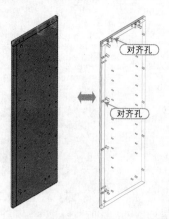

图 6-86　组合为左侧板

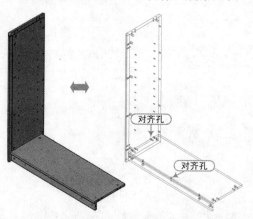

图 6-87　对齐脚条与底板

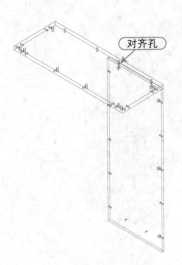

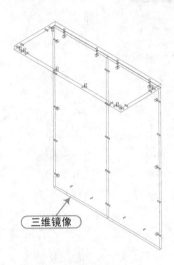

图 6-88　组合面板、背板　　　　　　　　　　　图 6-89　镜像背板

步骤 ⑩　执行 "移动" 命令（M），将 01-5 面板前条移动对齐到面板前侧，如图 6-90 所示。

步骤 ⑪　将上步组合好的图形移动对齐到左侧板上，如图 6-91 所示。

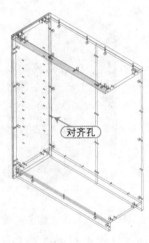

图 6-90　对齐面板前条　　　　　　　　　　　图 6-91　组合整体

步骤 ⑫　执行 "三维旋转" 命令（3DR），选择 01-9 层板，指定绿色 Y 轴为旋转轴，再输入 "-20°"，则将其绕 Y 轴旋转 -20°，如图 6-92 所示。

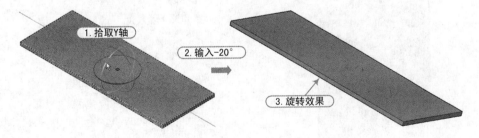

图 6-92　旋转图形

步骤 ⑬　切换到 "前视" 视图，通过执行 "移动" 命令（M）和 "复制" 命令（CO），将层板移动复制到柜内，如图 6-93 所示。

步骤 ⑭　再切换到 "西南等轴测" 视图，将层板移动好位置，效果如图 6-94 所示。

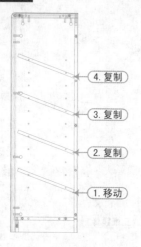

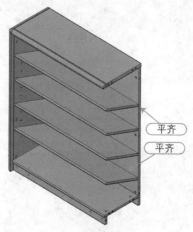

图 6-93　复制移动层板　　　　　　　　图 6-94　三维视图中对齐

步骤 15 执行"三维镜像"命令（MIRROR3D），选择组成整体左侧板的 3 块板材进行左右镜像，效果如图 6-95 所示。

步骤 16 执行"三维镜像"命令（MIRROR3D），将门板以端点进行左右镜像，如图 6-96 所示。

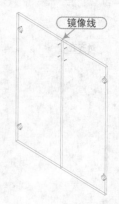

图 6-95　三维镜像左侧板　　　　　　　图 6-96　三维镜像门板

步骤 17 执行"移动"命令（M），以两门板内下侧重合中点为基点，移动到底板前端中点进行对齐，如图 6-97 所示。

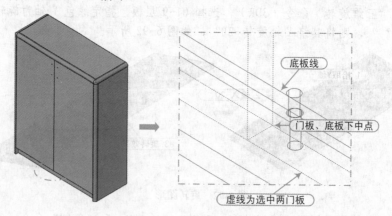

图 6-97　门板内侧对齐底板前侧

步骤 ⑱ 单击 "打开" 按钮 ，将 "案例/06" 文件夹下面的 "拉手" 图形打开，并复制粘贴到鞋柜整体模型图中；然后通过执行 "复制" 命令（CO），将其复制到门板前侧孔位处，如图 6-98 所示。

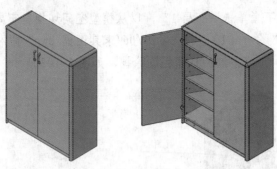

图 6-98 鞋柜模型效果

技巧：213 鞋柜装配示意图的绘制

视频：技巧213-鞋柜装配示意图的绘制.avi
案例：鞋柜装配示意图.dwg

技巧概述： 装配示意图要求说明产品的拆装过程，详细画出各连接件的拆装步骤图解以及总体效果图，使用户一目了然，便于拆装。下面以实例的方式来讲解鞋柜装配示意图的绘制方法。

步骤 ① 正常启动 AutoCAD 2014 软件，单击 "打开" 按钮，将 "鞋柜整体模型图.dwg" 文件打开；再单击 "另存为" 按钮，将文件另存为 "鞋柜装配示意图.dwg" 文件。

步骤 ② 执行 "复制" 命令（CO），将主台模型图水平向左复制 4 份，如图 6-99 所示。

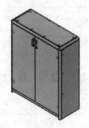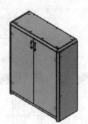

图 6-99 复制图形

步骤 ③ 执行 "删除" 命令（E），在第一个整体模型中将门板和面板删除掉；再执行 "移动" 命令（M），将各个部件之间预留出一定的空位，如图 6-100 所示，以形成装配第 1 步。

步骤 ④ 在第二个模型图中，将门板删除掉，再将面板向上移动一定的位置，如图 6-101 所示，以形成装配第 2 步。

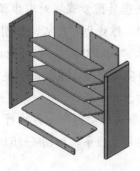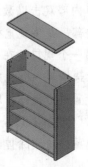

图 6-100 装配 1   图 6-101 装配 2

步骤 05 继续在第三个模型图中将门板向前移动出一定的位置,如图 6-102 所示,以形成装配第 3 步。

步骤 06 在绘图区域左下角单击"布局 1",以从模型空间切换至布局空间。

步骤 07 执行"插入块"命令(I),将"案例/06/家具图框.dwg"插入布局 1 中;再执行"删除"命令(E),将下侧的标题栏删除掉,如图 6-103 所示。

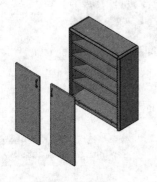

图 6-102　装配 3　　　　　　　　　　图 6-103　插入图框

步骤 08 执行"偏移"命令(O)和"修剪"命令(TR),将内框按照如图 6-104 所示进行偏移。

步骤 09 选择"视图 | 视口 | 一个视口"命令,分别捕捉偏移出来的矩形格子绘制出 6 个视口,如图 6-105 所示。

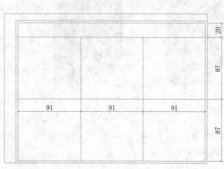

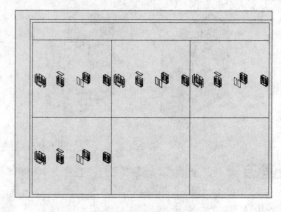

图 6-104　偏移和修剪线条　　　　　　图 6-105　创建 6 个视口

步骤 10 在各个视口内部双击以激活该视口,根据装配步骤将对应步骤的图形最大化依次显示在视口内部,并将视觉样式切换为"二维线框"模式,如图 6-106 所示。

步骤 11 双击进入第一个视口,在命令行中输入"SOLPROF",按【Space】键提示"选择对象",然后选择第一个视口中最大化的实体模型,根据命令提示直接按【Enter】键以默认的设置进行操作,即可将实体抽出为线条。

步骤 12 执行"移动"命令(M),将抽出的线条块移动出来。再执行"删除"命令(E),将实体和隐藏线块删除掉,留下抽出的可见线条,如图 6-107 所示。

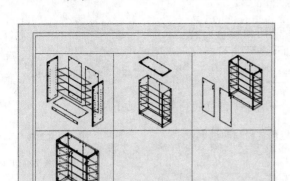
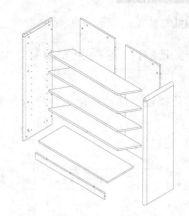

图 6-106　依次显示装配步骤　　　　图 6-107　抽出第一个视口实体线条

步骤⑬ 将"细虚线"图层置为当前图层，执行"直线"命令（L），捕捉圆孔位绘制连接线段，如图 6-108 所示以表示孔位连接状态。

步骤⑭ 根据同样的方法，依次切换到其他视口中，执行"SOLPROF"命令，抽出实体的线条，再将实体对象和抽出的隐藏线块删除；最后绘制对应孔位的连接虚线，绘制效果如图 6-109 所示。

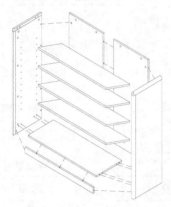
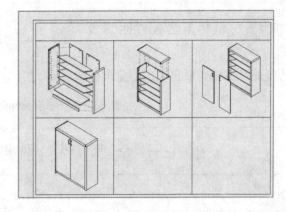

图 6-108　绘制连接虚线　　　　图 6-109　抽出其他视口线条

步骤⑮ 执行"多行文字"命令（MT），设置文字高度为 5，对图名和步骤进行注释；设置文字高度为 3，对产品名称及组合尺寸进行注释，效果如图 6-110 所示。

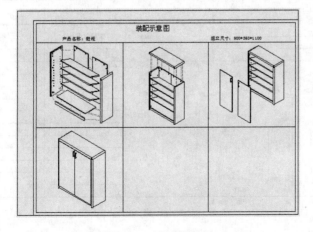

图 6-110　装配图效果

步骤 **16** 至此，鞋柜柜装配示意图已经绘制完成，按【Ctrl+S】组合键保存。

技巧：214 **鞋柜包装材料明细表**

视频：无
案例：鞋柜包装材料明细表.dwg

技巧概述：在对鞋柜板件进行包装时，所用到的包装材料如表6-1所示。

表 6-1　鞋柜包装材料明细表　　　　　　　　　　　单位：mm

板件与板件之间用PE纸隔离

纸箱编号	纸箱结构	纸箱内尺寸	体积(m³)	净重(kg)	毛重(kg)	五金配件	有无玻璃	层数	部 件 名称	规格	数量	包装辅助材料 名称	规格	数量	备 注
2-1	中封	1090*440*131	0.07					5	侧板	1074*350*25	2	泡沫	1090*440*10	2	箱颜色为黄色
								1/2	门板	1012*421*18	2	泡沫	1090*115*10	2	
								2/3	背板	1074*424*15	2	泡沫	425*115*10	2	
												泡沫	填平		
2-2	中封	915*365*115	0.04			五金配件1包		1	面板	900*350*25	1	泡沫	915*365*10	2	第1层放0件
								2	底板	848*314*15	1	泡沫	915*100*10	2	
								3-6	层板	846*310*15	4	泡沫	350*100*10	2	
								3侧	脚条	848*60*18	1	泡沫	填平		

技巧：215 **鞋柜五金配件明细表**

视频：无
案例：鞋柜五金配件明细表.dwg

技巧概述：鞋柜需要包装的五金配件如表6-2所示。

表 6-2　鞋柜五金配件明细表　　　　　　　　　　　单位：mm

五 金 配 件 明 细 表

产品名称：鞋柜

分类名称	材料名称	规 格	数量	备 注	分类名称	材料名称	规 格	数量	备 注
封袋配件	三合一	∅15*11 / ∅7*28	37套		安装配件	三合一	∅15*11 / ∅7*28	16套	
	木榫	∅8*30	26个			木榫	∅8*30	46个	
	自攻螺丝	∅4*14	8粒			层板钉螺母	M6	36个	
	自攻螺丝	∅4*35	8粒						
	门铰螺丝	∅4*8	8粒		发包装配件	材料名称	规 格	数量	备 注
	平头螺丝	∅4*12	2粒			拉手	孔距96mm	2个	
	白脚钉		6粒			大弯门铰		4个	
	拉手螺丝	∅4*22	4粒						
	层板钉		12个						
	衣托扣		1对						

技巧：216 鞋柜开料明细表

视频：无
案例：鞋柜开料明细表.dwg

技巧概述：根据如表 6-3 所示的各部件开料尺寸、数量和材料名称，可将鞋柜各部件板材进行开料。

表 6-3 开料明细表   单位：mm

开　料　明　细　表							
单位	MM	产品规格	900*350*1100		产品颜色	金柚色	
序号	零部件名称	零部件代号	开料尺寸	数　量	材料名称	封　边	备　注
1	侧板	01-1	1073*323*25	2	金柚色刨花板	4	
2	底板	01-6	847*313*15	1	金柚色刨花板	4	
3	面板	01-4	847*323*25	1	金柚色刨花板	4	
4	背板	01-8	1073*423*15	2	金柚色刨花板	4	
5	前脚条	01-7	847*59*15	1	金柚色刨花板	4	
6	活动层板	01-9	846*309*15	4	金柚色刨花板	4	
7	门板	01-10	1011*420*18	2	金柚色刨花板	4	
8	侧板前条	01-2	1074*26*26	2	实木 水冬瓜		
9	侧板上条	01-3	350*26*26	2	实木 水冬瓜		
10	面板前条	01-5	848*26*26	1	实木 水冬瓜		

第 7 章　床尾柜施工图的绘制

● **本章导读**

本章主要讲解板式床尾柜全套施工图的绘制技巧，主要包括床尾柜透视图、零部件示意图、各部件工艺图（部件三视图、模型图）、床尾柜三视图、模型图与装配图；在后面还列出了床尾柜开料明细表、五金配件明细表以及包装材料明细表，使读者掌握床尾柜整套施工图的绘制内容。

● **本章内容**

床尾柜透视图效果	01-6 背板的绘制	01-13 中抽底板的绘制
床尾柜零部件示意图	01-7 边抽面板的绘制	01-14 软包板的绘制
01-1 左侧板的绘制	01-8 抽侧板的绘制	床尾柜整体模型图的绘制
01-2 上中侧板的绘制	01-9 边抽尾板的绘制	床尾柜装配示意图的绘制
01-3 下中侧板的绘制	01-10 边抽底板的绘制	床尾柜整体三视图的绘制
01-4 底板的绘制	01-11 中抽面板的绘制	床尾柜开料明细表
01-5 面板的绘制	01-12 中抽尾板的绘制	床尾柜包装材料明细表
		床尾柜五金配件明细表

技巧：217　床尾柜透视图效果

视频：无
案例：床尾柜透视图.dwg

技巧概述：有一款漂亮的床尾柜不仅可以拉长床的视觉外，在美观方面也能起到很大的装饰和点缀作用。本章以如图 7-1 所示的板式拆装床尾柜进行讲述，讲解了其各部件三视图、模型图、装配示意图、模型图的绘制。

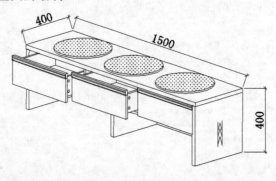

图 7-1　床尾柜透视图

技巧：218　床尾柜零部件示意图

视频：无
案例：床尾柜零部件示意图.dwg

技巧概述：本章首先讲解组成此床尾柜各个部件板材三视图及模型图的绘制，其中包括左侧板、上中侧板、下中侧板、面板、底板、背板、边抽面板、边抽底板、边抽尾板、抽侧板、中抽面板、中抽底板、中抽尾板等，各部件示意图效果如图 7-2 所示，在下面的工艺图绘制中，将以此部件号顺序来进行，如 01-1 号板代表了左侧板。

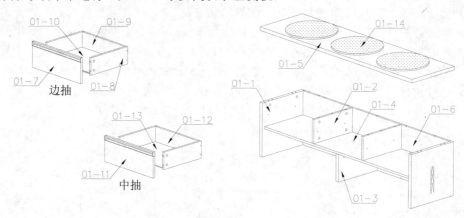

图 7-2 床尾柜零部件示意图

专业技能 ★★★★☆

板式家具常见的饰面材料有天然木材饰面单板（俗称木皮）、木纹纸（俗称纸皮）、PVC 胶板、防火板、漆面等。

天然木皮通常用于中高档以上家具，常见的有樱桃木、水曲柳、红橡等，贴天然木皮不仅自然美观，且使用性能优良。

防火板：由牛皮纸、酚腮树脂、加钛白粉复面纸、三聚氰胺纸迭压而成，多用于板式家具、橱具等，特点：耐磨耐高温、有木纹、素面、石纹或其他花饰。

技巧：219 01-1 左侧板的绘制

视频：技巧219-左侧板的绘制.avi
案例：01-1三视图.dwg 01-1模型图.dwg

技巧概述： 在绘制左侧板之前，可以调用前面设置好绘制环境的"家具样板.dwt"文件，以此为基础来绘制床尾柜侧板图形，效果如图 7-3 所示。

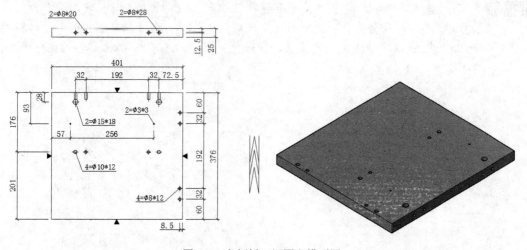

图 7-3 左侧板三视图和模型图

1. 绘制左侧板三视图

步骤 01 启动 AutoCAD 2014 软件，单击"打开"按钮，将"家具样板.dwt"文件打开；再单击"另存为"按钮，将文件另存为"案例\07\01-1 三视图.dwg"文件。

步骤 02 在"常用"选项卡的"图层"面板中，选择"轮廓线"图层，置为当前图层；执行"矩形"命令（REC），在视图中绘制 401×376 的矩形如图 7-4 所示。

步骤 03 执行"分解"命令（X）和"偏移"命令（O），将矩形相应边按照如图 7-5 所示进行偏移，且将偏移得到的线段转换为"辅助线"图层。

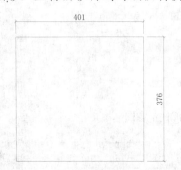

图 7-4 绘制矩形

图 7-5 绘制辅助线

步骤 04 切换到"符号"图层，执行"插入块"命令（I），在弹出的"插入"对话框中，选择样板文件中保存的内部图块"孔位符号"，将其插入图形中，效果如图 7-6 所示。

图 7-6 插入符号图块

步骤 05 执行"复制"命令（CO）、"旋转"命令（RO）和"镜像"命令（MI），将"Ø8 侧孔"和三合一孔符号复制到辅助线相应位置，如图 7-7 所示。

步骤 06 执行"偏移"命令（O），将上水平线向下偏移 176 作为辅助线；执行"复制"命令（CO），将 Ø8 正圆孔复制到辅助线交点处；再执行"缩放"命令（SC），各将两侧的 Ø8 正圆孔以辅助线交点为基点，输入比例因子为 10/8，以放大至 Ø10 的正圆孔，如图 7-8 所示。

图 7-7 复制孔位符号

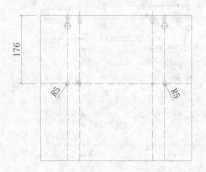

图 7-8 复制、缩放符号

技巧提示 ★★★☆☆

　　当选择缩放对象时，一次性只能选择一个对象并指定辅助线交点来缩放，这使对象以原位置进行缩放。若选择两个对象一起缩放时，放大的图形位置会发生变化的。

步骤 07 执行"删除"命令（E），将辅助线删除掉；再执行"偏移"命令（O），按照如图 7-9 所示偏移出辅助线。

步骤 08 执行"复制"命令（CO），将 Ø8 的圆孔和 Ø10 的圆孔符号各复制到辅助线交点上，再将辅助线删除掉，如图 7-10 所示。

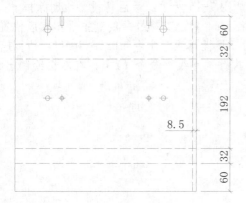

图 7-9　绘制辅助线

图 7-10　绘制圆孔

步骤 09 根据同样的方法执行"偏移"命令（O），如图 7-11 所示偏移出辅助线。

步骤 10 通过"复制"和"缩放"命令，将 Ø8 正圆孔复制到辅助线交点上，并输入缩放比例因子为 3/8，以将 Ø8 孔缩小为 Ø3 孔；再将辅助线删除掉，效果如图 7-12 所示。

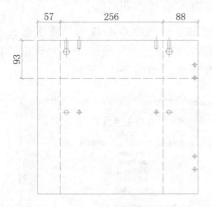

图 7-11　偏移辅助线

图 7-12　绘制 Ø3 符号

步骤 11 切换至"轴线"图层，执行"直线"命令（L），在上侧捕捉主视图端点向上绘制投影线，如图 7-13 所示。

步骤 12 切换到"轮廓线"图层，执行"直线"命令（L），在右侧捕捉构造线绘制出宽 25 的矩形，如图 7-14 所示。

图 7-13 绘制投影线

图 7-14 绘制矩形

步骤 13 执行"修剪"命令（TR），将多余的投影线修剪掉；再执行"复制"命令（CO），将 Ø8 正孔符号复制到辅助线中点上，如图 7-15 所示。最后将投影线删除掉。

步骤 14 通过复制、缩放、旋转和镜像操作，将"1mm 封边"符号复制到主视图相应位置。

步骤 15 将"尺寸线"图层置为当前图层，执行"线性标注"命令（DLI）和"连续标注"命令（DCO），对图形进行尺寸标注；再执行"直线"命令（L），在右侧绘制出板材纹理走向，效果如图 7-16 所示。

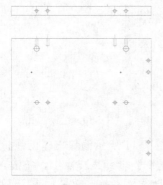

图 7-15 复制符号

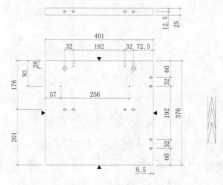

图 7-16 标注图形尺寸

步骤 16 切换至"文本"图层，执行"引线"命令（LE），根据命令提示"指定第一个引线点或 [设置(S)]"，选择"设置（S）"选项，则弹出"引线设置"对话框，在"附着"选项卡中勾选"最后一行加下画线"复选框，如图 7-17 所示。

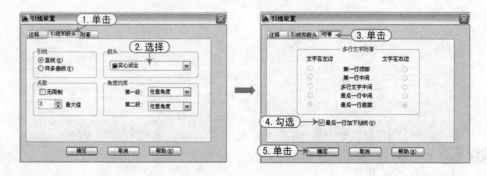

图 7-17 引线设置

步骤 17 设置好引线格式以后，在需要注释的位置单击，拖出一条引线，然后按【Enter】键直至出现文本输入框后，在"文字格式"工具栏中设置字体为宋体，设置文字高度为 30，再输入文字内容，最后单击"确定"按钮完成引线注释，如图 7-18 所示。

步骤 18 执行"插入块"命令（I），将"家具图框"插入图形中；再执行"缩放"命令（SC），
输入比例因子为 5，将其放大 5 倍以框住三视图，如图 7-19 所示。

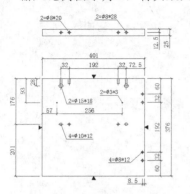

图 7-18　引线注释效果

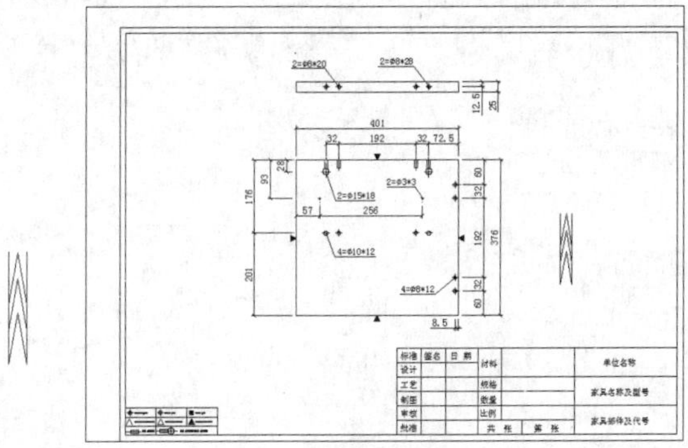

图 7-19　插入图框

步骤 19 执行"复制"命令（CO），在图框右下角表格处复制文字并修改文字内容，以完善
图纸信息，如图 7-20 所示。

标准	签名	日　期	材料	金柚木刨花板	单位名称
设计					
工艺			规格	375*400*25	左侧板
制图			数量	2	
审核			比例	1：5	01-1
批准			共　张	第　张	

图 7-20　完善图纸信息

2. 绘制左侧板模型图

步骤 01 接上例，单击"另存为"按钮，将绘制的三视图文件另存为"01-1 模型图.dwg"
文件。

步骤 02 执行"删除"命令（E），将不需要的图形删除掉，保留图形效果，如图 7-21 所示。

步骤 03 执行"面域"命令（REG），选择外矩形 4 条线段，按【Space】键确定以将矩形形
成一个整体面。

步骤 04 在绘图区域左上侧，单击"视图控件"按钮，调整视图为"西南等轴测"，使图形
切换到三维视图。

步骤 05 根据三视图引线注释的孔位深度，执行"拉伸"命令（EXT），将图形中的 Ø8 和 Ø10
圆全部向下拉伸为 -12 的圆柱实体，如图 7-22 所示。

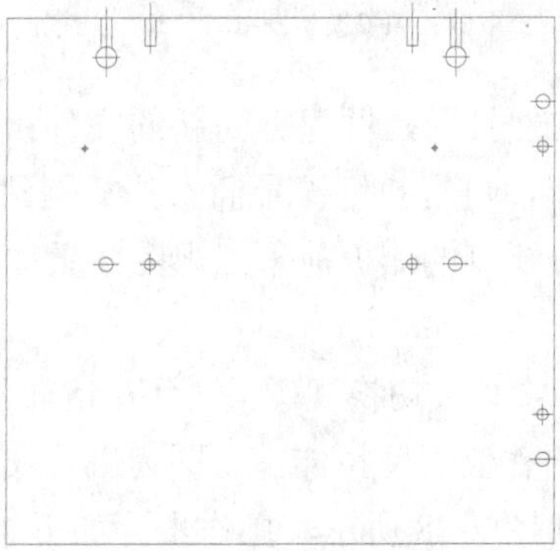

图 7-21　保留的图形

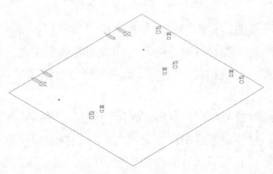

图 7-22　拉伸圆

步骤 06 再执行"拉伸"命令（EXT），将两个 Ø15 的圆拉伸为-18 的圆柱实体，再将两个 Ø3 圆拉伸为-3 的圆柱实体，效果如图 7-23 所示。

步骤 07 执行"拉伸"命令（EXT），将矩形拉伸为-25 的长方体，如图 7-24 所示。

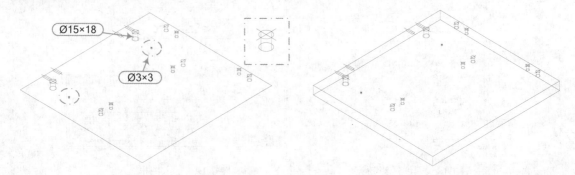

图 7-23　拉伸 Ø15 和 Ø3 圆　　　　　　　　　　　图 7-24　拉伸矩形为实体

步骤 08 单击"视图控件"按钮，依次单击"后视"→"东北等轴测"视图，以将后侧的孔位调转到前侧来；再执行"圆"命令（C），捕捉侧孔位置绘制圆；再将圆拉伸为-28 和-20 的深度，再执行"移动"命令（M），将圆柱实体向下移动 12.5 以保证孔位正中，如图 7-25 所示。

步骤 09 执行"差集"命令（SU），以长方体减去内部所有的圆柱实体，以进行差集；再将视觉样式调整为"概念"，效果如图 7-26 所示。

步骤 10 执行"删除"命令（E），将除模型外的所有的线条删除掉以完成模型图的绘制。

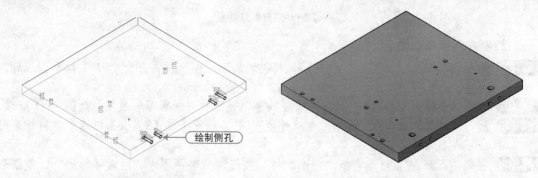

图 7-25　切换视图绘制侧孔　　　　　　　　　　　图 7-26　模型图效果

技巧：220 01-2上中侧板的绘制

视频：技巧220-上中侧板模型图的绘制.avi
案例：01-2模型图.dwg　01-2三视图.dwg

技巧概述： 首先将案例文件下的"家具样板.dwt"文件打开，并保存为新的文件；通过矩形命令绘制出板材轮廓，再通过偏移辅助线确定孔位位置，再将孔位符号插入并复制到辅助线相应位置，最后进行尺寸标注、插入图框与注释文字信息。绘制的侧板前条三视图效果如图 7-27 所示。

在绘制模型图时，调用前面绘制的三视图并另存为新文件，切换视图为"西南等轴测"，通过面域、拉伸矩形绘制出板材厚度；再根据平面图标注的孔位深度拉伸正孔圆为圆柱实体；再以长方体减去内部所有的圆柱实体进行差集运算，效果如图 7-28 所示，操作步骤如下。

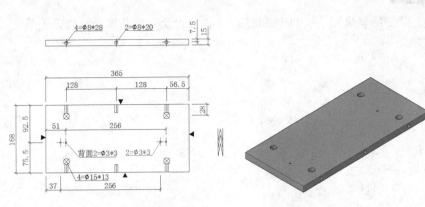

图 7-27　三视图效果　　　　　　　图 7-28　模型图效果

步骤 **01**　在 AutoCAD 2014 环境中，单击"打开"按钮，打开"01-2 三视图.dwg"文件，再单击"另存为"按钮，将文件另存为"01-2 模型图.dwg"文件。

步骤 **02**　执行"删除"命令（E），将不需要的图形删除掉，效果如图 7-29 所示。

步骤 **03**　在"三维建模"空间下，将视图切换为"西南等轴测"。

步骤 **04**　执行"面域"命令（REG），将外矩形线条面域为一个整体；再执行"拉伸"命令（EXT），将矩形拉伸为-15 的长方体，将中间 4 个小圆拉伸为-3 的圆柱实体，将 4 个大圆拉伸为-13 的圆柱实体，效果如图 7-30 所示。

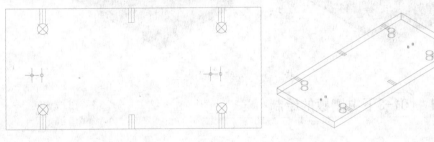

图 7-29　保留的图形　　　　　　　图 7-30　拉伸为实体

步骤 **05**　执行"移动"命令（M），将中间行第二个和第四个的 Ø3 小圆柱体向下移动 12，以保证在长方体的下表面，如图 7-31 所示。

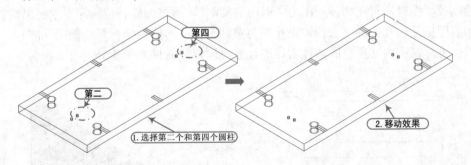

图 7-31　移动圆柱体

步骤 **06**　执行"坐标系"命令 UCS，选择"面（F）"选项，单击前侧面以确定坐标系。

步骤 **07**　通过"圆"、"拉伸"和"移动"命令，捕捉前侧侧孔线绘制圆，并将圆拉伸出-20（Ø8 侧孔深）和-28（三合一侧孔）的深度，然后向下移动 7.5 以保证正中，如图 7-32 所示。

步骤 08 执行"三维镜像"命令（MIRROR3D），将上步绘制的前侧圆柱镜像到后侧，如图 7-33 所示。

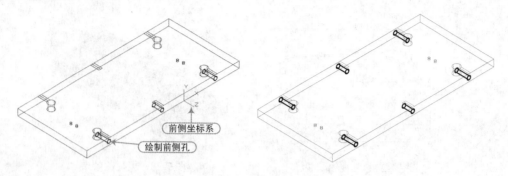

图 7-32　绘制前侧圆柱　　　　　　　　　图 7-33　三维镜像操作

步骤 09 执行"差集"命令（SU），以长方体减去内部所有圆柱体进行差集，效果如图 7-34 所示。

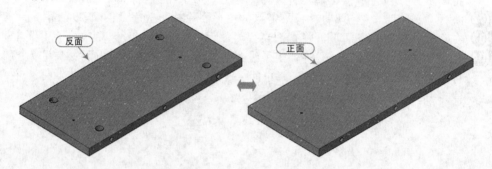

图 7-34　差集后的模型

技巧：221　01-3下中侧板的绘制

案例：01-3三视图.dwg
案例：01-3模型图.dwg

技巧概述：首先将案例文件下的"家具样板.dwt"文件打开，并保存为新的文件；通过矩形、圆角命令绘制出板材轮廓，再通过偏移辅助线确定孔位位置，再将孔位符号插入并复制到辅助线相应位置，最后进行尺寸标注、插入图框与注释文字信息。三视图效果如图 7-35 所示。

在绘制模型图时，首先切换视图为"西南等轴测"，通过面域、拉伸矩形绘制出板材厚度；再根据平面图标注的孔位深度去拉伸正孔圆为圆柱实体；再旋转坐标系绘制侧孔圆、拉伸为圆柱；再以长方体减去内部所有的圆柱实体进行差集运算，效果如图 7-36 所示。

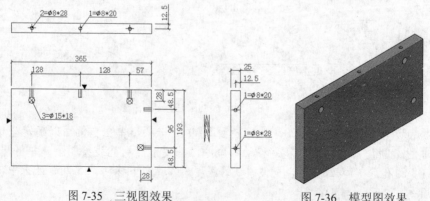

图 7-35　三视图效果　　　　　　　　　　图 7-36　模型图效果

技巧：222　01-4底板的绘制

视频：技巧222-01-4底板的绘制.avi
案例：01-4模型图.dwg　01-4三视图.dwg

技巧概述：首先将案例文件下的"家具样板.dwt"文件打开，并保存为新的文件；通过矩形、圆角命令绘制出板材轮廓，再通过偏移辅助线确定孔位位置，再将孔位符号插入并复制到辅助线相应位置，最后进行尺寸标注、插入图框与注释文字信息。绘制的底板三视图效果如图 7-37 所示。

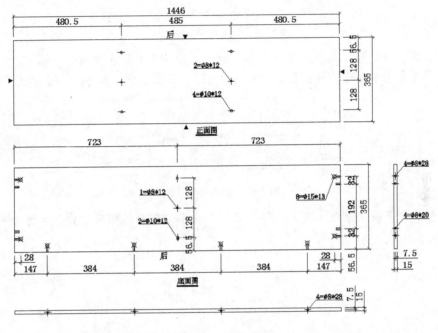

图 7-37　三视图效果

底板模型图相对比较复杂，正面、反面的孔位不同，如图 7-38 所示，读者可根据以下步骤进行绘制。

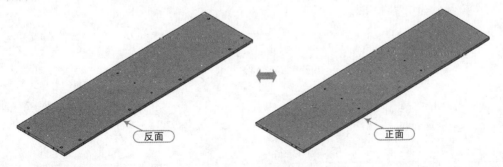

图 7-38　模型图效果

1. 绘制底板三视图

步骤 01 启动 AutoCAD 2014 软件，单击"打开"按钮，将"家具样板.dwt"文件打开；再单击"另存为"按钮，将文件另存为"案例\07\01-4 三视图.dwg"文件。

步骤 02 在"常用"选项卡的"图层"面板中，选择"轮廓线"图层并置为当前图层；执行"矩形"命令（REC），在视图中绘制 1446×365 的矩形。

步骤 03 执行"分解"命令（X）和"偏移"命令（O），将矩形相应边按照如图 7-39 所示进行偏移，且将偏移得到的线段转换为"辅助线"图层。

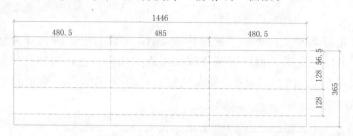

图 7-39　绘制矩形和辅助线

步骤 04 切换到"符号"图层，执行"插入块"命令（I），在弹出的"插入"对话框中，选择文件中保存的内部图块"孔位符号"，将其插入图形中，效果如图 7-40 所示。

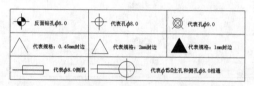

图 7-40　插入符号图块

步骤 05 执行"复制"命令（CO），将"Ø8 孔"复制到辅助线相应位置，如图 7-41 所示。

图 7-41　复制 Ø8.0 孔

步骤 06 执行"缩放"命令（SC），分别选择上、下两行的 4 个 Ø8 孔，各自指定圆心点为基点，输入比例因子 10/8，以将 4 个 Ø8 孔各自以圆心点放大到 Ø10 孔，并将辅助线删除掉，如图 7-42 所示。

图 7-42　放大符号

技巧提示　　　　　　　　　　　　　　　　　　　　　　　★★★☆☆

需要注意的是，选择缩放图形时，一次只能选择一个，各以自身圆的圆心进行缩放。

步骤 07 执行"复制"命令（CO），将外矩形向下复制一份；并通过执行"偏移"命令（O）偏移出线段，如图 7-43 所示。

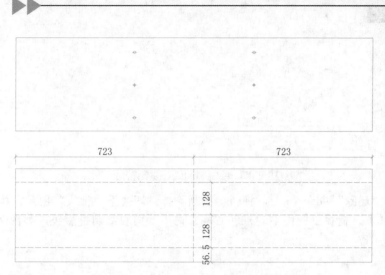

图 7-43 复制和偏移操作

步骤 08 执行"复制"命令（CO），将前面绘制的 Ø8 和 Ø10 圆孔复制到辅助线交点，然后将辅助线删除掉，效果如图 7-44 所示。

图 7-44 复制符号

步骤 09 执行"偏移"命令（O），将水平线段按照如图 7-45 所示的尺寸进行偏移，并转换为"辅助线"图层。

图 7-45 绘制辅助线

步骤 10 执行"复制"命令（CO）和"镜像"命令（MI），将"Ø8 侧孔"和三合一孔符号复制到辅助线相应位置，如图 7-46 所示。

图 7-46 复制符号

步骤 11 执行"删除"命令（E），将辅助线删除掉；再执行"偏移"命令（O），通过如图 7-47 所示的效果偏移出辅助线，并将三合一孔符号旋转、复制到辅助线相应位置。

| 147 | 384 | 384 | 384 | 147 |

图 7-47　绘制辅助线、复制符号

步骤 12 执行"删除"命令（E），将辅助线删除掉；切换至"轴线"图层，执行"直线"命令（L），捕捉主视图下端点和右端点向下和向右绘制投影线，如图 7-48 所示。

图 7-48　绘制投影线

步骤 13 切换到"轮廓线"图层，执行"直线"命令（L），在右侧和上侧分别捕捉构造线绘制出宽 15 的矩形，如图 7-49 所示。

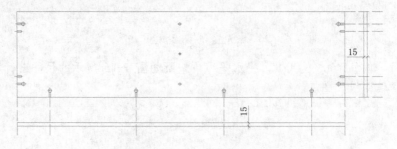

图 7-49　绘制宽度矩形

步骤 14 执行"修剪"命令（TR），将多余的投影线修剪掉；再执行"复制"命令（CO），将 Ø8 正孔符号复制到投影线中点上，如图 7-50 所示。最后将投影线删除掉。

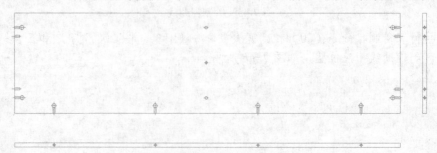

图 7-50　复制符号

步骤 15 将"尺寸线"图层置为当前图层，执行"线性标注"命令（DLI）和"连续标注"命令（DCO），对图形进行尺寸标注。

步骤 16 执行 "多行文字" 命令（MT），设置文字高度为 25，在相应位置输入图名；再执行 "直线" 命令（L），在图名下侧绘制出两条同长的水平线段，以完成图名标注，如图 7-51 所示。

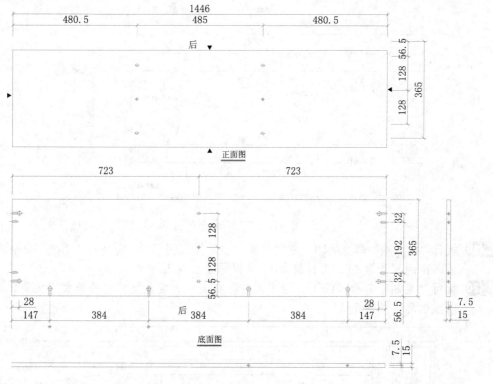

图 7-51　尺寸图名标注

步骤 17 切换至 "文本" 图层，执行 "引线" 命令（LE），根据命令提示 "指定第一个引线点或 [设置(S)]"，选择 "设置（S）" 选项，则弹出 "引线设置" 对话框，在 "附着" 选项卡中勾选 "最后一行加下画线" 复选框，如图 7-52 所示。

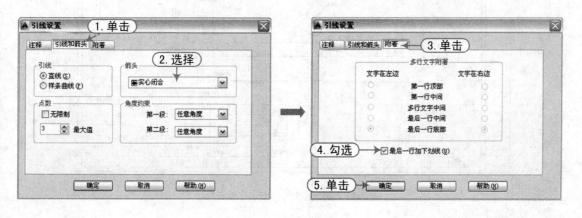

图 7-52　引线设置

步骤 18 设置好引线格式以后，在需要注释的位置单击，拖出一条引线，然后按【Enter】键直至出现文本输入框后，在 "文字格式" 工具栏中设置字体为宋体，设置文字高度为 30，再输入文字内容，最后单击 "确定" 按钮以完成引线注释，如图 7-53 所示。

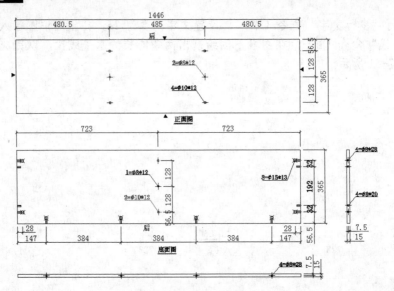

图 7-53　引线注释效果

步骤 ⑲ 执行"插入块"命令（I），将"家具图框"插入图形中；再执行"缩放"命令（SC），
输入比例因子为 11，将其放大 11 倍以框住三视图。

步骤 ⑳ 执行"复制"命令（CO），在图框右下角表格处复制文字并修改文字内容，以完善
图纸信息，如图 7-54 所示。

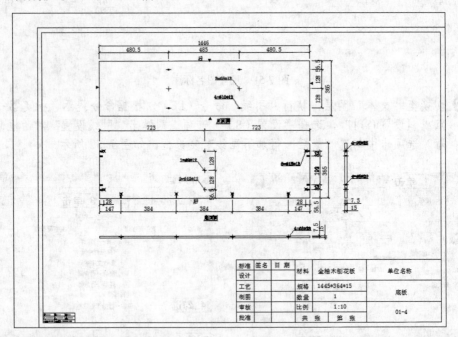

图 7-54　插入图框、完善图纸信息

2. 绘制底板模型图

步骤 ① 在 AutoCAD 2014 环境中，单击"打开"按钮，打开"01-4 三视图.dwg"文件，
再单击"另存为"按钮，将文件另存为"01-4 模型图.dwg"文件。

步骤 ② 执行"删除"命令（E），将除底面图图形以外的图形删除掉，效果如图 7-55 所示。

图 7-55　保留的图形

步骤 03 执行 "复制" 命令（CO），将中间垂直的 3 个圆各向两边复制 242.5 的距离，如图 7-56 所示。

图 7-56　复制符号

步骤 04 再执行 "面域" 命令（REG），将矩形进行面域处理。在 "三维建模" 空间下，将视图切换为 "西南等轴测"。

步骤 05 执行 "拉伸" 命令（EXT），将矩形拉伸为-15 的长方体；将中间三排圆拉伸为-12 深度的圆柱实体，如图 7-57 所示。

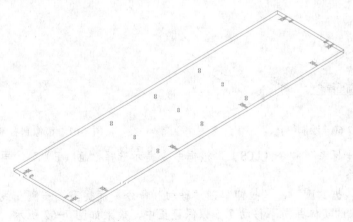

图 7-57　拉伸操作

步骤 06 执行 "移动" 命令（M），将两排圆柱向下移动 3（板材厚 15-圆柱深 12），以保证在长方体的下平面，如图 7-58 所示。

专业技能	★★★☆☆

由三视图平面可看出，两侧排的圆孔在板材的正面，中间排的圆孔在板材反面，因此需要移动至使圆柱孔在不同的平面上。

步骤 07 执行 "拉伸" 命令（EXT），将边上 Ø15 的三合一正孔圆向下拉伸为 3 的圆柱实体，如图 7-59 所示。

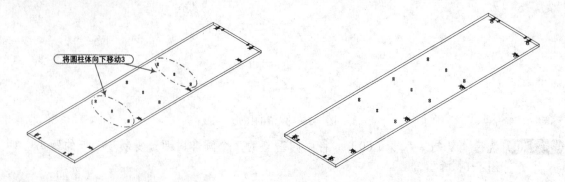

图 7-58 移动圆柱体   图 7-59 拉伸 Ø15 圆柱体

步骤 08 执行 "坐标系" 命令（UCS），根据命令提示选择 "面（F）"，再拾取左侧面来新建坐标系。

步骤 09 执行 "圆" 命令（C），捕捉左侧孔线条端点绘制出圆；再将圆拉伸出-20（圆榫侧孔深）和-28（三合一孔深）的圆柱实体，最后将圆柱向下移动 7.5 以保证在正中，如图 7-60 所示。

步骤 10 执行 "三维镜像" 命令（MIRROR3D），将上步的左侧圆柱孔镜像到右侧，如图 7-61 所示。

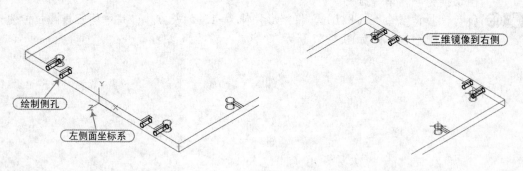

图 7-60 绘制侧孔   图 7-61 镜像到右侧

步骤 11 执行 "坐标系" 命令（UCS），根据命令提示选择 "面（F）"，再拾取前侧面来新建坐标系。

步骤 12 然后再根据 "圆"、"拉伸"、"移动" 命令，捕捉三合一侧孔线绘制圆，拉伸圆柱为-28 的实体并向下移动 7.5 以保证正中，效果如图 7-62 所示。

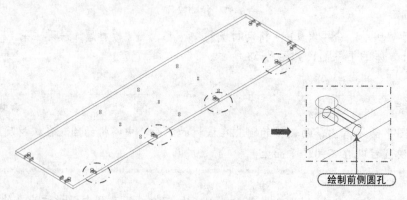

图 7-62 绘制侧孔

步骤 ⑬ 执行"差集"命令（SU），以长方体减去内部所有圆柱实体，差集效果如图 7-63 所示。最后将不需要的二维线条删除掉。

图 7-63 差集后的实体

技巧：223 01-5面板的绘制

案例：01-5模型图.dwg
案例：01-5三视图.dwg

技巧概述： 首先将案例文件下的"家具样板.dwt"文件打开，并保存为新的文件；通过矩形命令绘制出板材轮廓，再通过偏移辅助线确定孔位位置，再将孔位符号插入并复制到辅助线相应位置，最后进行尺寸标注、插入图框与注释文字信息。绘制的面板三视图效果如图 7-64 所示。

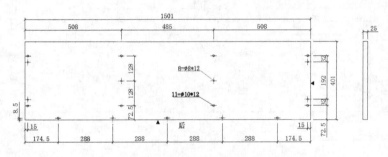

图 7-64 三视图效果

在绘制模型图时，调用前面绘制的三视图并另存为新文件，切换视图为"西南等轴测"，通过面域、拉伸矩形绘制出板材厚度；再根据平面图标注的孔位深度拉伸正孔圆为圆柱实体；再以长方体减去内部所有的圆柱实体进行差集运算，效果如图 7-65 所示。

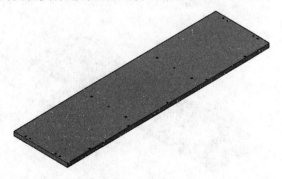

图 7-65 模型图效果

专业技能 ★★★★☆

家具喷涂油漆种类：面漆（树脂漆、氨脂漆、聚脂漆）、底漆。

性质及用途如下：

树脂性质较硬、浓度大，适合大理石、玻璃钢面喷漆，也有部分厂家为了提高油漆饱和度，将漆用于板式家具面漆，多用于刷漆。

氨脂：性质较软、浓度一般，适合木质产品及夹板产品的喷漆，为装修手刷漆。

聚脂：性质中性，浓度一般，适合板式家具、实木家具产品的喷漆，此漆为现今板式产品的主要用漆。

技巧：224 | 01-6背板的绘制 | 案例：01-6三视图.dwg
案例：01-6模型图.dwg

技巧概述： 在绘制背板三视图时，首先将案例文件下的"家具样板.dwt"文件打开，并保存为新的文件；通过矩形命令绘制出板材轮廓，再通过偏移辅助线确定孔位位置，再将孔位符号插入并复制到辅助线相应位置，最后进行尺寸标注、插入图框与注释文字信息，三视图效果如图 7-66 所示。

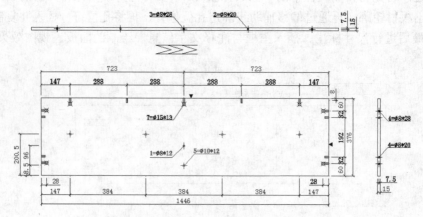

图 7-66 三视图效果

在绘制模型图时，调用前面绘制的三视图并另存为新文件，切换视图为"西南等轴测"，通过面域、拉伸矩形绘制出板材厚度；再根据平面图标注的孔位深度拉伸正孔圆为圆柱实体；再旋转坐标系绘制侧孔圆、拉伸为圆柱；最后以长方体减去内部所有的圆柱实体，进行差集运算，效果如图 7-67 所示。

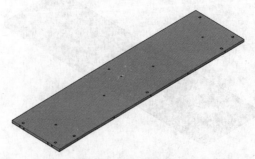

图 7-67 模型图效果

技巧：225 | **01-7 边抽面板的绘制**

视频：技巧225-01-7边抽模型图的绘制.avi
案例：01-7模型图.dwg　01-7三视图.dwg

技巧概述：首先将案例文件下的"家具样板.dwt"文件打开，并保存为新的文件；通过矩形命令绘制出板材轮廓，再通过偏移辅助线确定孔位位置，再将孔位符号插入并复制到辅助线相应位置，最后进行尺寸标注、插入图框与注释文字信息，三视图效果如图 7-68 所示。

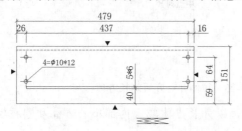

图 7-68　三视图效果

边抽面板模型图顶面与平面都有矩形凹槽，读者可根据如下步骤进行绘制。

步骤 01　在 AutoCAD 2014 环境中，单击"打开"按钮，打开"01-9 三视图.dwg"文件，再单击"另存为"按钮，将文件另存为"01-9 模型图.dwg"文件。

步骤 02　执行"删除"命令（E），将不需要的图形删除掉，结果如图 7-69 所示。

步骤 03　执行"面域"命令（REG），将图形中的两个矩形进行面域；再执行"矩形"命令（REC），捕捉虚线角点来绘制一个矩形，如图 7-70 所示。

图 7-69　保留的图形　　　　　　　　　　图 7-70　捕捉虚线绘制的矩形

步骤 04　在"三维建模"空间下，将视图切换为"西南等轴测"。

步骤 05　执行"拉伸"命令（EXT），将圆拉伸为-12 的实体，如图 7-71 所示。

步骤 06　再执行"拉伸"命令（EXT），将外矩形拉伸为-15 的长方体作为板材；将前侧矩形拉伸为-6 的长方体作为减去的凹槽，如图 7-72 所示。

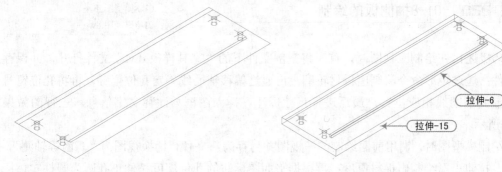

图 7-71　拉伸圆　　　　　　　　　　　图 7-72　拉伸矩形

步骤 07　执行"拉伸"命令（EXT），将后侧矩形拉伸为-2 的实体；再执行"移动"命令（M），将其向下移动到与外长方体中点对齐，如图 7-73 所示。

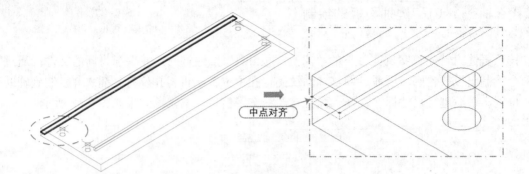

图 7-73　拉伸并对齐后侧长方体

步骤 08 执行"差集"命令（SU），以外长方体减去内部小长方体和圆柱实体进行差集，效果如图 7-74 所示。

步骤 09 执行"删除"命令（E），将除模型外的线条删除掉以完成模型图的绘制。

专业技能　　　　　　　　　　　　　　　　　　　　★★★☆☆

在面板顶上开一个凹槽用于安装五金拉手。

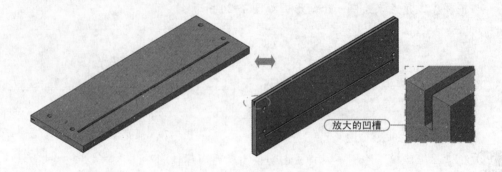

放大的凹槽

图 7-74　模型效果

技巧：226　**01-8抽侧板的绘制**　　案例：01-8模型图.dwg
　　　　　　　　　　　　　　　　　　案例：01-8三视图.dwg

技巧概述：在绘制三视图时，首先将案例文件下的"家具样板.dwt"文件打开，并保存为新的文件；通过矩形命令绘制出板材轮廓，再通过偏移辅助线确定孔位位置，再将孔位符号插入并复制到辅助线相应位置，最后进行尺寸标注、插入图框与注释文字信息，三视图效果如图 7-75 所示。

在绘制模型图时，调用前面绘制的三视图并另存为新文件，切换视图为"西南等轴测"，通过面域、拉伸矩形绘制出板材厚度；再根据平面图标注的孔位深度拉伸正孔圆为圆柱实体；再旋转坐标系绘制侧孔圆、拉伸为圆柱；最后以长方体减去内部所有的圆柱实体进行差集运算，效果如图 7-76 所示。

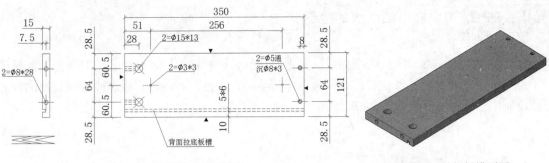

图 7-75　抽侧板三视图

图 7-76　抽侧板模型图

技巧：227　01-9边抽尾板的绘制

案例：01-9 模型图.dwg
案例：01-9 三视图.dwg

　　技巧概述： 在绘制三视图时，首先将案例文件下的"家具样板.dwt"文件打开，并保存为新的文件；通过矩形命令绘制出板材轮廓，再通过偏移辅助线确定孔位位置，再将孔位符号插入并复制到辅助线相应位置，最后进行尺寸标注、插入图框与注释文字信息，三视图效果如图 7-77 所示。

　　在绘制模型图时，调用前面绘制的三视图并另存为新文件，切换视图为"西南等轴测"，通过面域、拉伸矩形绘制出板材厚度；再旋转坐标系绘制侧孔圆、拉伸为圆柱；最后以长方体减去内部所有的圆柱实体进行差集运算，效果如图 7-78 所示。

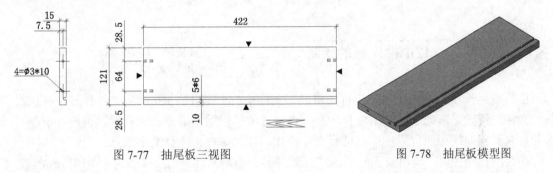

图 7-77　抽尾板三视图

图 7-78　抽尾板模型图

技巧：228　01-10边抽底板的绘制

案例：01-10 模型图.dwg
案例：01-10三视图.dwg

　　技巧概述： 边抽底板图形非常简单，使用前面所学即可绘制出如图 7-79 所示的三视图与模型图。

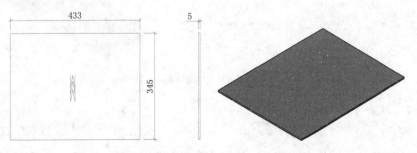

图 7-79　边抽底板三视图和模型图效果

技巧：229　01-11中抽面板的绘制

案例：01-11模型图.dwg
案例：01-11三视图.dwg

技巧概述：床尾柜一共有 3 个抽屉，其中两边的抽屉规格相同，前面已经对边抽屉板材进行了绘制，而中抽屉板材形状与边抽大致相同，绘制方法也差不多，可以参照绘制边抽侧板的方法绘制中抽侧板，效果如图 7-80 所示。

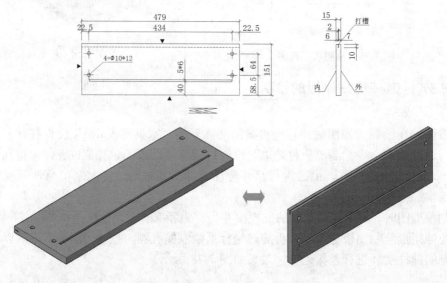

图 7-80　中抽面板

技巧：230　01-12中抽尾板的绘制

案例：01-12模型图.dwg
案例：01-12三视图.dwg

技巧概述：在绘制三视图时，首先将案例文件下的"家具样板.dwt"文件打开，并保存为新的文件；通过矩形命令绘制出板材轮廓，再通过偏移辅助线确定孔位位置，再将孔位符号插入并复制到辅助线相应位置，最后进行尺寸标注、插入图框与注释文字信息。

在绘制模型图时，调用前面绘制的三视图并另存为新文件，切换视图为"西南等轴测"，通过面域、拉伸矩形绘制出板材厚度；再旋转坐标系绘制侧孔圆、拉伸为圆柱；最后以长方体减去内部所有的圆柱实体进行差集运算，效果如图 7-81 所示。

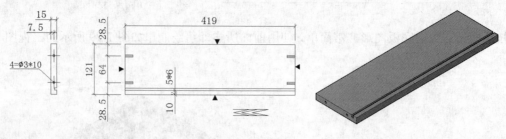

图 7-81　中抽尾板

技巧：231　01-13中抽底板的绘制

案例：01-13模型图.dwg
案例：01-13三视图.dwg

技巧概述：中抽底板图形非常简单，使用前面所学即可绘制出如图 7-82 所示的三视图与模型图。

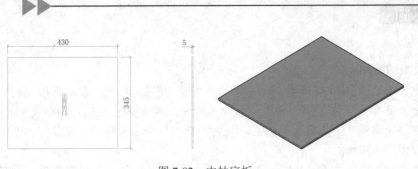

图 7-82　中抽底板

技巧：232　01-14软包板的绘制

案例：01-14模型图.dwg
案例：01-14三视图.dwg

技巧概述：软包板是用木板、海绵和面料或者皮革制作而成的垫子。在 CAD 中使用圆和矩形命令即可绘制出软包板三视图，再将圆拉伸为 9 的圆柱实体即形成了模型效果，如图 7-83 所示。

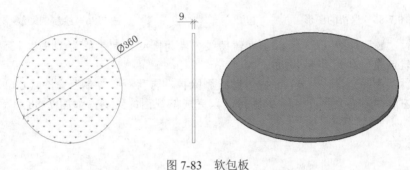

图 7-83　软包板

技巧：233　床尾柜整体三视图的绘制

视频：技巧233-床尾柜整体三视图的绘制.avi
案例：床尾柜整体三视图.dwg

技巧概述：三视图是以床尾柜上、前和左面进行垂直投影所得到的 3 个投影面图形，效果如图 7-84 所示。

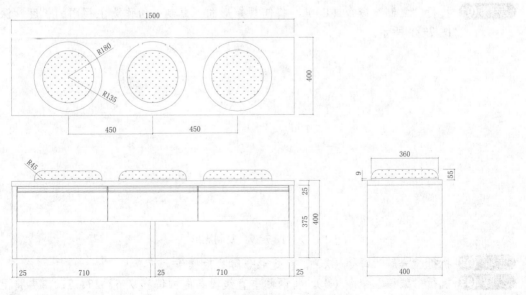

图 7-84　三视图效果

1. 俯视图的绘制

步骤 01 在 AutoCAD 2014 环境中，单击"打开"按钮 ，打开"家具样板.dwt"文件；再单击"另存为"按钮 ，将文件另存为"床尾柜整体三视图.dwg"文件。

步骤 02 将"轮廓线"图层置为当前层，执行"矩形"命令（REC），绘制 1500×400 的矩形，如图 7-85 所示。

步骤 03 执行"直线"命令（L），捕捉上、下水平中点绘制一条垂直线段，且转换为"辅助线"图层。如图 7-86 所示。

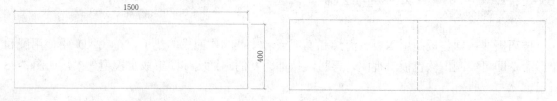

图 7-85　保留的图形　　　　　　　　　　　图 7-86　绘制辅助线

步骤 04 执行"圆"命令（C），以垂直辅助线中点为圆心绘制半径为 180 和 135 的同心圆作为软包垫，如图 7-87 所示。

步骤 05 执行"删除"命令（E），将辅助线删除掉，再执行"复制"命令（CO），将同心圆向左和向右各复制出 450 的距离，以完成俯视图的绘制，如图 7-88 所示。

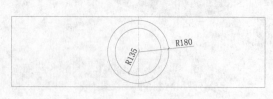
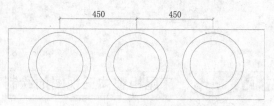

图 7-87　绘制圆形软包垫　　　　　　　　　图 7-88　复制软包垫

2. 主视图的绘制

步骤 01 执行"复制"命令（CO），将俯视矩形向下复制一份作为主视图的长度和深度，如图 7-89 所示。

图 7-89　复制矩形

步骤 02 执行"分解"命令（X），将矩形分解打散操作。

步骤 03 执行"偏移"命令（O），将两侧垂直线段各向内偏移 2.5、25、710，再将上水平线段向下偏移 25、183，如图 7-90 所示。

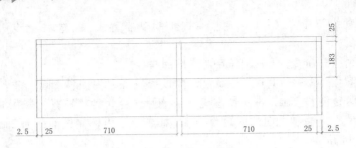

图 7-90　偏移线段

步骤 04 执行 "修剪" 命令（TR），修剪掉多余的线条，以形成基本轮廓，如图 7-91 所示。

图 7-91　修剪结果

步骤 05 执行 "定数等分" 命令（DIV），选择中间水平线段，再输入等分数目 "3"，以将水平线段进行三等分。命令执行过程如下：

命令：DIVIDE	// 定数等分命令
选择要定数等分的对象：	// 选择水平线段
输入线段数目或 [块(B)]：3	// 输入等分数目 3

步骤 06 选择 "格式 | 点样式" 命令，在弹出的 "点样式" 对话框中选择一个点样式，再单击 "确定" 按钮，以完成点的设置，在图形中等分点的显示效果如图 7-92 所示。

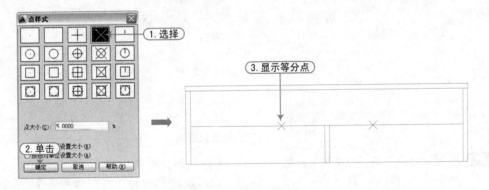

图 7-92　设置点样式

技巧提示　★★★★☆

　　在 AutoCAD 中绘图时，点通常被作为对象捕捉的参考对象，绘图完成后可以将这些参考点删除或隐藏。在 CAD 中绘制点的方法有如下几种："点（POINT）" 命令、"定距等分（MEASURE）" 命令、"定数等分（DIVIDE）" 命令。

　　默认情况下，AutoCAD 不显示绘制的点对象。因此，在绘制点对象之前或之后需要对点的大小和样式进行设置，否则点将与图形重合在一起，而无法看到点。

步骤 07 执行 "直线" 命令 (L), 捕捉点向上绘制垂直线段, 如图 7-93 所示形成抽屉分隔线。

步骤 08 执行 "删除" 命令 (E), 将点对象删除掉。

步骤 09 执行 "偏移" 命令 (O), 将面板、侧板线段各向内偏移 2mm; 将上步绘制的垂直线段各向两边偏移 1mm, 再将原垂直线段删除; 再执行 "修剪" 命令 (TR), 修剪出抽屉板效果, 使抽屉之间的间距为 2mm, 抽屉与面板、侧板间距为 2mm, 以方便拖动, 如图 7-94 所示。

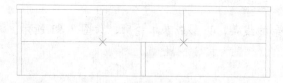

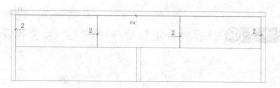

图 7-93 绘制直线   图 7-94 偏移修剪出抽屉轮廓

步骤 10 再执行 "偏移" 命令 (O), 将组成抽屉的上水平线条向下偏移 9、14、4、3, 将垂直线段各向内偏移 2mm; 再执行 "修剪" 命令 (TR), 修剪出五金拉手条效果, 如图 7-95 所示。

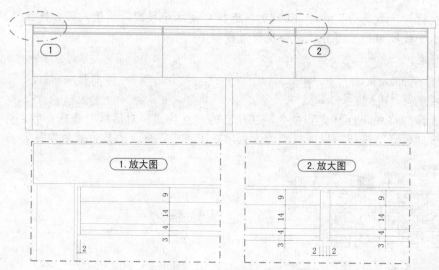

图 7-95 绘制出五金拉手条

步骤 11 执行 "矩形" 命令 (REC), 绘制 360×55 的矩形; 再执行 "分解" 命令 (X) 和 "偏移" 命令 (O), 将下水平线向上偏移 9 以形成软包板材厚度, 如图 7-96 所示。

步骤 12 执行 "圆角" 命令 (F), 设置圆角半径为 45, 对矩形上侧直角边进行圆角处理, 如图 7-97 所示以形成软包垫效果。

图 7-96 绘制矩形并偏移线段   图 7-97 圆角操作

步骤 13 执行 "移动" 命令 (M), 将软包垫以下侧水平中点移动对齐到主视图形上端中点位置, 如图 7-98 所示。

步骤 ⑭ 执行"复制"命令（CO），将软包垫向左和向右各复制出 450 的距离，如图 7-99 所示。

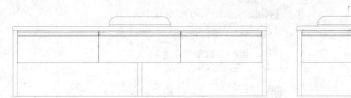

图 7-98　移动软包　　　　　　　　　　　图 7-99　复制软包

3. 左视图的绘制

步骤 ⑴ 执行"矩形"命令（REC），在主视图的右侧绘制出 400×400 的矩形，如图 7-100 所示。

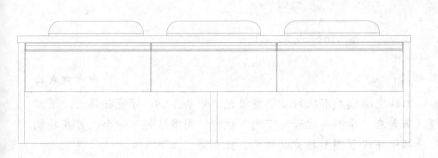
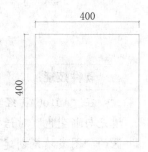

图 7-100　绘制矩形

步骤 ⑵ 执行"分解"命令（X），将矩形分解打散操作；再执行"偏移"命令（O），将上水平线向下偏移 25 以形成面板厚度，如图 7-101 所示。

步骤 ⑶ 执行"复制"命令（CO），将主视图的软包垫复制一份过来，使上、下图形中点对齐，如图 7-102 所示以形成左视图。

图 7-101　偏移出面板　　　　　　　　　　图 7-102　复制软包

步骤 ⑷ 执行"图案填充"命令（H），在弹出的"图案填充与渐变色"对话框中，单击 按钮，弹出"填充图案选项板"对话框，在"其他预定义"选项卡中选择样例 "GRASS"，并设置比例为 1，然后单击"添加：拾取点"按钮，如图 7-103 所示。

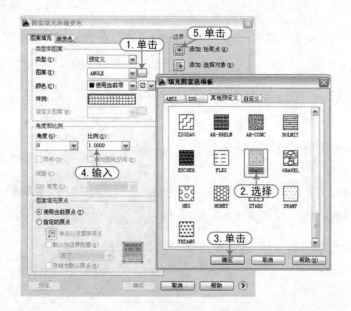

图 7-103　设置图案填充

> **软件技能：** ★★★★☆
>
> 　　在 "AutoCAD 经典" 工作空间模式下执行 "图案填充" 命令（H），可直接弹出 "图案填充与渐变色" 对话框，若是在 "草图与注释" 空间下执行 "图案填充" 命令，可在功能区的 "图案填充创建" 选项卡下设置图案填充的样例、比例等。

步骤 05 来到绘图区中，在需要填充的图形内部依次单击，按【Space】键回到 "图案填充与渐变色" 对话框，最后单击 "确定" 按钮完成图案填充。效果如图 7-104 所示，以形成海绵软包图例。

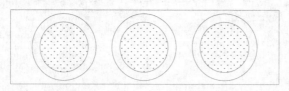

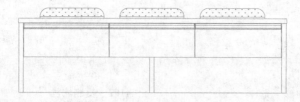

图 7-104　图案填充效果

步骤 06 执行 "线形标注" 命令（DLI）、"连续标注" 命令（DCO）和 "半径标注" 命令（DRA），对图形进行尺寸标注，如图 7-105 所示。

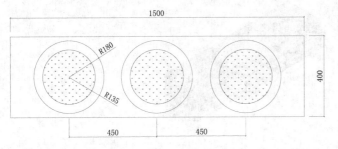

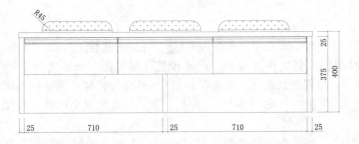

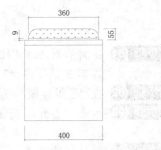

图 7-105　尺寸标注效果

步骤 07 执行"插入块"命令（I），将家具图框插入图形中；执行"缩放"命令（SC），将图框放大到 11 倍以框住整个三视图，再双击表格输入相应内容。如图 7-106 所示，完成床尾柜三视图的绘制。

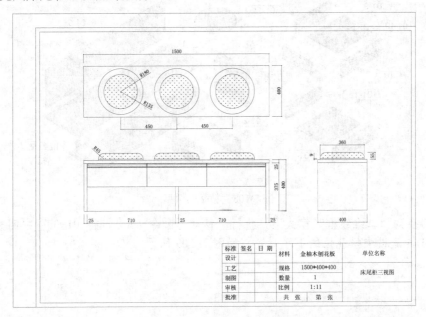

标准	签名	日 期	材料	金柚木刨花板	单位名称
设计					
工艺			规格	1500*400*400	床尾柜三视图
制图			数量	1	
审核			比例	1:11	
批准			共	张	第 张

图 7-106　插入图框修改标题栏

技巧：234　床尾柜整体模型图的绘制

视频：技巧234-床尾柜整体模型图的绘制.avi
案例：床尾柜整体模型图.dwg

　　技巧概述：前面已经绘制好了床尾柜各个部件的模型图，在此节绘制整体模型图时，不需要再重复绘制各部件模型，直接将这些部件模型复制并粘贴到一个新文件，再按规范结合在一起即可。模型图效果如图 7-107 所示，操作步骤如下。

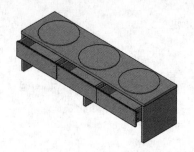

图 7-107　模型图效果

步骤 **01** 正常启动 AutoCAD 2014 软件，单击"打开"按钮 ，将"家具样板.dwt"文件打开；
再单击"另存为"按钮 ，将文件另存为"床尾柜整体模型图.dwg"文件。

步骤 **02** 在"三维建模"空间下，将视图切换为"西南等轴测"；且将视觉样式调整成"概念"。

步骤 **03** 单击"打开"按钮 ，依次将"案例\07"文件夹下面 01 系列各个部件模型图文件
打开。

步骤 **04** 然后依次在各个图形中选择各个部件模型，按【Ctrl+C】组合键进行复制，然后按
【Ctrl+Tab】组合键切换到"床尾柜整体模型图"中，再按【Ctrl+V】组合键进行粘贴。

步骤 **05** 执行"三维旋转"命令（3DR），将粘贴过来的各个模型按照零部件示意图的方向进
行调整，如图 7-108 所示。

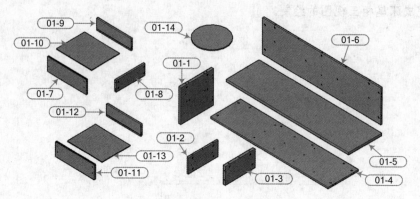

图 7-108　粘贴的模型

步骤 **06** 切换到"二维线框"模式下，执行"移动"命令（M），将 01-3 下中侧板移动到与
01-4 底板中排孔位的下端对齐，如图 7-109 所示。

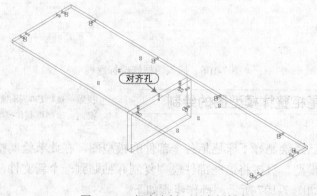

图 7-109　组合底板、下中侧板

步骤 07 再将 01-2 上中侧板移动到与底板侧排孔位的上端对齐，如图 7-110 所示。

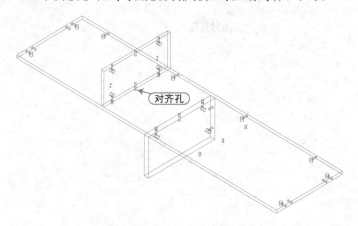

图 7-110　移动对齐上中侧板

步骤 08 执行"三维镜像"命令（MIRROR3D），将上中侧板以底板三维中点进行三维镜像操作，效果如图 7-111 所示。

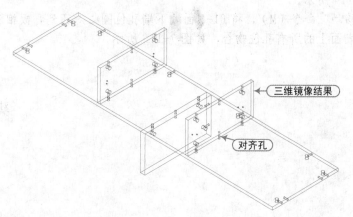

图 7-111　三维镜像上中侧板

步骤 09 再执行"移动"命令（M），将 01-1 左侧板对齐到底板的左端，如图 7-112 所示。

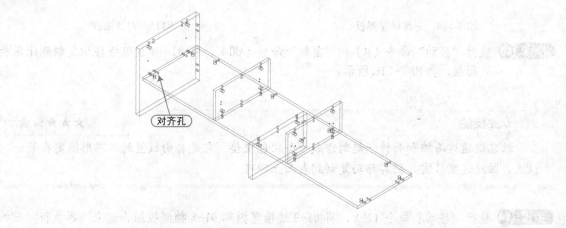

图 7-112　组合左侧板

步骤 10 将 01-6 背板移动对齐到左侧板上，如图 7-113 所示。

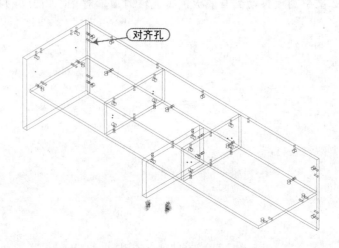

图 7-113　对齐背板

步骤 ⑪ 执行"三维镜像"命令（MIRROR3D），将左侧板以背板的三维中线进行镜像，效果如图 7-114 所示。

步骤 ⑫ 执行"移动"命令（M），将 01-△面△下端孔位圆心对齐到背板相应上端孔位圆心，使接触表面上的所有孔位吻合，如图 7-115 所示。

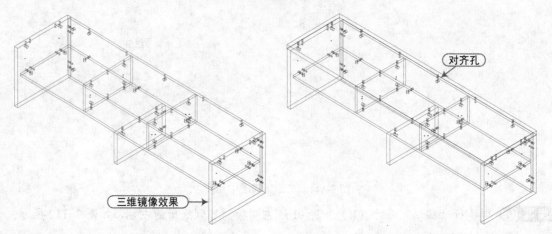

图 7-114　三维镜像侧板　　　　　　　　　　　　　图 7-115　对齐面板

步骤 ⑬ 执行"移动"命令（M）和"复制"命令（CO），将 01-14 软包板移动复制到床尾柜表面层，如图 7-116 所示。

专业技能	★★★☆☆
软包板通过海绵和面料一起制作成一个软包坐垫，它是自由放置的，不用固定在某一位置，因此这里只需要将其移动复制到表面上即可。	

步骤 ⑭ 执行"移动"命令（M），将 01-9 边抽尾板和 01-8 抽侧板组合起来；再执行"三维镜像"命令（MIRROR3D），将抽侧板进行镜像，如图 7-117 所示。

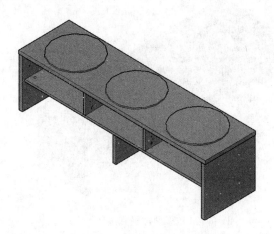

图 7-116　移动软包板

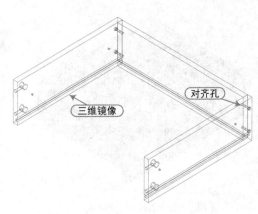

图 7-117　组合边抽侧板、抽尾板

步骤 15 执行"移动"命令（M），将 01-10 边抽底板移动捕捉到抽侧板凹槽内，如图 7-118 所示。

步骤 16 再将 01-7 边抽面板移动对齐到抽侧板上，如图 7-119 所示。

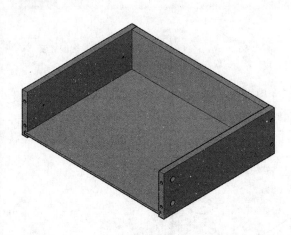

图 7-118　对齐边抽底板

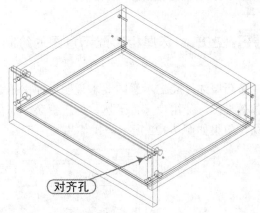

图 7-119　对齐边抽面板

步骤 17 执行"复制"命令（CO），将上步边抽屉中的两个侧板复制 1 份出来，再根据组合抽屉的方法和剩下的中抽尾板（01-12）、底板（01-13）和面板（01-11）组合成中抽屉，如图 7-120 所示。

专业技能　　　　　　　　　　　　　　　　　　　　　★★★☆☆

　　边抽屉和中抽屉虽然宽度不同，但它们的抽屉深度是相同的，因此将边抽侧板复制出来作为中抽的侧板。

步骤 18 执行"编组"命令（G），将两个抽屉各自成组；再执行"移动"命令（M）和"复制"命令（CO），将抽屉各自移动到床尾柜体内，如图 7-121 所示。

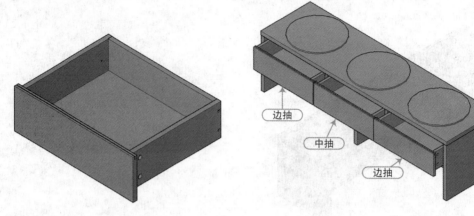

图 7-120 组合中抽屉   图 7-121 移动抽屉到主体

专业技能   ★★★☆☆

　　床尾柜中边抽的数量为 2，因此需要复制出一个边抽屉，若分不清楚哪个是边抽屉，可以度量一下尺寸，长出 3mm 的抽屉即是边抽屉。

技巧：235　　**床尾柜装配示意图的绘制**

视频：技巧235-床尾柜装配示意图的绘制.avi
案例：床尾柜装配示意图.dwg

　　技巧概述：装配示意图要求说明产品的拆装过程，详细画出各连接件的拆装步骤图解以及总体效果图，使用户一目了然，便于拆装。下面以实例的方式来讲解床尾柜装配示意图的绘制方法，效果如图 7-122 所示，操作步骤如下。

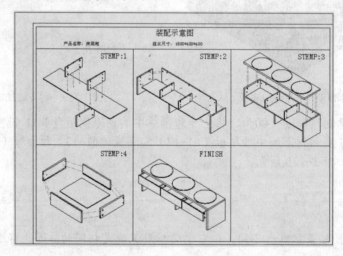

图 7-122 装配示意图效果

步骤 01 正常启动 AutoCAD 2014 软件，单击"打开"按钮，将"床尾柜整体模型图.dwg"文件打开；再单击"另存为"按钮，将文件另存为"床尾柜装配示意图.dwg"文件。

步骤 02 执行"复制"命令（CO），将整体模型图水平向左复制 3 份，如图 7-123 所示。

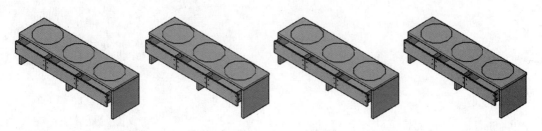

图 7-123　复制图形

步骤 03 执行"删除"命令（E），在第一个整体模型中将除底板、上中侧板、下中侧板以外的板材删除掉；再执行"移动"命令（M），将各个部件之间预留出一定的空位，如图 7-124 所示以形成装配第 1 步。

步骤 04 在第二个模型图中，将抽屉、面板、软包删除掉，再将侧板和背板移动一定的位置，如图 7-125 所示，以形成装配第 2 步。

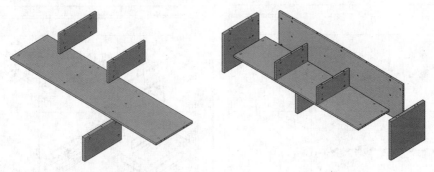

图 7-124　装配 1　　　　　　　　　图 7-125　装配 2

步骤 05 继续在第三个模型图中将面板向上移动出一定的位置，如图 7-126 所示，以形成装配第 3 步。

步骤 06 将其中一个抽屉复制出来，执行"解组"命令（UNG），将该抽屉解组。

步骤 07 执行"移动"命令（M），将抽屉板材各移动出一定的位置，如图 7-127 所示，以形成装配第 4 步。

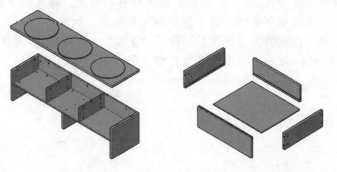

图 7-126　装配 3　　　　　　　　　图 7-127　装配 4

步骤 08 在绘图区域左下角单击"布局 1"，以从模型空间切换至布局空间。

步骤 09 执行"插入块"命令（I），将"案例/07/家具图框.dwg"插入布局 1 中；再执行"删除"命令（E），将下侧的标题栏删除掉，如图 7-128 所示。

步骤 10 执行"偏移"命令（O）和"修剪"命令（TR），将内框按照如图 7-129 所示进行偏移。

图 7-128 插入图框　　　　　　图 7-129 偏移和修剪线条

步骤 ⑪ 选择"视图 | 视口 | 一个视口"命令，分别捕捉偏移出来的矩形格子绘制出 5 个视口，如图 7-130 所示。

步骤 ⑫ 在各个视口内部双击以激活该视口，根据装配步骤将对应步骤的图形最大化依次显示在视口内部，并将视觉样式切换为"二维线框"模式，如图 7-131 所示。

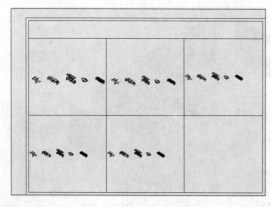
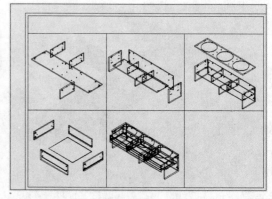

图 7-130 创建 5 个视口　　　　　图 7-131 依次显示装配步骤

步骤 ⑬ 双击进入第一个视口，在命令行中输入"SOLPROF"，按【Space】键提示"选择对象"，然后选择第一个视口中最大化的实体模型，根据命令提示直接按【Enter】键以默认的设置进行操作，即可将实体抽出为线条。

步骤 ⑭ 执行"移动"命令（M），将抽出的线条块移动出来。再执行"删除"命令（E），将实体和隐藏线块删除掉，留下抽出的可见线条，如图 7-132 所示。

步骤 ⑮ 将"细虚线"图层置为当前图层，执行"直线"命令（L），捕捉圆孔位绘制连接线段，如图 7-133 所示，以表示孔位连接状态。

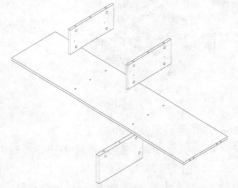
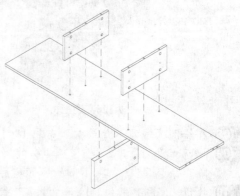

图 7-132 抽出第一个视口实体线条　　　　图 7-133 绘制连接虚线

步骤 ⑯ 根据同样的方法，依次切换到其他视口中，执行"SOLPROF"命令，抽出实体的线条，在将实体对象和抽出的隐藏线块删除；最后绘制对应孔位的连接虚线，绘制效果如图 7-134 所示。

步骤 ⑰ 执行"多行文字"命令（MT），设置文字高度为 5 对图名和步骤进行注释；设置文字高度为 3 对产品名称及组合尺寸进行注释，效果如图 7-135 所示。

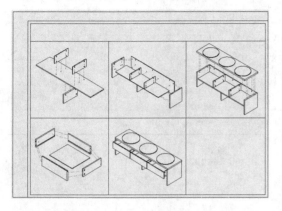

图 7-134　抽出其他视口线条

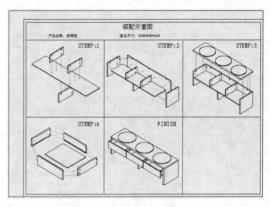

图 7-135　装配图效果

步骤 ⑱ 至此，床尾柜装配示意图绘制完成，按【Ctrl+S】组合键保存。

技巧：236　床尾柜开料明细表

视频：无
案例：床尾柜开料明细表.dwg

技巧概述：根据如表 7-1 所示的各部件开料尺寸、数量和材料名称，可将床尾柜各部件板材进行开料。

表 7-1　开料明细表　　　　　　　　　　　　　　　　　　　　单位：mm

开 料 明 细 表								
单位	MM	产品规格	1500*400*400		产品颜色		金柚色	
序号	零部件名称	零部件代号	开料尺寸	数　量	材料名称		封　边	备　注
1	侧板	01-1	375*400*25	2	金柚色刨花板		4	
2	上中侧板	01-2	167*364*15	2	金柚色刨花板		4	
3	下中侧板	01-3	192*364*25	1	金柚色刨花板		4	
4	底板	01-4	1445*364*15	1	金柚色刨花板		4	
5	面板	01-5	1500*400*25	1	金柚色刨花板		4	
6	背板	01-6	1445*375*15	1	金柚色刨花板		4	
7	边、中抽面板	01-7/11	478*150*15	3	金柚色刨花板		4	先打槽后封边
8	抽侧板	01-8	349*120*15	6	金柚色刨花板		4	
9	边抽尾板	01-9	421*120*15	2	金柚色刨花板		4	
10	中抽尾板	01-12	418*120*15	1	金柚色刨花板		4	
11	边抽底板	01-10	345*433*5	2	金柚色双面氰胺板			
12	中抽底板	01-13	345*430*5	1	金柚色双面氰胺板			
13	软包板	01-14	Ø360*9	3	中纤板			

技巧：237　床尾柜五金配件明细表

视频：无
案例：床尾柜五金配件明细表.dwg

技巧概述：床尾柜需要包装的五金配件如表 7-2 所示。

表 7-2　床尾柜五金配件明细表　　　　　　　　　　　　　　　　　　单位：mm

五 金 配 件 明 细 表

产品名称：床尾柜

分类名称	材料名称	规 格	数 量	备 注	分类名称	材料名称	规 格	数 量	备 注
封袋配件	三合一	∅15*11 / ∅7*28	42套		安装配件	凹槽拉手	L475mm	3条	
	木榫	∅8*30	20个			封头		6个	
	自攻螺丝	∅4*30	16粒						
	自攻螺丝	∅4*14	12粒						
						材料名称	规 格	数 量	备 注
						二节路轨	350mm	3付	
						软包	∅360mm*55	3件	
					发包装配件				

技巧：238　床尾柜包装材料明细表

视频：无
案例：床尾柜包装材料明细表.dwg

技巧概述：在对床尾柜柜板件进行包装时，所用到的包装材料如表 7-3 所示。

表 7-3　床尾柜包装材料明细表　　　　　　　　　　　　　　　　　　单位：mm

板件与板件之间用PE纸隔离

纸箱编号	纸箱结构	纸箱内尺寸	体积(m³)	净重(kg)	毛重(kg)	五金配件	有无玻璃	层数	部件名称	规格	数量	包装辅助材料名称	规格	数量	备 注
2-1	中封	510*400*185	0.04			五金配件1包		6/7	侧板	375*400*25	2	泡沫	510*400*10	2	箱颜色为黄色
								4	上中侧板	167*364*15	2	泡沫	510*160*10	2	
								11	下中侧板	192*364*25	1	泡沫	380*160*10	2	
								1	抽面板	478*150*15	3	泡沫	填平		
								2	抽侧板	349*120*15	6				
								3	边抽尾板	421*120*15	3				
								3	中抽尾板	418*120*15	1				
								8/9	边抽底板	345*433*5	2				
								10	中抽底板	345*430*5	1				
2-2	中封	1526*426*135	0.09				有	4	底板	1445*364*15	1	泡沫	1526*426*10	2	箱颜色为黄色
								1	面板	1500*400*25	1	泡沫	1526*110*10	2	
								2	背板	1445*358*15	1	泡沫	400*110*10	2	
								3	软包板	∅360*55	3	泡沫			
												泡沫	填平		

第 8 章 电视柜施工图的绘制

- **本章导读**

本章主要讲解柜式电视柜全套施工图的绘制技巧，主要包括书台透视图、零部件示意图、各部件工艺图（部件三视图、模型图）、整体三视图、模型图与装配图；还列出了书台开料明细表、五金配件明细表以及包装材料明细表，使读者掌握电视柜整套施工图的绘制。

- **本章内容**

电视柜透视图效果	01-5 背板的绘制	电视柜整体模型图的绘制
电视柜零部件示意图	01-6 前脚条的绘制	电视柜装配示意图的绘制
01-1 左侧板的绘制	01-7 铝框门的绘制	电视柜整体三视图的绘制
01-2 中侧板的绘制	01-8-1 铝框门玻的绘制	电视柜开料明细表
01-3 底板的绘制	01-8 面板玻璃的绘制	电视柜包装材料明细表
01-4 面板的绘制		电视柜五金配件明细表

技巧：239 电视柜透视图效果

视频：无
案例：电视柜透视图.dwg

技巧概述：随着大屏幕平板电视的普及，电视柜成为与现代家居完美结合的桥梁。时下简约主义之风盛行，电视柜也崇尚"简约但不简单"的设计理念与摩登的设计，有时代感的新材料、新工艺技术相结合，创造出一种个性美。本章以如图 8-1 所示的板式拆装电视柜柜进行讲述，讲解各部件三视图、模型图以及装配示意图、模型图的绘制。

技巧：240 电视柜零部件示意图

视频：无
案例：电视柜零部件示意图.dwg

技巧概述：本章将以地柜式结构电视柜进行介绍，讲解组成此电视柜各个部件板材的绘制，其中包括左侧板、中侧板、面板、底板、背板、前脚条、铝框门、铝框门玻、面板玻璃。各部件示意图如图 8-2 所示，在下面的工艺图绘制中，将以此部件号顺序来进行绘制，如 01-1 号板代表了左侧板。

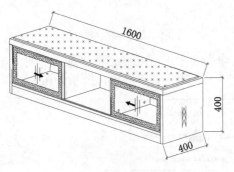

图 8-1 电视柜透视图

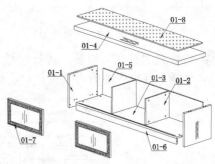

图 8-2 电视柜零部件示意图

| 技巧：241 | 01-1 左侧板的绘制 | 视频：技巧241-左侧板的绘制.avi
案例：01-1三视图.dwg   01-1模型图.dwg |

技巧概述： 在绘制左侧板之前，可以调用前面已设置好绘图环境的"家具样板.dwt"文件，以此为基础来绘制电视柜侧板图形，效果如图 8-3 所示。

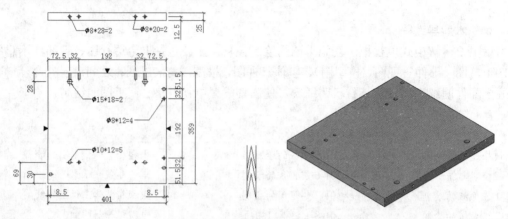

图 8-3   左侧板三视图和模型图

操作步骤如下。

1. 绘制左侧板三视图

步骤 01 启动 AutoCAD 2014 软件，单击"打开"按钮，将"家具样板.dwt"文件打开；再单击"另存为"按钮，将文件另存为"案例\08\01-1 三视图.dwg"文件。

步骤 02 在"常用"选项卡的"图层"面板中，选择"轮廓线"图层并置为当前图层；执行"矩形"命令（REC），在视图中绘制 401×359 的矩形，如图 8-4 所示。

步骤 03 执行"分解"命令（X）和"偏移"命令（O），将矩形相应边按照如图 8-5 所示进行偏移，且将偏移得到的线段转换为"辅助线"图层。

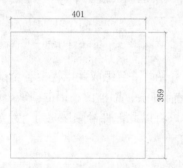

图 8-4   绘制矩形

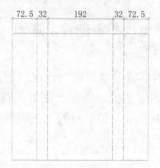

图 8-5   绘制辅助线

步骤 04 切换到"符号"图层，执行"插入块"命令（I），在弹出的"插入"对话框中，选择文件中保存的内部图块"孔位符号"，将其插入图形中，效果如图 8-6 所示。

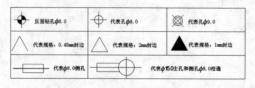

图 8-6   插入符号图块

步骤 05 执行"复制"命令（CO）、"旋转"命令（RO）和"镜像"命令（MI），将Ø8侧孔和三合一孔符号复制到辅助线相应位置，如图 8-7 所示。

步骤 06 执行"偏移"命令（O），将下水平线向上偏移 69 作为辅助线；执行"复制"命令（CO），将 Ø8 正圆孔复制到辅助线交点处，如图 8-8 所示。

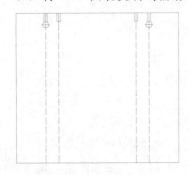

图 8-7　复制符号　　　　　　　图 8-8　偏移辅助线复制符号

步骤 07 再执行"偏移"命令（O），将下水平线向上偏移 30，将左垂直线段向内偏移 8.5 作为辅助线如图 8-9 所示。

步骤 08 执行"圆"命令（C），在相应辅助线交点处绘制 Ø10 的圆，如图 8-10 所示。

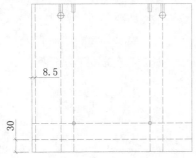
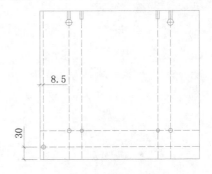

图 8-9　偏移辅助线　　　　　　　图 8-10　绘制 Ø10 的圆

步骤 09 执行"修剪"命令（TR）和"删除"命令（E），将多余的线条修剪删除掉。

步骤 10 再执行"偏移"命令（O），按照如图 8-11 所示效果进行偏移。

步骤 11 执行"复制"命令（CO），将前面的 Ø8 和 Ø10 圆孔分别复制到相应辅助线上，并将辅助线删除掉，效果如图 8-12 所示。

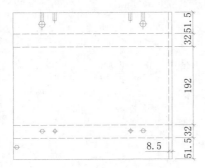
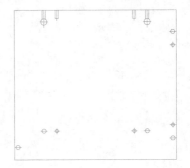

图 8-11　偏移辅助线　　　　　　　图 8-12　复制符号

步骤 12 通过复制、缩放、旋转和镜像操作，将"1mm 封边"符号复制到主视图相应位置，如图 8-13 所示。

步骤 13 切换至"轴线"图层,执行"直线"命令(L),在上侧捕捉主视图端点向上绘制投影线,如图 8-14 所示。

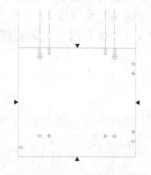

图 8-13 复制封边符号　　　　　　　图 8-14 绘制投影线

步骤 14 切换到"轮廓线"图层,执行"直线"命令(L),在右侧捕捉构造线绘制出宽 25 的矩形,如图 8-15 所示。

步骤 15 执行"修剪"命令(TR),将多余的投影线修剪掉;再执行"复制"命令(CO),将Ø8 正孔符号复制到辅助线中点上,如图 8-16 所示。最后将投影线删除掉。

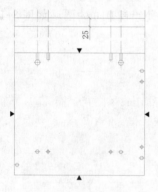

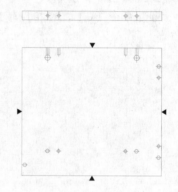

图 8-15 绘制矩形　　　　　　　　图 8-16 复制符号

步骤 16 将"尺寸线"图层置为当前图层,执行"线性标注"命令(DLI)和"连续标注"命令(DCO),对图形进行尺寸标注,如图 8-17 所示。

步骤 17 再执行"直线"命令(L),在右下侧绘制出板材纹理走向,效果如图 8-18 所示。

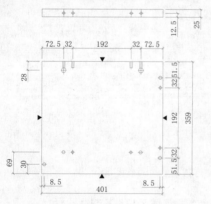

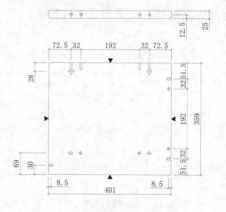

图 8-17 尺寸标注　　　　　　　　图 8-18 绘制纹理

步骤 18 切换至"文本"图层,执行"引线"命令(LE),根据命令提示"指定第一个引线

点或 [设置(S)]", 选择 "设置 (S)" 选项, 弹出 "引线设置" 对话框, 在 "附着" 选项卡中勾选 "最后一行加下画线" 复选框, 如图 8-19 所示。

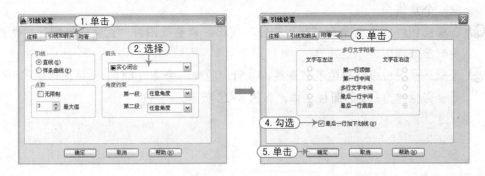

图 8-19 引线设置

步骤⑲ 设置好引线格式以后, 在需要注释的位置单击, 拖出一条引线, 然后按【Enter】键直至出现文本输入框后, 在 "文字格式" 工具栏中设置字体为宋体, 设置文字高度为 30, 再输入文字内容, 最后单击 "确定" 按钮以完成引线注释, 如图 8-20 所示。

步骤⑳ 执行 "插入块" 命令 (I), 将 "家具图框" 插入图形中; 再执行 "缩放" 命令 (SC), 输入比例因子 "5", 将其放大 5 倍以框住三视图, 如图 8-21 所示。

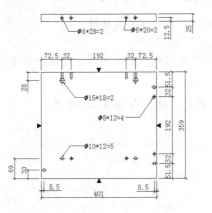

图 8-20 引线注释效果

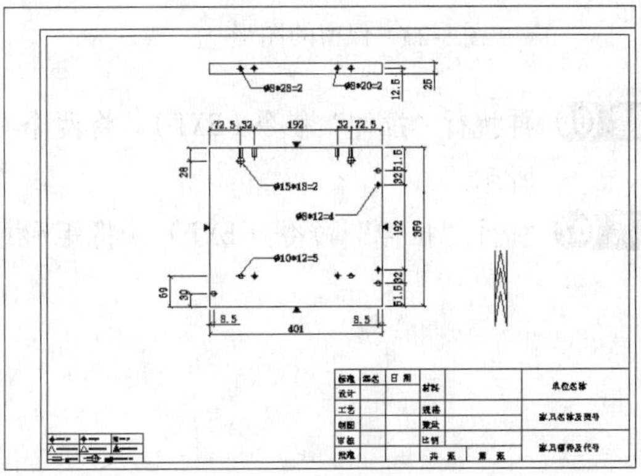

图 8-21 插入图框

步骤㉑ 执行 "复制" 命令 (CO), 在图框右下角表格处复制文字并修改文字内容, 以完善图纸信息, 如图 8-22 所示。

标准	签名	日 期	材料	金柚木刨花板	单位名称
设计					
工艺			规格	358*400*25	左侧板
制图			数量	2	
审核			比例	1:5	01-1
批准			共 张	第 张	

图 8-22 完善图纸信息

2. 绘制左侧板模型图

步骤① 接上例, 单击 "另存为" 按钮, 将绘制的三视图文件另存为 "01-1 模型图.dwg" 文件。

步骤② 执行 "删除" 命令 (E), 将不需要的图形删除掉, 保留图形效果, 如图 8-23 所示。

步骤 03 执行"面域"命令（REG），选择外矩形 4 条线段，按【Space】键确定以将矩形形成一个整体面。

步骤 04 在绘图区域左上侧单击"视图控件"按钮，调整视图为"西南等轴测"，使图形切换到三维视图。

步骤 05 根据三视图引线注释的孔位深度，执行"拉伸"命令（EXT），将图形中的 Ø8、Ø10 圆全部拉伸为-12 的圆柱实体，如图 8-24 所示。

图 8-23 保留的图形   图 8-24 切换视图拉伸圆

步骤 06 再执行"拉伸"命令（EXT），将两个 Ø15 的圆拉伸为-18 的圆柱实体，效果如图 8-25 所示。

步骤 07 执行"拉伸"命令（EXT），将矩形拉伸为-25 的长方体，如图 8-26 所示。

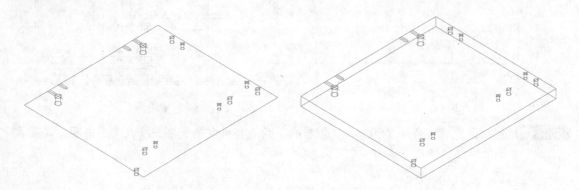

图 8-25 拉伸 Ø15 圆   图 8-26 拉伸矩形为实体

步骤 08 单击"视图控件"按钮，依次单击"后视"→"东北等轴测"视图，以将后侧的孔位调转到前侧来；再执行"圆"命令（C），捕捉侧孔位置绘制圆，再将圆拉伸为-28 和-20 的深度；再执行"移动"命令（M），将圆柱实体向下移动 12.5 以保证孔位正中，如图 8-27 所示。

步骤 09 执行"差集"命令（SU），以长方体减去内部所有的圆柱实体进行差集运算；再将视觉样式调整为"概念"，效果如图 8-28 所示。

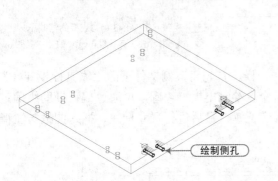

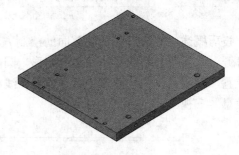

图 8-27　切换视图绘制侧孔　　　　　　　　　图 8-28　模型图效果

步骤 ⑩ 执行"删除"命令（E），将除模型外所有的线条删除掉以完成模型图的绘制。

技巧：242　01-2中侧板的绘制

案例：01-2三视图.dwg
案例：01-2模型图.dwg

技巧概述： 首先将案例文件下的"家具样板.dwt"文件打开，并保存为新的文件；通过矩形命令绘制出板材轮廓，再通过偏移辅助线确定孔位位置，再将孔位符号插入并复制到辅助线相应位置，最后进行尺寸标注、插入图框与注释文字信息。三视图效果如图 8-29 所示。

在绘制模型图时，调用前面绘制的三视图并另存为新文件，切换视图为"西南等轴测"，通过面域、拉伸矩形绘制出板材厚度；再根据平面图标注的孔位深度拉伸正孔圆为圆柱实体；再旋转坐标系绘制侧孔圆、拉伸为圆柱；再以长方体减去内部所有的圆柱实体进行差集运算，效果如图 8-30 所示。

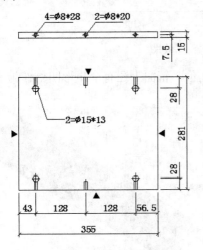

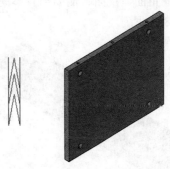

图 8-29　三视图效果　　　　　　　　　　图 8-30　模型图效果

专业技能　　　　　　　　　　　　　　　　　　　★★★★☆

电视柜的高度应使使用者坐后的视线正好落在电视屏幕中心，以坐在沙发上看电视为例——坐面高 40 厘米，坐面到眼的高度通常为 66 厘米，合起来就是 106 厘米，这是视线高，也是用来测算电视柜的高度是否符合健康高度的标准，若无特殊需要，电视柜到电视机的中心高度最好不要超过这个高度。

技巧：243　01-3底板的绘制

视频：技巧243-01-3底板的绘制.avi
案例：01-3模型图.dwg　01-3三视图.dwg

技巧概述：底板三视图同前面的绘制方法一样，首先将案例文件下的"家具样板.dwt"文件打开，并保存为新的文件；通过矩形、圆角命令绘制出板材轮廓，再通过偏移辅助线确定孔位位置，再将孔位符号插入并复制到辅助线相应位置，最后进行尺寸标注、插入图框与注释文字信息。三视图效果如图 8-31 所示。

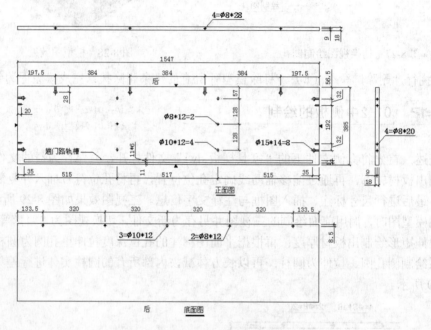

图 8-31　三视图效果

底板模型图正面、反面、侧面都有不同的孔位，正面上还有个矩形凹槽作为五金趟门滑动的轨道，如图 8-32 所示。

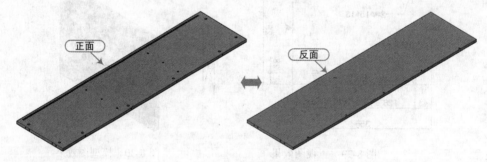

图 8-32　模型图效果

操作步骤如下：

1. 绘制底板三视图

步骤 **01** 启动 AutoCAD 2014 软件，单击"打开"按钮，将"家具样板.dwt"文件打开；再单击"另存为"按钮，将文件另存为"案例\08\01-3 三视图.dwg"文件。

步骤 **02** 在"常用"选项卡的"图层"面板中，选择"轮廓线"图层并置为当前图层，执行"矩形"命令（REC），在视图中绘制 1547 × 385 的矩形。

步骤 03 执行"分解"命令（X）和"偏移"命令（O），将矩形相应边按照如图 8-33 所示进行偏移，且将偏移得到的线段转换为"辅助线"图层。

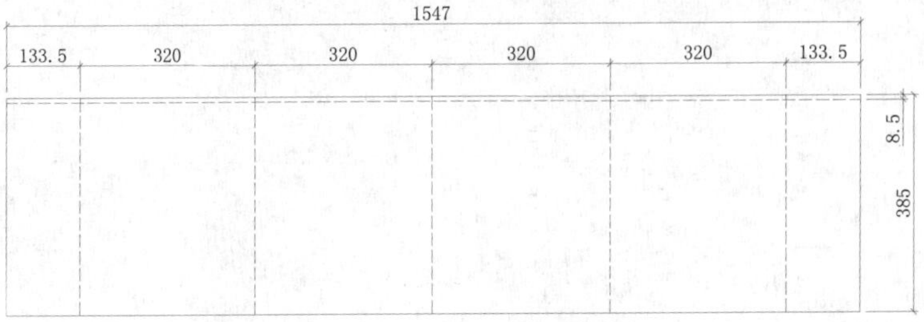

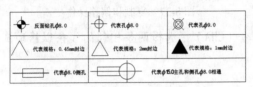

图 8-33　绘制矩形和辅助线

步骤 04 切换到"符号"图层，执行"插入块"命令（I），在弹出的"插入"对话框中，选择文件中保存的内部图块"孔位符号"，将其插入图形中，效果如图 8-34 所示。

图 8-34　插入符号图块

步骤 05 执行"复制"命令（CO），将 Ø8 孔复制到辅助线相应位置，如图 8-35 所示。

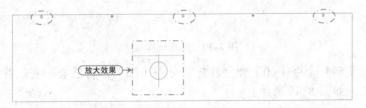

图 8-35　复制 Ø8.0 孔

步骤 06 执行"缩放"命令（SC），分别选择其中的 3 个 Ø8 孔，指定圆心点为基点，输入比例因子 10/8，以将 3 个 Ø8.0 孔各自以圆心点放大到 Ø10 孔，并将辅助线删除掉，如图 8-36 所示。

图 8-36　放大符号

技巧提示	★★★☆☆
选择缩放图形时，一次只能选择一个，各以自身圆的圆心进行缩放。	

步骤 07 执行"复制"命令（CO），将外矩形向上复制一份；并通过执行"偏移"命令（O）

偏移出线段，如图 8-37 所示。

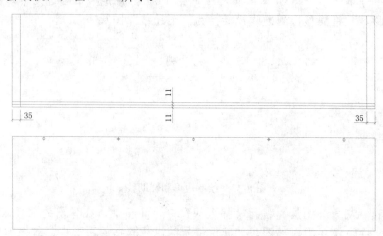

图 8-37　复制和偏移操作

步骤 08 执行 "倒角" 命令（CHA），选择两条相邻的线条以修剪成为直角，如图 8-38 所示。

图 8-38　倒角操作

步骤 09 执行 "偏移" 命令（O），将垂直线段按照如图 8-39 所示的尺寸进行偏移，并转换为 "辅助线" 图层。

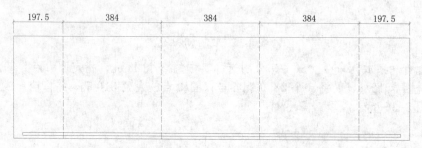

图 8-39　偏移辅助线

步骤 10 执行 "复制" 命令（CO）和 "旋转" 命令（RO），将三合一孔位符号复制到辅助线上端点，如图 8-40 所示。

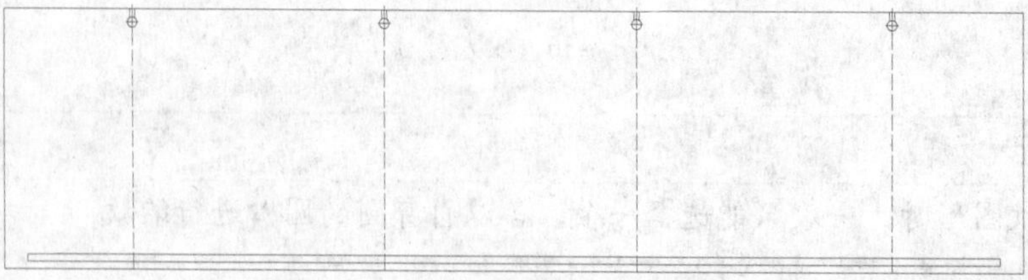

图 8-40　复制符号

步骤 11 执行"删除"命令（E），将辅助线删除掉；再执行"偏移"命令（O），通过如图 8-41 所示效果的偏移出辅助线。

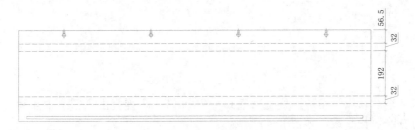

图 8-41　偏移辅助线

步骤 12 执行"复制"命令（CO）和"镜像"命令（MI），将Ø8 侧孔和三合一孔符号复制到辅助线相应位置，如图 8-42 所示。

图 8-42　复制符号

步骤 13 执行"删除"命令（E），将辅助线删除掉；再执行"偏移"命令（O），通过如图 8-43 所示的效果偏移出辅助线。

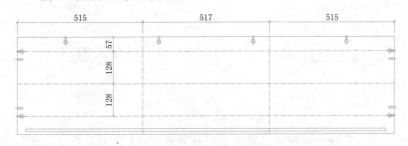

图 8-43　偏移出辅助线

步骤 14 执行"复制"命令（CO），将前面的 Ø8 和 Ø10 正孔符号复制到辅助线交点，然后删除辅助线，效果如图 8-44 所示。

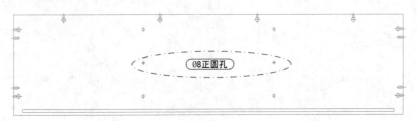

图 8-44　复制符号

步骤 15 通过复制、缩放、旋转和镜像操作，将 1mm 封边符号复制到主视图相应位置，如图 8-45 所示。

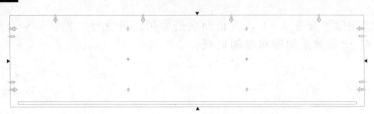

图 8-45　复制封边符号

步骤 16 切换至"轴线"图层，执行"直线"命令（L），捕捉主视图上端点和右端点向上和向右绘制投影线，如图 8-46 所示。

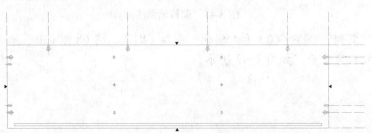

图 8-46　绘制投影线

步骤 17 切换到"轮廓线"图层，执行"直线"命令（L），在右侧和上侧分别捕捉构造线绘制出宽 18 的矩形，如图 8-47 所示。

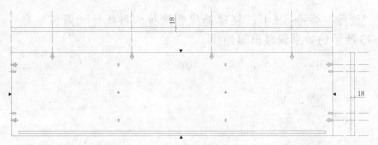

图 8-47　绘制宽度矩形

步骤 18 执行"修剪"命令（TR），将多余的投影线修剪掉；再执行"复制"命令（CO），将 Ø8 正孔符号复制到辅助线中点上，如图 8-48 所示，最后将投影线删除掉。

图 8-48　复制符号

步骤 19 将"尺寸线"图层置为当前图层，执行"线性标注"命令（DLI）和"连续标注"命令（DCO），对图形进行尺寸标注。

步骤 20 执行"多行文字"命令（MT），设置文字高度为 25，在相应位置输入图名；再执行"直线"命令（L），在图名下侧绘制出两条同长的水平线段，以完成图名标注，如

图 8-49 所示。

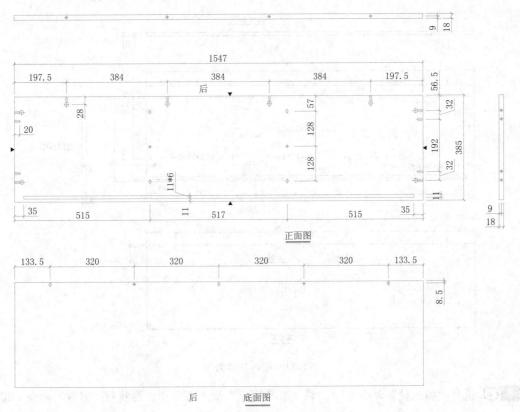

图 8-49 尺寸图名标注

步骤 21 切换至"文本"图层，执行"引线"命令（LE），根据命令提示"指定第一个引线点或[设置(S)]"，选择"设置（S）"选项，弹出"引线设置"对话框，"在引线和箭头"选项卡中设置箭头为"实心闭合"，在"附着"选项卡中勾选"最后一行加下画线"复选框，如图 8-50 所示。

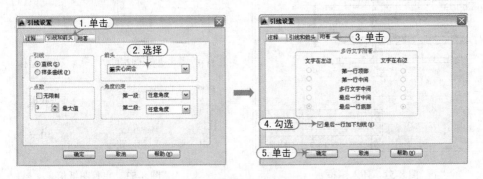

图 8-50 引线设置

步骤 22 设置好引线格式以后，在需要注释的位置单击，拖出一条引线，然后按【Enter】键直至出现文本输入框后，在"文字格式"工具栏中设置字体为宋体，设置文字高度为 30，再输入文字内容，最后单击"确定"按钮以完成引线注释，如图 8-51 所示。

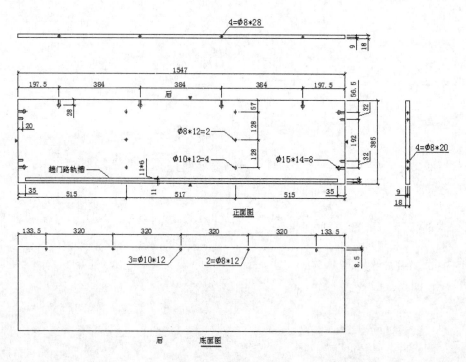

图 8-51　引线注释效果

步骤 **23**　执行"插入块"命令（I），将"家具图框"插入图形中；再执行"缩放"命令（SC），
输入比例因子为 11，将其放大 11 倍以框住三视图，如图 8-52 所示。

步骤 **24**　执行"复制"命令（CO），在图框右下角表格处复制文字并修改文字内容，以完善
图纸信息，如图 8-53 所示。

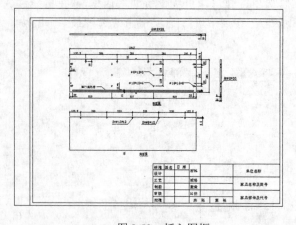

材料	金柚木刨花板	单位名称
规格	1546*384*18	底板
数量	1	
比例	1：11	01-3
共　张	第　张	

图 8-52　插入图框　　　　　　　　　　图 8-53　完善图纸信息

2. 绘制底板模型图

步骤 **01**　在 AutoCAD 2014 环境中，单击"打开"按钮，打开"01-3 三视图.dwg"文件；
再单击"另存为"按钮，将文件另存为"01-3 模型图.dwg"文件。

步骤 **02**　执行"删除"命令（E），将除底面图图形以外的图形删除掉，效果如图 8-54 所示。

图 8-54 保留的图形

步骤 **03** 根据图 8-54 所示，底面前侧有 Ø8 和 Ø10 的孔位，若要将所有孔位放置在一个图形上面，则执行 "偏移" 命令（O），将正面图前侧线条向上偏移 8.5 作为辅助线；由于孔位是对称的，故执行 "移动" 命令（M），将底面图中的孔位移动到偏移 8.5 的辅助线上，效果如图 8-55 所示。

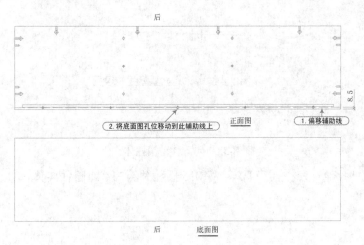

图 8-55 绘制正面图前侧孔位

步骤 **04** 执行 "删除" 命令（E），将不需要的图形删除掉，保留图形效果，如图 8-56 所示。

图 8-56 保留的图形

步骤 **05** 执行 "面域" 命令（REG），将矩形进行面域处理。在 "三维建模" 空间下，将视图切换为 "西南等轴测"。

步骤 **06** 执行 "拉伸" 命令（EXT），将所有的 Ø8 和 Ø10 圆拉伸为 -12 的圆柱实体；将矩形拉伸为-18 的长方体，如图 8-57 所示。

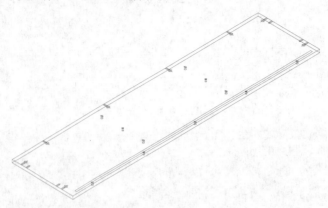

图 8-57　拉伸圆与矩形

步骤 **07** 执行 "移动" 命令（M），将前排 5 个圆柱体向下移动 6mm，以保证在长方体的下表面，如图 8-58 所示。

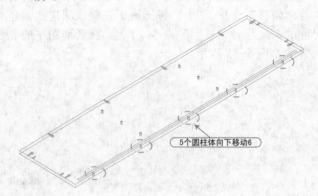

5个圆柱体向下移动6

图 8-58　向下移动圆柱体

步骤 **08** 再执行 "拉伸" 命令（EXT），将 Ø15 圆拉伸为-14 的圆柱实体，如图 8-59 所示。

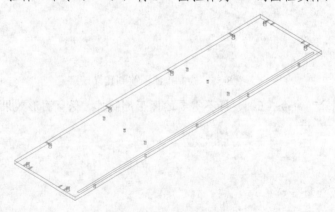

图 8-59　拉伸 Ø15 圆

步骤 **09** 执行 "面域" 命令（REG），将前侧小矩形进行面域；再执行 "拉伸" 命令（EXT），将其拉伸高度为-6 的长方体，如图 8-60 所示。

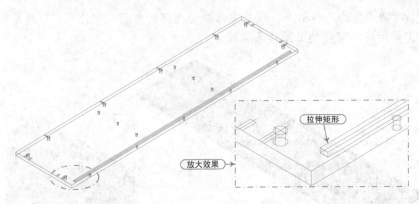

图 8-60　拉伸小矩形

步骤 ⑩ 执行"坐标系"命令（UCS），根据命令提示选择"面（F）"选项，再单击左侧面以确定坐标系。

步骤 ⑪ 通过执行"圆"命令（C），捕捉左侧侧孔线条绘制圆，再执行"拉伸"命令（EXT），将三合一圆孔拉伸-28，将圆榫孔拉伸-20；然后执行"移动"命令（M），将圆柱全部向下移动 9 以保证在长方体的正中，如图 8-61 所示。

步骤 ⑫ 执行"三维镜像"命令（MIRROR3D），将上步绘制的左侧侧孔圆柱镜像到长方体的右侧，如图 8-62 所示。

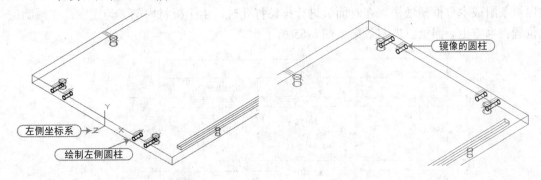

图 8-61　绘制左侧圆柱　　　　　　　　　　图 8-62　三维镜像到右侧

步骤 ⑬ 在绘图区左上侧单击"视图控件"按钮，依次单击"后视"→"东北等轴测"视图。以将长方体后侧的孔位调整到前端显示。

步骤 ⑭ 然后再使用"圆"、"拉伸"、"移动"命令捕捉三合一侧孔线绘制圆，拉伸圆柱为-28 的实体并向下移动 9 以保证正中，效果如图 8-63 所示。

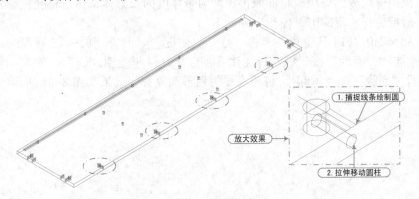

图 8-63　切换视图绘制侧孔圆柱

步骤 15 执行"差集"命令（SU），以长方体减去内部所有圆柱实体，差集效果如图 8-64 所示。最后将不需要的二维线条删除。

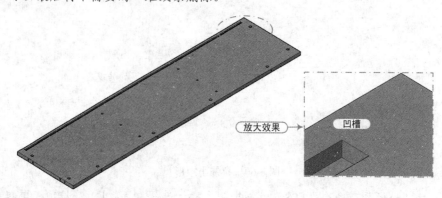

图 8-64　差集后的实体

技巧：244　01-4面板的绘制

视频：技巧244-01-4面板模型图的绘制.avi
案例：01-4模型图.dwg　01-4三视图.dwg

技巧概述：面板的结构由两层厚度分别为 15mm 和 25mm 的板材复合而成为厚度 40mm 的板材，最后在表面进行封边处理以形成整个面板。加厚面板层为整块板材，底层由加厚横条和加厚纵条组成木方框架结构，在对面板进行排钻打孔时，由于板材内部多为镂空，必须确保开孔位置在木方上。面板三视图效果如图 8-65 所示。

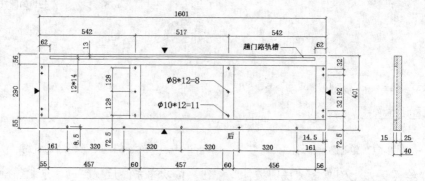

图 8-65　面板三视图

面板由加厚板、加厚的横条板和竖条板组成，这些板材都是标准的长方体，在绘制模型图时只需要将三视图中组成的每块板材面域再拉伸为带厚度的长方体，然后将孔位符号绘制拉伸出圆柱实体，最后进行差集即可。操作步骤如下。

步骤 01 在 AutoCAD 2014 环境中，单击"打开"按钮🗁，打开"01-4 三视图.dwg"文件；再单击"另存为"按钮🖫，将文件另存为"01-4 模型图.dwg"文件。

步骤 02 执行"删除"命令（E），将不需要的图形删除掉，效果如图 8-66 所示。

图 8-66　保留的图形

步骤 03 执行"复制"命令（CO），将外轮廓矩形向下复制一份，如图 8-67 所示。

图 8-67 复制矩形

步骤 04 执行"直线"命令（L），分别将 6 块加厚条两端以直线连接，形成封闭的 6 个矩形轮廓；再执行"面域"命令（REG），将图形中的 8 个矩形进行面域处理。

步骤 05 在"三维建模"空间下，将视图切换为"西南等轴测"。

步骤 06 执行"拉伸"命令（EXT），将最大的矩形拉伸为-25 的实体以形成加厚板，将 6 个加厚条矩形拉伸为-15 的实体，将后侧小矩形拉伸为-14 深度的实体，如图 8-68 所示。

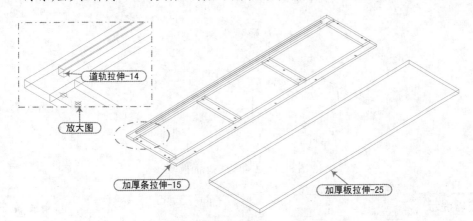

图 8-68 拉伸矩形为实体

步骤 07 执行"拉伸"命令（EXT），将所有的 Ø8 和 Ø10 圆拉伸为-12 的圆柱实体，如图 8-69 所示。

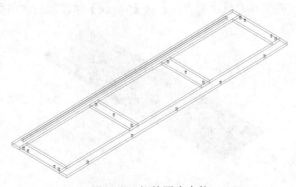

图 8-69 拉伸圆为实体

步骤 08 执行"移动"命令（M），将加厚板移动到加厚条板材的下侧，使上下板重合在一起以形成整块，如图 8-70 所示。

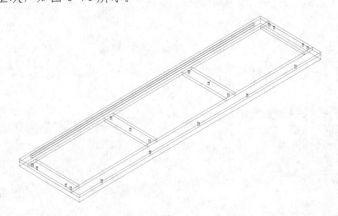

图 8-70 组合板材

步骤 09 执行"并集"命令（UNI），或者单击"布尔值"面板中的"并集"按钮，然后选择加厚条和加厚板实体，按【Space】键确定，从而将加厚板和加厚条实体合并为整个面板。如图 8-71 所示为选择并集后的实体效果。

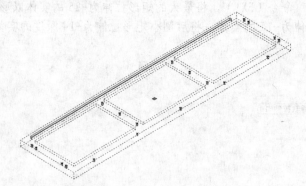

图 8-71 并集为整个面板

技 巧 提 示 ★★★☆☆

虚线蚂蚁线显示的是并集后的复合实体效果，并显示一个夹点。

步骤 10 再执行"差集"命令（SU），选择面板实体，按【Space】键确认选择，再选择要减去的内部圆柱实体和道轨小长方体，按【Space】键以形成孔洞效果，如图 8-72 所示。

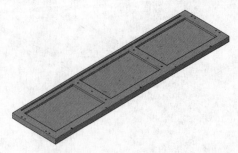

图 8-72 差集效果

步骤 11 至此，该模型图绘制完成，按【Ctrl+S】组合键进行保存。

技巧：245 01-5背板的绘制

案例：01-5模型图.dwg
案例：01-5三视图.dwg

技巧概述： 首先将案例文件下的"家具样板.dwt"文件打开，并保存为新的文件；通过矩形命令绘制出板材轮廓，再通过偏移辅助线确定孔位位置，再将孔位符号插入并复制到辅助线相应位置，最后进行尺寸标注、插入图框与注释文字信息。绘制的三视图效果如图 8-73 所示。

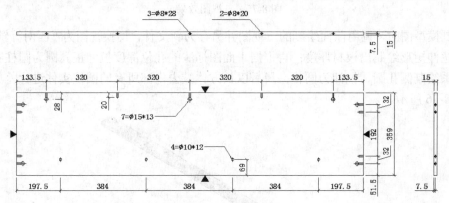

图 8-73　三视图效果

在绘制模型图时，调用前面绘制的三视图并另存为新文件，切换视图为"西南等轴测"，通过面域、拉伸矩形绘制出板材厚度；再根据平面图标注的孔位深度拉伸正孔圆为圆柱实体；再旋转坐标系绘制侧孔圆、拉伸为圆柱；再以长方体减去内部所有的圆柱实体进行差集运算，效果如图 8-74 所示。

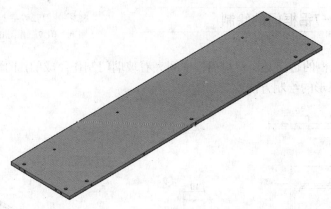

图 8-74　模型图效果

技巧：246 01-6前脚条的绘制

案例：01-6三视图.dwg
案例：01-6模型图.dwg

技巧概述： 首先将案例文件下的"家具样板.dwt"文件打开，并保存为新的文件；通过矩形命令绘制出板材轮廓，再通过偏移辅助线确定孔位位置，再将孔位符号插入并复制到辅助线相应位置，最后进行尺寸标注、插入图框与注释文字信息。绘制的三视图效果如图 8-75 所示。

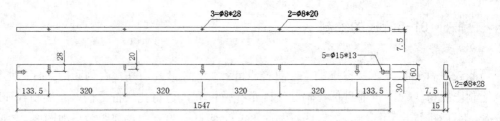

图 8-75　三视图效果

　　在绘制模型图时，调用前面绘制的三视图并另存为新文件，切换视图为"西南等轴测"，通过面域、拉伸矩形绘制出板材厚度；再根据平面图标注的孔位深度拉伸正孔圆为圆柱实体；再旋转坐标系绘制侧孔圆、拉伸为圆柱；最后以长方体减去内部所有的圆柱实体进行差集运算，效果如图 8-76 所示。

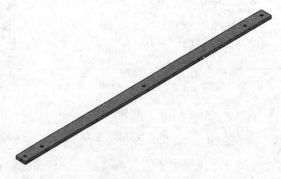

图 8-76　模型图效果

技巧：247　　01-7铝框门的绘制

视频：技巧247-铝框门的绘制.avi
案例：01-7三视图.dwg　01-7 模型图.dwg

　　技巧概述：电视柜的趟门是由铝材门框中间夹着玻璃门制作而成的，图形效果如图 8-77 所示。接下来讲解其图形的绘制方法。

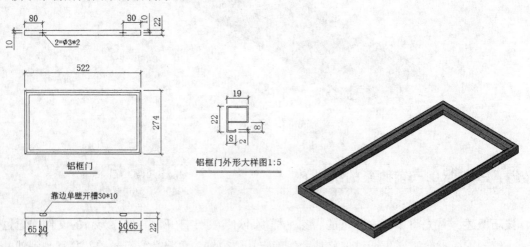

铝框门

铝框门外形大样图1:5

靠边单壁开槽30*10

图 8-77　三视图和模型图效果

操作步骤如下。

1. 绘制铝框门三视图

步骤 01 启动 AutoCAD 2014 软件,单击"打开"按钮,将"家具样板.dwt"文件打开;再单击"另存为"按钮,将文件另存为"案例\08\01-7 三视图.dwg"文件。

步骤 02 在"常用"选项卡的"图层"面板中,选择"轮廓线"图层置为当前图层,执行"矩形"命令(REC),在视图中绘制 522×274 的矩形,如图 8-78 所示。

步骤 03 执行"偏移"命令(O),将矩形向内偏移 8 和 11,如图 8-79 所示。

图 8-78 绘制矩形　　　　　　　　　　图 8-79 偏移矩形

步骤 04 执行"直线"命令(L),连接相应对角点绘制斜线,如图 8-80 所示。

步骤 05 执行"矩形"命令(REC),在上侧绘制 522×22 对齐的矩形,如图 8-81 所示。

图 8-80 绘制斜线　　　　　　　　　　图 8-81 绘制对齐矩形

步骤 06 执行"偏移"命令(O),绘制辅助线,如图 8-82 所示。

步骤 07 执行"圆"命令(C),在辅助线交点绘制 Ø3 的圆,并将辅助线修剪,如图 8-83 所示。

图 8-82 偏移辅助线　　　　　　　　　图 8-83 绘制 Ø3 的圆孔

步骤 08 同样执行"矩形"命令(REC),在下侧绘制一个 522×22 的对齐矩形,如图 8-84 所示。

步骤 09 按【Space】键重复矩形命令,根据命令提示绘制一个 30×10 的圆角矩形,如图 8-85 所示。

命令:RECTANG	// 执行"矩形"命令
指定第一个角点或 [倒角(C)/标高(E)/圆角(F)/厚度(T)/宽度(W)]:f	// 选择"圆角"选项
指定矩形的圆角半径 <0.0000>:5	// 设置圆角半径为5
指定第一个角点或 [倒角(C)/标高(E)/圆角(F)/厚度(T)/宽度(W)]:	// 单击指定一点
指定另一个角点或 [面积(A)/尺寸(D)/旋转(R)]:@30,10	// 输入相对坐标值确定矩形

图 8-84　绘制对齐矩形

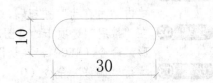

图 8-85　绘制圆角矩形

步骤 ⑩ 执行"移动"命令（M）和"镜像"命令（MI），将圆角矩形放置到如图 8-86 所示的位置。

图 8-86　移动镜像矩形

步骤 ⑪ 执行"矩形"命令（REC），根据命令提示选择"圆角（F）"选项，设置圆角半径为 0，在图形的右侧绘制一个 19×22 的直角矩形，如图 8-87 所示。

技巧提示 ★★★☆☆

　　执行"矩形"命令时，由于前一次矩形设置了圆角半径为 5，再次绘制时将继承这一特性来绘制圆角矩形，若需要绘制出正常情况下的直角矩形请设置圆角半径为 0。

步骤 ⑫ 执行"分解"命令（X）和"偏移"命令（O），将矩形各边向内偏移 1，如图 8-88 所示。

步骤 ⑬ 再执行"偏移"命令（O），按照如图 8-89 所示的效果再次进行偏移。

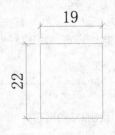

图 8-87　绘制矩形

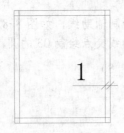

图 8-88　偏移线段

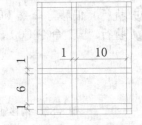

图 8-89　偏移线段

步骤 ⑭ 执行"修剪"命令（TR），修剪掉多余的线条，效果如图 8-90 所示。

步骤 ⑮ 执行"缩放"命令（SC），将上步绘制的大样图放大 5 倍。

步骤 ⑯ 执行"线形标注"命令（DLI），对大样图进行尺寸标注，如图 8-91 所示。

步骤 ⑰ 执行"编辑标注"命令（ED）命令，单击尺寸文字，则显示文字输入框，将放大的尺寸删除，输入原始的尺寸，如图 8-92 所示。

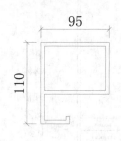

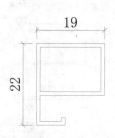

图 8-90　修剪效果　　　　　图 8-91　标注放大图　　　　　图 8-92　修改回原尺寸

技巧提示　　　　　　　　　　　　　　　　　　　　　　★★★☆☆

　　由于大样图原图形过小，为了更清楚地使读图者看清楚，这里将大样图放大了 5 倍，但在标注图形尺寸时，还是要改回到原尺寸"19×22"。

步骤 ⑱　执行"线形标注"命令（DLI）和"连续标注"命令（DCO），对图形进行尺寸标注。

步骤 ⑲　执行"引线"命令（LE），对孔位进行文字注释，如图 8-93 所示。

步骤 ⑳　执行"多行文字"命令（MT），设置文字高度为 30，在相应位置输入图名；再执行"直线"命令（L），在图名下侧绘制出两条同长的水平线段，以完成图名标注，如图 8-94 所示。

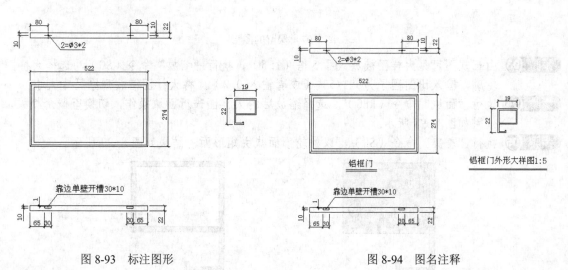

图 8-93　标注图形　　　　　　　　　　　　　图 8-94　图名注释

步骤 ⑳　执行"插入块"命令（I），将"家具图框"插入图形中；再执行"缩放"命令（SC），输入比例因子为 7，将其放大 7 倍以框住三视图，如图 8-95 所示。

步骤 ㉑　执行"复制"命令（CO），在图框右下角表格处复制文字并修改文字内容，以完善图纸信息，如图 8-96 所示。

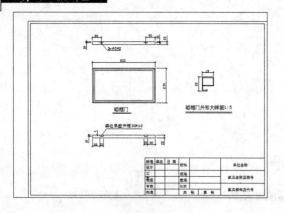

图 8-95　插入并放大图框

材料	光亮铝材	单位名称
规格	522*274*22	铝框门
数量	2	
比例	1：8	01-7
共　张	第　张	

图 8-96　完善图纸信息

2. 绘制铝框门模型图

步骤 01 接上例，单击"另存为"按钮 ，将文件另存为"01-7 模型图.dwg"文件。

步骤 02 执行"删除"命令（E），将不需要的图形删除掉，如图 8-97 所示。

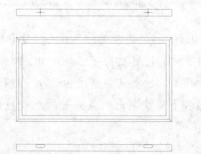

图 8-97　保留的图形

步骤 03 由三视图可见大样图被放大了 5 倍（1：5），执行"缩放"命令（SC），选择大样图轮廓，输入比例因子为"1/5"（或者输入 0.2），将大样图缩放到原尺寸大小。

步骤 04 执行"面域"命令（REG），选择缩放后的大样图进行面域操作，切换至概念模式，效果如图 8-98 所示。

步骤 05 执行"差集"命令（SU），以外轮廓面减去矩形面，结果如图 8-99 所示。

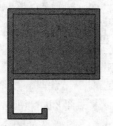
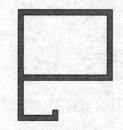

图 8-98　面域的图形　　　　　　图 8-99　差集效果

技巧提示　　　　　　　　　　　　　　　　　　★★★★☆

　　面域后，即可像实体一样来进行差集。因为在后面的绘制中，此轮廓将会以矩形进行路径围绕拉伸，若是让两个面域图形一起拉伸为实体，拉伸后里面的空心便无法去减掉。先差集面域即创建了空心面整体。

步骤 06 在"三维建模"空间下将视图调整为"西南等轴测"。

步骤 07 执行"三维旋转"命令(3DR),选择大样图,指定红色 X 轴为旋转轴,再输入"270°",旋转效果如图 8-100 所示。

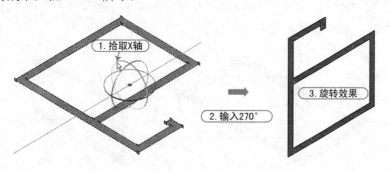

图 8-100 旋转面域

步骤 08 重复"三维旋转"命令,将图形再以蓝色 Z 轴旋转 90°,如图 8-101 所示。

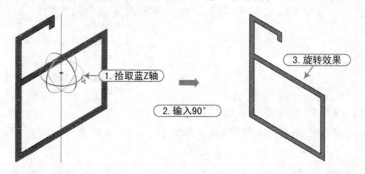

图 8-101 再次旋转面域

步骤 09 执行"移动"命令(M),将主视图中最内侧的矩形(484×236)移动出来,并放置到大样图位置,如图 8-102 所示。

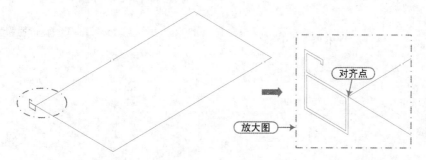

图 8-102 移动图形

步骤 10 执行"拉伸"命令(EXT),选择大样图对象,根据命令提示选择"路径(P)"选项,然后拾取左侧线段为拉伸路径拉伸实体,效果如图 8-103 所示。命令执行过程如下:

命令: EXTRUDE	// 拉伸命令
当前线框密度: ISOLINES=4,闭合轮廓创建模式 = 实体	
选择要拉伸的对象或 [模式(MO)]: 找到 1 个	// 选择剖面大样图

选择要拉伸的对象或 [模式(MO)]:	// 空格键确定选择
指定拉伸的高度或 [方向(D)/路径(P)/倾斜角(T)/表达式(E)]: p	// 选择 "路径" 项
选择拉伸路径或 [倾斜角(T)]:	// 拾取矩形作为拉伸路径

步骤 11 执行 "三维旋转" 命令（3DR），选择拉伸的实体，指定红色 X 轴为旋转轴，再输入 "90°"，旋转效果如图 8-104 所示。

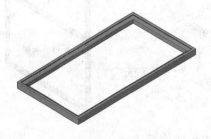

图 8-103 路径拉伸效果   图 8-104 旋转实体

步骤 12 执行 "拉伸" 命令（EXT），将二维平面图中的圆角矩形拉伸为-3 的实体，如图 8-105 所示。

专业技能   ★★★☆☆

拉伸为-3mm，这个距离从哪里来的？

由前面绘制大样图平面尺寸时可知铝材厚度为 1mm，只需要大于 1mm，而且小于 12mm 均可用。

步骤 13 由于仰视二维矩形平面与实体侧平面吻合，执行 "移动" 命令（M），将拉伸后的两个圆角实体移动捕捉到铝框实体上，如图 8-106 所示。

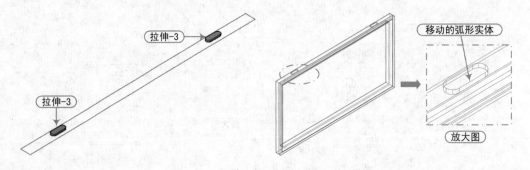

图 8-105 拉伸圆角矩形   图 8-106 移动圆角实体

步骤 14 执行 "差集" 命令（SU），以铝框实体减去内部弧形实体进行差集运算，效果如图 8-107 所示。

步骤 15 执行 "三维旋转" 命令（3DR），选择拉伸的实体，指定红色 X 轴为旋转轴，再输入 "180°"，旋转效果如图 8-108 所示。

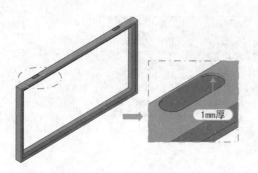

图 8-107　差集效果　　　　　　　　　　　　　图 8-108　旋转实体

步骤 16 执行"拉伸"命令（EXT），将俯视图的圆拉伸为-2 的圆柱实体，如图 8-109 所示。

步骤 17 由于俯视二维矩形平面与实体侧平面吻合，执行"移动"命令（M），将拉伸后的两个圆柱实体移动捕捉到铝框实体上，如图 8-110 所示。

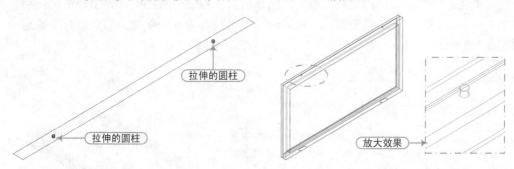

图 8-109　拉伸为圆柱　　　　　　　　　　　图 8-110　移动实体

步骤 18 执行"差集"命令（SU），以铝框实体减去内部圆柱实体进行差集运算，效果如图 8-111 所示。

步骤 19 执行"删除"命令（E），将除实体外的所有线条删除。

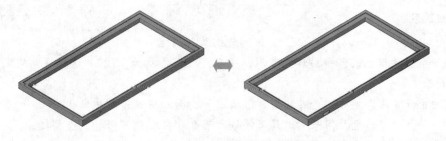

图 8-111　差集后不同角度的实体效果

专业技能　　　　　　　　　　　　　　　　　　　　　　　★★★★★

　　铝门框内部为空心，只有 1mm 厚的铝材质。在 CAD 中用户可以将铝门框图形选中后执行"三维切剖"命令（Slice），或者在"实体编辑"面板中单击"剖切"按钮，在实体中指定两个垂直的点定义剪切平面，再指定要保留的剖切对象的侧面，或输入"b"（两者）保留两个侧面。即可将实体进行解剖，观看其内部，切剖效果如图 8-112 所示。

　　在实际中，铝条属于金属物质，质地不柔软，因此是没有转弯的形体，达成此效果，角位处是经过切割机将铝条切成 45° 的倒角边后再拼接到一起，才形成了直角。

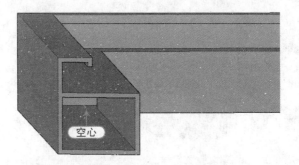

图 8-112　切剖铝门框效果

技巧：248　01-7-1铝框门玻的绘制

案例：01-7-1模型图.dwg
案例：01-7-1三视图.dwg

技巧概述： 铝框门玻璃固定在铝框门的凹槽内，在绘制三视图时，使用矩形、偏移、直线和图案填充即可完成；绘制模型图时，可将两个矩形拉伸为 5 的实体，然后进行差集运算，效果如图 8-113 所示。

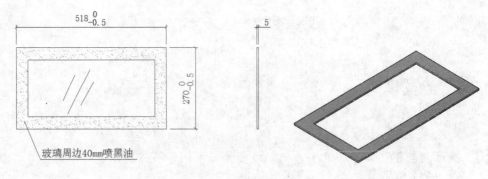

图 8-113　铝框门玻璃效果

专业技能	★★★★☆

玻璃规格及其用途

1. 3～4mm 玻璃，在称呼玻璃厚度时，毫米（mm）俗称为"厘"。这种规格玻璃主要用于画框表面。

2. 5～6mm 玻璃，主要用于外墙窗户、门扇等小面积透光造型中。

3. 7～9mm 玻璃，主要用于室内屏风等较大面积但又有框架保护的造型之中。

4. 9～10mm 玻璃，可用于室内大面积隔断、栏杆等装修项目。

5. 11～12mm，一般市面上销售较少，往往需要订货，主要用于较大面积的地弹簧玻璃门外墙整块玻璃墙面。

技巧：249　01-8面板玻璃的绘制

案例：01-8模型图.dwg
案例：01-8三视图.dwg

技巧概述： 面板玻璃是放置在电视柜面板上的，绘制玻璃平面比较简单，绘制两个对齐矩形，再填充玻璃纹材质；其模型图比较简单，只需要拉伸矩形为 9 的实体即可，效果如图 8-114 所示。

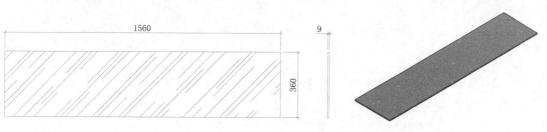

图 8-114　面板玻璃效果

专业技能　　　　　　　　　　　　　　　　　　★★★★☆

　　钢化玻璃是普通平板玻璃经过加工处理而成的一种预尖力玻璃。钢化玻璃相对于普通平板玻璃来说具有两大特征：

　　（1）前者强度是后者的数倍，抗拉度是后者的 3 倍以上，抗冲击力是后者的 5 倍以上。

　　（2）钢化玻璃不容易破碎，即使破碎也会以无锐角的颗粒形式碎裂，对人体的伤害大大降低。

技巧：250　　**电视柜三视图的绘制**　　　　　视频：电视柜三视图的绘制.avi
　　　　　　　　　　　　　　　　　　　　　　　案例：电视柜三视图.dwg

　　技巧概述： 三视图是以电视柜上、前和左面进行垂直投影所得到的 3 个投影面图形，效果如图 8-115 所示。

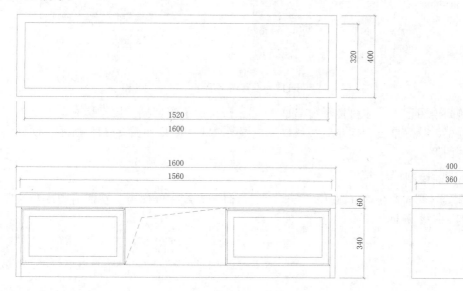

图 8-115　三视图效果

　　操作步骤如下。

1．俯视图的绘制

步骤 01　在 AutoCAD 2014 环境中，单击"打开"按钮 📂，打开"家具样板.dwt"文件；再单击"另存为"按钮 🖫，将文件另存为"电视柜整体三视图.dwg"文件。

步骤 02　将"轮廓线"图层置为当前层，执行"矩形"命令（REC），绘制 1600×400 的矩形；再执行"偏移"命令（O），将矩形向内偏移 40，如图 8-116 所示。

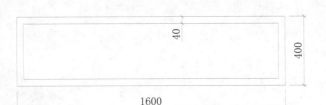

图 8-116　保留的图形

步骤 03 执行"图案填充"命令（H），在弹出的"图案填充与渐变色"对话框中，单击 **...** 按钮，弹出"填充图案选项板"对话框，在"其他预定义"选项卡中选择样例"DOTS"，并设置比例为 20，角度为 45，然后单击"添加：拾取点"按钮 **⊞**，如图 8-117 所示。

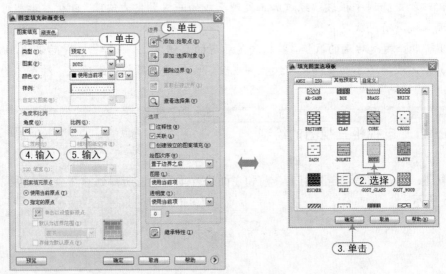

图 8-117　设置图案填充

步骤 04 回到绘图区中，在内矩形内部单击，按【Space】键回到"图案填充与渐变色"对话框中，最后单击"确定"按钮以完成图案填充，效果如图 8-118 所示，以形成黑玻璃图例。

2. 主视图的绘制

步骤 01 执行"复制"命令（CO），将俯视矩形向下复制一份作为主视图的长度和深度，如图 8-119 所示。

图 8-118　填充图案　　　　　　　　　　　　图 8-119　复制图形

步骤 02 执行"偏移"命令（O），将矩形边按照如图 8-120 所示的尺寸进行偏移。

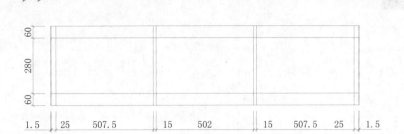

图 8-120　偏移线条

步骤 03 执行"修剪"命令（TR），修剪出柜体轮廓，效果如图 8-121 所示。

放大效果

图 8-121　修剪操作

步骤 04 执行"矩形"命令（REC），绘制 522×274 的矩形；再执行"偏移"命令（O），将矩形向内偏移 8 和 32，如图 8-122 所示。

步骤 05 执行"直线"命令（L），捕捉对角点绘制斜线。

步骤 06 执行"图案填充"命令（H），系统默认继承上一次填充的设置，对第二道矩形框进行填充，完成的柜门效果如图 8-123 所示。

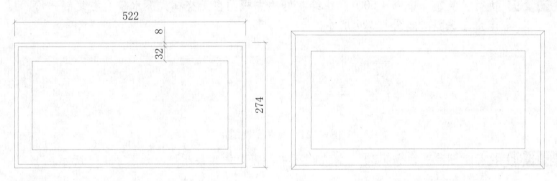

图 8-122　绘制偏移矩形　　　　　　　　图 8-123　图案填充

步骤 07 执行"编组"命令（G），将柜门图形组成一个整体。

步骤 08 通过执行"移动"命令（M）和"复制"命令（CO），将柜门复制到电视柜内，如图 8-124 所示。

图 8-124　移动柜门

步骤 09 执行"修剪"命令（TR），将被柜门摭挡住的线条修剪掉；切换到"细虚线"图层，并执行"直线"命令（L），在中间框架内绘制出镂空线，如图 8-125 所示。

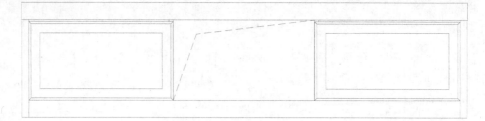

图 8-125　绘制镂空线

步骤⑩ 执行"矩形"命令（REC），绘制 1560×9 的矩形作为面板玻璃，并放置在面板的上方，如图 8-126 所示。

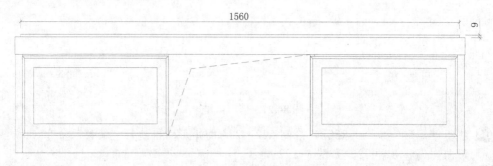

图 8-126　绘制面板玻璃

3. 左视图的绘制

步骤① 执行"复制"命令（CO），将绘制好的主视图在正交模式下水平向右复制一份，以作为左视图，如图 8-127 所示。

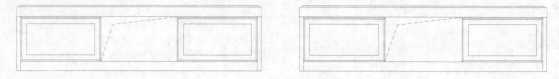

图 8-127　复制主视图

步骤② 执行"删除"命令（E），将左视图中不需要的线条删除，如图 8-128 所示。

图 8-128　删除内部线条

步骤③ 执行"拉伸"命令（S），交叉框选图形的右端，指定右下角点为基点并向左拖动，动态输入缩短的距离为 1200，按【Space】键确定将图形进行缩短操作，如图 8-129 所示。

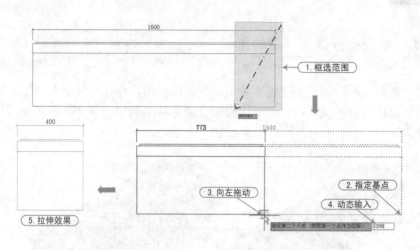

图 8-129 拉伸操作

步骤 04 执行"线形标注"命令（DLI）、"连续标注"命令（DCO），对图形进行尺寸标注，如图 8-130 所示。

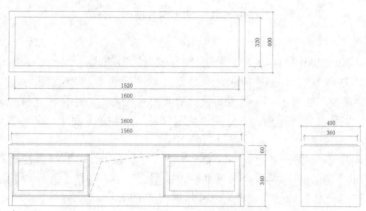

图 8-130 尺寸标注效果

步骤 05 执行"插入块"命令（I），将家具图框插入图形中；执行"缩放"命令（SC），将图框放大到 11 倍以框住整个三视图，再双击表格输入相应内容，如图 8-131 所示，以完成电视柜三视图的绘制。

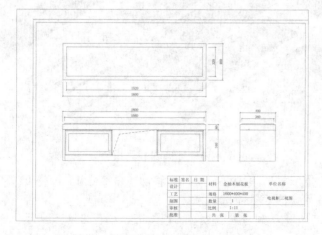

图 8-131 插入图框并修改标题栏

技巧：**251**　电视柜整体模型图的绘制

视频：技巧251-电视柜整体模型图的绘制.avi
案例：电视柜整体模型图.dwg

技巧概述： 前面已经绘制好了电视柜各个部件的模型图，在此节绘制整体模型图时，不需要再重复绘制各部件模型，直接将这些部件模型复制并粘贴到一个新文件中，再按规范结合在一起即可，效果如图 8-132 所示，操作步骤如下。

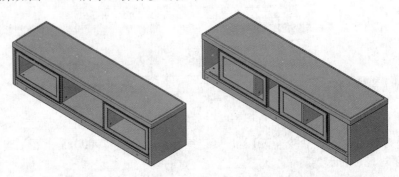

图 8-132　模型图效果

步骤 01 正常启动 AutoCAD 2014 软件，单击"打开"按钮，将"家具样板.dwt"文件打开；再单击"另存为"按钮，将文件另存为"电视柜整体模型图.dwg"文件。

步骤 02 在"三维建模"空间下，将视图切换为"西南等轴测"；且将视觉样式调整成"概念"。

步骤 03 再单击"打开"按钮，依次将"案例\08"文件夹下面 01 系列各个部件模型图文件打开。

步骤 04 然后依次在各个图形中选择各个部件模型，按【Ctrl+C】组合键进行复制，然后按【Ctrl+Tab】组合键切换到"电视柜整体模型图"中，再按【Ctrl+V】组合键进行粘贴。

步骤 05 执行"三维旋转"命令（3DR），将粘贴过来的各个模型按照零部件示意图的方向进行调整，如图 8-133 所示。

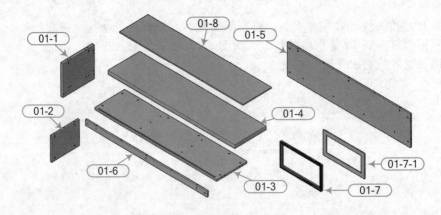

图 8-133　粘贴并排列模型

步骤 06 切换到"二维线框"模式下，执行"移动"命令（M），将 01-3 底板移动到与 01-1 左侧板对齐，如图 8-134 所示。

步骤 07 再将 01-5 背板移动到与左侧板、面板对齐，如图 8-135 所示。

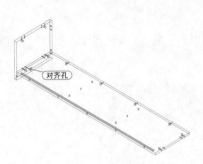

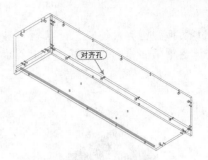

图 8-134　组合左侧板与底板　　　　　　图 8-135　组合背板

步骤 08 将 01-6 前脚条移动对齐到面板和左侧板，如图 8-136 所示。

步骤 09 再将 01-2 中侧板下端孔位圆心移动对齐到底板的上端孔位圆心，再执行"复制"命令（CO），将中侧板复制到底板另一排孔位上，如图 8-137 所示。

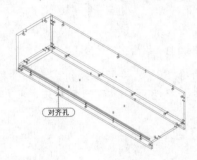

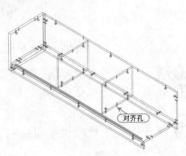

图 8-136　组合前脚条　　　　　　　　图 8-137　组合中侧板

步骤 10 执行"三维镜像"命令（MIRROR3D），将左侧板镜像到右侧，如图 8-138 所示。

步骤 11 执行"移动"命令（M），将面板移动并组合到柜架上，使面板和左、右侧板、背板上的孔位全部吻合，如图 8-139 所示。

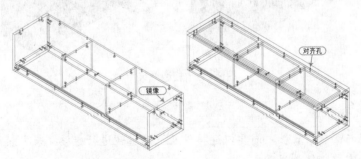

图 8-138　镜像侧板　　　　　　　　图 8-139　组合面板

步骤 12 再将 01-8 号玻璃面板移动到面板上，如图 8-140 所示。

专业技能	★★★☆☆

　　玻璃板上没有孔，由于线条比较多，可以切换至"灰度"下执行"移动"命令（M），先在玻璃下角点捕捉到台面上矩形角点，再切换至俯视图，进行移动，因为面板比玻璃长 41mm，移动结果要保证面板长和宽的两侧都各长出 20.5 的距离。

步骤 ⑬ 切换视图为"俯视"，执行"移动"命令（M），将01-8-1铝框门玻璃移动到01-7铝框门凹槽内，如图8-141所示。

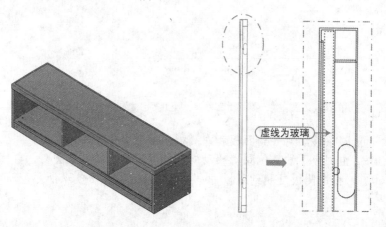

图 8-140　组合面板玻璃　　　　　　　　图 8-141　组合铝框门玻

步骤 ⑭ 再切换视图为"西南等轴测"，执行"编组"命令（G），将门框编组成为一个整体。

步骤 ⑮ 执行"移动"命令（M）和"复制"命令（CO），将铝框门板移动复制到电视柜内，如图 8-142 所示。

步骤 ⑯ 至此，该电视柜模型图绘制完成，按【Ctrl+S】组合键保存。

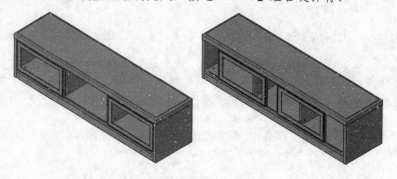

图 8-142　模型效果

专业技能　　　　　　　　　　　　　　　　　　　　★★★☆☆

　　由于铝框门与面板、底板之间要以连接件及滑动道轨进行连接，未安装前也不能确定准确的位置，只需要捕捉到里面即可。

　　在趟门上安装好五金滑动道轨后，趟门即可更方便地滑动。

技巧：252　　**电视柜装配示意图的绘制**

视频：技巧252-电视柜装配示意图的绘制.avi
案例：电视柜装配示意图.dwg

　　技巧概述：装配示意图要求说明产品的拆装过程，详细画出各连接件的拆装步骤图解以及总体效果图，使用户一目了然，便于拆装。下面以实例的方式讲解电视柜装配示意图的绘制方法，效果如图 8-i43 所示，操作步骤如下。

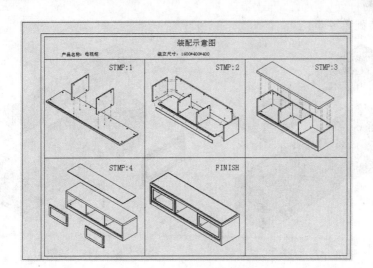

图 8-143　装配示意图效果

步骤 01 正常启动 AutoCAD 2014 软件，单击"打开"按钮 ，将"电视柜整体模型图.dwg"文件打开；再单击"另存为"按钮 ，将文件另存为"电视柜装配示意图.dwg"文件。

步骤 02 执行"复制"命令（CO），将整体模型图水平向左复制 4 份，如图 8-144 所示。

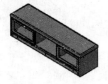   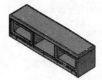

图 8-144　复制图形

步骤 03 执行"删除"命令（E），在第一个整体模型中将除底板、中侧板以外的板材删除掉；再执行"移动"命令（M），将各个部件之间预留出一定的空位，如图 8-145 所示，以形成装配第 1 步。

步骤 04 在第二个模型图中，将门板、面板删除掉，再将板材移动一定的位置，如图 8-146 所示，以形成装配第 2 步。

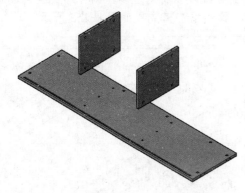

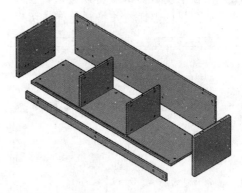

图 8-145　装配 1　　　　　　　　　　　　　　图 8-146　装配 2

步骤 05 继续在第三个模型图中将面板向上移动出一定的位置，将门板、面板玻璃删除掉，如图 8-147 所示，以形成装配第 3 步。

步骤 06 在第四个模型图中将门板和面板玻璃向上移动出一定的位置，如图 8-148 所示，以形成装配第 4 步。

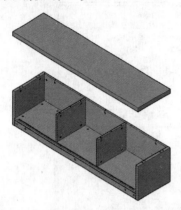

图 8-147 装配 3

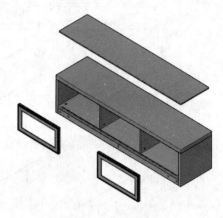

图 8-148 装配 4

步骤 07 在绘图区域左下角单击"布局 1",以从模型空间切换至布局空间。

步骤 08 执行"插入块"命令（I），将"案例/08/家具图框.dwg"插入布局 1 中；再执行"删除"命令（E），将下侧的标题栏删除掉，如图 8-149 所示。

步骤 09 执行"偏移"命令（O）和"修剪"命令（TR），将内框按照如图 8-150 所示进行偏移。

图 8-149 插入图框

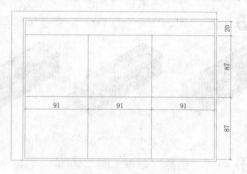

图 8-150 偏移并修剪线条

步骤 10 选择"视图 | 视口 | 一个视口"命令，分别捕捉偏移出来的矩形格子绘制出 5 个视口，如图 8-151 所示。

步骤 11 在各个视口内部双击以激活该视口，根据装配步骤将对应步骤的图形最大化依次显示在视口内部，并将视觉样式切换为"二维线框"模式，如图 8-152 所示。

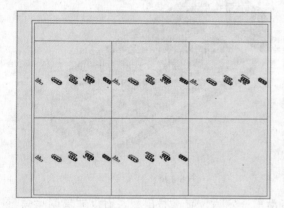

图 8-151 创建 5 个视口

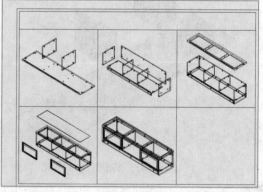

图 8-152 依次显示装配步骤

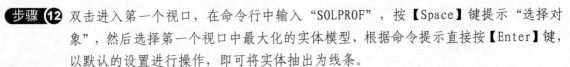

步骤 12 双击进入第一个视口，在命令行中输入"SOLPROF"，按【Space】键提示"选择对象"，然后选择第一个视口中最大化的实体模型，根据命令提示直接按【Enter】键，以默认的设置进行操作，即可将实体抽出为线条。

步骤 13 执行"移动"命令（M），将抽出的线条块移动出来；再执行"删除"命令（E），将实体和隐藏线块删除掉，留下抽出的可见线条，如图 8-153 所示。

步骤 14 将"细虚线"图层置为当前图层，执行"直线"命令（L），捕捉圆孔位绘制连接线段，如图 8-154 所示，以表示孔位连接状态。

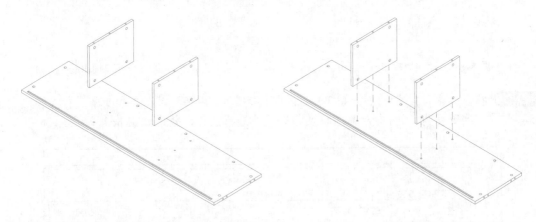

图 8-153　抽出第一个视口实体线条　　　　图 8-154　绘制连接虚线

步骤 15 根据同样的方法，通过"SOLPROF"命令在第二个视口中将步骤实体抽出为线条，且只保留可见线块；再通过"直线"命令绘制孔位连接线，如图 8-155 所示。

步骤 16 根据同样的方法，通过"SOLPROF"命令抽出第三个视口步骤实体的线条，且保留可见线块；最后使用"直线"命令绘制孔位连接线，效果如图 8-156 所示。

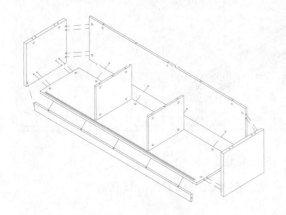

图 8-155　第二个视口线　　　　　　　　图 8-156　第三个视口抽出线

步骤 17 再使用"SOLPROF"命令在第四、五个视口中抽出步骤实体的线条，并只保留可见线，效果如图 8-157 和 8-158 所示。

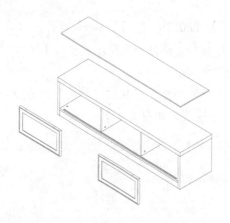

图 8-157　第四个视口抽出线　　　　　　　图 8-158　第五个视口抽出线

步骤 ⑱ 执行"多行文字"命令（MT），设置文字高度为"5"对图名和步骤进行注释；设置文字高度为"3"对产品名称及组合尺寸进行注释，效果如图 8-159 所示。

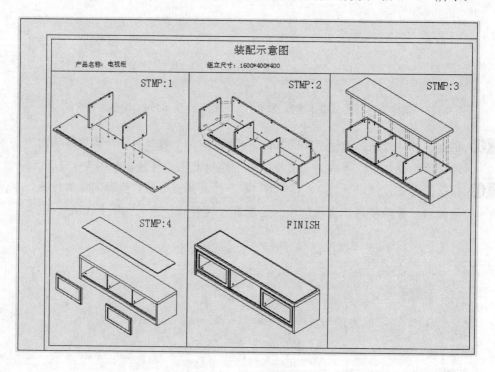

图 8-159　装配图效果

步骤 ⑲ 至此，电视柜装配示意图绘制完成，按【Ctrl+S】组合键保存。

技巧：253 电视柜五金配件明细表

视频：无
案例：电视柜五金配件明细表.dwg

　　技巧概述： 电视柜需要包装的五金配件如表 8-1 所示。

表 8-1　电视柜五金配件明细表　　　　　　　　　　　　　　单位：mm

五 金 配 件 明 细 表

产品名称：电视柜

分类名称	材料名称	规　格	数　量	备　注	分类名称	材料名称	规　格	数　量	备　注
封袋配件	三合一	∅15*11 / ∅7*28	32套		安装配件	趟门玻	518*270*5	1块	
	木榫	∅8*30	20个						
	自攻螺丝	∅4*30	4粒						

				发包装配件	材料名称	规　格	数　量	备　注
					普通路轨	350mm	2付	
					趟门上下槽	L1462mm	各1条	单槽
					铝框	522*274*22	2件	
					软包	1560*360*80	1件	

技巧：254　电视柜开料明细表

视频：无
案例：电视柜开料明细表.dwg

技巧概述： 根据如表 8-2 所示的各部件开料尺寸、数量和材料名称，可将电视柜各部件板材进行开料。

表 8-2　开料明细表　　　　　　　　　　　　　　单位：mm

开 料 明 细 表

单位	MM		产品规格	1600*400*400		产品颜色	金柚色		
序号	零部件名称	零部件代号	开料尺寸		数　量	材料名称		封 边	备　注
1	侧板	01-1	358*400*25		2	金柚色刨花板		4	
2	中侧板	01-2	280*354*15		2	金柚色刨花板		4	
3	底板	01-3	1546*384*18		1	金柚色刨花板		4	
4	面板	01-4	1600*400*40		1	金柚色刨花板		4	成型开料
5		加厚	1615*415*25		1	金柚色刨花板		4	
6		加厚	1615*60*15		2	金柚色刨花板		封 长边	加厚板
7		加厚	295*60*15		4	金柚色刨花板		封 长边	
8	背板	01-5	1546*358*15		1	金柚色刨花板			
9	前脚条	01-6	1546*59*15		1	金柚色刨花板		4	
10	软包板	01-8	1560*360*9		1	中纤板			

技巧：255　电视柜包装材料明细表

视频：无
案例：电视柜包装材料明细表.dwg

技巧概述： 在对电视柜板件进行包装时，所用到的包装材料如表 8-3 所示。

表8-3　电视柜包装材料明细表　　　　　　　　单位：mm

纸箱编号	纸箱结构	纸箱内尺寸	体积(m³)	净重(kg)	毛重(kg)	五金配件	有无玻璃	层数	部件 名称	部件 规格	部件 数量	包装辅助材料 名称	包装辅助材料 规格	包装辅助材料 数量	备注
3-1	中封	426*385*105	0.02			五金配件 1包		1/2	侧板	358*400*25	2	泡沫	426*385*10	4	箱颜色为黄色
								3/4	中侧板	280*354*15	2	泡沫	426*80*10	2	
												泡沫	365*80*10	2	
												泡沫	填平		
3-2	中封	1626*440*183	0.13					2	底板	1546*384*18	1	泡沫	1626*440*10	2	箱颜色为黄色
								1	面板	1600*400*40	1	泡沫	1626*160*10	2	
								3	背板	1546*358*15	1	泡沫	410*160*10	2	
								侧	前脚条	1546*59*15	1	泡沫			
								4	软包板	1560*360*85	1	泡沫	填平		
3-3	中封	548*300*70	0.08				有	1	铝框门	522*274*22	2		548*300*10	3	铝框门用10mm泡沫隔离
													548*40*10	2	
													275*40*10	2	

第 9 章　间厅柜施工图的绘制

● **本章导读**

本章主要讲解板式间厅柜全套施工图的绘制技巧，主要包括间厅柜透视图、零部件示意图、各部件工艺图（部件三视图、模型图）、间厅柜主柜模型图与装配图；在后面还列出了间厅柜开料明细表、五金配件明细表以及包装材料明细表，使读者掌握家具整套施工图的绘制内容。

● **本章内容**

技巧：256　间厅柜透视图效果

视频：无
案例：间厅柜透视图.dwg

技巧概述：间厅柜设计灵感来源于古老的屏风，是现代家居中空间隔断的最佳之选。不同于屏风的是，间厅柜具有收纳功能，它将屏风的审美性与储物柜的实用性完美结合，在家装中发挥了更大的作用。

本章以如图 9-1 所示的板式拆装间厅柜进行讲述，讲解了各部件三视图、模型图和整体三视图、装配示意图、模型图的绘制。

图 9-1　厅柜透视图效果

技巧概述：本章将以拆装间厅柜进行介绍，讲解组成此间厅柜各个部件板材的绘制，其中包括右侧板、左侧板、左侧柱、底板、底板前后条、顶板、顶板前后条、顶板侧条、顶条、左上层板、右下层板、左面板、右面板、斜中隔板等。各部件示意图如图 9-2 所示，在下面的工艺图绘制中，将以此部件号顺序来进行绘制。

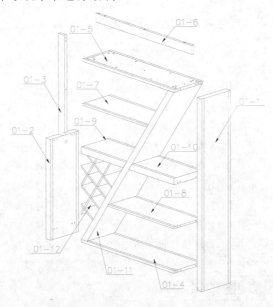

图 9-2　厅柜零部件示意图

技巧概述：厅柜右侧板由两层 9mm 面板中间夹压着木方框架而复合成厚度为 59mm 的板材。其内部复合结构示意效果如图 9-3 所示。

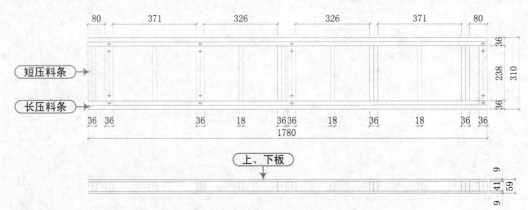

图 9-3　右侧板复合结构

　　在绘制右侧板之前，可以调用前面设置好绘制环境的"家具样板.dwt"文件，以此为基础来绘制右侧板图形，效果如图 9-4 所示，操作步骤如下。

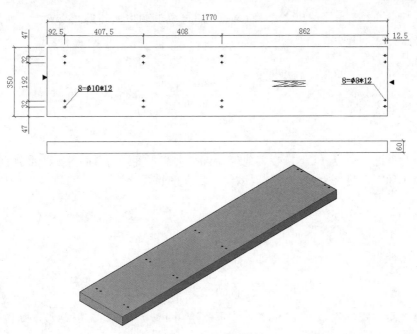

图 9-4　右侧板图形效果

1. 绘制右侧板三视图

步骤 01 启动 AutoCAD 2014 软件，单击"打开"按钮 ，将"家具样板.dwt"文件打开；再单击"另存为"按钮 ，将文件另存为"案例\09\01-1 三视图.dwg"文件。

步骤 02 在"常用"选项卡的"图层"面板中，选择"轮廓线"图层并置为当前图层；执行"矩形"命令（REC），在视图中绘制 1770×350 的矩形。

步骤 03 执行"分解"命令（X）和"偏移"命令（O），将矩形相应边按照如图 9-5 所示进行偏移，且将偏移得到的线段转换为"辅助线"图层。

图 9-5　绘制矩形与辅助线

步骤 04 切换到"符号"图层，执行"插入块"命令（I），在弹出的"插入"对话框中，选择文件中保存的内部图块"孔位符号"，将其插入图形中，效果如图 9-6 所示。

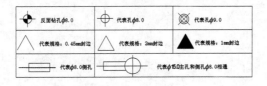

图 9-6　插入符号图块

步骤 05 执行"复制"命令（CO），将 Ø8 正孔符号复制到中间辅助线交点上，如图 9-7 所示。

图 9-7　复制符号

步骤 06 执行"圆"命令（C），在其他辅助线交点绘制直径为 10 的圆；再执行"修剪"命令（TR），将辅助线修剪掉，效果如图 9-8 所示。

图 9-8　绘制 Ø10 孔并修剪辅助线

步骤 07 再执行"矩形"命令（REC），在下侧绘制 1770×60 的对齐矩形，如图 9-9 所示。

图 9-9　绘制对齐矩形

步骤 08 执行"复制"命令（CO）、"缩放"命令（SC）和"镜像"命令（MI），将 1mm 封边符号放大 2 倍，再复制、镜像到主视图两侧。

步骤 09 再执行"直线"命令（L），在主视图空白处绘制出木纹纹理图例，如图 9-10 所示。

图 9-10　复制封边符号、绘制纹理

步骤 10 将"尺寸线"图层置为当前图层，执行"线性标注"命令（DLI）和"连续标注"命令（DCO），对图形进行尺寸标注，如图 9-11 所示。

图 9-11　尺寸标注

步骤 ⑪ 切换至"文本"图层，执行"引线"命令（LE），根据命令提示"指定第一个引线点或 [设置(S)]"，选择"设置（S）"选项，则弹出"引线设置"对话框，在"引线和箭头"选项卡中设置箭头的形状，在"附着"选项卡中选择"最后一行加下画线"复选框，如图 9-12 所示。

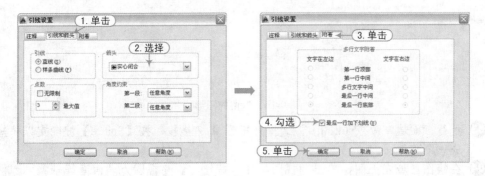

图 9-12　引线设置

步骤 ⑫ 设置好引线格式以后，在需要注释的位置单击，拖出一条引线，然后按【Enter】键直至出现文本输入框后，在"文字格式"工具栏中，设置字体为宋体，设置文字高度为 30，再输入文字内容，最后单击"确定"按钮以完成引线注释，如图 9-13 所示。

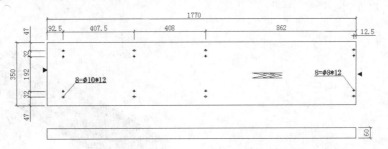

图 9-13　引线注释效果

步骤 ⑬ 执行"插入块"命令（I），将"家具图框"插入图形中；再执行"缩放"命令（SC），输入比例因子为 10，将其放大 10 倍以框住三视图，如图 9-14 所示。

步骤 ⑭ 执行"复制"命令（CO），在图框右下角表格处复制文字并修改文字内容，以完善图纸信息，如图 9-15 所示。

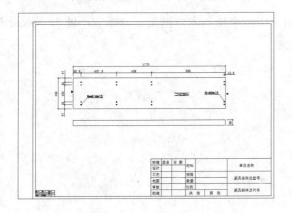

图 9-14　插入图框

材料	金柚木刨花板	单位名称
规格	1769*349*60	右侧板
数量	1	
比例	1：10	01-1
共　张　　第　张		

图 9-15　完善图纸信息

2. 绘制右侧板模型图

步骤 01 接上例，单击"另存为"按钮 ▣，将绘制的三视图文件另存为"01-1 模型图.dwg"文件。

步骤 02 执行"删除"命令（E），将不需要的图形删除，保留的图形效果如图 9-16 所示。

图 9-16　保留的图形

步骤 03 执行"面域"命令（REG），选择外矩形 4 条线段，按【Space】键确定以将矩形形成一个整体面。

步骤 04 在绘图区域左上侧，单击"视图控件"按钮，调整视图为"西南等轴测"，使图形切换到三维视图。

步骤 05 根据三视图引线注释的孔位深度，执行"拉伸"命令（EXT），将图形中的 Ø8、Ø10 圆全部拉伸为-12 的圆柱实体，将矩形拉伸为-60 的长方体，如图 9-17 所示。

步骤 06 执行"差集"命令（SU），以长方体减去内部所有圆柱体进行差集运算，效果如图 9-18 所示。

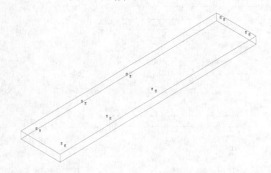

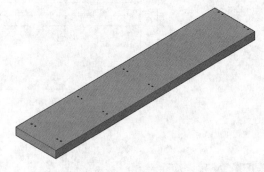

图 9-17　拉伸为实体　　　　　　　　　　　　　图 9-18　差集效果

技巧：259　01-2间厅柜左侧板的绘制

视频：技巧259-间厅柜左侧板的绘制.avi
案例：01-2三视图.dwg　01-2模型图.dwg

技巧概述： 厅柜左侧板同样由两层 9mm 面板中间夹压着木方框架复合而成厚度为 59mm 的板材。其内部复合结构示意效果如图 9-19 所示。

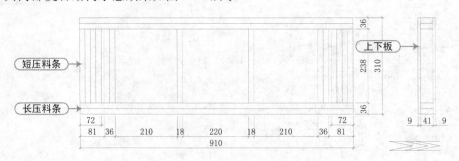

图 9-19　左侧板复合结构

　　在绘制左侧板之前，可以调用前面设置好绘制环境的"家具样板.dwt"文件，以此为基础来绘制左侧板图形，效果如图 9-20 所示，操作步骤如下。

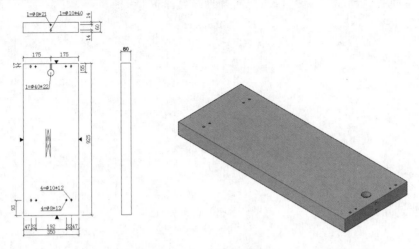

图 9-20　左侧板图形效果

1. 绘制左侧板三视图

步骤 01　启动 AutoCAD 2014 软件，单击"打开"按钮，将"家具样板.dwt"文件打开；再单击"另存为"按钮，将文件另存为"案例\09\01-2 三视图.dwg"文件。

步骤 02　在"常用"选项卡的"图层"面板中，选择"轮廓线"图层并置为当前图层；执行"矩形"命令（REC），在视图中绘制 350×925 的矩形。

步骤 03　执行"分解"命令（X）和"偏移"命令（O），将矩形相应边按照如图 9-21 所示进行偏移，且将偏移得到的线段转换为"辅助线"图层。

步骤 04　执行"圆"命令（C），在辅助线交点绘制 Ø40 的圆；再执行"偏移"命令（O），将垂直辅助线向两侧各偏移出 5mm，如图 9-22 所示。

步骤 05　执行"修剪"命令（TR），将多余辅助线进行修剪，然后将修剪出的图形转换为"符号"图层，以形成如图 9-23 所示的孔位效果。

图 9-21　绘制矩形和辅助线

图 9-22　圆、偏移命令

图 9-23　修剪效果

步骤 06　执行"偏移"命令（O），按照如图 9-24 所示的尺寸效果绘制出辅助线。

步骤 07 执行"圆"命令（C），在外侧辅助线交点绘制Ø10的圆，如图9-25所示。

步骤 08 按【Space】键重复"圆"命令，在中间辅助线交点绘制Ø8的圆，如图9-26所示。然后执行"删除"命令（E），将辅助线删除。

图 9-24　偏移辅助线　　　　图 9-25　绘制Ø10圆　　　　图 9-26　绘制Ø8圆

步骤 09 切换到"符号"图层，执行"插入块"命令（I），在弹出的"插入"对话框中，选择文件中保存的内部图块"孔位符号"，将其插入图形中，效果如图9-27所示。

图 9-27　插入符号图块

步骤 10 通过复制、缩放、旋转和镜像操作，将"1mm封边"符号放大1.5倍并复制到主视图相应位置；再执行"直线"命令（L），在板材空白位置绘制出纹理走向符号，如图9-28所示。

步骤 11 执行"矩形"命令（REC），在主视图上侧和右侧分别绘制同等长度和宽度的矩形，作为俯视和左视图轮廓，如图9-29所示。

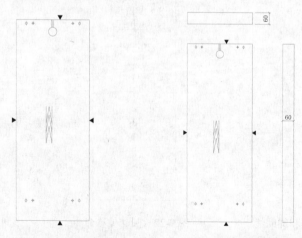

图 9-28　绘制封边、纹理符号　　　　图 9-29　绘制矩形

步骤 12 执行"分解"命令（X）和"偏移"命令（O），绘制出辅助线，如图 9-30 所示。

步骤 13 执行"复制"命令（CO），将 Ø8 和 Ø10 圆孔复制到辅助线交点，然后将辅助线删除，效果如图 9-31 所示。

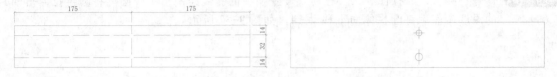

图 9-30　偏移辅助线　　　　　　　　　　　图 9-31　复制符号

步骤 14 将"尺寸线"图层置为当前图层，执行"线性标注"命令（DLI）和"连续标注"命令（DCO），对图形进行尺寸标注。

步骤 15 切换至"文本"图层，执行"引线"命令（LE），设置字体高度为 25，在相应位置进行引线注释，效果如图 9-32 所示。

步骤 16 执行"插入块"命令（I），将"家具图框"插入图形中；再执行"缩放"命令（SC），输入比例因子为 10，将其放大 10 倍以框住三视图。

步骤 17 执行"复制"命令（CO），在图框右下角表格处复制文字并修改文字内容，以完善图纸信息，如图 9-33 所示。

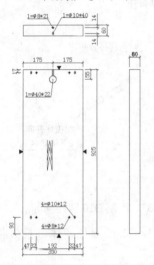

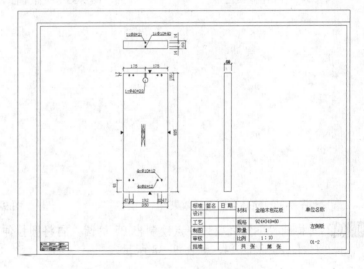

图 9-32　尺寸、引线标注　　　　　　　　　图 9-33　插入图框、完善标题栏

2．绘制左侧板模型图

步骤 01 接上例，单击"另存为"按钮，将绘制的三视图文件另存为"01-2 模型图.dwg"文件。

步骤 02 执行"删除"命令（E），将不需要的图形删除，保留的图形效果如图 9-34 所示。

步骤 03 执行"面域"命令（REG），选择外矩形 4 条线段，按【Space】键确定以将矩形形成一个整体面。

步骤 04 在绘图区域左上侧，单击"视图控件"按钮，调整视图为"西南等轴测"，使图形切换到三维视图。

步骤 05 根据三视图引线注释的孔位深度，执行"拉伸"命令（EXT），将图形中的 Ø8、Ø10 圆全部拉伸为 -12 的圆柱实体，将最大 Ø40 圆拉伸为 -22 的圆柱实体，将矩形拉伸为 -60 的长方体，如图 9-35 所示。

步骤 06 在绘图区左上侧单击"视图控件"按钮,依次单击"后视"→"东北等轴测"视图,以将实体后侧图形调整到前侧显示,如图 9-36 所示。

步骤 07 通过"圆"、"拉伸"、"移动"命令捕捉侧孔线绘制出一个圆,将圆再拉伸出-40的深度,然后将圆柱体向下移动 14,如图 9-37 所示。

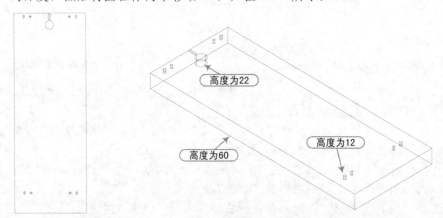

图 9-34 保留的图形　　　　　　　　　　图 9-35 拉伸平面为实体

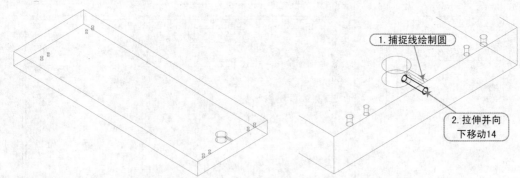

图 9-36 实体前后调转效果　　　　　　　图 9-37 绘制 Ø10 圆柱

步骤 08 同样捕捉下侧线段的中点绘制出 Ø8 的圆,再将圆拉伸为-21 的圆柱实体,最后将圆柱体向上移动 14,如图 9-38 所示。

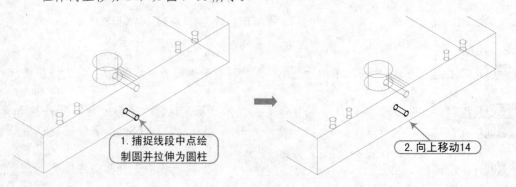

图 9-38 绘制 Ø8 圆柱

步骤 09 执行"差集"命令(SU),以长方体减去内部所有的圆柱实体进行差集运算;再将视觉样式调整为"概念",效果如图 9-39 所示。

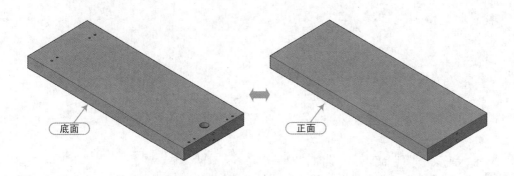

底面　　正面

图 9-39　差集后的模型效果

技巧：260　01-3间厅左侧柱的绘制

视频：技巧260- 01-3左侧柱模型图的绘制.avi
案例：01-3模型图.dwg　　01-3三视图.dwg

　　技巧概述： 左侧板上侧安装了一个左侧柱，左侧柱三视图图形绘制相对比较简单，根据前面绘制平面图的方法，使用矩形、偏移、修剪命令即可绘制出主要轮廓线，再通过偏移、修剪、复制等命令即可绘制出孔位，然后进行文字、尺寸标注，最后插入图框完善图纸信息即可。三视图效果如图 9-40 所示，操作步骤如下。

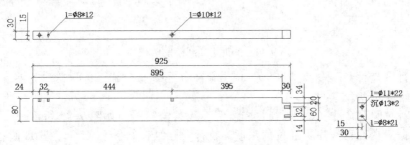

图 9-40　左侧柱三视图

步骤 01　在 AutoCAD 2014 环境中，单击"打开"按钮，打开"01-3 三视图.dwg"文件；再单击"另存为"按钮，将文件另存为"01-3 模型图.dwg"文件。

步骤 02　执行"删除"命令（E），将不需要的图形删除，效果如图 9-41 所示。

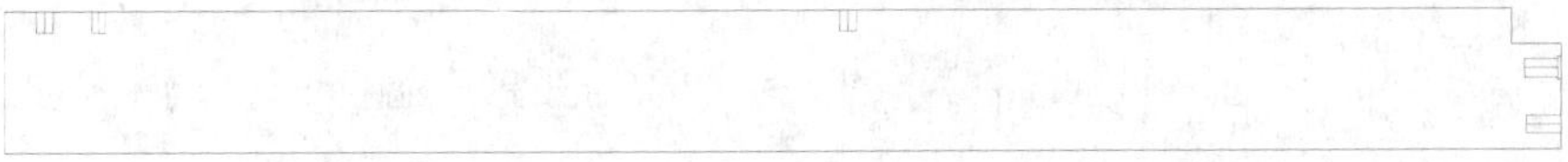

图 9-41　保留的图形

步骤 03　执行"面域"命令（REG），将外轮廓线面域为一个整体面。

步骤 04　在"三维建模"空间下，将视图切换为"西南等轴测"。

步骤 05　执行"拉伸"命令（EXT），将外轮廓面拉伸为-30 的实体，如图 9-42 所示。

步骤 06　在绘图区左上侧单击"视图控件"按钮，依次单击"后视"→"东北等轴测"视图，以将实体后侧图形调整到前侧显示，如图 9-43 所示。

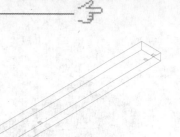
图 9-42　拉伸为实体　　　　　　　　　　　　图 9-43　调整图形前后位置

步骤 07 通过"圆"、"拉伸"和"移动"命令捕捉前侧侧孔线绘制圆并拉伸为-12 的圆柱体，然后再向下移动 15 以保证在正中位置，如图 9-44 所示。

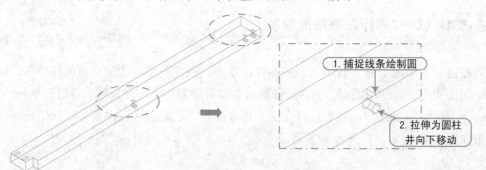

图 9-44　捕捉平面线绘制圆柱体

步骤 08 执行"坐标系"命令（UCS），根据命令提示选择"面（F）"选项，再单击左侧面以确定坐标系。

步骤 09 执行"圆"命令（C），捕捉左侧侧孔线条绘制圆，如图 9-45 所示。

步骤 10 根据三视图引线注释孔位的深度，执行"拉伸"命令（EXT），将 Ø8 圆拉伸-21 的深度，将同心大圆拉伸-2 的深度，将同心小圆拉伸-22 的深度，如图 9-46 所示。

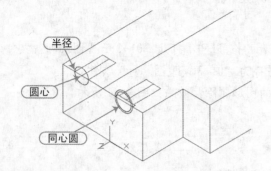

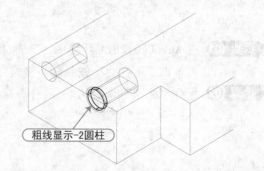

图 9-45　捕捉平面线绘制左侧圆　　　　　　　图 9-46　拉伸为圆柱体

步骤 11 执行"移动"命令（M），将上步的 3 个圆柱体向下移动 15 以保证正中，如图 9-47 所示。

步骤 12 执行"差集"命令（SU），以外长方体减去内部圆柱体进行差集运算，效果如图 9-48 所示。

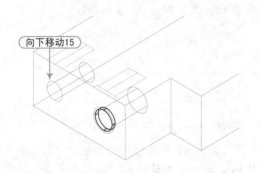

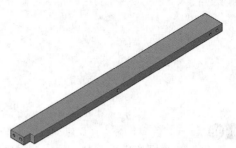

图 9-47　移动圆柱体　　　　　　　　　　图 9-48　差集后的实体

技巧：261　01-4间厅柜底板的绘制

视频：技巧261-01-4底板的绘制.avi
案例：01-4模型图.dwg　　01-4三视图.dwg

技巧概述： 在绘制底板之前，可以调用前面设置好绘制环境的"家具样板.dwt"文件，以此为基础来绘制底板图形，效果如图 9-49 所示，操作步骤如下。

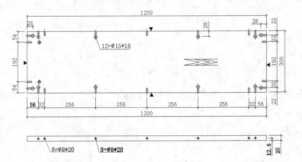

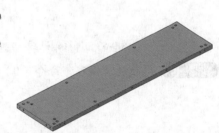

图 9-49　绘制底板效果

1．绘制底板三视图

步骤 01　启动 AutoCAD 2014 软件，单击"打开"按钮 📂，将"家具样板.dwt"文件打开；再单击"另存为"按钮 💾，将文件另存为"案例\09\01-4 三视图.dwg"文件。

步骤 02　在"常用"选项卡的"图层"面板中，选择"轮廓线"图层并置为当前图层；执行"矩形"命令（REC），在视图中绘制 1200×300 的矩形。

步骤 03　执行"分解"命令（X）和"偏移"命令（0），将矩形相应边按照如图 9-50 所示进行偏移，且将偏移得到的线段转换为"辅助线"图层。

步骤 04　切换到"符号"图层，执行"插入块"命令（I），在弹出的"插入"对话框中，选择文件中保存的内部图块"孔位符号"，将其插入图形中，效果如图 9-51 所示。

图 9-50　绘制矩形偏移出辅助线　　　　　　图 9-51　插入符号图块

步骤 05 执行"复制"命令（CO）、"旋转"命令（RO）和"镜像"命令（MI），将"Ø8.0 侧孔"和三合一孔符号复制到辅助线相应位置，如图 9-52 所示。

图 9-52　复制符号

步骤 06 执行"偏移"命令（O），将左垂直线向右偏移 61 作为辅助线；执行"圆"命令（C），分别在辅助线交点绘制 Ø8 和 Ø15 的同心圆孔，并转换为"符号"图层，如图 9-53 所示。

步骤 07 执行"修剪"命令（TR），将多余辅助线删除，效果如图 9-54 所示。

图 9-53　偏移辅助线、绘制圆　　　　　图 9-54　修剪掉辅助线

步骤 08 再执行"偏移"命令（O），按照如图 9-55 所示的效果进行偏移。

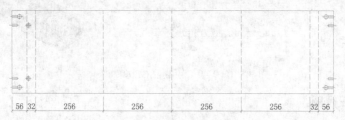

图 9-55　偏移出辅助线

步骤 09 执行"复制"命令（CO）、"旋转"命令（RO）和"镜像"命令（MI），将 Ø8 侧孔和三合一孔符号复制到辅助线相应位置，如图 9-56 所示。然后执行"删除"命令（E），将辅助线删除。

图 9-56　复制符号

步骤 10 切换至"轴线"图层，执行"直线"命令（L），在上侧捕捉主视图端点向下和向右绘制投影线，如图 9-57 所示。

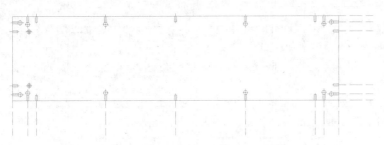

图 9-57　绘制投影线

步骤 ⑪　切换到"轮廓线"图层，执行"直线"命令（L），在右侧捕捉构造线绘制出宽 25 的矩形，如图 9-58 所示。

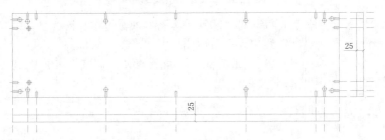

图 9-58　绘制矩形

步骤 ⑫　执行"修剪"命令（TR），将多余的投影线修剪掉；再执行"复制"命令（CO），将 Ø8 正孔符号复制到辅助线中点上，如图 9-59 所示。最后将投影线删除。

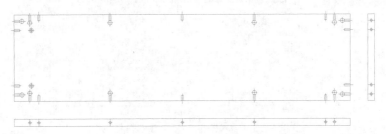

图 9-59　复制符号

步骤 ⑬　通过"复制"、"旋转"和"镜像"操作，将"1mm 封边"符号复制到主视图相应位置；再执行"直线"命令（L），在右下侧绘制出板材纹理走向，效果如图 9-60 所示。

图 9-60　复制封边符号、绘制纹理

步骤 ⑭　将"尺寸线"图层置为当前图层，执行"线性标注"命令（DLI）和"连续标注"命令（DCO），对图形进行尺寸标注。

步骤 ⑮　切换至"文本"图层，执行"引线"命令（LE），设置字体高度为 25，在相应位置进行引线注释，效果如图 9-61 所示。

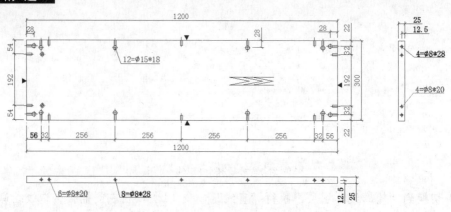

图 9-61　尺寸、引线标注

步骤 16 执行"插入块"命令（I），将"家具图框"插入图形中；再执行"缩放"命令（SC），输入比例因子为 7，将其放大 7 倍以框住三视图。

步骤 17 执行"复制"命令（CO），在图框右下角表格处复制文字并修改文字内容，以完善图纸信息，如图 9-62 所示。

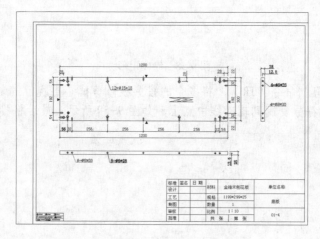

图 9-62　插入图框、完善标题栏信息

2. 绘制底板模型图

步骤 01 接上例，单击"另存为"按钮，将绘制的三视图文件另存为"01-4 模型图.dwg"文件。

步骤 02 执行"删除"命令（E），将不需要的图形删除，保留的图形效果如图 9-63 所示。

图 9-63　保留的图形

步骤 03 执行"面域"命令（REG），选择外矩形 4 条线段，按【Space】键确定以将矩形形成一个整体面。

步骤 04 在绘图区域左上侧单击"视图控件"按钮，调整视图为"西南等轴测"，使图形切换到三维视图。

步骤 05 根据三视图引线注释的孔位深度，执行"拉伸"命令（EXT），将同心圆中的内 Ø8 圆拉伸为-25 的圆柱实体，将矩形同样拉伸为-25 的长方体，如图 9-64 所示。

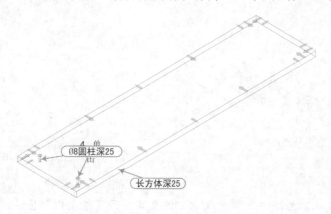

图 9-64　拉伸矩形与 Ø8 圆

技巧提示　　　　　　　　　　　　　　　　　　　★★★☆☆

根据三视图引线注释内容可知同心圆中 Ø8 为通孔，"通孔"为直穿过板材厚度的孔，因此在拉伸时要使该孔与板材长方体拉伸的深度相同。

步骤 06 重复"拉伸"命令，将 12 个 Ø15 正圆拉伸高度为-18 的圆柱实体；再将同心圆中两个 Ø15 的圆拉伸为-5 的圆柱实体，如图 9-65 所示。

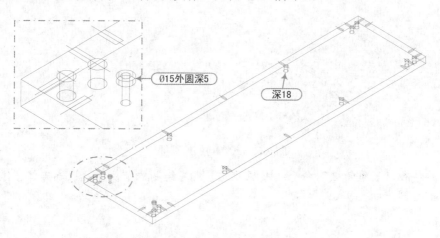

图 9-65　拉伸 Ø15 的圆

步骤 07 执行"坐标系"命令（UCS），根据命令提示选择"面（F）"选项，然后单击左侧面以确定坐标系。

步骤 08 执行"圆"命令（C），捕捉左侧孔线条绘制圆；再执行"拉伸"命令（EXT），将圆拉伸相应的高度（Ø8 侧孔深 20，Ø8 三合一侧孔深 28）；再执行"移动"命令（M），将圆柱向下移动 12.5 以保证在板材的正中，如图 9-66 所示。

步骤 09 再执行"三维镜像"命令（MIRROR3D），将绘制的左侧排孔以长方体三维中线镜像到右侧，如图 9-67 所示。

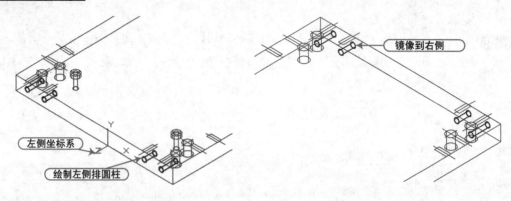

图 9-66 绘制左侧排圆柱   图 9-67 镜像到右侧

软件技能   ★★★☆☆

　　由于图形比较长，为了方便读者观看，这里只显示了绘制图形区域的细节。而粗实线显示的圆柱为当前绘制的圆柱，也是为了方便观看而调整的，但实际上线宽并没有改变。

步骤 10 根据同样的方法，执行"坐标系"命令（UCS），根据命令提示选择"面（F）"选项，然后单击前侧面以确定坐标系。

步骤 11 再通过"圆"、"拉伸"、"移动"等命令，在前侧排捕捉线条端点绘制圆，然后拉伸出相应高度的圆柱实体，最后向下移动 12.5，效果如图 9-68 所示。

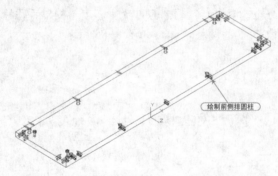

图 9-68 绘制前侧排圆柱

步骤 12 再执行"三维镜像"命令（MIRROR3D），将绘制的前侧排孔以长方体三维中线镜像到后侧，如图 9-69 所示。

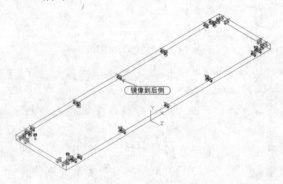

图 9-69 镜像到后侧

步骤 13 最后执行"差集"命令（SU），以长方体减去内部所有圆柱体进行差集运算，效果如图 9-70 所示。

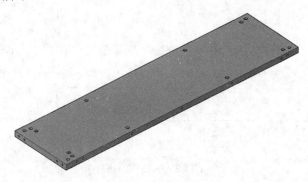

图 9-70　模型图效果

技巧：262　01-4-1底板前后条的绘制

案例：01-4-1模型图.dwg
案例：01-4-1三视图.dwg

技巧概述： 首先将案例文件下的"家具样板.dwt"文件打开，并保存为新的文件；通过矩形命令绘制出板材轮廓，再通过偏移辅助线确定孔位位置，再将孔位符号插入并复制到辅助线相应位置，最后进行尺寸标注、插入图框与注释文字信息。三视图效果如图 9-71 所示。

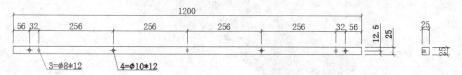

图 9-71　三视图效果

在绘制模型图时，调用前面绘制的三视图并另存为新文件，切换视图为"西南等轴测"，通过面域、拉伸矩形绘制出板材厚度；再根据平面图标注的孔位深度拉伸正孔圆为圆柱实体；再以长方体减去内部所有的圆柱实体进行差集运算，效果如图 9-72 所示。

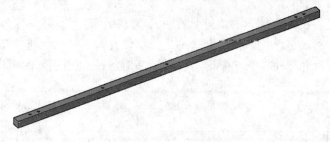

图 9-72　模型图效果

技巧：263　01-5顶板的绘制

案例：01-5模型图.dwg
案例：01-5三视图.dwg

技巧概述： 首先将案例文件下的"家具样板.dwt"文件打开，并保存为新的文件；通过矩形命令绘制出板材轮廓，再通过偏移辅助线确定孔位位置，再将孔位符号插入并复制到辅助线相应位置，最后进行尺寸标注、插入图框与注释文字信息。三视图效果如图 9-73 所示。

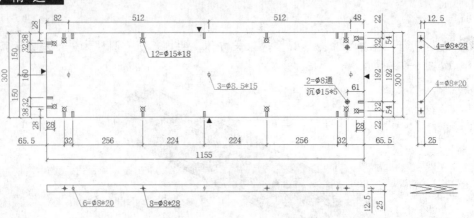

图 9-73　三视图效果

　　在绘制模型图时，调用前面绘制的三视图并另存为新文件，切换视图为"西南等轴测"，通过面域、拉伸矩形绘制出板材厚度；再根据平面图标注的孔位深度拉伸正孔圆为圆柱实体；再旋转坐标系绘制侧孔圆、拉伸为圆柱；再以长方体减去内部所有的圆柱实体进行差集运算，效果如图 9-74 所示。

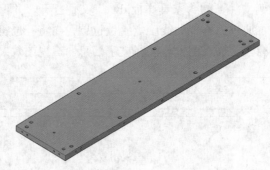

图 9-74　模型图效果

技巧：264　01-5-1顶板前后条的绘制

案例：01-5-1三视图.dwg
案例：01-5-1模型图.dwg

　　技巧概述：首先将案例文件下的"家具样板.dwt"文件打开，并保存为新的文件；通过矩形命令绘制出板材轮廓，再通过偏移辅助线确定孔位位置，再将孔位符号插入并复制到辅助线相应位置，最后进行尺寸标注、插入图框与注释文字信息。三视图效果如图 9-75 所示。

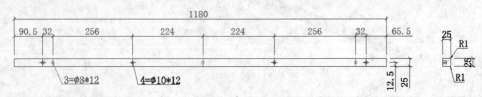

图 9-75　三视图效果

　　在绘制模型图时，调用前面绘制的三视图并另存为新文件，切换视图为"西南等轴测"，通过面域、拉伸矩形绘制出板材厚度；再根据平面图标注的孔位深度拉伸正孔圆为圆柱实体；最后以长方体减去内部所有的圆柱实体进行差集运算，效果如图 9-76 所示。

图 9-76　模型图效果

技巧：265　01-5-2顶板侧条的绘制

案例：01-5-2三视图.dwg
案例：01-5-2模型图.dwg

技巧概述： 首先将案例文件下的"家具样板.dwt"文件打开，并保存为新的文件；通过矩形命令绘制出板材轮廓，再通过偏移辅助线确定孔位位置，再将孔位符号插入并复制到辅助线相应位置，最后进行尺寸标注、插入图框与注释文字信息。三视图效果如图 9-77 所示。

在绘制模型图时，调用前面绘制的三视图并另存为新文件，切换视图为"西南等轴测"，通过面域、拉伸矩形绘制出板材厚度；再根据平面图标注的孔位深度拉伸正孔圆为圆柱实体；最后以长方体减去内部所有的圆柱实体进行差集运算，效果如图 9-78 所示。

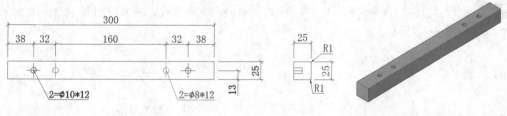

图 9-77　三视图效果

图 9-78　模型图效果

技巧：266　01-6顶条的绘制

视频：技巧266-01-6顶条模型图的绘制.avi
案例：01-6三视图.dwg　01-6模型图.dwg

技巧概述： 首先将案例文件下的"家具样板.dwt"文件打开，并保存为新的文件；通过矩形命令绘制出板材轮廓，再通过偏移辅助线确定孔位位置，再将孔位符号插入并复制到辅助线相应位置，最后进行尺寸标注、插入图框与注释文字信息。三视图效果如图 9-79 所示，操作步骤如下。

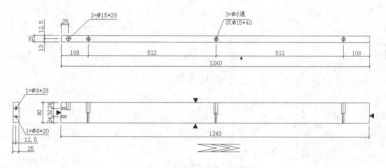

图 9-79　三视图效果

步骤 01 在 AutoCAD 2014 环境中，单击"打开"按钮，打开"01-4 三视图.dwg"文件；再单击"另存为"按钮，将文件另存为"01-4 模型图.dwg"文件。

步骤 **02** 执行 "删除" 命令 (E)，将不需要的图形删除，效果如图 9-80 所示。

图 9-80 保留的图形

步骤 **03** 执行 "面域" 命令 (REG)，将外轮廓矩形面域为一个整体面。

步骤 **04** 单击绘图区左上角的 "视图控件" 按钮，依次单击 "后视" → "东北等轴测" 视图。

步骤 **05** 执行 "圆" 命令 (C)，捕捉侧孔线条端点绘制 Ø8 和 Ø15 的同心圆，如图 9-81 所示。

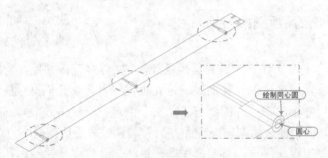

绘制同心圆

圆心

图 9-81 绘制同心圆

步骤 **06** 执行 "拉伸" 命令 (EXT)，将 Ø8 内圆拉伸-80 的深度，将 Ø15 外圆拉伸-40 的深度，如图 9-82 所示。

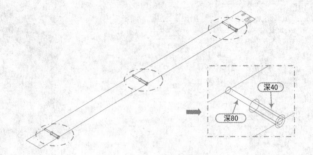

深40

深80

图 9-82 拉伸圆为圆柱

步骤 **07** 执行 "圆" 命令 (C)，在右上侧捕捉前侧孔线条绘制圆、并拉伸为-29 的圆柱实体，如图 9-83 所示。

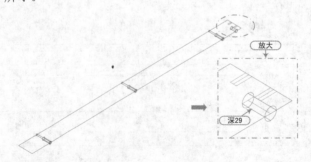

放大

深29

图 9-83 绘制前侧孔

步骤 **08** 单击绘图区左上角的 "视图控件" 按钮，依次单击 "左视" → "西南等轴测" 视图。

步骤 **09** 执行 "圆" 命令 (C)，捕捉左侧孔线条绘制圆，并拉伸-28 和-20 的深度，如图 9-84 所示。

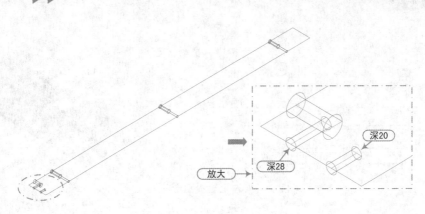

图 9-84　绘制左侧孔

步骤 ⑩ 执行"拉伸"命令（EXT），将矩形拉伸为 25 的实体；并执行"移动"命令（M），将其向下移动 12.5 以保证孔位在长方体侧面的正中位置，如图 9-85 所示。

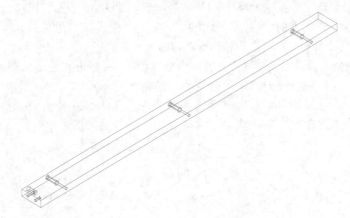

图 9-85　拉伸并移动长方体

步骤 ⑪ 执行"差集"命令（SU），以长方体减去内部所有圆柱体进行差集运算，效果如图 9-86 所示。

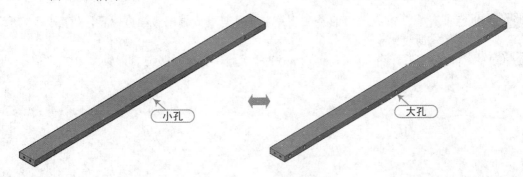

图 9-86　差集效果

技巧：267　01-7左上层板的绘制

视频：技巧267-左上层板的绘制.avi
案例：01-7三视图.dwg　01-7 模型图.dwg

技巧概述： 在绘制左上层板之前，可以调用前面设置好绘图环境的"家具样板.dwt"文件，以此为基础来绘制，效果如图 9-87 所示。

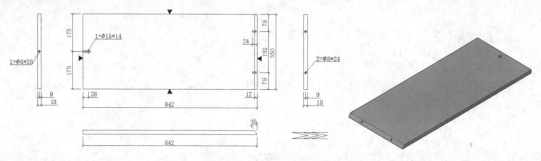

图 9-87　左上层板图形效果

1. 绘制左上层板三视图

步骤 01　启动 AutoCAD 2014 软件，单击"打开"按钮，将"家具样板.dwt"文件打开；再单击"另存为"按钮，将文件另存为"案例\09\01-7 三视图.dwg"文件。

步骤 02　在"常用"选项卡的"图层"面板中，选择"轮廓线"图层并置为当前图层；执行"矩形"命令（REC），在视图中绘制 401×359 的矩形。

步骤 03　执行"分解"命令（X）和"偏移"命令（O），将矩形相应边按照如图 9-88 所示进行偏移，且将偏移得到的线段转换为"辅助线"图层。

步骤 04　切换到"符号"图层，执行"插入块"命令（I），在弹出的"插入"对话框中，选择文件中保存的内部图块"孔位符号"，将其插入图形中，效果如图 9-89 所示。

图 9-88　绘制矩形和辅助线

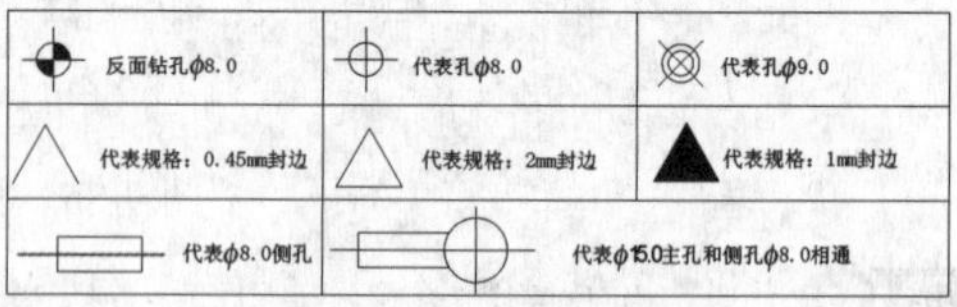

图 9-89　插入符号图块

步骤 05　执行"复制"命令（CO），将三合一孔符号复制到辅助线相应位置，如图 9-90 所示。然后将辅助线删除。

步骤 06　执行"偏移"命令（O），如图 9-91 所示绘制出辅助线与轮廓线。

图 9-90　复制符号

图 9-91　偏移线段

技巧提示　　　　　　　　　　　　　　　　　★★★☆☆

偏移出 12mm 的轮廓线代表此处为倾斜轮廓线。

步骤 07 执行"复制"命令（CO），将 Ø8.0 侧孔复制到离辅助线右端点 4mm 处，如图 9-92 所示。复制好符号以后将辅助线删除。

步骤 08 执行"偏移"命令（O），将右侧垂直线段向左偏移 6 以形成辅助线；执行"椭圆"命令（EL），按照如下命令提示，捕捉侧孔线与辅助线绘制椭圆，如图 9-93 所示。

命令： ELLIPSE	// 执行"椭圆"命令
指定椭圆的轴端点或 ［圆弧(A)/中心点(C)］： c	// 选择"中心点"选项
指定椭圆的中心点：	// 捕捉中心交点并单击
指定轴的端点：	// 指定侧孔右交点
指定另一条半轴长度或 ［旋转(R)］：	// 指定下交点

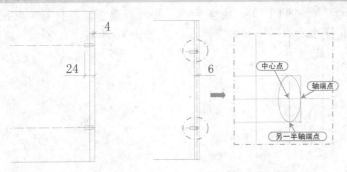

图 9-92　复制侧孔　　　　　图 9-93　绘制椭圆

技巧提示　　　　　★★★★☆

　　在侧孔上绘制一个椭圆，以表示侧孔穿出外倾斜的侧面时，侧面上孔的形状为椭圆形。在后面绘制模型图会显得更直观。

步骤 09 执行"修剪"命令（TR）和"删除"命令（E），将不需要的线条修剪掉，然后将侧孔线转换为"虚线"图层，如图 9-94 所示。

步骤 10 切换至"轴线"图层，执行"直线"命令（L），捕捉主视图端点向左、右、下 3 边分别绘制投影线，如图 9-95 所示。

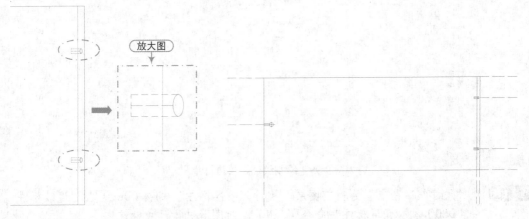

图 9-94　修剪操作　　　　　　　图 9-95　绘制投影线

步骤 11 切换到"轮廓线"图层，执行"直线"命令（L），在右侧捕捉构造线绘制出宽 18 的矩形，如图 9-96 所示。

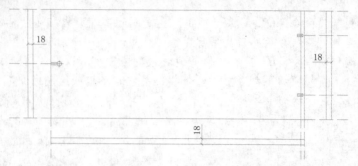

图 9-96　绘制宽度矩形

步骤 12 执行"修剪"命令（TR），将多余的投影线修剪掉；再执行"复制"命令（CO），将 Ø8 正孔符号复制到投影线中点上，如图 9-97 所示。

图 9-97　复制符号

步骤 13 在最下侧矩形处，捕捉投影线绘制出一条倾斜线；再通过"修剪"命令绘制出如图 9-98 所示的效果。然后将不需要的投影线删除。

图 9-98　绘制俯视图形

步骤 14 执行"直线"命令（L），在右下侧绘制出板材纹理走向。

步骤 15 通过"复制"、"缩放"、"旋转"和"镜像"操作，将"1mm 封边"符号复制到主视图相应位置，如图 9-99 所示。

图 9-99　绘制纹理、封边符号

步骤 16 将"尺寸线"图层置为当前图层，执行"线性标注"命令（DLI）、"连续标注"命令（DCO）和"角度标注"命令（DAN），对图形进行尺寸标注。

步骤 17 切换至"文本"图层，执行"引线"命令（LE），设置字体高度为 25，在相应位置进行引线注释，效果如图 9-100 所示。

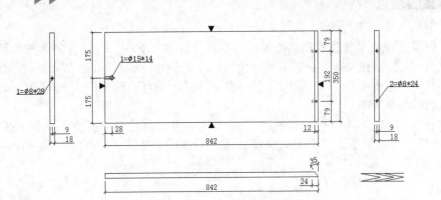

图 9-100　尺寸、引线注释效果

步骤 (18) 执行"插入块"命令（I），将"家具图框"插入图形中；再执行"缩放"命令（SC），输入比例因子为 7，将其放大 7 倍以框住三视图。

步骤 (19) 执行"复制"命令（CO），在图框右下角表格处复制文字并修改文字内容，以完善图纸信息，如图 9-101 所示。

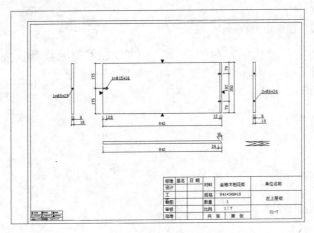

图 9-101　完善图纸信息

2. 绘制左上层板模型图

步骤 (01) 接上例，单击"另存为"按钮 ，将绘制的三视图文件另存为"01-7 模型图.dwg"文件。

步骤 (02) 执行"删除"命令（E），将不需要的图形删除，保留的图形效果如图 9-102 所示。

图 9-102　保留的图形

步骤 (03) 执行"面域"命令（REG），选择外矩形 4 条线段，按【Space】键确定以将矩形形成一个整体面。

步骤 (04) 在绘图区域左上侧单击"视图控件"按钮，调整视图为"西南等轴测"，使图形切换到三维视图。

步骤 05 根据三视图引线注释的孔位深度，执行"拉伸"命令（EXT），将图形中的Ø15拉伸为−14的圆柱实体，将矩形拉伸为−18的长方体，如图9-103所示。

步骤 06 执行"坐标系"命令（UCS），根据命令提示选择"面（F）"选项，再单击左侧面以确定坐标系。

步骤 07 执行"圆"命令（C），捕捉左侧孔线绘制圆；再执行"拉伸"命令（EXT），将圆拉伸为−28的圆柱体；最后将圆柱体向下移动8以保证正中，如图9-104所示。

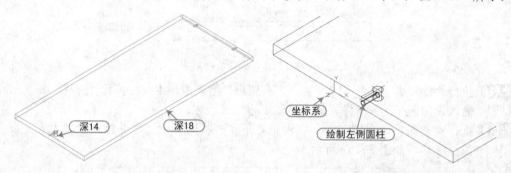

图 9-103　拉伸矩形和圆　　　　　　　　　图 9-104　绘制左侧圆柱

步骤 08 再通过"圆"、"拉伸"和"移动"命令，在右侧捕捉侧孔线绘制圆并拉伸出−24的深度，最后向下移动9以保证正中，如图9-105所示。

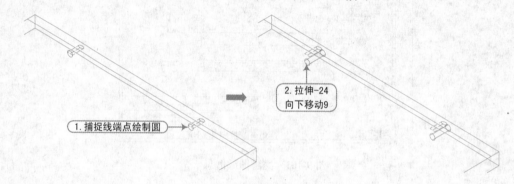

图 9-105　绘制圆柱

步骤 09 单击"视图控件"按钮，依次切换视图为"右视"→"东北等轴测"，以将实体左、右侧调换显示。

步骤 10 执行"直线"命令（L），捕捉前侧线段端点绘制出倾斜线；再执行"拉伸"命令（EXT），将斜线拉伸为−350的曲面，如图9-106所示。

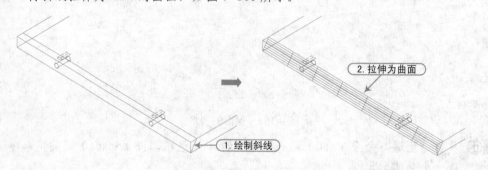

图 9-106　将斜线段拉伸曲面

专业技能　★★★☆☆

绘制曲面的目的是为了将长方体以倾斜曲面进行剖切，因此拉伸的曲面的深度要等于或者大于长方体的宽度 350。

步骤 ⑪ 在"实体编辑"面板中单击"剖切"按钮，根据如下命令提示选择长方实体为剖切的对象，再选择"曲面（S）"选项，然后单击曲面对象，最后在保留实体的一端单击以完成剖切，如图 9-107 所示。

命令：_slice	// 执行"剖切"命令
选择要剖切的对象：找到 1 个	// 选择实体
选择要剖切的对象：	// 按【Space】键确认选择

指定 切面 的起点或 ［平面对象(O)/曲面(S)/Z 轴(Z)/视图(V)/XY(XY)/YZ(YZ)/ZX(ZX)/三点(3)］〈三点〉：s　　// 选择"曲面"选项

选择曲面：	// 选择倾斜曲面对象
选择要保留的剖切对象或 ［保留两个侧面(B)］：	// 在需要保留的右侧部分单击

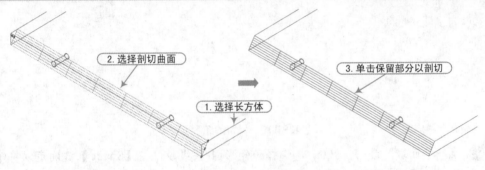

2. 选择剖切曲面

1. 选择长方体

3. 单击保留部分以剖切

图 9-107　剖切实体

步骤 ⑫ 执行"删除"命令（E），将曲面对象删除；再执行"差集"命令（SU），以长方体减去内部所有圆柱体以差集运算，效果如图 9-108 所示。

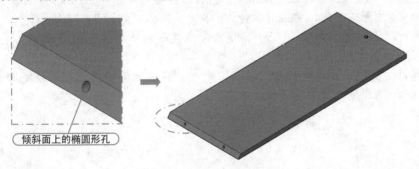

倾斜面上的椭圆形孔

图 9-108　差集后的实体

技巧：268　**01-8 右下层板的绘制**

视频：技巧268-01-8右下层板模型图的绘制.avi
案例：01-8三视图.dwg 01-8模型图.dwg

技巧概述： 间厅柜左上层板与右下层板都有倾斜的侧面轮廓，只是孔位状态不同，读者可按照前面绘制左上层板三视图的步骤完成右下层板三视图的绘制，效果如图 9-109 所示，操作步骤如下。

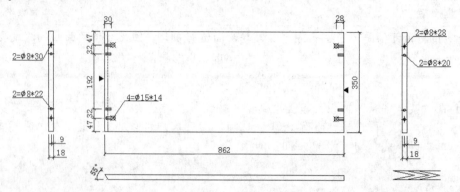

图 9-109　三视图效果

步骤 01 在 AutoCAD 2014 环境中，单击"打开"按钮，打开"01-14 三视图.dwg"文件；再单击"另存为"按钮，将文件另存为"01-14 模型图.dwg"文件。

步骤 02 执行"删除"命令（E），将标注、图框对象删除，效果如图 9-110 所示。

图 9-110　保留的图形

步骤 03 执行"面域"命令（REG），选择外矩形 4 条线段，按【Space】键确定以将矩形形成一个整体面。

步骤 04 在绘图区域左上侧，单击"视图控件"按钮，调整视图为"西南等轴测"，使图形切换到三维视图。

步骤 05 根据三视图引线注释的孔位深度，执行"拉伸"命令（EXT），将图形中的 Ø15 拉伸为 -14 的圆柱实体，将矩形拉伸为 -18 的长方体，如图 9-111 所示。

步骤 06 执行"坐标系"命令（UCS），根据命令提示选择"面（F）"选项，再单击左侧面以确定坐标系。

步骤 07 通过"圆"、"拉伸"和"移动"命令，在右上侧捕捉侧孔线绘制圆并拉伸出 -28 和 -20 的深度，最后向下移动 9 以保证正中，如图 9-112 所示。

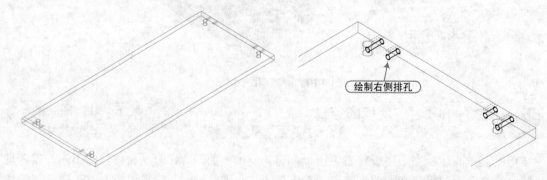

绘制右侧排孔

图 9-111　拉伸圆和矩形　　　　图 9-112　绘制右侧排孔

步骤 08 再在左侧执行"圆"命令（C），分别捕捉侧孔线和圆柱上圆心绘制圆，如图 9-113 所示。

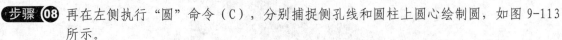

图 9-113　绘制圆

步骤 09 执行"拉伸"命令（EXT），将圆分别拉伸为 30 和 22 的圆柱实体；然后再执行"移动"命令（M），将圆柱体向下移动 9 以保证在长方体正中，如图 9-114 所示。

步骤 10 绘制好圆柱孔位后，可以执行"删除"命令（E），将辅助线的侧孔线条删除；执行"移动"命令（M），将虚线向下移动 18，以保证在底端，如图 9-115 所示。

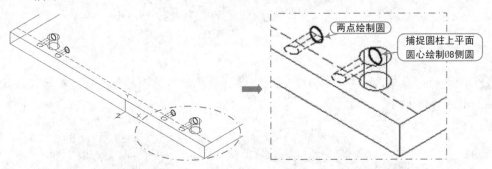

图 9-114　拉伸圆并向下移动　　　　　　　图 9-115　移动虚线

步骤 11 执行"直线"命令（L），捕捉虚线前端点绘制出倾斜线；再执行"拉伸"命令（EXT），将斜线拉伸为 350 的曲面，如图 9-116 所示。

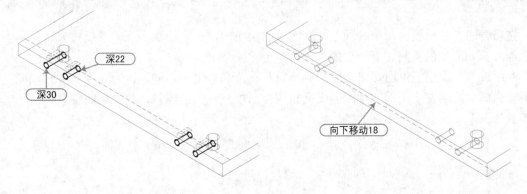

图 9-116　绘制斜线并拉伸为曲面

步骤 12 在"实体编辑"面板中单击"剖切"按钮，根据命令提示选择长方实体为剖切的对象，再选择"曲面（S）"选项，然后单击上步创建的曲面对象，最后单击实体右部为保留部分以完成剖切；然后将曲面对象删除，效果如图 9-117 所示。

图 9-117　剖切实体

步骤⑬ 再执行"差集"命令（SU），以长方体减去内部所有圆柱体进行差集运算，效果如图 9-118 所示。

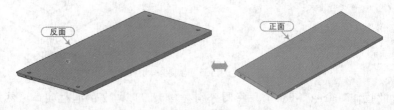

图 9-118　差集后的实体

技巧：269 01-9左面板的绘制

视频：技巧269-左面板模型图的绘制.avi
案例：01-9三视图.dwg 01-9 模型图.dwg

技巧概述： 左面板内部结构同左、右侧板结构相同，是由两块 9mm 层板内夹压料木方条复合而成 60mm 厚的板材。其骨架图如图 9-119 所示。

左面板与左上层板侧面倾斜角度相同，只是孔位和厚度不相同，但绘制方法大致相同，读者可按照前面绘制左上层板三视图的步骤完成左面板三视图的绘制，效果如图 9-120 所示，操作步骤如下。

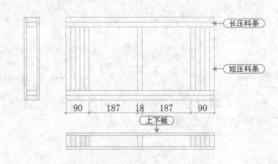

图 9-119　复合结构图

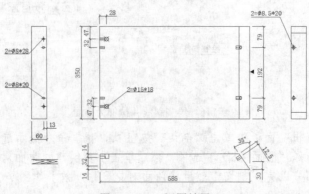

图 9-120　三视图效果

步骤 01 在 AutoCAD 2014 环境中，单击"打开"按钮，打开"01-14 三视图.dwg"文件；再单击"另存为"按钮，将文件另存为"01-14 模型图.dwg"文件。

步骤 02 执行"删除"命令（E），将不需要的对象删除，效果如图 9-121 所示。

步骤 03 执行"面域"命令（REG），选择外矩形 4 条线段，按【Space】键确定以将矩形形成一个整体面。

步骤 04 在绘图区域左上侧单击"视图控件"按钮，调整视图为"西南等轴测"，使图形切换到三维视图。

步骤 05 根据三视图引线注释的孔位深度，执行"拉伸"命令（EXT），将图形中的 Ø15 拉伸为-18 的圆柱实体，将矩形拉伸为-60 的长方体，如图 9-122 所示。

图 9-121　保留的图形

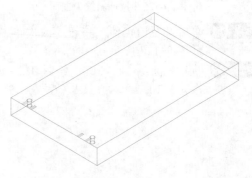

图 9-122　拉伸操作

步骤 06 执行"坐标系"命令（UCS），根据命令提示选择"面（F）"选项，单击左侧面以确定坐标系。

步骤 07 执行"圆"命令（C）、"拉伸"命令（EXT）和"移动"命令（M），捕捉左侧侧孔线条绘制圆并拉伸相应的高度，再将拉伸后的圆柱体向下移动 14，如图 9-123 所示。

步骤 08 执行"直线"命令（L），捕捉长方体上平面右侧线条前端点绘制出倾斜线，如图 9-124 所示。

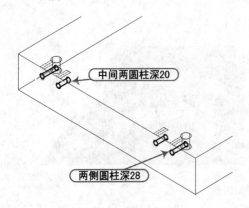

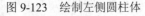

图 9-123　绘制左侧圆柱体

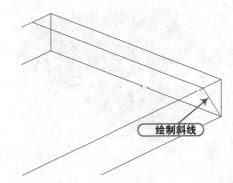

图 9-124　绘制斜线

步骤 09 再执行"拉伸"命令（EXT），将斜线拉伸为 350 的曲面，如图 9-125 所示。

步骤 10 在"实体编辑"面板中单击"剖切"按钮，根据命令提示选择长方实体为剖切的对象，再选择"曲面（S）"选项，然后单击上步创建的曲面对象，最后单击实体左部为保留部分以完成剖切；然后将曲面对象删除，效果如图 9-126 所示。

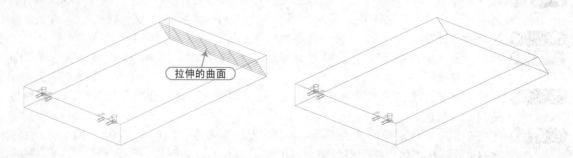

图 9-125　拉伸斜线为曲面　　　　　　　　　　图 9-126　剖切实体

步骤 ⑪ 单击"视图控件"按钮，依次单击"右视"→"东南等轴测"视图，切换视图效果如图 9-127 所示。

步骤 ⑫ 执行"圆"命令（C），绘制 Ø12 的圆并拉伸为 20 的圆柱体；再执行"三维旋转"命令（3DR），将其绕绿 Y 轴旋转 35°，如图 9-128 所示。

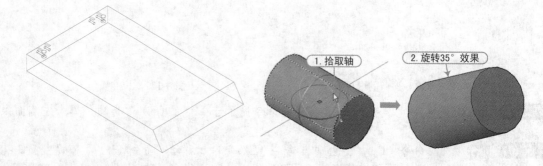

图 9-127　切换视图效果　　　　　　　　　　图 9-128　绘制旋转圆柱体

步骤 ⑬ 执行"移动"命令（M），将倾斜圆柱体移到长方体斜角上，使圆心对齐斜角点；再将视图调整到"前视"，如图 9-129 所示。

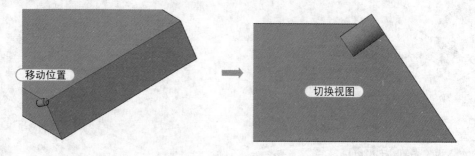

图 9-129　移动倾斜圆柱体

步骤 ⑭ 在"状态栏"下右击"极轴追踪"按钮，然后在弹出的快捷菜单中选择追踪角度为 5，如图 9-130 所示。

步骤 ⑮ 执行"移动"命令（M），选择倾斜圆柱体后随着圆柱体倾斜的轮廓线向右上移动，即出现一条极轴追踪线，然后动态输入"2"，以将圆柱体朝自身的方向移动 2，如图 9-131 所示。

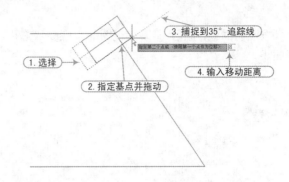

图 9-130　设置极轴追踪角度　　　　　　　图 9-131　捕捉极轴角度移动圆柱

步骤 16 根据同样的方法，执行"移动"命令（M），再选择倾斜圆柱体，捕捉自身极轴线向下移动 12.5，如图 9-132 所示。

步骤 17 再切换回"东南等轴测"视图，图形效果如图 9-133 所示。

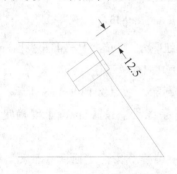

图 9-132　再次倾斜移动圆柱体　　　　　　图 9-133　切换视图后的效果

步骤 18 在"状态栏"下单击 按钮以将"极轴追踪"关闭。执行"移动"命令（M），将倾斜圆柱体向右移动 79；再执行"三维镜像"命令（MIRROR3D），将倾斜圆柱体进行左、右镜像，如图 9-134 所示。

步骤 19 再执行"差集"命令（SU），以长方体减去内部所有圆柱体进行差集运算，效果如图 9-135 所示。

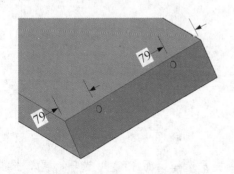

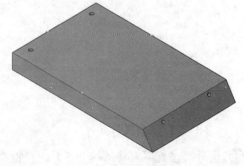

图 9-134　移动并进行三维镜像　　　　　　图 9-135　差集效果

技巧：270　01-10右面板的绘制

视频：技巧270-右面板模型图的绘制.avi
案例：01-10三视图.dwg　01-10模型图.dwg

　　技巧概述： 右面板同样是由两块 9mm 层板内夹压料木方条复合成厚度为 60mm 的板材。其骨架图如图 9-136 所示。

读者可按照前面绘制左上层板三视图的步骤完成右面板三视图的绘制,效果如图 9-137 所示,操作步骤如下。

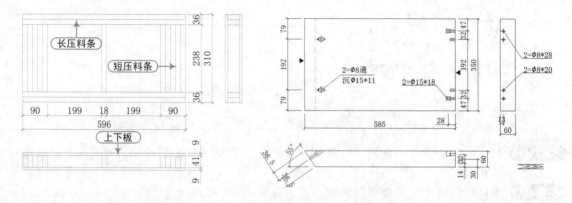

图 9-136　复合结构图　　　　　　　　　　　图 9-137　三视图效果

步骤 01 在 AutoCAD 2014 环境中,单击"打开"按钮📂,打开"01-14 三视图.dwg"文件;再单击"另存为"按钮💾,将文件另存为"01-14 模型图.dwg"文件。

步骤 02 执行"删除"命令(E),将不需要的对象删除,效果如图 9-138 所示。

步骤 03 执行"面域"命令(REG),选择外矩形 4 条线段,按【Space】键确定以将矩形形成一个整体面。

步骤 04 在绘图区域左上侧单击"视图控件"按钮,调整视图为"西南等轴测",使图形切换到三维视图。

步骤 05 根据三视图引线注释的孔位深度,执行"拉伸"命令(EXT),将图形中的 Ø15 拉伸为-18 的圆柱实体,将矩形拉伸为-60 的长方体,如图 9-139 所示。

图 9-138　保留的图形

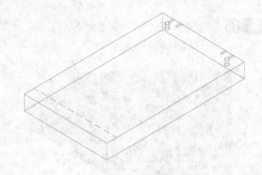

图 9-139　拉伸为实体

步骤 06 执行"坐标系"命令(UCS),根据命令提示选择"面(F)"选项,再单击左侧面以确定坐标系。

步骤 07 执行"圆"命令(C),捕捉右侧孔线绘制圆;再执行"拉伸"命令(EXT),将圆拉伸为-28 和-20 的圆柱体;最后将圆柱体向下移动 13,如图 9-140 所示。

步骤 08 执行"移动"命令(M),将上侧的虚线移动到下平面,如图 9-141 所示。

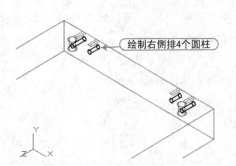

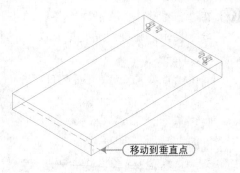

图 9-140　绘制右侧圆柱　　　　　　　　　　图 9-141　移动虚线到下平面

步骤 09 执行"直线"命令（L），捕捉虚线前侧端点与长方体角点绘制出一条斜线；再执行"拉伸"命令（EXT），将斜线拉伸与长方体宽度同长的曲面，如图 9-142 所示。

步骤 10 在"实体编辑"面板中单击"剖切"按钮 ，根据命令提示选择长方实体为剖切的对象，再选择"曲面（S）"选项，然后单击上步创建的曲面对象，最后单击实体右部为保留部分以完成剖切；然后将曲面、线条对象删除，效果如图 9-143 所示。

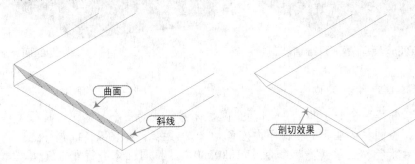

图 9-142　绘制斜线并拉伸为曲面　　　　　　图 9-143　剖切实体

步骤 11 单击"视觉样式"控件按钮，切换至"概念"视觉模式；在按住【Shift】键的同时单击鼠标中键，以自定义视图将剖切面显于眼前。

软件技能　　　　　　　　　　　　　　　　　　　　　　　★★★☆☆

　　当提供的视图不能满足观看需求时，可自定义视图观看角度。若用户还不会使用【Shift+中键】组合键自由旋转视图，可以使用"二维动态观察"命令（3DO），将视图旋转到想要的效果。

步骤 12 执行"坐标系"命令（UCS），根据命令提示选择"对象（OB）"选项，然后单击剖切面为对象，以确定坐标系，如图 9-144 所示。

图 9-144　自定义视图、建立对象坐标

步骤 ⑬ 在"三维建模"工作空间下,单击"建模"面板中的"圆柱体"按钮🔲,根据如下命令提示,捕捉斜角边中点绘制一个圆柱体,如图 9-145 所示。

命令: _cylinder	// 执行"圆柱体"命令
指定底面的中心点或 [三点(3P)/两点(2P)/切点、切点、半径(T)/椭圆(E)]:	// 指定斜边中点
指定底面半径或 [直径(D)] <15.0000>: d	// 选择"直径"选项
指定直径: 8	// 输入直径值"8"
指定高度或 [两点(2P)/轴端点(A)]:30	// 鼠标向后指引输入"30"

步骤 ⑭ 重复"圆柱体"命令,再以 Ø8 圆柱体的后平面圆心点为新圆柱体的中心点,再输入直径为 15,然后向后指定以超出长方体的长度即可;则在 Ø8 圆柱体的后侧绘制一个 Ø15 的圆柱体,如图 9-146 所示。

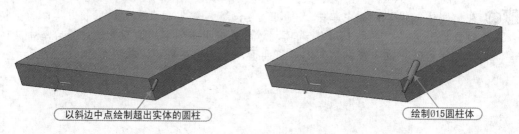

图 9-145 绘制 Ø8 圆柱   图 9-146 绘制 Ø15

步骤 ⑮ 执行"并集"命令(UNI),将两个圆柱体并集成为一个整体;再执行"移动"命令(M),将圆柱体在正交模式下向左移动 79 的距离,如图 9-147 所示。

步骤 ⑯ 再通过执行"三维镜像"命令(MIRROR3D),将圆柱体进行左右镜像,如图 9-148 所示。

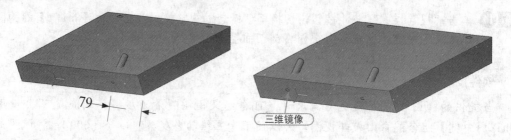

图 9-147 移动圆柱实体   图 9-148 三维镜像操作

步骤 ⑰ 切换至"二维线框"视觉样式,执行"差集"命令(SU),以长方体减去内部所有实体进行差集,效果如图 9-149 所示。

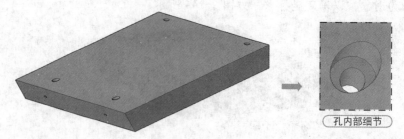

图 9-149 差集后的实体

技巧：271　01-11斜中隔板的绘制

视频：技巧271-斜中隔板的绘制.avi
案例：01-11三视图.dwg　01-11模型图.dwg

技巧概述： 在间厅柜中由于斜中隔板为倾斜放置，致使前面某些板材都继承了倾斜的特征，斜中隔板厚度为 60mm，是由两块 9mm 层板内夹压料木方条复合而成。其骨架图如图 9-150 所示。

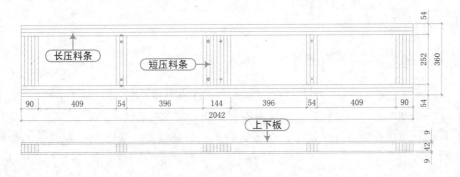

图 9-150　复合结构图

斜中隔板图形较为复杂，板材正面与反面都有倾斜角，而且孔位位置形状也各不相同，图形效果如图 9-151 所示。

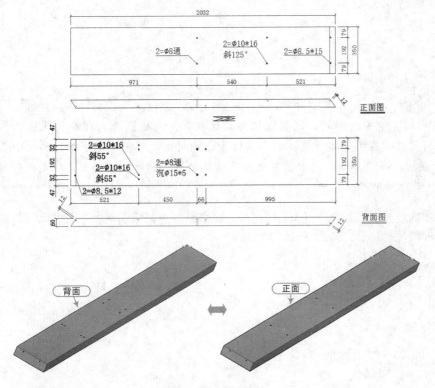

图 9-151　图形效果

1. 绘制斜中隔板三视图

步骤 01 启动 AutoCAD 2014 软件，单击"打开"按钮，将"家具样板.dwt"文件打开；再单击"另存为"按钮，将文件另存为"案例\09\01-7 三视图.dwg"文件。

步骤 02 在"常用"选项卡的"图层"面板中，选择"轮廓线"图层并置为当前图层；执行

"矩形"命令（REC），在视图中绘制 401×359 的矩形。

步骤 03 执行"分解"命令（X）和"偏移"命令（O），将矩形相应边按照如图 9-152 所示进行偏移，以形成辅助线与轮廓线。

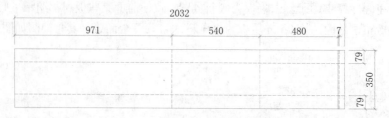

图 9-152　绘制矩形、偏移出线段

步骤 04 执行"圆"命令（C），在左侧两个辅助线交点处绘制 Ø8 的圆。

步骤 05 再执行"椭圆"命令（EL），在后侧的 4 个辅助线交点处分别绘制椭圆，如图 9-153 所示。

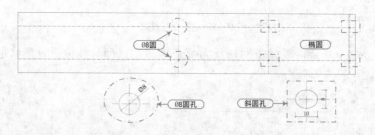

图 9-153　绘制孔位

技巧提示 ★★★☆☆

使用"圆"命令绘制的正圆其孔位为正圆柱孔；而椭圆孔为倾斜的圆柱孔表面，如 Ø8 的倾斜圆柱，在被实体差集掉后，实体表面倾斜角度不同决定了椭圆的大小不同，在这里笔者使用同一种 10×8 的椭圆孔来表示该孔倾斜，具体孔位的大小以引线注释为准。

步骤 06 再执行"矩形"命令（REC），在上步图形的下侧绘制同长，宽度为 60 的矩形，并将辅助线拉长，如图 9-154 所示。

图 9-154　绘制对齐矩形、拉长辅助线

步骤 07 通过"偏移"、"修剪"等命令在第一条辅助线处绘制出 Ø8 通孔与 Ø15 深孔效果；再通过"矩形"、"旋转"、"修剪"命令在第二条辅助线绘制出倾斜 35° 的 Ø10 孔，如图 9-155 所示。

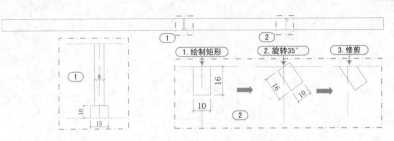

图 9-155　绘制侧面孔位

专业技能　　　　　　　　　　　　　　　　　　　　★★★★☆

如 Ø10×16 深度孔，正面孔只需要绘制一个圆来表示，侧面孔以 10×16 的矩形来表示。

步骤 08 再执行"偏移"命令（O），按照如图 9-156 所示偏移出辅助线；通过"矩形"、"旋转"、"修剪"等命令在辅助线下端点绘制出垂直孔与倾斜孔。

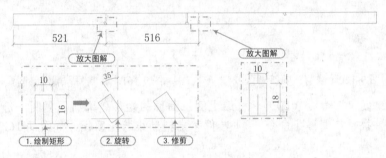

图 9-156　绘制侧孔

步骤 09 执行"倒角"命令（CHA），根据命令提示选择"距离"选项，设置第一个倒角距离为 60，第二个倒角距离为 41，设置好以后根据设置倒角距离的顺序先选择高度为 60 的边，再选择水平边，以将矩形进行倒角，如图 9-157 所示。

图 9-157　倒角处理

步骤 10 执行"构造线"命令（XL），选择"角度"选项，设置角度为 34，捕捉右侧顶点绘制出一条构造线，如图 9-158 所示。

步骤 11 执行"偏移"命令（O），将构造线和斜线各偏移出 12mm；再将第二构造线各向两侧偏移出 5mm，并转换为"细虚线"图层，如图 9-159 所示。

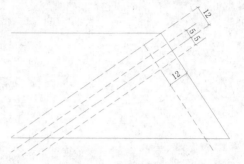

图 9-158　绘制构造线　　　　　　　　　图 9-159　偏移线段

步骤 12 执行"修剪"命令（TR），修剪出倾斜侧孔效果，如图 9-160 所示。

步骤 13 根据同样的方法，在左侧绘制出同样的侧孔，如图 9-161 所示。

图 9-160　修剪出倾斜侧孔　　　　　　图 9-161　绘制另一端倾斜侧孔

步骤 14 执行"复制"命令（CO），将最上侧正面图的矩形轮廓向下复制一份以作为底面轮廓；再执行"偏移"命令（O），偏移出辅助线与轮廓线，如图 9-162 所示。

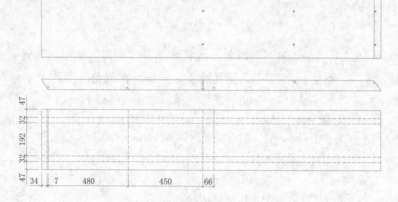

图 9-162　复制轮廓矩形并偏移出线段

步骤 15 执行"圆"命令（C），在相应辅助线位置绘制圆，如图 9-163 所示。

图 9-163　绘制圆孔

步骤 16 执行"复制"命令（CO），将前面绘制的椭圆复制到相应辅助线上，如图 9-164 所示。

图 9-164　复制椭圆斜孔

步骤 17 执行"删除"命令（E），将辅助线删除；再执行"镜像"命令（MI），将侧视图向下镜像到底面图下方，如图 9-165 所示。

图 9-165　镜像侧视图

步骤 18 再执行"直线"命令（L），在空白位置绘制出板材纹理走向。

步骤 19 将"尺寸线"图层置为当前图层，执行"线性标注"命令（DLI）、"连续标注"命令（DCO）和"对齐标注"命令（DAL），对图形进行尺寸标注。

步骤 20 切换至"文本"图层，执行"引线"命令（LE）和"多行文字"命令（MT），设置字体高度为 45，在相应位置进行引线与图名注释，效果如图 9-166 所示。

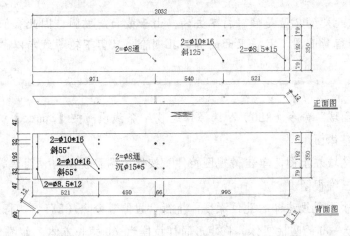

图 9-166　尺寸、文字注释

步骤 21 执行"插入块"命令（I），将"家具图框"插入图形中；再执行"缩放"命令（SC），输入比例因子为 12，将其放大 12 倍以框住三视图。

步骤 22 执行"复制"命令（CO），在图框右下角表格处复制文字并修改文字内容，以完善图纸信息，如图 9-167 所示。

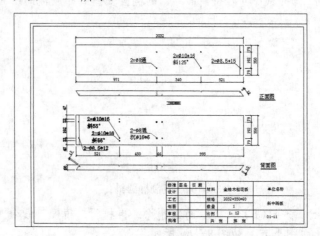

图 9-167　完善图纸信息

2. 绘制斜中隔板模型图

步骤 01 接上例，单击"另存为"按钮，将绘制的三视图文件另存为"01-11 模型图.dwg"文件。

步骤 02 执行"删除"命令（E），将不需要的图形删除，保留背面轮廓线与正圆孔，效果如图 9-168 所示。

图 9-168　保留的图形

软件技能　　　　　　　　　　　　　　　　　　　　　　★★★☆☆

　　椭圆是代表此处的孔位是倾斜打下去的，由于截面是椭圆，因此我们测量不到孔的尺寸，在这里保留背面图，且将里面的椭圆孔删除，只留下轮廓线与以"圆"命令绘制的正圆。

步骤 03 执行"面域"命令（REG），选择外矩形 4 条线段，按【Space】键确定以将矩形形成一个整体面。

步骤 04 在绘图区域左上侧，单击"视图控件"按钮，调整视图为"西南等轴测"，使图形切换到三维视图。

步骤 05 根据三视图引线注释的孔位深度，执行"拉伸"命令（EXT），将同心圆中的内 Ø8 圆拉伸为-60 的圆柱实体，将矩形同样拉伸为-60 的长方体，如图 9-169 所示。

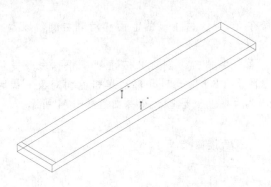

图 9-169　拉伸为实体

技巧提示　★★★☆☆

同心圆中的内圆 Ø8 孔由于是通孔，其深度应与板材深度一致，因此拉伸的深度同样为-60。

步骤 06　再执行"拉伸"命令（EXT），将中间两个同心外圆拉伸-10 的高度，将两个 Ø10 圆拉伸-18 的高度，如图 9-170 所示。

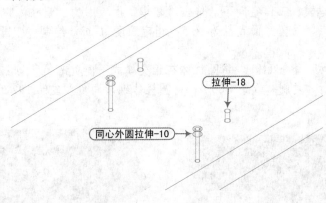

图 9-170　拉伸内部其他正圆

步骤 07　执行"直线"命令（L），在前侧捕捉线条端点绘制连接斜线；再执行"拉伸"命令（EXT），将斜线拉伸为同长方体宽度同长（350）的曲面，如图 9-171 所示。

步骤 08　在"实体编辑"面板中单击"剖切"按钮，根据命令提示选择长方实体为剖切的对象，再选择"曲面（S）"选项，然后单击上步创建的曲面对象，最后单击实体右部为保留部分以完成剖切，效果如图 9-172 所示。

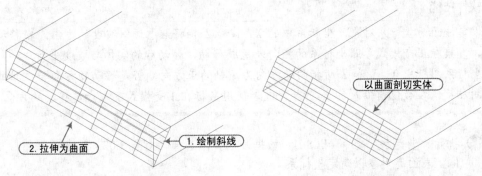

图 9-171　绘制斜线并拉伸为曲面　　　　　图 9-172　剖切实体

步骤 09 执行"移动"命令（M），将上步的曲面移动到右侧，以角点进行对齐，如图 9-173 所示。

步骤 10 在"实体编辑"面板中单击"剖切"按钮，根据命令提示选择长方实体为剖切的对象，再选择"曲面（S）"选项，然后单击曲面对象，最后单击实体左部为保留部分以完成剖切；然后将曲面删除，效果如图 9-174 所示。

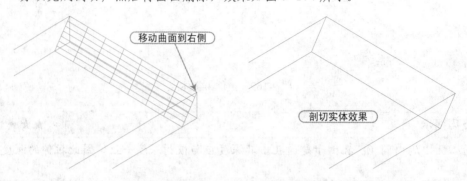

图 9-173 移动曲面到右侧　　　　　　图 9-174 剖切右侧直角

步骤 11 切换至"概念"视觉模式，执行"坐标系"命令（UCS），根据命令提示选择"对象（OB）"选项，然后单击左剖切面为对象，以确定坐标系。

步骤 12 在"三维建模"工作空间下，单击"建模"面板中的"圆柱体"按钮，捕捉斜角点为中心点，设置底面直径为 8.5，指定深度为 12，绘制一个圆柱体，如图 9-175 所示。

步骤 13 执行"移动"命令（M），将圆柱体在正交模式下向负 Y 轴移动 12，再向负 X 轴移动 79；再执行"复制"命令（CO），将圆柱体继续向负 X 复制 192 的距离，如图 9-176 所示。

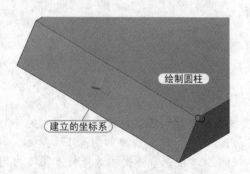 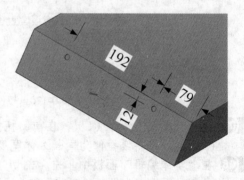

图 9-175 创建坐标系绘制圆柱体　　　　图 9-176 移动并复制圆柱

软件技能　　　　　　　　　　　　　　　　　　★★★★★

　　设定该面为坐标系对象，坐标系中的 X、Y 和 Z 轴将继承倾斜坡度的方向，在移动对象时，直接在正交模式参照坐标系的指向来完成移动，移动后的实体与坡度平行。

　　坐标系图标中 X、Y 和 Z 所指向的方向为该轴的正方向，若是移动的方向与该轴的指向方向相反请在数值前输入负（-）号，或者使用鼠标在正交模式下来指定移动的方向。

步骤 14 执行"坐标系"命令（UCS），根据命令提示选择"对象（OB）"选项，然后单击实体上表面为对象以确定坐标系。

步骤 15 单击"建模"面板中的"圆柱体"按钮 ，捕捉斜角点为中心点，设置底面直径为 10，指定深度为 16，绘制一个圆柱体，如图 9-177 所示。

步骤 16 执行"三维旋转"命令（3DR），选择创建的圆柱体，指定上表面圆心点为基点，再指定绿色 Y 轴为旋转轴，再输入角度为 -35，以将圆柱体绕上圆心点进行旋转，如图 9-178 所示。

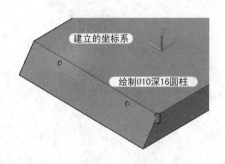
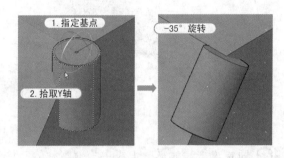

图 9-177　绘制圆柱体　　　　　　　　　　图 9-178　旋转圆柱体

步骤 17 由旋转后的圆柱体可见其上表面没有穿过长方体，因此需要将上表面进行拉伸。选择圆柱实体则出现多个夹点，单击上表面圆心点上的三角夹点，选中后呈红色状态，然后向上拖动至表面盖住长方体时单击，则将圆柱体拉长穿过长方体的高度，如图 9-179 所示。

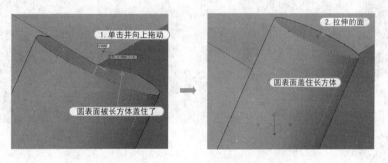

图 9-179　拉伸圆柱体上表面

步骤 18 执行"移动"命令（M），将上步圆柱体在正交模式下向 X 轴移动 480，再向 Y 轴移动 47，如图 9-180 所示。

步骤 19 再执行"复制"命令（CO），再将倾斜圆柱体向后复制出 32、192、32 的距离，如图 9-181 所示。

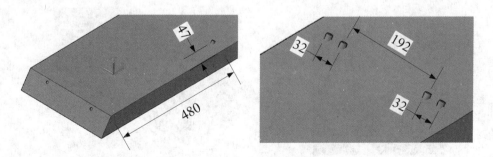

图 9-180　移动倾斜圆柱　　　　　　　　　图 9-181　复制圆柱

步骤 20 执行"差集"命令（SU），以长方体减去内部所有的圆柱实体进行差集运算，以复步骤 21 行"三维旋转"命令（3DR），将实体以 Y 轴旋转 180°，以将实体旋转至正面，如图 9-182 所示。

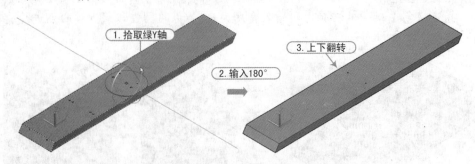

图 9-182　上、下翻转实体

步骤 22 同样单击"建模"面板中的"圆柱体"按钮，捕捉斜角点为中心点，设置底面直径为 10，指定深度为 16，绘制一个圆柱体，如图 9-183 所示。

步骤 23 执行"三维旋转"命令（3DR），选择创建的圆柱体，指定上表面圆心点为基点，再指定绿色 Y 轴为旋转轴，再输入角度为-35，以将圆柱体绕上圆心点进行旋转，如图 9-184 所示。

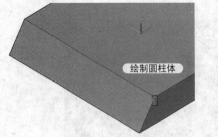

图 9-183　绘制圆柱体

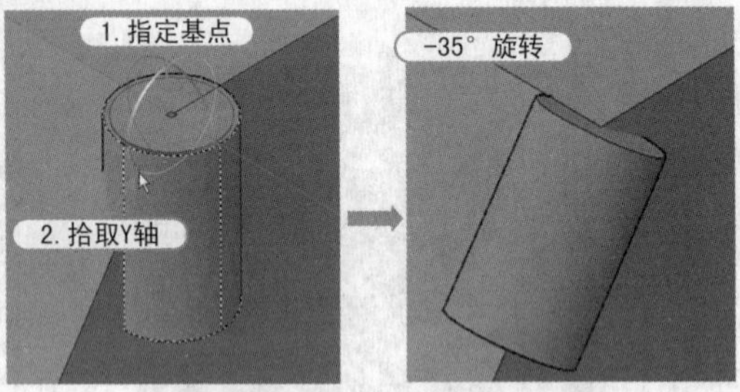

图 9-184　旋转圆柱体

步骤 24 由于圆柱体上表面没有穿出长方体，此时可选择圆柱体，再单击上表面中心三角夹点，向上拖动拉伸至长出长方体表面为止，效果如图 9-185 所示。

步骤 25 执行"移动"命令（M），将上步圆柱体在正交模式下向右移动 480，再向后移动 79；再执行"复制"命令（CO），再将倾斜圆柱体向后复制出 192 的距离，如图 9-186 所示。

图 9-185　拉伸圆柱体上表面

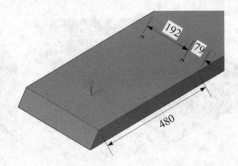

图 9-186　移动并复制圆柱

步骤 26 根据前面的绘制方法，执行"坐标系"命令（UCS），根据命令提示选择"对象（OB）"选项，然后单击左剖切面为对象，以确定坐标系。

步骤 27 单击"建模"面板中的"圆柱体"按钮[图]，捕捉斜角点为中心点，设置底面直径为8.5，指定深度为15，绘制一个圆柱体，如图 9-187 所示。

步骤 28 执行"移动"命令（M），将圆柱体在正交模式下向下移动 12，再向后移动 79；再执行"复制"命令（CO），将圆柱体继续向后复制 192 的距离，如图 9-188 所示。

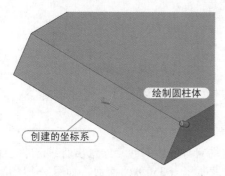

图 9-187　创建坐标系以绘制圆柱　　　　图 9-188　移动并复制圆柱

步骤 29 执行"差集"命令（SU），以长方体减去内部所有圆柱体进行差集运算，效果如图 9-189 所示。

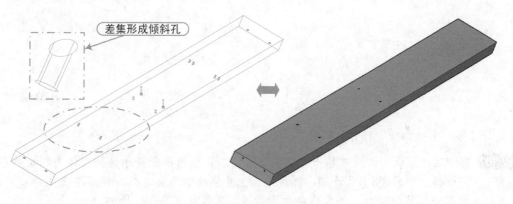

图 9-189　差集的实体

技巧：272　01-12-1方格板1的绘制

> 视频：技巧272-方格板1模型图的绘制.avi
> 案例：01-12-1模型图.dwg\三视图.dwg

技巧概述： 6 块方格板上都不需要钻孔，因此绘制其图形也相对比较简单，使用矩形、直线、偏移、修剪等命令即可绘制出三视图，如图 9-190 所示，操作步骤如下。

步骤 01 在 AutoCAD 2014 环境中，单击"打开"按钮[图]，打开"01-12-1 三视图.dwg"文件；再单击"另存为"按钮[图]，将文件另存为"01-12-1 模型图.dwg"文件。

步骤 02 执行"删除"命令（E），将不需要的图形删除，效果如图 9-191 所示。

步骤 03 执行"面域"命令（REG），分别选择外轮廓线段，按【Space】键确定以将矩形形成一个整体面，如图 9-192 所示。

图 9-191　保留的图形　　　　　　　　　　图 9-192　选择面域效果

步骤 04 在绘图区域左上侧，单击"视图控件"按钮，调整视图为"西南等轴测"，使图形切换到三维视图。

步骤 05 执行"拉伸"命令（EXT），将面域拉伸为-15的实体，如图 9-193 所示。

步骤 06 执行"直线"命令（L），在左侧捕捉线段前端点与实体下角点绘制出斜线；再执行"拉伸"命令（EXT），将斜线拉伸为同实体宽度同长（350）的曲面，如图 9-194 所示。

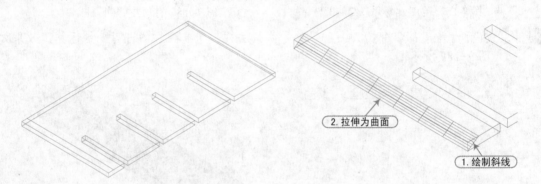

2. 拉伸为曲面

1. 绘制斜线

图 9-193　拉伸为实体　　　　　　　　　　图 9-194　绘制曲面

步骤 07 在"实体编辑"面板中单击"剖切"按钮，根据命令提示选择实体为剖切的对象，再选择"曲面（S）"选项，然后单击上步创建的曲面对象，最后单击实体右部为保留部分以完成剖切，然后将曲面删除掉，效果如图 9-195 所示。

步骤 08 根据同样的方法，执行"直线"命令（L），捕捉右上侧线条的前端点与实体下对角点绘制出一条斜线，并拉伸出与实体同宽的曲面，如图 9-196 所示。

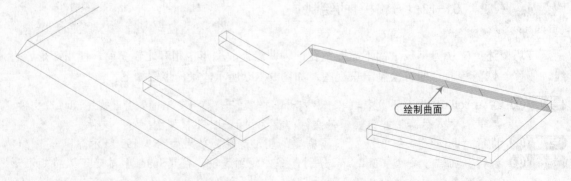

绘制曲面

图 9-195　以曲面剖切实体左侧　　　　　　图 9-196　在右侧绘制曲面

步骤 09 同样再将实体以曲面进行剖切，且保留左部分，以完成最终效果，如图 9-197 所示。

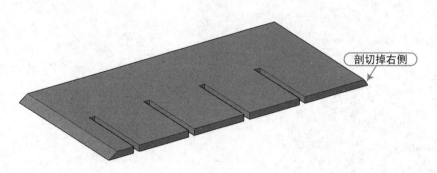

图 9-197　以曲面剖切实体左侧

技巧：273　01-12-2方格板2的绘制

视频：技巧273-方格板2模型图的绘制.avi
案例：01-12-2模型图.dwg\三视图.dwg

技巧概述：方格板 2 三视图的绘制方法非常简单，这里不再阐述，效果如图 9-198 所示。操作步骤如下。

步骤 01 在 AutoCAD 2014 环境中，单击"打开"按钮 ，打开"01-12-2 三视图.dwg"文件；再单击"另存为"按钮 ，将文件另存为"01-12-2模型图.dwg"文件。

步骤 02 执行"删除"命令（E），将不需要的图形删除；，效果如图 9-199 所示。

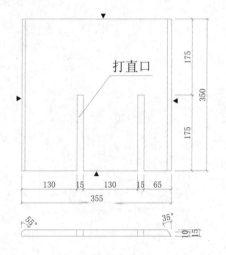

图 9-198　方格 2 三视图

图 9-199　保留的图形

步骤 03 执行"面域"命令（REG），分别选择外轮廓线段，按【Space】键确定以将矩形形成一个整体面。

步骤 04 在绘图区域左上侧单击"视图控件"按钮，调整视图为"西南等轴测"，使图形切换到三维视图。

步骤 05 执行"拉伸"命令（EXT），将面域拉伸为-15 的实体，如图 9-200 所示。

步骤 06 执行"直线"命令（L），在前侧捕捉三维点绘制一条辅助线；在连接线段的端点绘制出一条倾斜线，如图 9-201 所示。

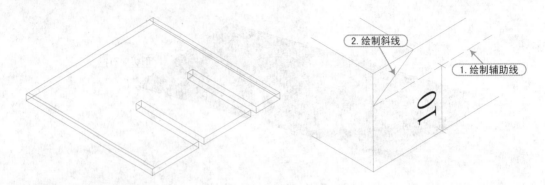

图 9-200　拉伸为实体　　　　　　　　　　　图 9-201　绘制斜线

步骤 07 执行"拉伸"命令（EXT），将斜线拉伸为同实体宽度同长的曲面，如图 9-202 所示。

步骤 08 在"实体编辑"面板中单击"剖切"按钮，根据命令提示选择长方实体为剖切的
对象，再选择"曲面（S）"选项，然后单击上步创建的曲面对象，最后单击实体右
部为保留部分以完成剖切，再将曲面删除，效果如图 9-203 所示。

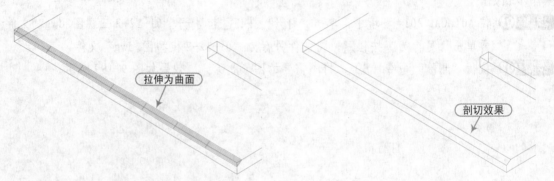

图 9-202　拉伸斜线为曲面　　　　　　　　　图 9-203　剖切实体

步骤 09 同样再到右侧执行"直线"命令（L），捕捉线段端点绘制斜线；再执行"拉伸"命
令（EXT），将斜线拉伸为长 350 的曲面，如图 9-204 所示。

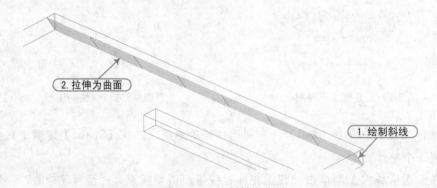

图 9-204　绘制斜线曲面

步骤 10 在"实体编辑"面板中单击"剖切"按钮，根据命令提示选择长方实体为剖切的
对象，再选择"曲面（S）"选项，然后单击上步创建的曲面对象，最后单击实体左
部为保留部分以完成剖切，再将曲面删除效果如图 9-205 所示。

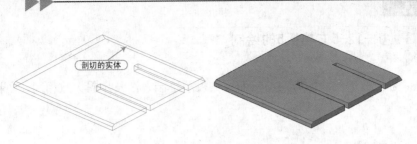

图 9-205　剖切实体效果

技巧：274　01-12-3方格板3的绘制

案例：01-12-3三视图.dwg
案例：01-12-3模型图.dwg

技巧概述： 方格板 3 的绘制方法与前面方格板的绘制方法及步骤大致相同，效果如图 9-206 所示。

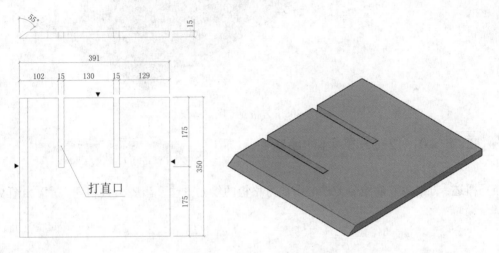

图 9-206　方格板 3 图形效果

技巧：275　01-12-4方格板4的绘制

案例：01-12-4三视图.dwg
案例：01-12-4模型图.dwg

技巧概述： 方格板 4 的绘制方法与前面方格板的绘制方法及步骤大致相同，效果如图 9-207 所示。

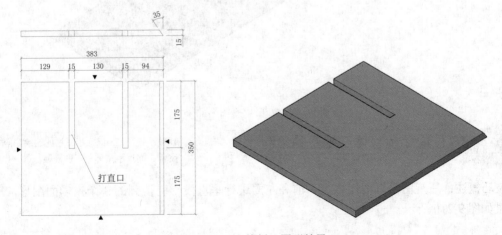

图 9-207　方格板 4 图形效果

技巧：276　01-12-5方格板5的绘制

案例：01-12-5三视图.dwg
案例：01-12-5模型图.dwg

技巧概述：方格板 5 的绘制方法与前面方格板的绘制方法及步骤大致相同，效果如图 9-208 所示。

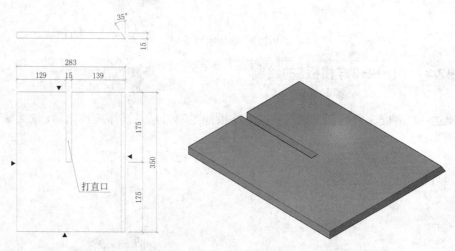

图 9-208　方格板 5 图形效果

技巧：277　01-12-6方格板6的绘制

案例：01-12-6三视图.dwg
案例：01-12-6模型图.dwg

技巧概述：方格板 6 的绘制方法与前面方格板的绘制方法及步骤大致相同，效果如图 9-209 所示。

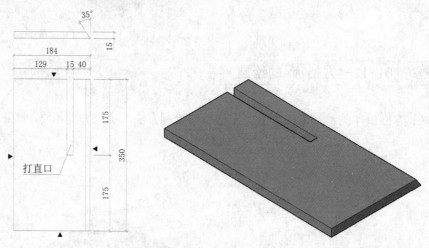

图 9-209　方格板 6 图形效果

技巧：278　间厅柜整体三视图的绘制

视频：技巧278-间厅柜三视图的绘制.avi
案例：间厅柜整体三视图.dwg

技巧概述：三视图是以间厅柜上、前和左面进行垂直投影所得到的 3 个投影面图形，三视图效果如图 9-210 所示。

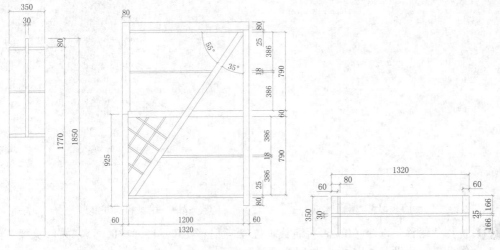

图 9-210　三视图效果

1. 主视图的绘制

步骤 01 在 AutoCAD 2014 环境中，单击"打开"按钮，打开"家具样板.dwt"文件；再单击"另存为"按钮，将文件另存为"间厅柜整体三视图.dwg"文件。

步骤 02 将"轮廓线"图层置为当前层，执行"矩形"命令（REC），绘制 1320×1850 的矩形。

步骤 03 执行"分解"命令（X）和"偏移"命令（O），将矩形边按照如图 9-211 所示进行偏移。

步骤 04 执行"修剪"命令（TR），修剪出左、右侧板和顶板效果，如图 9-212 所示。

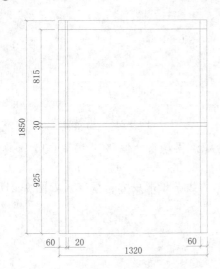

图 9-211　绘制矩形偏移线段

图 9-212　修剪效果

步骤 05 再执行"偏移"命令（O），将线段按照如图 9-213 所示继续进行偏移，并修剪出中间板材轮廓。

步骤 06 执行"直线"命令（L），捕捉角点绘制出角度为 55 的斜线段；再执行"偏移"命令（O），将斜线向右下偏移 60 以形成斜中隔板厚度；最后修剪掉斜线中间的线条，效果如图 9-214 所示。

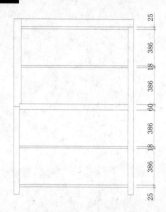

图 9-213　偏移修剪　　　　　　　　图 9-214　绘制斜线并修剪

步骤 07 执行"偏移"命令（O），将斜线向左上各偏移 130、15、130、15，并修剪掉多余的线条以形成两块方格板，如图 9-215 所示。

步骤 08 执行"偏移"命令（O），将面板线向下偏移 210 并转换为辅助线；再执行"直线"命令(L)，捕捉斜线与辅助线交点绘制一条向左上延伸角度为-35 的斜线，如图 9-216 所示。

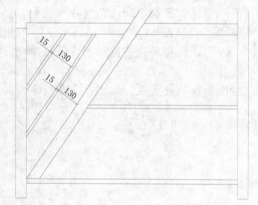

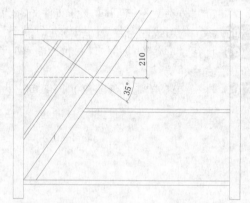

图 9-215　偏移斜线　　　　　　　　图 9-216　绘制斜线

步骤 09 执行"删除"命令（E），将辅助线删除掉；再执行"偏移"命令（O），将斜线按照如图 9-217 所示进行偏移。

步骤 10 再执行"修剪"命令（TR），修剪掉多余的线条以形成方格框架，如图 9-218 所示。

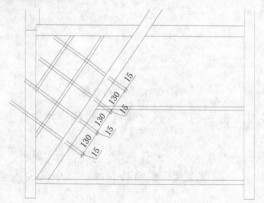

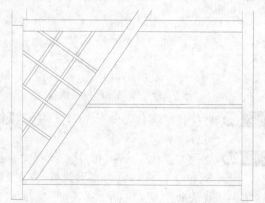

图 9-217　偏移斜线　　　　　　　　图 9-218　修剪出方格效果

2. 左视图的绘制

步骤 01 执行"直线"命令（L），捕捉主视图相应端点向左绘制投影线，在投影线上绘制一条垂直连接线，再将垂直线段向左偏移 160、30、160，如图 9-219 所示。

步骤 02 执行"修剪"命令（TR），修剪掉多余的线条以形成左视图，如图 9-220 所示。

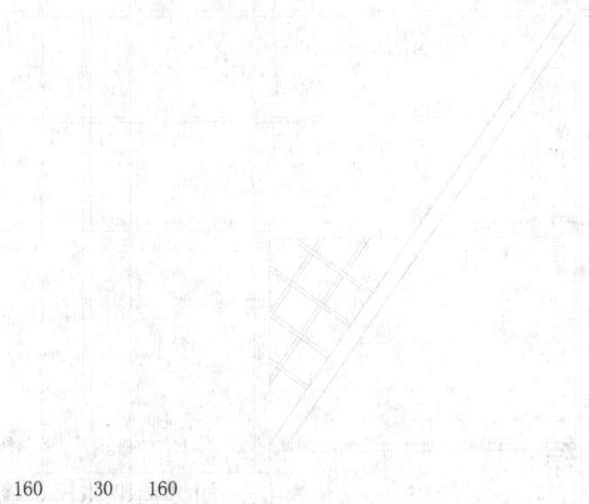

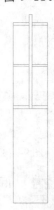

160   30   160

图 9-219　绘制投影线

图 9-220　修剪效果

3. 俯视图的绘制

步骤 01 根据同样的方法，执行"直线"命令（L），捕捉主视图相应端点向上绘制投影线，在投影线上绘制一条水平连接线，再将水平线段向上依次偏移 160、2.5、25、2.5、160，如图 9-221 所示。

步骤 02 执行"修剪"命令（TR），修剪掉多余的线条以形成俯视图，如图 9-222 所示。

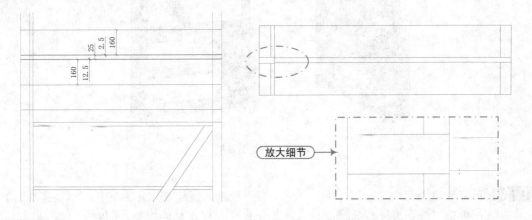

放大细节

图 9-221　绘制投影线

图 9-222　修剪图形效果

步骤 03 执行"线形标注"命令（DLI）和"连续标注"命令（DCO），对图形进行尺寸标注，如图 9-223 所示。

步骤 04 执行"插入块"命令（I），将家具图框插入图形中；执行"缩放"命令（SC），将图框放大到 22 倍以框住整个三视图，再双击表格输入相应内容，以完善图纸信息，如图 9-224 所示。

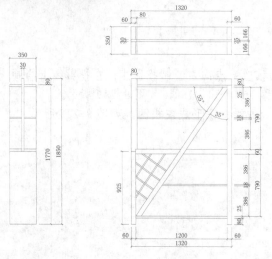

图 9-223　尺寸标注效果

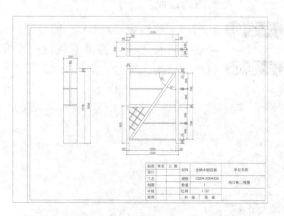

图 9-224　完善图纸信息

技巧：279　间厅柜整体模型图的绘制

视频：技巧279-间厅柜整体模型图的绘制.avi
案例：间厅柜整体模型图.dwg

　　技巧概述：前面已经绘制好了间厅柜各个部件的模型图，此节绘制整体模型图时，不需要再重复绘制各部件模型，直接将这些部件模型复制并粘贴到一个新文件，再按规范结合在一起，效果如图 9-225 所示，操作步骤如下。

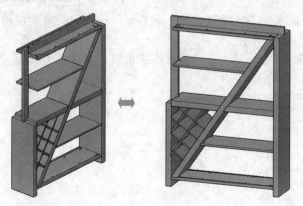

图 9-225　模型图效果

步骤 01 正常启动 AutoCAD 2014 软件，单击"打开"按钮，将"家具样板.dwt"文件打开；再单击"另存为"按钮，将文件另存为"间厅柜整体模型图.dwg"文件。

步骤 02 在"三维建模"空间下，将视图切换为"西南等轴测"；且将视觉样式调整成"概念"。

步骤 03 再单击"打开"按钮，依次将"案例\09"文件夹下面 01 系列各个部件模型图文件打开。

步骤 04 然后依次在各个图形中选择各个部件模型，按【Ctrl+C】组合键进行复制，然后按【Ctrl+Tab】组合键切换到"间厅柜整体模型图"中，再按【Ctrl+V】组合键进行粘贴。

步骤 05 执行"三维旋转"命令（3DR），将粘贴过来的各个模型，按照零部件示意图的方向进行调整，如图 9-226 所示。

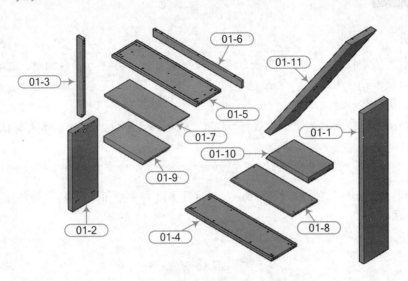

图 9-226　粘贴旋转模型

　　在绘制的部件模型中，有 01-4 底板和 01-9-1 底板前后条，01-5 顶板和 01-9-1 顶板前后条、01-9-2 顶板侧条，这里直接将它们组合成底板和顶板。

　　而 01-11 的斜中隔板，是将其旋转 55° 的效果，如图 9-227 所示。

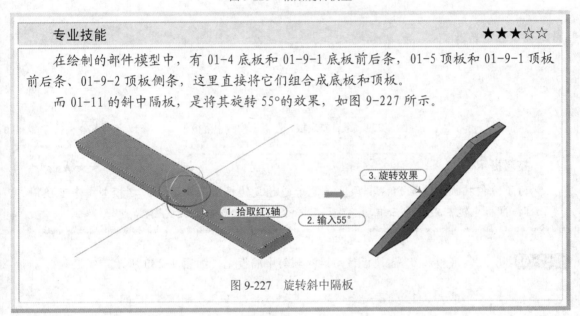

图 9-227　旋转斜中隔板

步骤 06　切换到"二维线框"模式下，执行"移动"命令（M），将 01-8 右下层板、01-10 右面板移动到与 01-11 斜中隔板对齐，如图 9-228 所示。

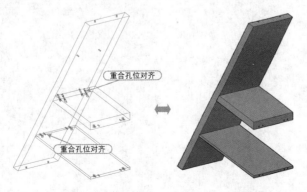

图 9-228　组合右下层板、右面板与斜中隔板

　　由于中隔板是倾斜的，与之重合的层板与面板重合面同样为倾斜的边，这在捕捉移动时不是很方便，读者可使用"三维动态观察"命令（3DO）通过旋转视图来控制图形的显示角度以方便捕捉。

　　在移动图形时请切换到"二维线框"模式，这个模式可以捕捉到实体内部结构，而"概念"模式只是观看实体的可见面。

步骤 07 同样再将 01-7 左上层板和 01-9 左面板移动对齐到 01-11 斜中隔板上，如图 9-229 所示。

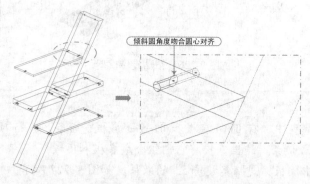

图 9-229　组合左层板、左面板到斜中隔板上

　　为了方便捕捉，这里的视图角度是笔者通过旋转视图而实现的。在模型图中可使用【Shift+鼠标中键】或者"三维动态观察"命令（3DO）来自定义视图。

步骤 08 将 01-4 底板和 01-5 顶板移动对齐到斜中隔板上，如图 9-230 所示。

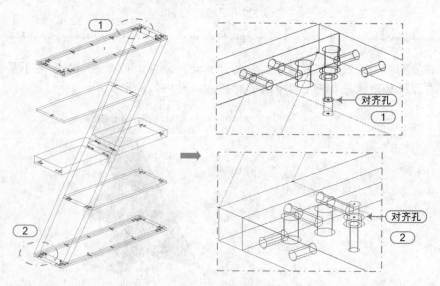

图 9-230　组合顶板和底板

步骤 **09** 接着再将 01-6 顶条移动对齐到顶板上，如图 9-231 所示。

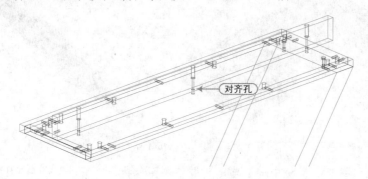

图 9-231　组合顶条

步骤 **10** 将 01-2 左侧板和 01-3 左侧柱通过孔位组合到一起成为左侧板；然后将组合好的左侧板和 01-1 右侧板对齐到主体上，以完成主体模型的绘制，如图 9-232 所示。

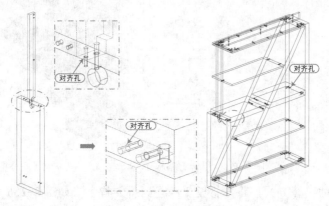

图 9-232　组合左、右侧板

步骤 **11** 根据同样的方法依次将"案例\09"文件夹下面 01-12 系列下的 6 个方格板各个部件模型图文件打开。

步骤 **12** 然后依次在各个图形中选择各个部件模型，按【Ctrl+C】组合键进行复制，然后按【Ctrl+Tab】组合键切换到"间厅柜整体模型图"中，再按【Ctrl+V】组合键进行粘贴。

步骤 **13** 执行"三维旋转"命令（3DR），将粘贴过来的各个模型按照零部件示意图的方向进行调整，如图 9-233 所示。

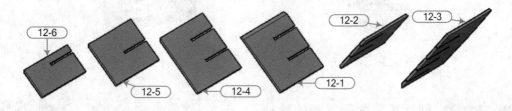

图 9-233　粘贴旋转方格板

技巧提示　　　　　　　　　　　　　　　　　　　　　　　　★★★☆☆

　　方格板 2 和 3 同斜中隔板的倾斜角度都是 55°，如图 9-234 所示。而方格板 1、4、5、6 的倾斜角度为-35°，这样将 6 块板材组成斜方格架。

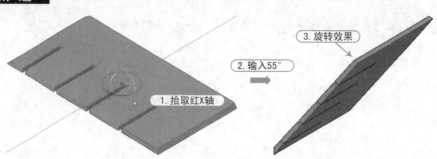

图 9-234 旋转方格板 1 示意图

步骤 ⑭ 通过【Shift"+鼠标中键】自定义调整视图,执行"移动"命令(M),将方格板 1、4、5、6 组合到方格板 3 上,使凹面重合在一起,如图 9-235 所示。

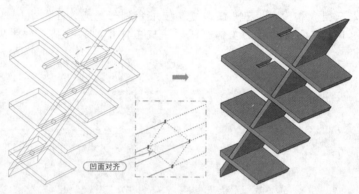

图 9-235 组合方格板 1、4、5、6、3

步骤 ⑮ 根据同样的组合方式,将方格板 2 组合到斜方格上,如图 9-236 所示。

步骤 ⑯ 执行"编组"命令(G),将斜方格组合成一个整体;再执行"移动"命令(M),将斜方格移动捕捉到厅柜内部,效果如图 9-237 所示。

图 9-236 组合方格板 2

图 9-237 移动斜方格到柜体

技巧:280 间厅柜装配示意图的绘制

视频:技巧280-间厅柜装配示意图的绘制.avi
案例:厅柜装配示意图.dwg

技巧概述:装配示意图要求说明产品的拆装过程,详细画出各连接件的拆装步骤图解以及总体效果图,使用户一目了然,便于拆装。下面以实例的方式来讲解间厅柜装配示意图的绘制方法,效果如图 9-238 所示,操作步骤如下。

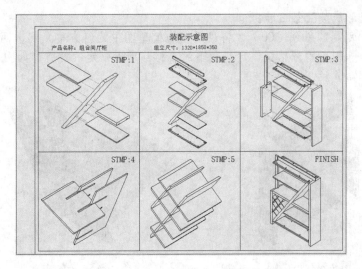

图 9-238　装配示意图效果

步骤 01 正常启动 AutoCAD 2014 软件，单击"打开"按钮，将"间厅柜整体模型图.dwg"文件打开；再单击"另存为"按钮，将文件另存为"间厅柜装配示意图.dwg"文件。

步骤 02 执行"复制"命令（CO），将整体模型图水平向左复制 3 份，如图 9-239 所示。

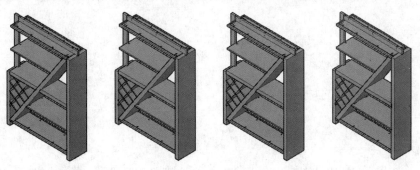

图 9-239　复制图形

步骤 03 执行"删除"命令（E），将相应的板材删除；再执行"移动"命令（M），将各个部件之间预留出一定的空位，如图 9-240 所示以形成装配第 1 步。

步骤 04 在第二个模型图中，将左、右侧板和斜方格删除，再将板材移动一定的位置，如图 9-241 所示以形成装配第 2 步。

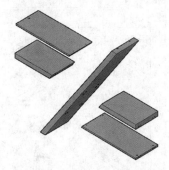
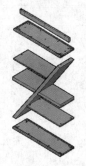

图 9-240　装配 1　　　　　　　图 9-241　装配 2

步骤 05 继续在第三个模型图中将斜方格删除，将左、右侧板移动出一定的位置，如图 9-242

所示以形成装配第 3 步。

步骤 06 执行"复制"命令（CO），将最后一个模型图中的斜方格复制出两份，然后将其中一份删除相应的方格板，再将剩下的方格移动出一定的位置，如图 9-243 所示以形成装配第 4 步。

图 9-242 装配 3

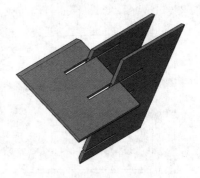

图 9-243 装配 4

步骤 07 在绘图区域左下角单击"布局 1"，以从模型空间切换至布局空间。

步骤 08 执行"插入块"命令（I），将"案例/09/家具图框.dwg"插入布局 1 中；再执行"删除"命令（E），将下侧的标题栏删除，如图 9-244 所示。

步骤 09 执行"偏移"命令（O）和"修剪"命令（TR），将内框按照如图 9-245 所示进行偏移。

图 9-244 插入图框

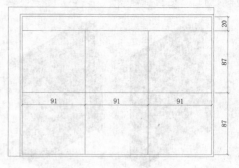

图 9-245 偏移、修剪线条

步骤 10 选择"视图 | 视口 | 一个视口"命令，分别捕捉偏移出来的矩形格子绘制出 6 个视口，如图 9-246 所示。

步骤 11 在各个视口内部双击以激活该视口，根据装配步骤将对应步骤的图形最大化依次显示在视口内部，并将视觉样式切换为"二维线框"模式，如图 9-247 所示。

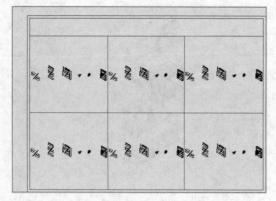

图 9-246 创建 6 个视口

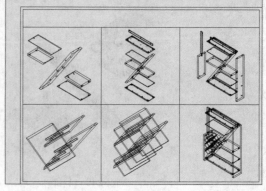

图 9-247 依次显示装配步骤

步骤 **12** 双击进入第一个视口，在命令行中输入"SOLPROF"，按【Space】键提示"选择对象"，然后选择第一个视口中最大化的实体模型，根据命令提示直接按【Enter】键以默认的设置进行操作，即可将实体抽出为线条。

步骤 **13** 执行"移动"命令（M），将抽出的线条块移动出来。再执行"删除"命令（E），将实体和隐藏线块删除，留下抽出的可见线条，如图 9-248 所示。

步骤 **14** 将"细虚线"图层置为当前图层，执行"直线"命令（L），捕捉圆孔位绘制连接线段，如图 9-249 所示以表示孔位连接状态。

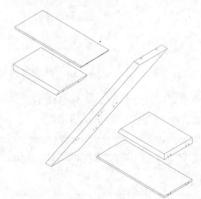
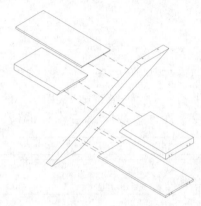

图 9-248　抽出第 1 个视口实体线条　　　　　图 9-249　绘制连接虚线

步骤 **15** 用同样的方法，通过"SOLPROF"命令在第二个视口中将步骤实体抽出为线条，且只保留可见线块；再通过"直线"命令绘制孔位连接线，如图 9-250 所示。

步骤 **16** 用同样的方法，通过"SOLPROF"命令抽出第三个视口步骤实体的线条，且保留可见线块；最后使用"直线"命令绘制孔位连接线，效果如图 9-251 所示。

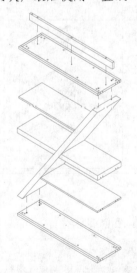
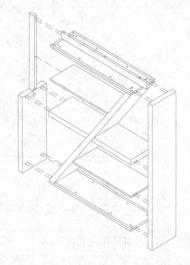

图 9-250　第 2 个视口抽出线条　　　　　图 9-251　第 3 个视口抽出线条

步骤 **17** 再使用"SOLPROF"命令在第四、五、六个视口中抽出步骤实体的线条，并只保留可见线，效果如图 9-252～图 9-254 所示。

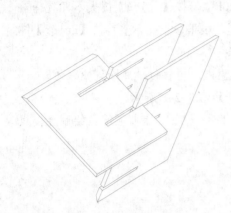
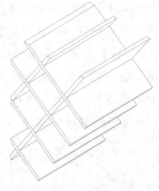

图 9-252　第 4 视口抽出线条　　　　图 9-253　第 5 视口抽出线条　　　　图 9-254　第 6 视口抽出线条

步骤 18　执行"多行文字"命令（MT），设置文字高度为 5，对图名和步骤进行注释；设置文字高度为 3，对产品名称及组合尺寸进行注释，效果如图 9-254 所示。

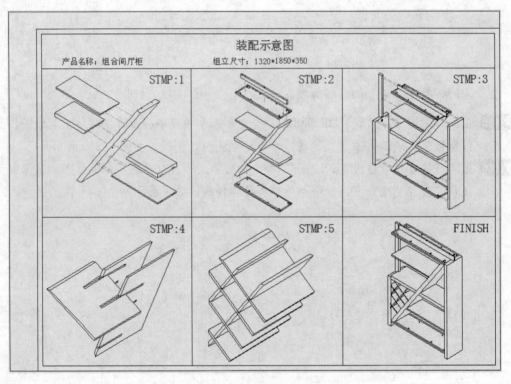

图 9-255　装配图效果

步骤 19　至此，间厅柜装配示意图绘制完成，按【Ctrl+S】组合键保存。

技巧：281	间厅柜开料明细表	视频：无
		案例：间厅柜开料明细表.dwg

技巧概述：根据如表 9-1 所示的各部件开料尺寸、数量和材料名称，可将间厅柜各部件板材进行开料。

表 9-1　间厅柜开料明细表　　　　　　　　单位：mm

开料明细表							
单位	MM		产品规格	1320*350*1850		产品颜色	金柚色		
序号	零部件名称	零部件代号	开料尺寸	数 量	材料名称	封 边	备 注
1	右侧板	01-1	1769*300*60	1	金柚色刨花板	2	封2短边
2			1780*310*9	2	单面金柚色刨花板		
3			1780*41*18	4	光板		压空心板
4			238*41*18	20	光板		
5	左侧板	01-2	900*300*60	1	金柚色刨花板	封1短边	
6			910*310*9	2	单面金柚色刨花板		
7			910*41*18	4	光板		先压空心板
8			238*41*18	14	光板		
9	底板	01-4	1199*299*25	1	金柚色刨花板	2短边	
10	顶板	01-5	1154*299*25	1	金柚色刨花板	1短边	
11	顶条	01-6	1239*79*25	1	金柚色刨花板	4	
12	左上层板	01-7	818*300*18	1	金柚色刨花板		一斜边手工封
13	右下层板	01-8	863*300*18	1	金柚色刨花板	封1短边	另一斜边手工封
14	左面板	01-9	561*300*60	1	金柚色刨花板		一斜边手工封
15			572*310*9	2	单面金柚色刨花板		
16			572*41*18	4	光板		压空心板
17	左右面板		288*41*18	22	光板		
18	右面板	01-10	586*300*60	1	金柚色刨花板	封1短边	另一斜边手工封
19			596*310*9	2	单面金柚色刨花板		
20			596*41*18	4	光板		
21	中斜隔板	01-11	2033*349*60	1	金柚色刨花板	封长边	另2短斜边手工封
22			2042*360*9	1	单面金柚色刨花板		
23			2042*42*18	6	光板		压空心板
24			252*42*18	24	光板		
25	方格板1	01-12-1	679*339*15	1	金柚色刨花板	2	另2短斜边手工封
26	方格板2	02-12-2	354*339*15	1	金柚色刨花板	2	另2短斜边手工封
27	方格板3	01-12-3	390*339*15	1	金柚色	2	另2短斜边手工封
28	方格板4	01-12-4	392*339*15	1	金柚色刨花板	2	另2短斜边手工封
29	方格板5	01-12-5	382*339*15	1	金柚色刨花板	2	另2短斜边手工封
30	方格板6	01-12-6	183*339*15	1	金柚色刨花板	2	另2短斜边手工封
31	右侧板前后条	01-1-Ⅱ	1771*61*25	2	实木		
32	左侧板前后条	01-2-Ⅱ	901*61*25	2	实木		
33	左侧板上条	01-2-Ⅲ	351*61*25	1	实木		
34	左侧柱	01-3	926*81*31	1	实木		
35	底板前后条	01-4-1	1200*25*25	2	实木		
36	顶板前后条	01-5-1	1180*25*25	2	实木		
37	顶板侧条	01-5-2	300*25*25	1	实木		
38	左上层板前条	01-7-Ⅱ	843*25*19	2	实木		
39	左上层板侧条	01-7-Ⅲ	300*25*19	1	实木		
40	右下层板前后条	01-8-Ⅱ	863*25*19	2	实木		
42	左右面板前后条	01-9/10-Ⅱ	586*61*25	4	实木		
43	左面板侧条	01-9-Ⅲ	300*61*25	1	实木		

技巧：282　间厅柜包装材料和五金明细表

视频：间厅柜包装材料明细表.dwg
案例：间厅柜包五金配件明细表表.dwg

技巧概述： 在对间厅柜板件进行包装时，所用到的包装材料如表 9-2 所示。间厅柜需要包装的五金配件如表 9-3 所示。

表 9-2 间厅柜包装材料明细表 单位：mm

纸箱编号	纸箱结构	纸箱内尺寸	体积(m³)	净重(kg)	毛重(kg)	五金配件	有无玻璃	层数	部件 名称	部件 规格	部件 数量	包装辅助材料 名称	包装辅助材料 规格	包装辅助材料 数量	备 注
2-1	中封	2070*395*195	0.17					3	右侧板	1769*349*60	1	泡沫	2070*395*10	2	箱颜色为黄色
								2	左侧板	924*159*60	2	泡沫	2070*180*10	2	
								1	中斜隔板	2033*349*60	1	泡沫	380*180*10	2	
								2	左右面板	586*349*60	2	泡沫	填平		
								放侧	顶条	1239*79*25	1				
								放侧	左侧柱	1850*80*30	1				
2-2	中封	1215*365*135	0.07			五金配件1包		1	底板	1199*299*25	1	泡沫	1215*365*10	2	箱颜色为黄色
								2	顶板	1154*299*25	1	泡沫	1215*120*10	2	
								4	左上层板	843*329*18	1	泡沫	350*120*10	2	
								3	右下层板	863*329*18	1	泡沫	填平		
								5	方格板1	679*339*15	1				
								4	方格板2	354*339*15	1				
								5	方格板3	390*339*15	1				
								6	方格板4	392*339*15	1				
								3	方格板5	382*339*15	1				
								6	方格板6	183*339*15	1				

表 9-3 间厅柜五金配件明细表 单位：mm

五 金 配 件 明 细 表

产品名称:间厅柜

分类名称	材料名称	规 格	数量	备 注	分类名称	材料名称	规 格	数量	备 注
封袋配件	三合一	∅15*11 / ∅7*28	25套		安装配件	三合一	∅15*11 / ∅7*28	20套	
	木榫	∅8*30	20个			木榫	∅8*30	16个	
	平头螺丝	∅6*30	4粒			内外牙		11粒	
	平头螺丝	∅6*45	2粒						
	平头螺丝	∅6*50	3粒						
	平头螺丝	∅6*60	2粒						
	白脚钉		4粒						